洞庭湖总磷污染来源与成因解析

许友泽　赵媛媛 等 编著

中国环境出版集团 · 北京

图书在版编目（CIP）数据

洞庭湖总磷污染来源与成因解析/许友泽等编著. —北京：中国环境出版集团，2022.4

ISBN 978-7-5111-5116-2

Ⅰ. ①洞… Ⅱ. ①许… Ⅲ. ①洞庭湖—磷—湖泊污染—来源—研究②洞庭湖—磷—湖泊污染—成因—研究 Ⅳ. ①X524

中国版本图书馆 CIP 数据核字（2022）第 060107 号

出 版 人 武德凯
责任编辑 殷玉婷
责任校对 任 丽
封面设计 宋 瑞
封面摄影 姚 毅

出版发行 中国环境出版集团
（100062 北京市东城区广渠门内大街 16 号）
网 址：http://www.cesp.com.cn
电子邮箱：bjgl@cesp.com.cn
联系电话：010-67112765（编辑管理部）
发行热线：010-67125803，010-67113405（传真）

印 刷 北京中献拓方科技发展有限公司
经 销 各地新华书店
版 次 2022 年 4 月第 1 版
印 次 2022 年 4 月第 1 次印刷
开 本 787×1092 1/16
印 张 20.25
字 数 430 千字
定 价 80.00 元

编 委 会

序

洞庭湖是长江流域重要的通江湖泊，其流域面积约占长江流域面积的1/7、年来水量占长江年总水量的 1/4。然而，洞庭湖一直面临总磷无法达到地表水Ⅲ类湖库标准的难题。近年来，湖南省围绕洞庭湖总磷污染治理实施了一系列工程，取得了明显成效，湖体总磷浓度由2015年的0.112 mg/L下降至2021年的0.063 mg/L（下降幅度达43.8%），其他指标均达到或优于Ⅲ类。但近3年洞庭湖总磷下降幅度明显趋缓，且在2021年出现反弹，因此洞庭湖总磷污染控制与削减任务依然艰巨。

针对洞庭湖总磷污染问题，要实现科学治污、精准治污，提高治理效率，必须摸清湖区总磷污染底数，诊断病因、找准病根，为后续深入治理提供科学依据。本书在资料收集、调研走访、采样监测的基础上，构建了洞庭湖区域信息库，系统分析了湖区水体总磷污染特征，全面调查了湖区各类污染源总磷产排污底数，核算了“四水三口”总磷输入通量、湖区污染源入湖量，解析了洞庭湖总磷污染来源与成因。

通过解析，“四水三口”总磷输入占比为 60.2%，湖区总磷入湖量占比为39.8%。在湖区各类污染源中，农业源总磷入湖量约占82.3%，生活源占14.9%，工业源占 1%。洞庭湖污染成因复杂，主要有湖体水环境承载力降低、湖区农业面源污染防治难度大、畜禽水产养殖污染治理滞后、城镇污水收集管网不配套问题普遍、农村环境基础设施建设短板明显等。

本书数据翔实、结构完整、内容全面、主题突出、结论科学，本书内容可为精准识别湖区总磷重点排放区域与领域提供全面翔实的科学依据，对提高洞庭湖总磷污染防治工作精准施策水平、加快实现洞庭湖水质全面达标及保障长江中下游水生态安全等具有十分重要的意义。

是为序。

中国工程院院士
中南大学教授
二〇二二年四月

前　言

洞庭湖是我国第二大淡水湖，素有“长江之肾”的美誉，是长江中游水量最大的通江湖泊，在保障国家粮食安全、维系长江流域生态安全和防洪安全等方面起着不可或缺的作用。湖南省委、省政府历来高度重视洞庭湖保护，自2016年以来，通过五大专项行动、三年行动计划等，洞庭湖入湖污染负荷大幅削减，洞庭湖水质持续好转。但受江湖关系变化、人为活动等因素的影响，洞庭湖湖体总磷污染的问题并未得到根本改变，现阶段湖体水质为Ⅳ类，主要超标因子仍为总磷，其浓度下降幅度逐年减缓。总磷污染问题已成为影响洞庭湖水环境的突出问题。

准确掌握洞庭湖总磷主要来源与成因是保护和改善洞庭湖水质的关键，也是提高湖区精准治污水平的重要举措。本书基于湖区各类污染源现场调研与监测结果、洞庭湖和内湖水质采样检测及历史水文水质数据等，研究洞庭湖总磷污染特征及变化趋势，核算主要入湖河流总磷输入量、湖区各类污染源总磷排放量与入湖量，解析总磷污染来源，探讨总磷污染成因，可为洞庭湖总磷污染防治提供强有力的科技支撑，对纵深推进洞庭湖生态环境保护工作具有重要意义。

全书共由6章内容构成，第1章是洞庭湖区基本情况调查与分析。全面介绍湖区近几年自然、社会、经济现状及变化情况，研究洞庭湖湖体演变情况。第2章是洞庭湖区水体总磷污染特征分析。基于洞庭湖国控、省控常规监测数据，并结合增设的水质断面现场监测数据，评价洞庭湖湖体、内湖、主要入湖河流总磷污染时空变化趋势。第3章是洞庭湖区总磷污染源调查与分析。主要分析湖区主要污染源产排污情况，核算主要入湖河流、湖区各类污染源及大气沉降等总磷入湖量。第 4 章是洞庭湖总磷污染来源解析。主要是根据各类污染源总磷入水体负荷量，分区域剖析湖区重点行业与领域，解析洞庭湖总磷污染来源特征。第 5 章是洞庭湖总磷污染成因综合解析。主要核算洞庭湖水环境承载力，全方位解析洞庭湖总磷超标成因。第 6 章是总结。

本书是研究团队集体智慧的结晶，主要由湖南省环境保护科学研究院许友泽、赵媛媛、付广义、钟宇、曾桂华、田石强等编著；长沙环境保护职业技术学院杨利平、湘潭大学陈跃辉、中国环境科学研究院卢少勇等分别负责编制了本书中第 1 章、第 2 章和第 5 章内容。同时，感谢湖南省生态环境厅吴小平、向仁军、彭晓成、马旭东等在编著过程中给予的指导，感谢湖南省生态环境监测中心、洞庭湖三市（岳阳市、常德市、益阳市）相关市直部门以及长沙市望城区相关部门的支持。

本书中所有分项加和、合计值与占比数据修约均根据原始统计数据进行计算及进位，与修约后的数据直接计算结果可能有所不同。

限于编著者水平，本书中难免存在错误或疏漏之处，敬请读者给予批评指导与建议。

目　录

第 1 章　洞庭湖区基本情况调查与分析

1.1　湖区自然环境概况

1.1.1　地理位置与范围

洞庭湖区位于长江中游荆江南岸，湖南省北部，跨湘、鄂两省，地理坐标为北纬 28°30′～30°20′、东经 110°40′～113°10′。本书中研究的洞庭湖区为湖南省境内洞庭湖水域及其周围平原区和湘江、资江、沅江、澧水干流尾闾地区，以及长江入湖口洪道与受堤垸保护的区域，主要包括三市一区（岳阳市、常德市、益阳市和长沙市望城区），其地理位置如图 1.1.1 所示。

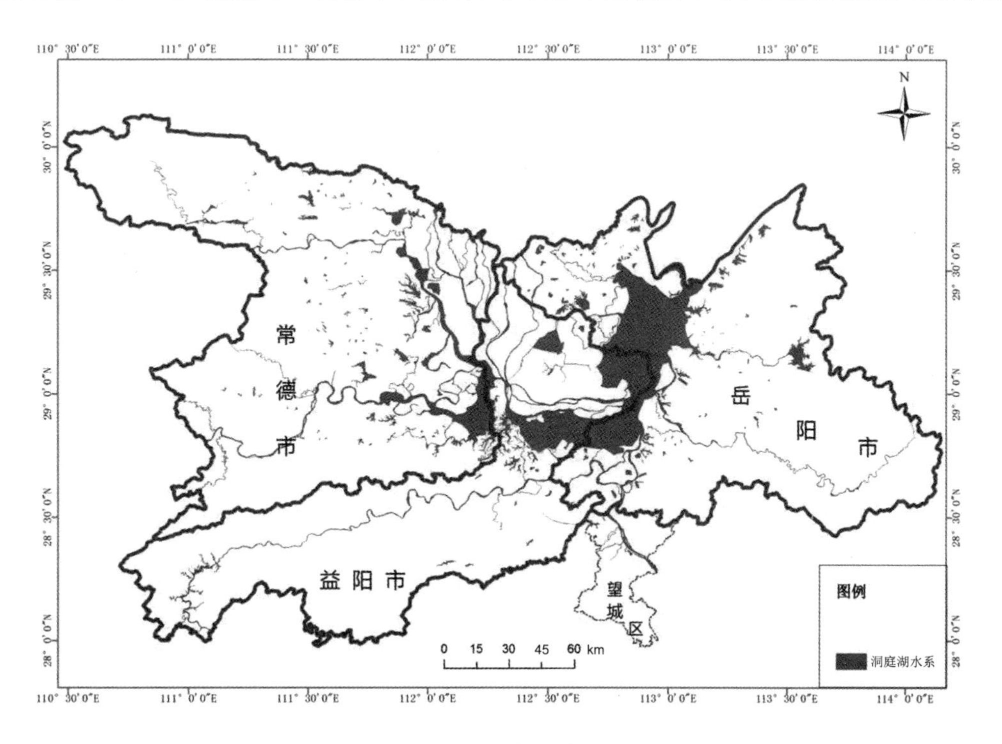

图 1.1.1　洞庭湖区地理位置

洞庭湖为洞庭湖区的核心，主要由东洞庭湖、南洞庭湖、西洞庭湖三部分组成。其中，南洞庭湖指赤山与磊石山以南诸湖泊，主要有东南湖、万子湖和横岭湖。横岭湖位于湖南湘阴县北部，由大大小小 24 个常年性湖泊和 3 大片季节性洲土组成。西洞庭湖指赤山湖以西诸湖泊，主要有七里湖和目平湖。东洞庭湖、南洞庭湖、西洞庭湖均被列入《国际重要湿地名录》，使得洞庭湖成为目前世界上唯一的由 3 个“国际重要湿地”组成的湖泊；同时已建立湖南东洞庭湖国家级自然保护区、湖南西洞庭湖国家级自然保护区、湖南南洞庭湖省级自然保护区和湖南湘阴横岭湖省级自然保护区。

东洞庭湖位于长江中游荆江江段南侧，地理坐标为北纬 28°59′～29°38′，东经 112°43′～113°10′。地处湖南省东北部岳阳市境内，华容县墨山铺、注滋口、汨罗市磊山与益阳市大通湖农场之间。东洞庭湖是目前洞庭湖湖泊群落中最大、保存最完好的天然季节性湖泊。1982 年经湖南省政府批准成为省级自然保护区，1992 年加入《关于特别是作为水禽栖息地的国际重要湿地公约》（以下简称《湿地公约》），成为我国首批列入《国际重要湿地名录》的 6 个湿地之一，1994 年经国务院批准升格为国家级自然保护区。目前，东洞庭湖国家级自然保护区总面积为 157 627 hm^2。

西洞庭湖地理坐标为北纬 28°47′～29°07′，东经 111°57′～112°17′。地处汉寿县境内东部，东抵南洞庭湖，北与安乡县、南县接壤，西邻常德鼎城区，南连汉寿县南部低山丘陵区，吞吐长江松滋、太平二口洪流，承接沅、澧二水，是长江中下游洪流的首个“承接器”和防旱“前哨站”，其主要特征为“涨水为湖、落水为洲”。1998 年西洞庭湖经湖南省人民政府批建为省级自然保护区，2002 年被列入《国际重要湿地名录》，2014 年获批为国家级自然保护区。西洞庭湖国家级自然保护区总面积为 30 044 hm^2，其中，核心区面积为 9 061 hm^2，缓冲区面积为 6 155 hm^2，实验区面积为 14 818 hm^2。

南洞庭湖地理坐标为北纬 28°45′～29°11′，东经 112°14′～112°56′。地处益阳沅江市东部境内，东以益阳市与岳阳市的行政界线为界，与东洞庭湖国家级自然保护区、湘阴横岭湖省级自然保护区相接；西至益阳市与常德市的行政界线，与西洞庭湖国家级自然保护区相接；南以资阳区大堤外侧、沅江市区北部、白沙长河南侧枯水期水位线为界；北至共双茶垸大堤、大通湖区大堤、南县与华容县行政界线。1997 年南洞庭湖获批为省级自然保护区，2002 年被列入《国际重要湿地名录》。南洞庭湖省级自然保护区总面积为 80 125.28 hm^2，其中，核心区面积为 19 714.68 hm^2，缓冲区面积为 23 058.11 hm^2，实验区面积为 37 352.49 hm^2。

1.1.2 地质地貌

洞庭湖区处于新华夏系第二沉降带中部，为中新生代坳陷盆地。区内主要发育东西向、北东向、北西向构造体系，尤以东西向构造体系涉及的范围最广。洞庭湖区基岩出露甚少，第四系松散层广布，湖盆内的孤山残丘可见前震旦系浅变质碎屑岩及第三系红层出露。而湖盆周边环湖丘陵地带亦分布有前震旦系至第三系地层。区内第四系河相、河湖相松散堆积物分布广泛，尤以全新统分布最广，中更新统次之，上更新统及下更新统零星出露。

洞庭湖由燕山运动断陷形成，第四纪至今，均处于振荡式的负向运动中，湖底地面自西北向东南微倾，形成外围高、中部低平的碟形盆地。盆缘有桃花山、太阳山、太浮山等海拔为500 m左右的岛状山地突起；东、南、西三面为环湖丘陵，海拔在250 m以下；滨湖岗地海拔低于120 m者为侵蚀阶地；海拔低于60 m者为基座和堆积阶地；中部是由湖积、河湖冲积、河口三角洲和外湖组成的堆积平原，海拔大多在25～45 m，呈现水网平原景观。平原上部土地垦殖率高，下部则洲滩广布，河流曲折交织，湖荡星罗点缀，堤垸纵横。洞庭湖位于这一河网切割平原区内的地势最低处，地形地势详见图1.1.2。

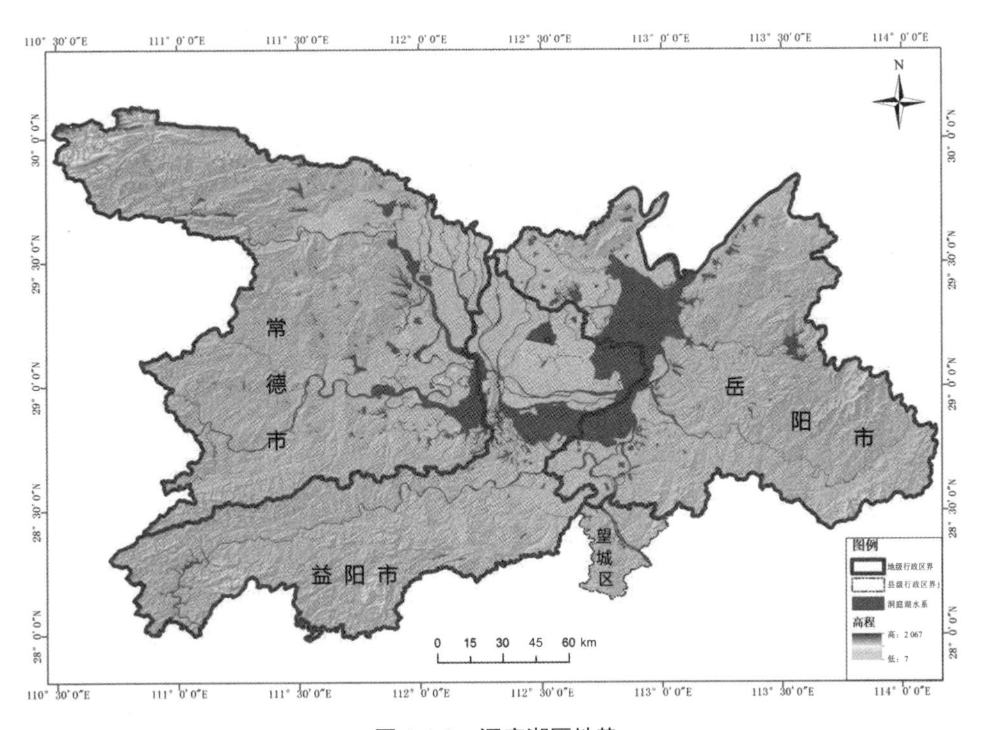

图1.1.2 洞庭湖区地势

1.1.3 气候水文

目前，湖区涉及的湘江、资江（又称资水）、沅江、澧江（又称澧水）四大水系（“四水”）下游分别在湘潭、桃江、桃源、三江口设有水文站，新墙河在桃林、汨罗江在黄旗段、浏阳河在朗梨、捞刀河在螺岭桥、沩水在石坝子、道水在沔泗洼、瀌水在乌溪沟均设有水文站。以上述水文站为节点，包括荆江枝城到城陵矶七里山南岸大堤以南的区域，称为环湖区间。环湖区间包括纯湖区与较多的丘岗区。其中，纯湖区由天然湖泊、河道水面及堤垸组成，包括荆江枝城到城陵矶七里山南岸大堤以南（以长江干流堤防为界）、湘江（以濠河口为界）、资江（以甘溪港为界）、沅江（以德山为界）、澧江（以小渡口为界），以及沲水（以河口汪家汊、汨罗江磊石山、新墙河破塘口为界），以河流分水岭为划分依据，连接上述河流分界点，即构成洞庭湖纯湖区。

洞庭湖区地处中北亚热带湿润气候区，气候温和，四季分明，热量充足，雨水集中，春温多变，夏秋多旱，严寒期短，暑热期长。湖区年均温度为16.4～17℃，1月平均温度为3.8～4.5℃，绝对最低温度为–18.1℃（临湘1969年1月31日）。7月平均温度为29℃，绝对最高温度为43.6℃（益阳）。无霜期为258～275 d。年降水量为1 100～1 400 mm，由外围山丘向内部平原减少。4—6月降水占年总降水量的50%以上，多为大雨和暴雨；若遇各水洪峰齐集，易成洪灾、涝灾、渍灾。

洞庭湖北有分泄长江水流的松滋口、太平口、藕池口（“三口”），东、南、西三面有湘江、资江、沅江、澧江等直接灌注入湖，形成不对称的向心水系，水量充沛，年径流变幅大，年内径流分配不均。洞庭湖多年平均水深为6.39 m，湖水更换周期最长为19 d，属典型的过水型湖泊；洞庭湖水位始涨于4月，7—8月最高，11月至翌年3月为枯水期。洞庭湖水位变幅大，其中，东洞庭湖水位变幅达17.76 m，素有“洪水一大片，枯水几条线”之说。湖区多年（1956—2012年）平均入湖径流量达2 823亿 m^3，约占长江多年平均入海径流量的1/3，其中来自长江“三口”的达874亿 m^3，占31.0%；来自“四水”的约1 656亿 m^3，占58.7%；来自洞庭湖区的约293亿 m^3，占10.3%。洞庭湖出口城陵矶多年平均径流量为3 126亿 m^3，最大年径流量为5 268亿 m^3，最小年径流量为1 990亿 m^3。汛期（5—10月）径流量占年均径流量的75%，其中，来自“三口”的约1 164亿 m^3，占汛期径流总量的48.5%。

1.1.4 河湖水系

洞庭湖水系主要由湘江、资江、沅江、澧江四大水系和长江中游荆江南岸松滋口、太平口、藕池口分流水系组成，还有直接入湖的汨罗江、新墙河等汇入，水系来水经东洞庭湖岳阳城陵矶注入长江，详细水系情况如图1.1.3所示。其中，西洞庭湖承接沅、澧“二水”，而且吞吐长江松滋、太平“二口”洪流，沧水、浪水、龙池河、烟包山河等8条河流也由南向北流入西洞庭湖；常德德山以下的沅江流入西洞庭湖，流入位置为坡头南堤。南洞庭湖接有“三口”及资江、沅江、澧江等水系的汇流，经东洞庭湖出城陵矶注入长江。

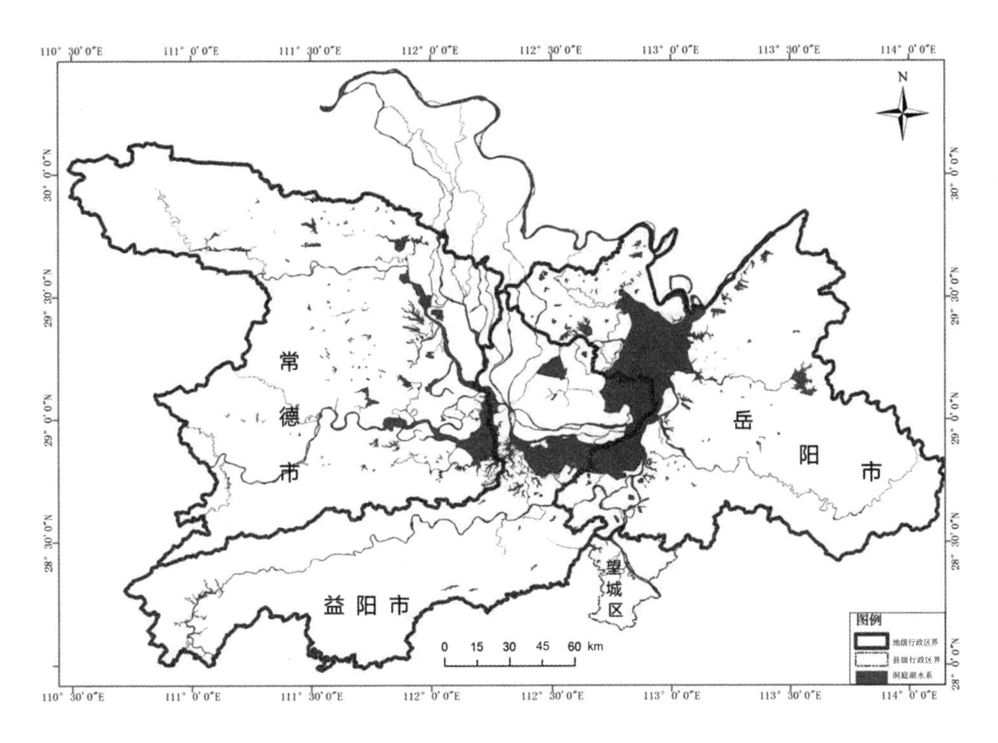

图 1.1.3　洞庭湖区水系

（1）湘江水系入洞庭湖

湘江是湖南省流入洞庭湖的“四水”之一，发源于广西壮族自治区临桂区海洋坪龙门界（图 1.1.4）。由长沙市望城区乔口入洞庭湖水系，从湘阴县沙田乡观音阁，经铁角嘴、窑头山、躲风亭、樟树港、弯河至濠河口，在濠河口分成东、西两支。东支绕城西垸东面，经老闸口、三汊河、城关镇、黄猫滩、老鼠夹至芦林潭；西支绕城西垸西面，经东港、刘家坝、新泉寺、魏家湾至临资口与资江汇合，再经沅潭、杨雀潭、万家台、蛇口子至芦林潭，与东支汇合，至增挡进入岳阳县境，入洞庭湖。流经湖南省境内长 108.8 km，其中，濠河口以上干流长 16.6 km，东支长 24 km，西支长 33.7 km，芦林潭以下干流长 34.5 km。

（2）资江水系入洞庭湖

资江是湖南“四水”之一（图 1.1.5）。湘阴县境有资江干流和东支（旧谓“茈水”，1952 年整理水道后称“东支”）。干流自益阳市入湘阴县毛角口，沿南湖、洞庭区西面，经泉水村、黄口潭、赛头口、易婆塘至杨柳潭注入南洞庭湖；东支自毛角口向东，沿新泉镇西面，经焦潭湾、西林港、南湖洲、关公潭、白马寺、和平闸至临资口注入湘江。湘阴段长 57.4 km，其中，干流长 21.4 km，东支长 36 km。

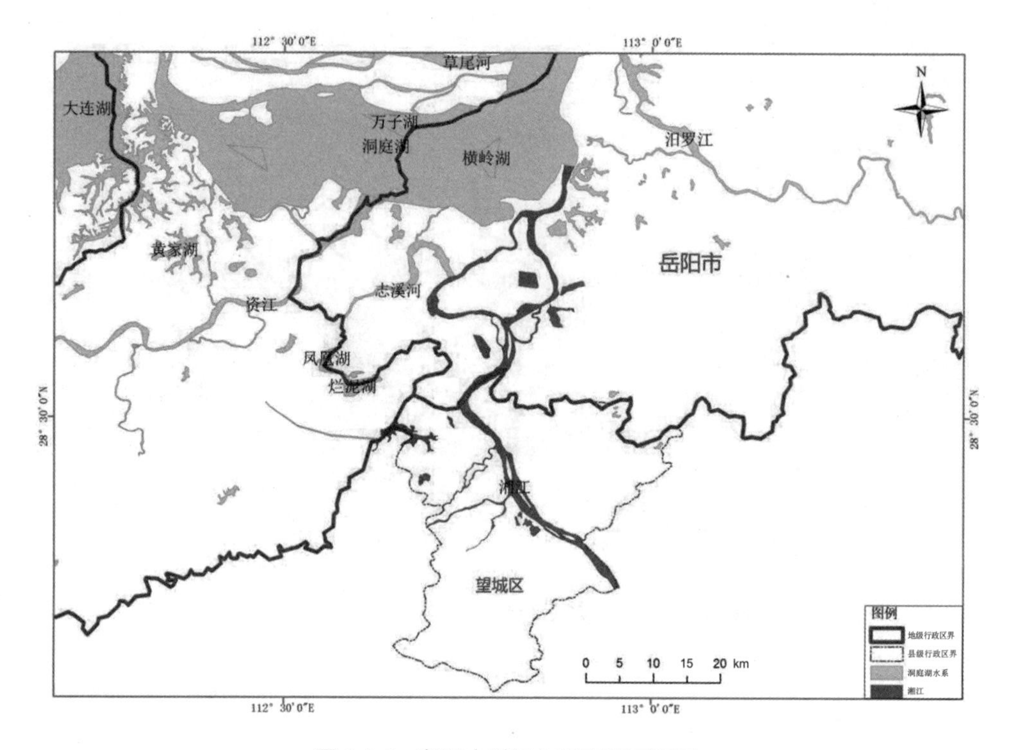

图 1.1.4　湘江水系汇入洞庭湖区图示

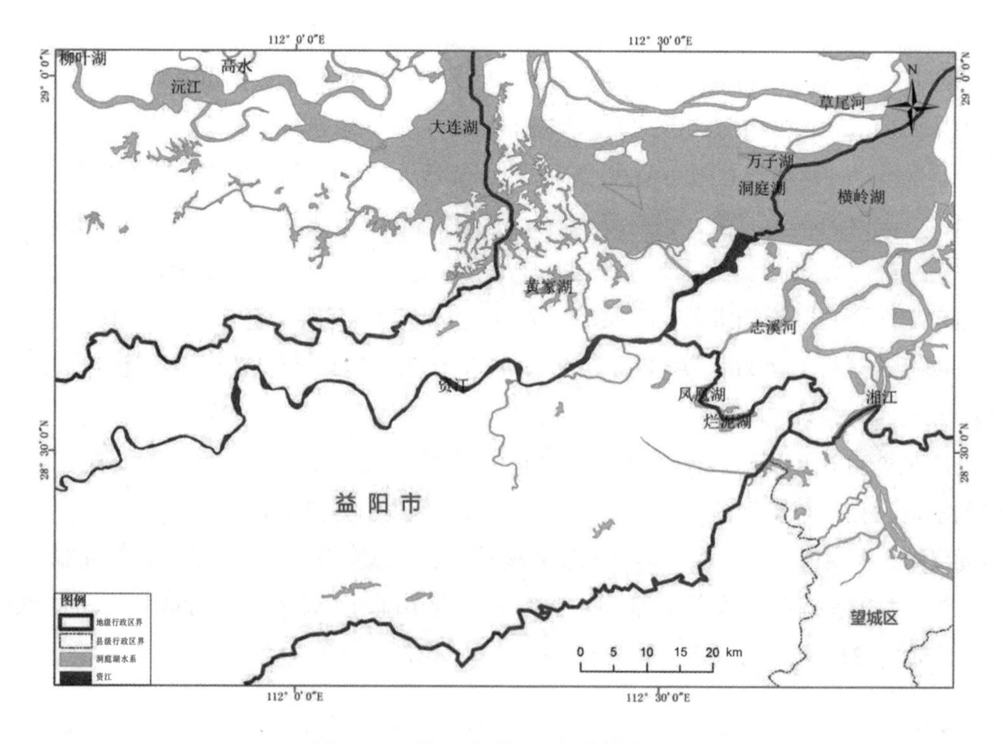

图 1.1.5　资江水系汇入洞庭湖区图示

（3）沅江水系入洞庭湖

沅江发源于贵州省都匀市，自东北流经洪江市沅河镇原神场，折向东南流经洪江市至黔城镇与舞阳河相汇，流量大增（图 1.1.6）。沿途经纳巫水、溆水、辰水、酉水，至麻伊洑入常德市境，经桃源，在河洑入鼎城、常德市城区，至德山入洞庭湖。流经常德境内 104 km，流域面积为 5 609.92 km^2。

德山以下习称沅江尾闾，沅江流经汉寿县新兴嘴分为三支。北支为主流，经梅家切分流东下；南支自白合庵分流，名南晓河，至太极垸折向北流，横穿新开的中支，绕金石废垸，至牛鼻滩与北支汇合；中支系 1970 年废弃金石、太极垸（又名大泛洲、小泛洲）后，由人工开挖的宽 60～120 m、长 6 200 m 的泄洪引河，从新兴嘴以下直出安彭家。三支在安彭家合流后，经苏家吉、接港、周文庙，于坡头注入目平湖，长 60 km。

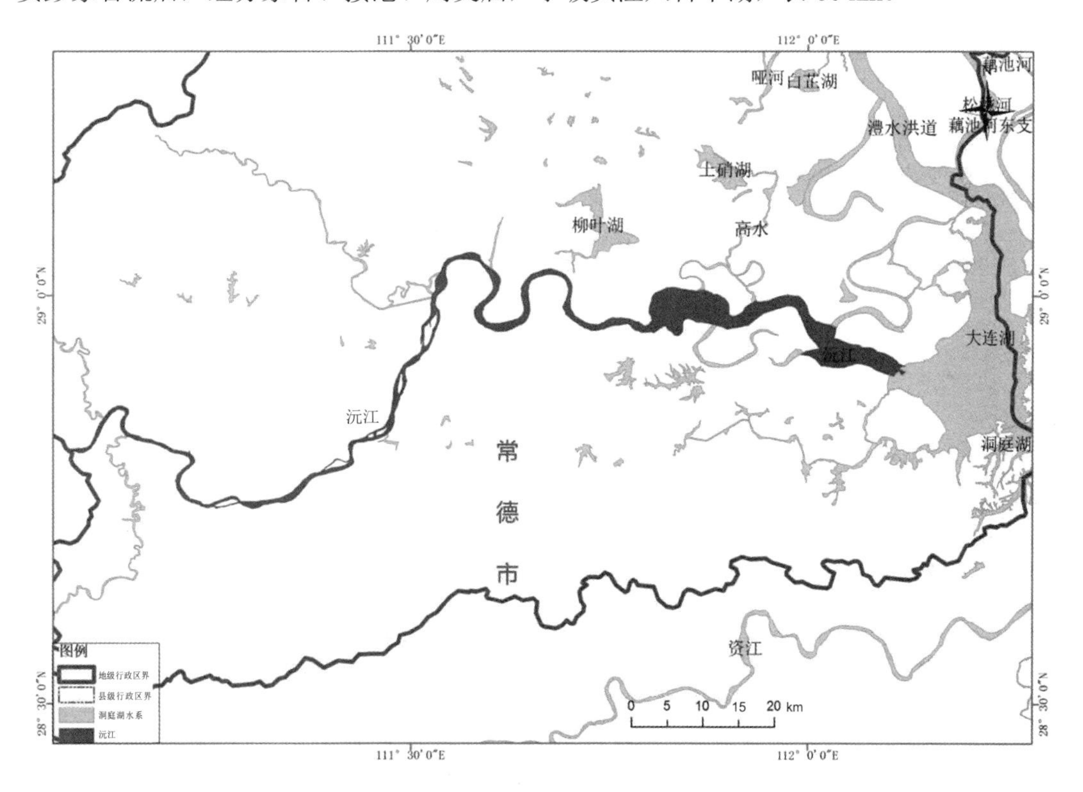

图 1.1.6　沅江水系汇入洞庭湖区图示

（4）澧江水系入洞庭湖

澧江位于湖南省西北部，流域跨越湘、鄂两省边境。澧江干流分北、中、南三源，以北源为主（图 1.1.7）。三源于桑植县打谷泉与桥子湾的小茅岩汇合后东流，沿途接纳溇水、渫水、道水和涔水等支流，在湖区流经常德市石门县、临澧县、澧县、津市市，于澧县小渡口注入西洞庭湖。津市小渡口（以下称尾闾小渡口）与松滋河、虎渡河相通。尾闾小渡口至七里湖河道，在濠口有松滋河西支汇入，并有五里河与松滋河中支沟通。七里湖出石龟山，经蒿子港，在芦林铺与松滋、虎渡水相会，流入西洞庭湖。澧水一部分在窑湾注入目平湖，主流经南嘴分别从赤磊洪道及黄土包河注入东、南洞庭湖。澧水干流全长 407 km，石门至尾闾小渡口称澧水下游，长约 66 km，其中，澧县境内长 32 km，尾闾小渡口至洞庭湖口 96 km。

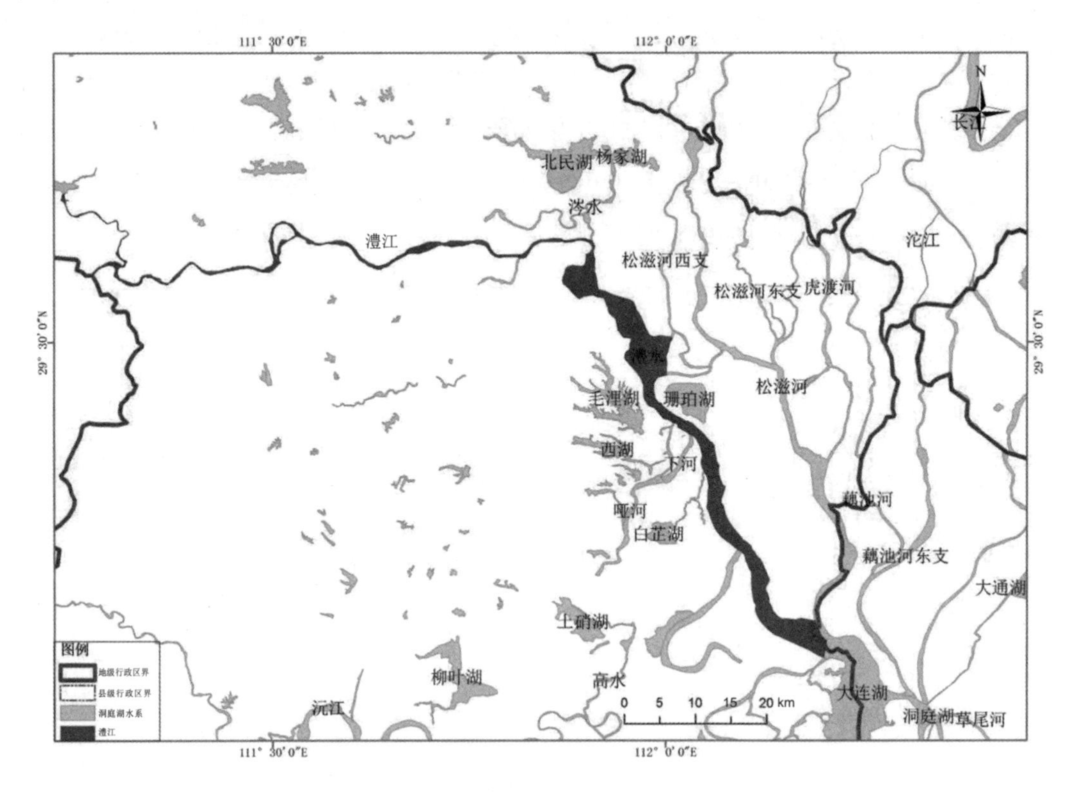

图 1.1.7 澧江水系汇入洞庭湖区图示

（5）汨罗江水系入洞庭湖

汨罗江是洞庭湖水系中仅次于湘江、资江、沅江、澧江的第五大水系（图 1.1.8）。发源于湖南省平江县、湖北省通城县、江西省修水三县交界处的黄龙山梨树埚（修水县境），流经修水县、平江县、汨罗市，于磊石山北注入南洞庭湖。汨罗江全长 253.2 km，其中，平江县境内 192.9 km，汨罗市境内 61.5 km。

（6）新墙河水系入洞庭湖

新墙河，古称“微水”，后以南岸下游新墙镇更名（图 1.1.9）。源出平江县板江乡宝贝岭，至筻口与发源于临湘市药姑山的游港河汇合，流经岳阳县新墙、荣家湾至君港入洞庭湖。主河道东西长 62 km，流域南北宽 53 km，新墙河有沙港、游港两大支流。

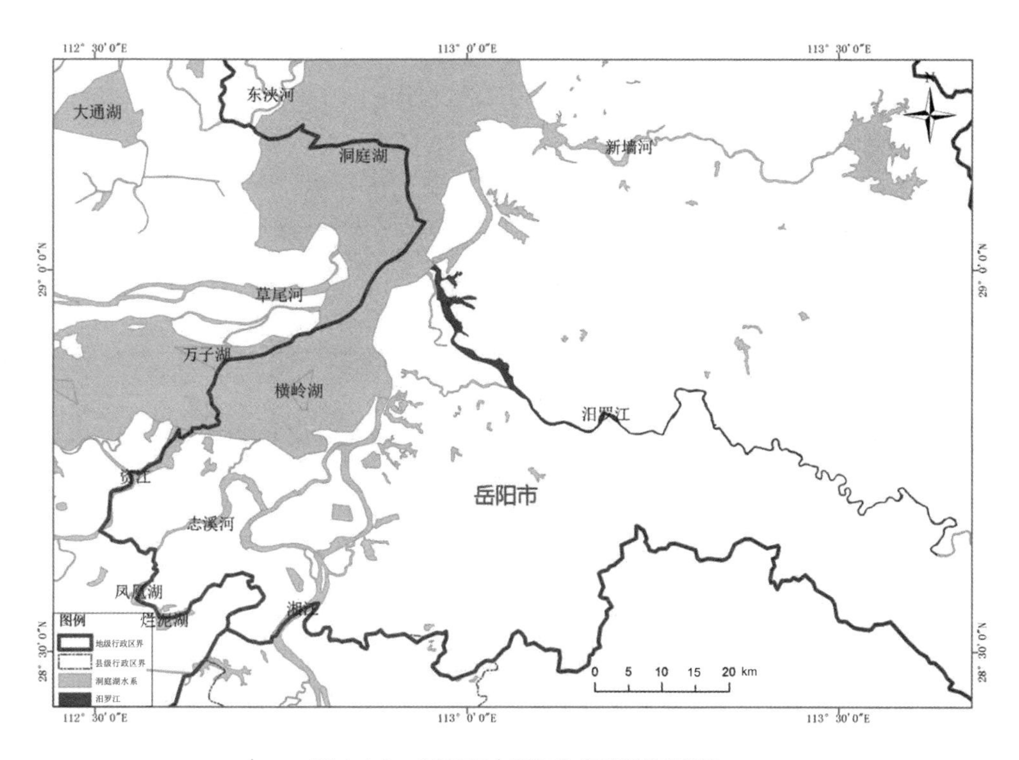

图 1.1.8　汨罗江水系汇入洞庭湖区图示

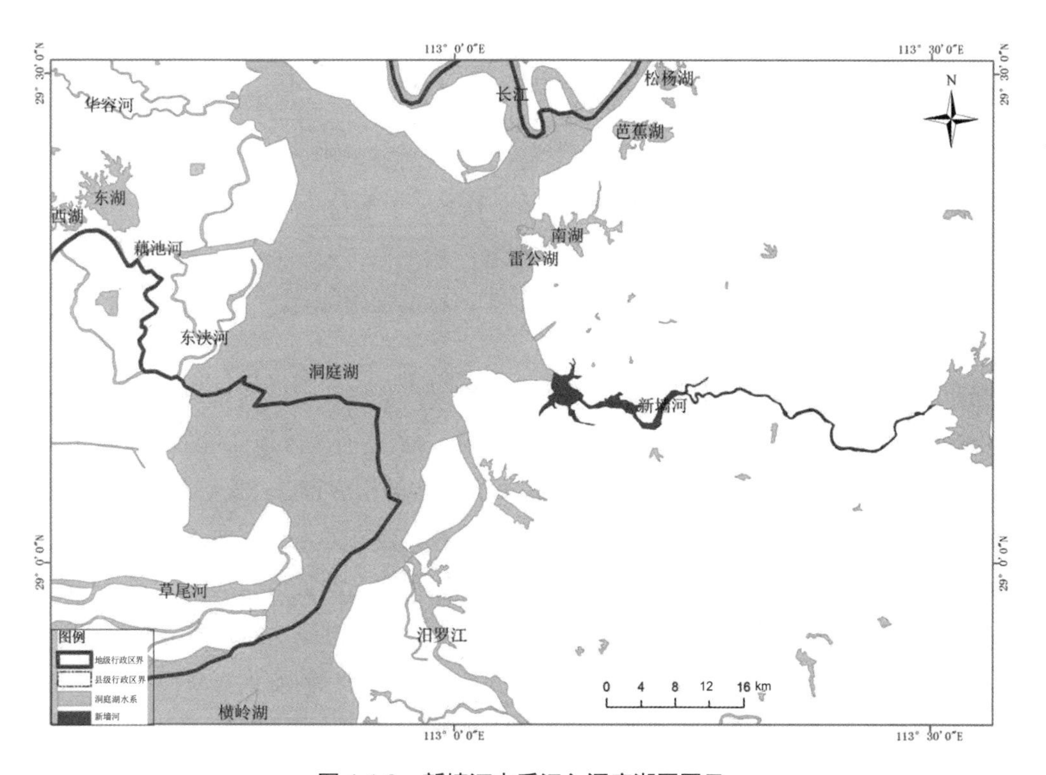

图 1.1.9　新墙河水系汇入洞庭湖区图示

（7）华容河水系入洞庭湖

华容河是长江“四水”流入洞庭湖的水道之一（图 1.1.10），从调弦口闸流入，过焦山河后从万庾人民大垸茄务港进入华容县境，经万庾、县城至治河渡分南、北两支，绕新华垸至钱粮湖农场磨盘洲合流，再经六门闸入东洞庭湖，全长 58.47 km［石首市 12 km，华容县 35.47 km（未包括南支），君山区 11 km］。东西两岸流域面积为 1 462.79 km^2，其中，华容县面积为 502.99 km^2，岳阳市君山区面积为 328.8 km^2（含钱粮湖农场 227.8 km^2）。

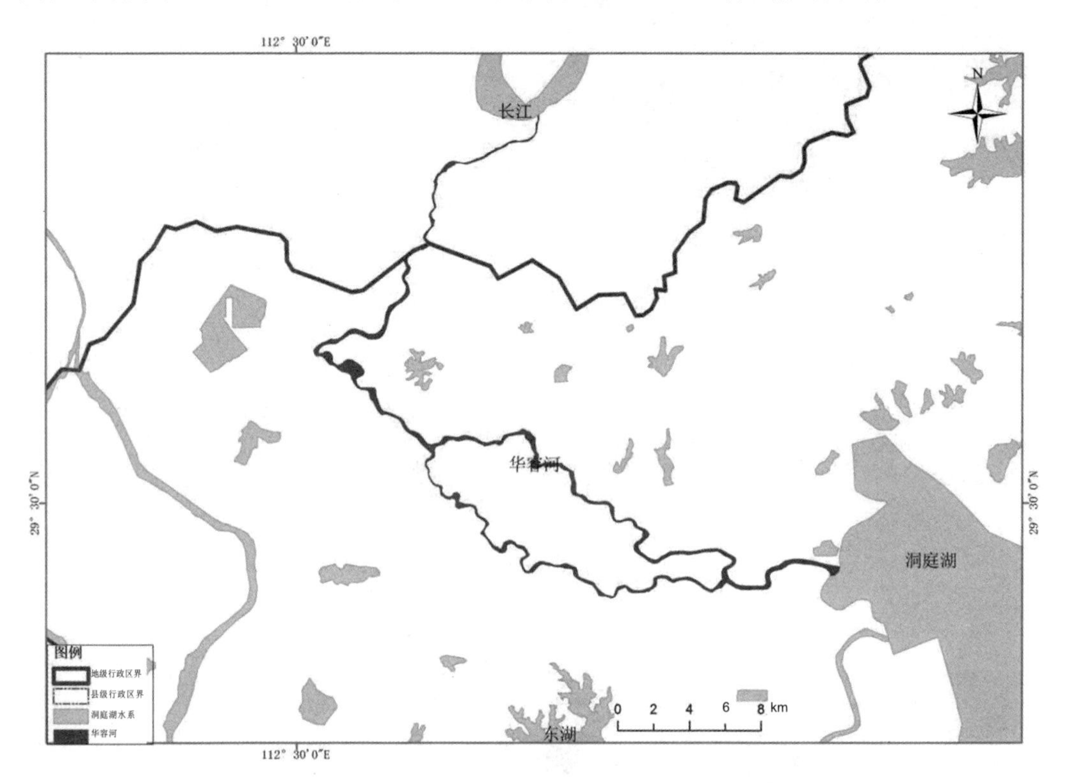

图 1.1.10　华容河水系汇入洞庭湖区图示

（8）松滋口、太平口、藕池口分流水系入洞庭湖

松滋河，亦名马峪河，位于松滋市马峪河林场，为荆江河段分泄江流的主要河道之一，亦为“荆南三口”之首。松滋河自北而南流往湘鄂两省的松滋市、公安县和安乡县、澧县。在松滋大口处分为东、西两支，俗称松东河、松西河。西支为主流，向南经新江口、窑子沟入公安县境，经狮子口、汪家汊、郑公渡、杨家垱至湖南澧县汇入澧江，注入西洞庭目平湖，全长 134.79 km；西支于公安县刘家嘴、杨家垱分别由洈水河、瓦窑河汇入，在斑竹垱有苏支河分流入东支，至青龙窑又分为两支：一支称松滋西支或官垸河，另一支称中支或自治局河。东支经新场、沙道观、米积台入公安县境，经孟溪、甘厂、黄四嘴至新渡口入湖南安乡县境，汇入松虎洪道，注入西洞庭目平湖，全长 117.35 km。

虎渡河是荆江南岸的分流河道之一，其分江口称太平口。虎渡河形成之初，经弥陀寺、里甲口、黄金口、中河口，汇浣水后南下，经南平、杨家垱于现今的中合垸附近入湖。1873 年松滋河形成，迫使虎渡河从中河口改道顺虎西山岗和黄山东麓南下进入湖南境内。后由于河口三角洲的发育，形成许多支流与松滋河串通，先是在张家渡附近入湖，后因藕池河的影响，虎渡河下延到小河口与松滋河汇合，至肖家湾注入西洞庭湖目平湖，全长 137.7 km。

藕池河口水系复杂，江流入口后，主要分为东、中、西三支。流经华容县境内的是东支。东支经管家铺、梅田湖入湖南境内，流经华容县，从注滋口入东洞庭湖，长 106 km。该支进入华容县后，在殷家铺又分为东、西两支。西支名梅田湖河，至张家湾另分一支名张家湾小河，于扇子拐合主流，经易家嘴、南岳庙至南县城关，再分为东北与西南两流：西南流名三仙湖河，经乌嘴、八百弓、茅草街入南洞庭湖；东北流经扁担河，于九斤麻汇入鲇鱼须河。东支名鲇鱼须河，在鲇鱼须分支西南流，破余家垸经下闸口，于易家嘴汇入梅田湖河。“三口”分流水系汇入洞庭湖区图示见图 1.1.11。

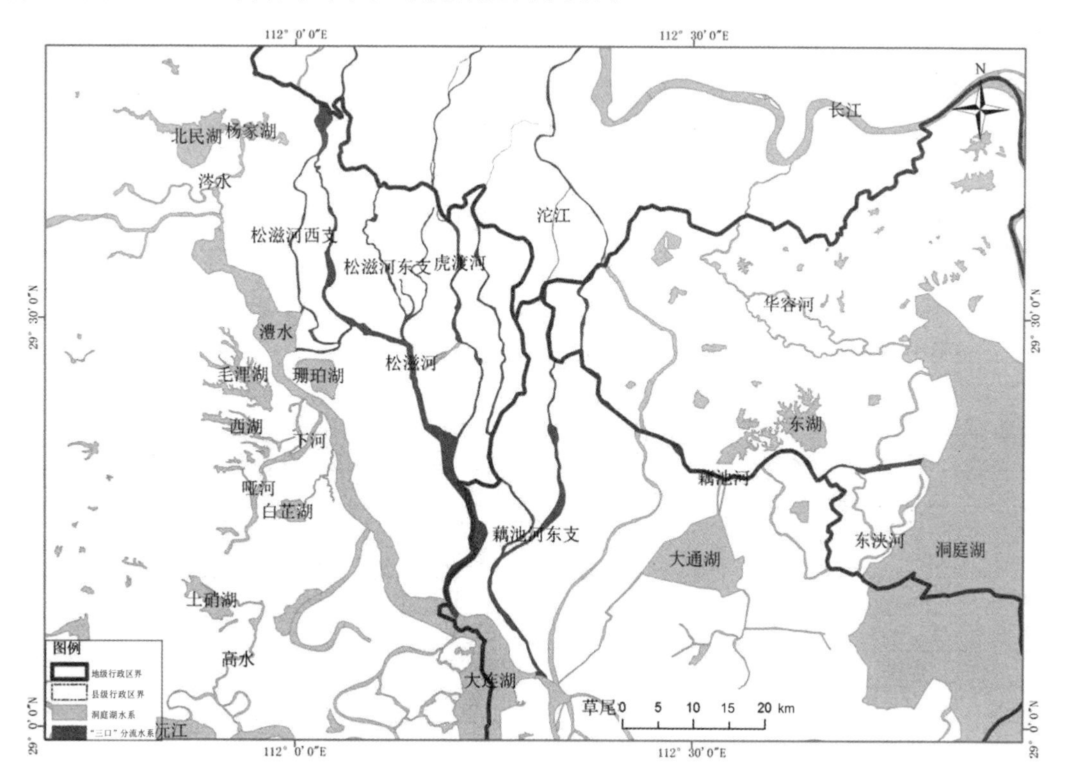

图 1.1.11　“三口”分流水系汇入洞庭湖区图示

（9）内湖

内湖是指湖区圩垸内的湖泊，其主要特征是与堤垸外的江河无直接水文联系，湖泊出入流受到人为控制。内湖主要分布于历史时期洞庭湖的大湖面范围内、长江“三口”河道之间，以及纯湖区周边的山脚前缘地带。洞庭湖内湖主要有：长沙市望城区千龙湖；常德市鼎城区东风湖、冲天湖，安乡县珊珀湖，汉寿县太白湖，津市市西毛里湖，鼎城区柳叶湖；岳阳市云溪区松杨湖、芭蕉湖和团湖，临湘市黄盖湖和冶湖，岳阳楼区南湖，华容县华容东湖，湘阴县鹤龙湖、湘阴东湖；益阳市资阳区皇家湖，南县三仙湖水库、大通湖，沅江市后江湖等。

洞庭湖区内湖的形成与荆南“四口”分流局面的确立及由此引起的洞庭湖急剧萎缩密切相关，其形成时间基本在清代中期之后。从成因上可分为4种类型：①由洞庭湖萎缩分解而成。这类内湖原为洞庭湖大湖体的一部分，在历史演变过程中，因泥沙淤塞逐渐被分离，再经筑堤围垸而成，大多数内湖属于这种类别。如大通湖、汉寿南湖、毛里湖、珊珀湖、东湖、太和障湖、注澜湖、太白湖、毛家湖、洋淘湖、鹤龙湖和牛氏湖等。②山前洼地或堤间洼地积水成湖。这类内湖原为自由出流湖泊，后因围垦而成为内湖，如烂泥湖、塌西湖、上津湖、淤泥湖、牛浪湖和崇湖等。③原为洞庭湖湖湾，因筑堤建坝后与大湖分隔而成内湖，如安乐湖和岳阳南湖等。④由废弃的河道洼地经围垦而成内湖，如鸭子湖和黄家拐湖等。

洞庭湖区主要内湖名录见表1.1.1。

表1.1.1 洞庭湖区主要内湖名录

单位：km^2

湖名	地理位置		面积
冲天湖	常德市	鼎城区	9.10
珊珀湖		安乡县	18.30
太白湖		汉寿县	5.40
安乐湖		汉寿县	9.90
北民湖		澧县	13.80
牛奶湖		澧县	21.80
西毛里湖		津市市	24.60
柳叶湖		鼎城区	16.10
东风湖		鼎城区	3.67
皇家湖	益阳市	资阳区	9.80
烂泥湖		赫山区	9.10
三仙湖水库		南县	21.00
大通湖		南县	80.10
后江湖		沅江市	6.70
千龙湖	长沙市	望城区	2.00
南湖	岳阳市	岳阳楼区	15.30
芭蕉湖		云溪区	10.60
松杨湖		云溪区	13.40
华容东湖		华容县	23.20

湖名	地理位置		面积
牛氏湖		华容县	3.60
鹤龙湖		湘阴县	5.40
湘阴东湖	岳阳市	湘阴县	2.41
黄盖湖		临湘市	70.00
冶湖		临湘市	30.00

1.1.5　湖区水功能区划

根据 2016 年湖南省水环境功能区划，洞庭湖区水功能一级区合计 27 个，其中，保护区有 3 个、缓冲区有 7 个、开发利用区有 2 个、保留区有 15 个。保护区分别为东洞庭湖自然保护区、南洞庭湖湿地生态保护区和目平湖湿地保护区，保护区天然水域面积分别为 1 328 km^2、920 km^2、349 km^2，水质目标均为《地表水环境质量标准》（GB 3838—2002）Ⅲ类水质标准（以下简称Ⅲ类）；开发利用区为湘江洪道东支湘阴开发利用区和松滋河中支安乡开发利用区，均划为 2 个二级功能区（饮用水水源区和工业或农业用水区），水质目标为Ⅲ类。

1.1.6　植被及土地利用情况

（1）洞庭湖区是全国十大农业基地之一，已成为我国重要的商品粮、水产、棉、苎麻和油的生产基地。同时湘莲、藜蒿等特色产品，芦苇、杨树等原材料产业也有一定规模，具有较强的地域特色和产业竞争力。针对洞庭湖的芦苇资源，本书结合洞庭湖区的地质条件与植物种类分布，根据芦苇因季节变化产生的与周围植物在遥感图片中的差异，以洞庭湖区的自然状况，如因季节发生的水位变化和遥感图片的云量分析为基础，利用 Landsat 8 OLI-TIRS 影像数据提供该研究区的芦苇分布基本情况；选择 2017 年年底的洞庭湖区遥感图像进行解译，采用 ENVI 5.3 与 ArcMap 10.2 联合处理影像。通过目视法，使用最大似然法对影像进行监督分类，为了提高解译工作的准确性，在芦苇解译的同时根据野外采样调查芦苇分布以修正解译后芦苇分布不明确区域。

运用以上方法解译得到的洞庭湖区芦苇分布现状如图 1.1.12 所示，芦苇在各县（市、区）的分布情况见表 1.1.2。芦苇在洞庭湖区的面积约为 103 万亩[①]，其中，益阳市的芦苇分布最广，总面积约为 44.44 万亩，占洞庭湖区芦苇总分布面积的 43.15%，主要位于资阳区、南县和沅江市；常德市的芦苇面积约为 28.16 万亩，主要分布于安乡县、津市市、汉寿县、鼎城区、澧县；岳阳市的芦苇面积约为 30.40 万亩，主要分布于君山区、岳阳县、湘阴县、华容县。在各县级行政区中，沅江市的芦苇分布面积最广，约为 42.41 万亩，其次是岳阳县和湘阴县，分别约为 14.56 万亩和 11.92 万亩，这 3 个县的芦苇面积占洞庭湖区芦苇总面积的 66.88%。

① 1 亩≈666.67 m^2。

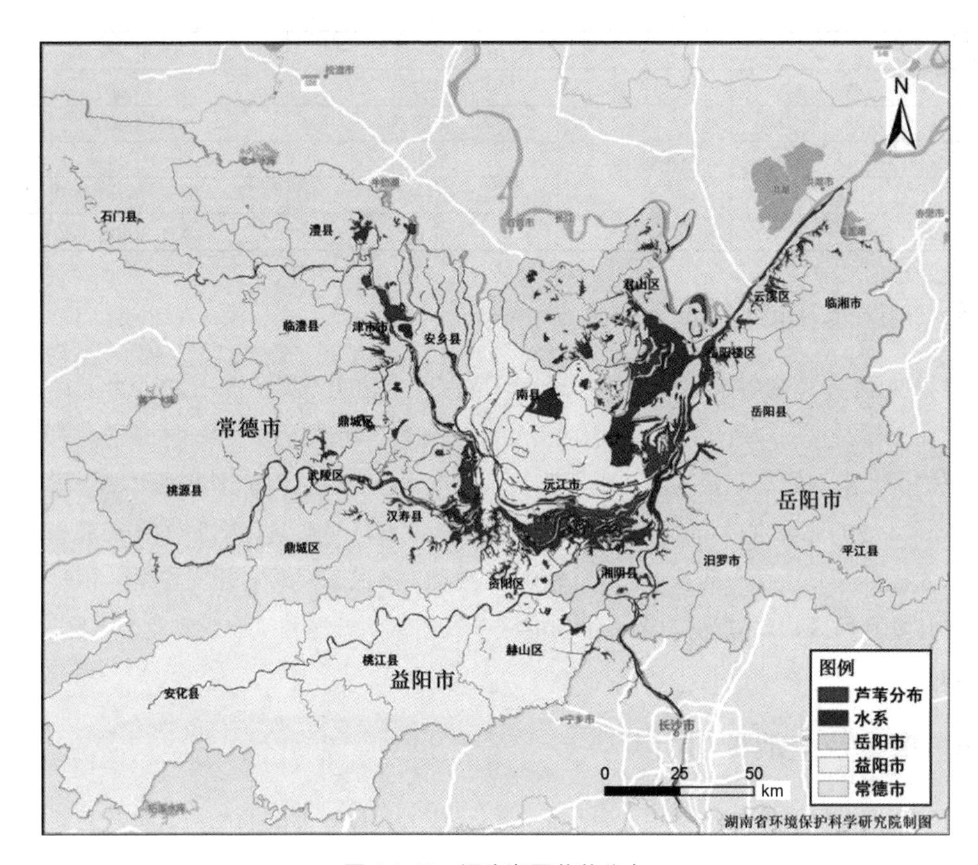

图 1.1.12　洞庭湖区芦苇分布

表 1.1.2　2018 年洞庭湖各县（市、区）芦苇分布汇总

单位：亩

市级行政区名称	县级行政区名称	芦苇分布面积	小计
益阳市	资阳区	475.80	444 352.85
	南县	19 795.95	
	沅江市	424 081.10	
常德市	安乡县	64 717.80	281 606.90
	津市市	25 504.05	
	汉寿县	108 799.70	
	鼎城区	12 938.40	
	澧县	69 646.95	
岳阳市	君山区	30 520.35	304 029.25
	岳阳县	145 615.40	
	湘阴县	119 227.70	
	华容县	8 665.80	
合计			1 029 989.00

（2）洞庭湖流域土壤成土母质系河湖沉积物，主要源于长江上游紫色页岩风化物，其次是“四水”沿岸石灰岩风化物。pH 为 7.5～8.5，石灰含量为 5%～10%。土壤类型分为水稻土和潮土两个土类。洞庭湖区内土地利用情况详见图 1.1.13，总体特征是林地＞耕地＞湿地＞建设用地＞草地，林地占总土地面积的 46%以上，耕地面积占 37%，水体等湿地面积占 11%，建设用地占 4%，草地面积占 2%。林地、水体、湿地、草地等具有重要生态功能的区域共占湖区面积的 59%以上，一同构筑了洞庭湖区牢固而优良的生态系统基础。

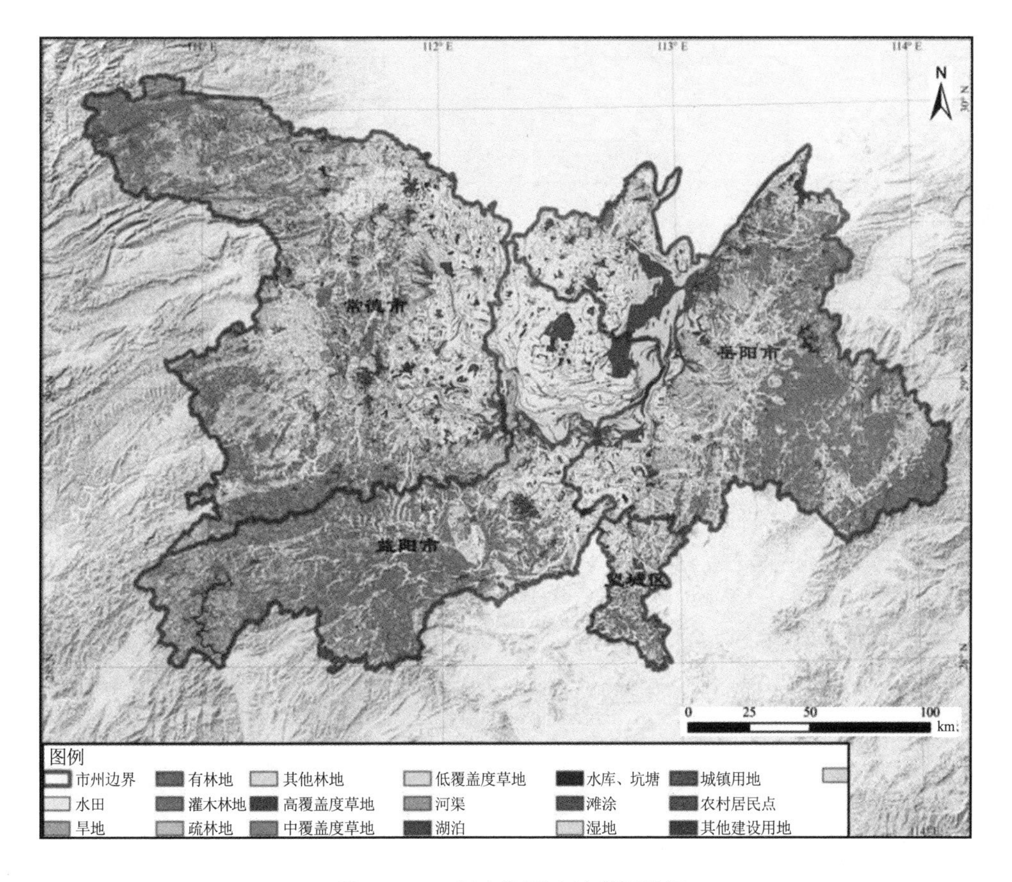

图 1.1.13　洞庭湖区土地利用情况

洞庭湖区三市一区中，林地占土地利用比例最高的是益阳市，达到 50%，其次是常德市，比例为 45%；耕地占土地利用比例最高的地区是望城区，达到 44%，其次是常德市，比例为 41%；湿地占比最高的是岳阳市，达到 16%；建设用地占比最高的是望城区，达到 7%。

洞庭湖区三市一区土地利用现状详见表 1.1.3，构成比例统计见图 1.1.14。

表 1.1.3 洞庭湖区三市一区土地利用现状

单位：km^2

土地利用类型	常德市	岳阳市	益阳市	望城区
水田	6 148.18	4 207.73	3 662.87	541.50
旱地	1 240.96	1 035.79	449.43	47.27
有林地	4 869.62	4 289.73	4 033.64	384.73
灌木林地	367.44	459.08	419.81	2.23
疏林地	2 915.73	1 595.95	1 667.37	176.50
其他林地	107.53	133.93	61.09	6.51
高覆盖度草地	279.19	63.67	46.94	0.00
中覆盖度草地	202.17	95.33	33.36	5.23
低覆盖度草地	8.56	0.00	0.00	0.00
河渠	359.12	258.60	213.82	46.41
湖泊	336.72	944.87	578.94	5.78
水库、坑塘	504.99	359.41	301.88	25.34
滩涂和湿地	95.32	755.13	335.34	13.25
城镇用地	116.51	135.95	76.57	25.23
农村居民点	281.40	169.82	124.83	14.76
其他建设用地	123.26	94.81	78.58	52.96
未利用土地	234.29	235.29	257.37	2.62
总和	18 191	14 835	12 342	1 350

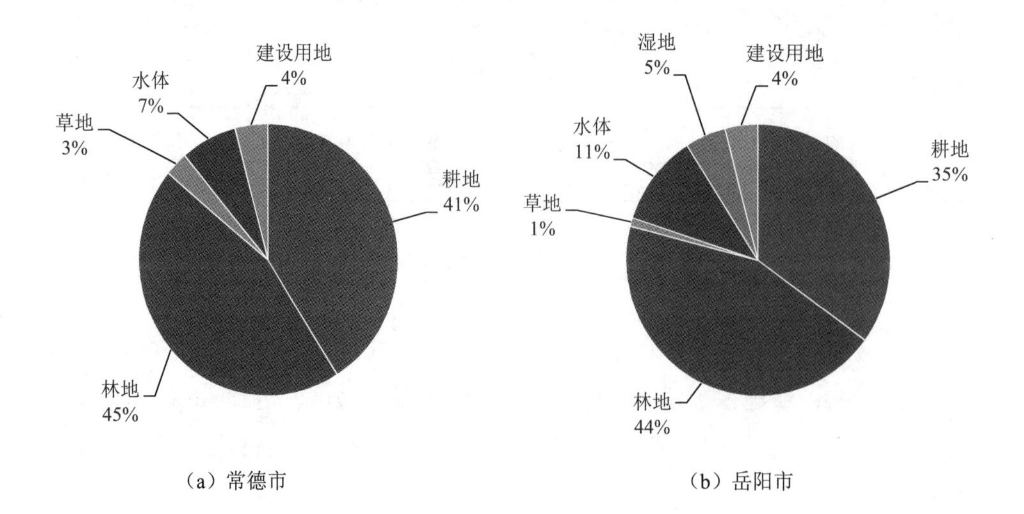

（a）常德市　（b）岳阳市

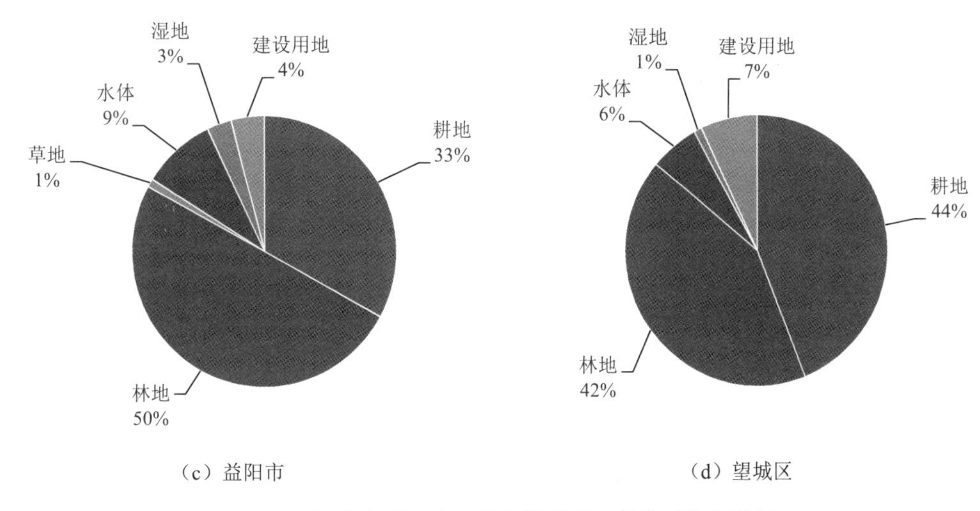

（c）益阳市　　　（d）望城区

图 1.1.14　洞庭湖区三市一区土地利用现状构成比例统计

随着社会发展和退耕还湖的政策驱动，近 10 年来湖区土地利用也发生了较大的年际变化。从面积变化来看：①耕地所占比重有减少趋势，草地和建设用地面积增加；②湿地面积有所减少，但减少幅度不大；③林地比重增加。从土地利用方式及各土地利用类型之间的转换特征来看：①耕地主要转换为湿地、建设用地和林地，也有部分林地向耕地转变，但规模不大；②林地转出方向主要是建设用地、耕地和湿地；③部分湿地转变为草地，草地转出面积远小于草地转入面积；④建设用地转入面积远大于转出面积，主要源于耕地和林地。

1.1.7　水生态现状

洞庭湖区是我国南方最大、保存最完整的河湖湿地，是我国重要的湿地保护区，维系着长江流域中下游地区的生态安全。洞庭湖湿地为各种生物提供了优越的栖息地（表 1.1.4），生物资源相当丰富，被誉为“拯救世界濒危珍稀鸟类的主要希望地”，已载入《国际重要湿地名录》。

表 1.1.4　洞庭湖水生植物群落分类

类型	群落
沉水植物	1. 苦草群落，2. 金鱼藻群落，3. 黑藻群落，4. 莲群落，5. 菹草群落，6. 狸藻群落，7. 竹叶眼子菜属群落，8. 茨藻属群落，9. 眼子菜群落，10. 狐尾藻群落
落叶植物	1. 芡实群落，2. 野菱群落，3. 二角菱群落，4. 四角菱群落，5. 荇菜群落，6. 空心莲子草群落，7. 水鳖群落
浮水植物	1. 满江红群落，2. 浮萍群落，3. 鸭舌草群落
挺水植物	莲群落

①水生植物：洞庭湖水生植物共有 72 种。其中，挺水植物有 28 种，多为黑三棱科、香蒲科、泽泻科等；浮水植物有 23 种，主要为睡莲科、苹科、龙胆科、浮萍科、雨久花科、菱科等；沉水植物有 21 种，多属于小二仙草科、眼子菜科、金鱼藻科、狸藻科、水鳖科等。

②浮游植物：洞庭湖浮游植物种类多，分布广，主要有实球藻、星球藻、空球藻、盘星藻、针杆藻、直链藻、脆杆藻、舟形藻、桥弯藻、双菱藻、微囊藻等，是渔业生产主要的饵料来源。据资料统计，洞庭湖共记录浮游植物 8 门 110 属。洞庭湖水域广阔，生态环境条件和营养状况不同，不同区域浮游植物优势种类也有一定的差异，西洞庭湖、南洞庭湖浮游植物优势种类以硅藻门种类为主，东洞庭湖则以蓝藻门为主，在个别湖区（如大西湖、小西湖）已经出现以蓝藻为优势种群的现象。洞庭湖浮游植物密度呈显著上升趋势，东洞庭湖浮游植物种类和密度显著高于西洞庭湖和南洞庭湖。

③鱼类：洞庭湖现有鱼类 119 种，分属 12 目 30 科。其中，鲤科有 65 种，鳅科有 10 种，鳇科有 10 种，银鱼科、鲐科、鰕虎鱼科各 4 种，其他鱼类 22 种，分别占总数的 54.6%、8.4%、8.4%、10.1%和 18.4%。2017 年第四季度的监测数据显示，鱼类优势种主要为大鳍刺鳑鲏、麦穗鱼、长春鳊。

④浮游动物：洞庭湖浮游动物种类较丰富，原生动物、轮虫、枝角类和桡足类分别有 45 种、56 种、18 种和 3 种，依次占浮游动物的 36.8%、45.0%、14.5%和 2.47%。浮游动物的数量变化与季节变化关系甚为密切，每年 7—10 月是浮游动物数量的高峰期。

⑤底栖动物：对东洞庭湖大型底栖动物进行调查，共记录底栖动物 4 门 7 纲 58 种，其中，寡毛类 7 种，软体动物 28 种，水生昆虫 19 种，线虫 1 种，蛭类 2 种，钩虾 1 种。同时，2017 年在西洞庭湖共观测到了两栖类物种 5 科 8 属 11 种，与 2016 年 5 科 8 属 13 种的观测结果相比，少了花姬蛙和斑腿泛树蛙。底栖动物优势种主要为铜锈环棱螺，占调查期调查个体总数的 85%。

⑥鸟类：洞庭湖区众多的洲滩湿地成为大量东亚候鸟的重要越冬地，以及东北亚水鸟迁徙线路上迁徙水禽的重要停歇、繁殖和越冬地。洞庭湖的候鸟主要包括冬候鸟、旅鸟和夏候鸟，其中以冬候鸟的数量和种类居多。在水鸟各科中，雁鸭类的种类和数量是占据绝对优势的，其次就是鸻鹬类，其余类群水鸟所占比例很少。东洞庭湖越冬的水鸟在全湖越冬水鸟中占绝对优势，根据湖南东洞庭湖国家级自然保护区管理局对外发布的 2018 年鸟类监测公报，越冬鸟类已增至 18 目 64 科 348 种，其中，国家一级保护鸟类有 7 种，二级保护鸟类有 51 种。洞庭湖区最近新记录到 3 个鸟种，分别为彩鹮、鹰鹃、雕鸮。洞庭湖区的鸟类主要分布在湖州草滩沼泽（如东洞庭湖的君山）、河流浅水洼地泥滩（如西洞庭湖的半边湖、孔家湖）、内陆湖泊（如西洞庭湖的青山垸、安乐湖及南撇洪河沿岸）、垸圩丘陵（如西洞庭湖的鹿角山，东洞庭湖的长洲、新生洲区域）4 种生态类型中。

1.2　湖区社会经济概况

1.2.1　行政区划

在行政区划上，洞庭湖区湖南境内包括岳阳市、常德市、益阳市及长沙市的望城区，共 26 个县（市、区），包含 58 个街道、269 个镇、69 个乡，总面积为 4.64 万 km^2。此外，洞庭湖区还涉及湖北省的松滋、公安、石首等县（市）。本书中的洞庭湖区如无特殊说明，均指湖南境内的三市一区，湖区行政区划详见图 1.2.1 和表 1.2.1。

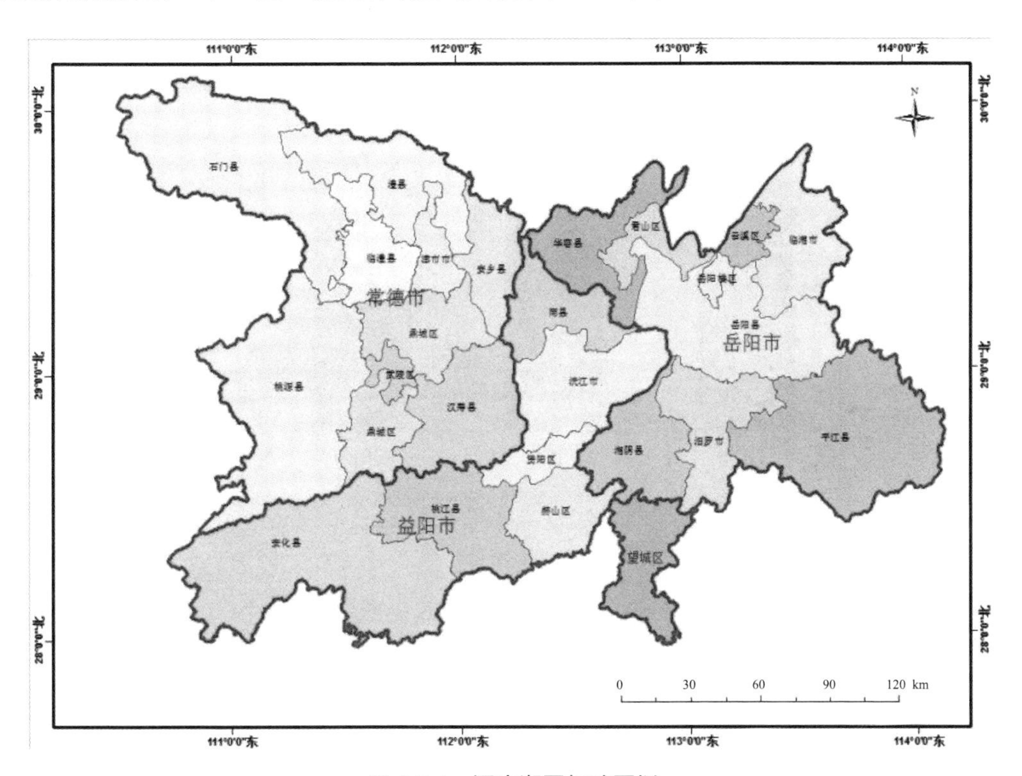

图 1.2.1　洞庭湖区行政区划

表 1.2.1　洞庭湖区行政区划

区域	地级行政区	县级行政区
洞庭湖区	岳阳市	岳阳楼区、云溪区、君山区、岳阳县、华容县、湘阴县、汨罗市、平江县、临湘市、屈原管理区
	常德市	武陵区、鼎城区、汉寿县、安乡县、澧县、临澧县、桃源县、石门县、津市市
	益阳市	赫山区、资阳区、沅江市、南县、安化县、桃江县
	长沙市	望城区

1.2.2 人口分布

（1）洞庭湖区人口分布情况

湖南省统计年鉴数据显示，2017 年洞庭湖区总人口达 1 670.79 万人，其中，城镇人口为 894.39 万人，占比为 53.53%；农村人口为 776.40 万人，占比为 46.47%。其中，岳阳市为 583.78 万人，占洞庭湖区总人口的 34.94%；益阳市为 439.20 万人，占洞庭湖区总人口的 26.29%；常德市为 584.48 万人，占洞庭湖区总人口的 34.98%；望城区为 63.33 万人，占洞庭湖区总人口的 3.79%。洞庭湖区中常德市人口数量最多，其次是岳阳市和益阳市（图 1.2.2）。2008—2017 年洞庭湖区人口总数变化不大，总体处于稳定状态。随着城市的发展，呈现出城镇人口增长，农村人口下降的趋势（图 1.2.3 和表 1.2.2）。

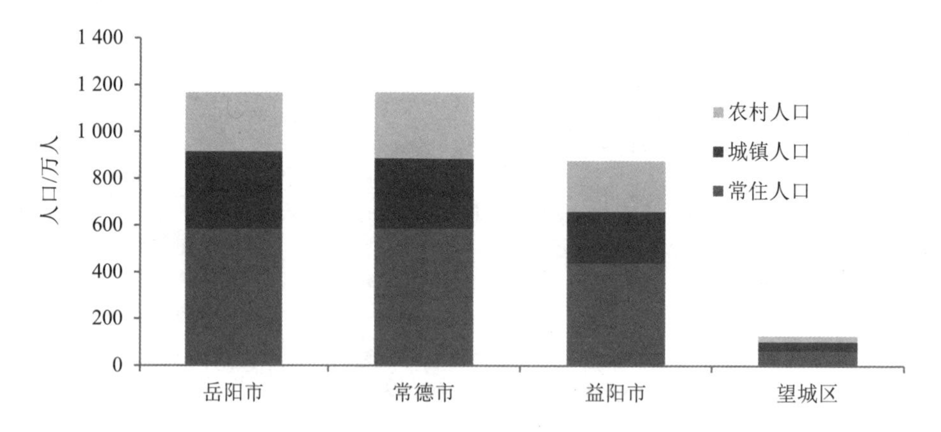

图 1.2.2 2017 年洞庭湖区人口分布

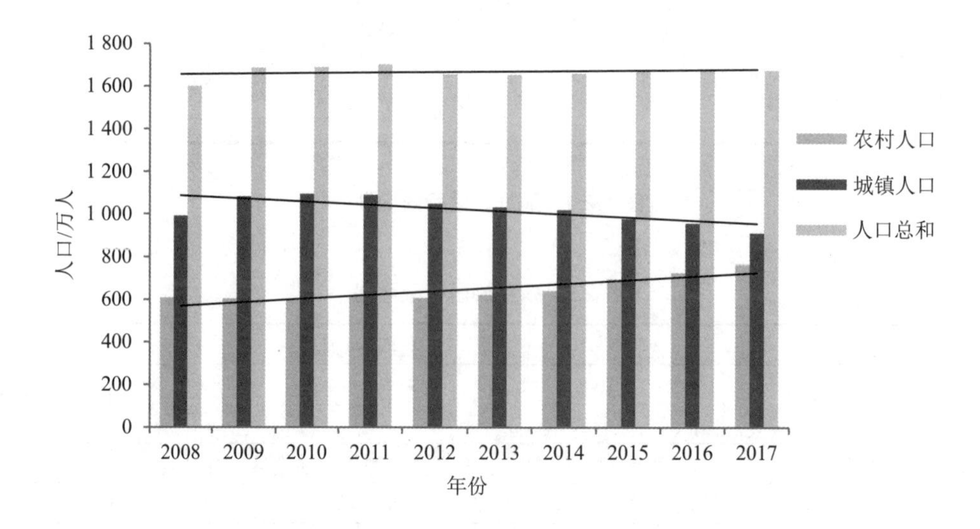

图 1.2.3 2008—2017 年洞庭湖区人口变化趋势

表 1.2.2　2008—2017 年洞庭湖区人口统计

单位：万人

年份	常德市			岳阳市			益阳市			望城区			洞庭湖区		
	城镇人口	农村人口	总人口	城镇人口	农村人口	总人口	城镇人口	农村人口	总人口	城镇人口	农村人口	总人口	城镇人口	农村人口	总人口
2008	137.39	385.13	522.52	248.14	297.26	545.40	190.57	287.72	478.29	21.82	32.14	53.96	597.92	1 002.25	1 600.17
2009	145.20	470.36	615.56	256.08	292.29	548.37	195.28	275.27	470.55	22.72	31.76	54.48	619.28	1 069.68	1 688.96
2010	145.58	464.38	609.96	251.96	295.65	547.61	189.89	287.02	476.91	24.18	28.19	52.37	611.61	1 075.24	1 686.85
2011	145.91	474.03	619.95	262.25	286.28	548.53	196.77	281.97	478.74	25.10	27.76	52.76	630.03	1 070.04	1 700.07
2012	143.54	470.54	614.07	272.29	280.02	552.31	183.04	251.21	434.25	26.68	26.66	53.34	625.55	1 028.43	1 653.98
2013	142.11	462.50	604.61	282.50	273.40	555.90	189.40	247.89	437.29	28.53	26.08	54.61	642.54	1 009.87	1 652.41
2014	143.03	463.10	606.13	292.58	266.93	559.51	196.57	242.58	439.15	31.13	25.08	56.21	663.31	997.69	1 661.00
2015	157.39	451.78	609.18	304.02	261.90	565.92	204.58	236.44	441.02	33.52	24.10	57.62	699.51	974.22	1 673.73
2016	164.73	446.28	682.67	315.98	252.13	568.11	212.18	231.07	443.25	36.18	23.95	60.13	729.07	953.43	1 682.50
2017	301.77	282.71	584.48	332.95	250.83	583.78	220.13	219.07	439.20	39.53	23.80	63.33	894.39	776.40	1 670.79

（2）常德市人口分布情况

湖南省统计年鉴（以下简称年鉴）数据显示，截至 2017 年，常德市常住总人口为 584.48 万人，其中城镇人口为 301.77 万人，占比为 51.63%；农村人口为 282.71 万人，占比为 48.37%。市区常住人口占比最大，共 156.51 万人，占常德市常住总人口的 26.78%；其次是桃源县，常住人口共 85.79 万人，占比为 14.68%；津市市常住人口最少，共 26.14 万人，占比为 4.47%；安乡县常住人口为 53.03 万人，占比为 9.07%；汉寿县常住人口为 80.98 万人，占比为 13.85%；澧县常住人口为 78.34 万人，占比为 13.4%；临澧县常住人口为 43.59 万人，占比为 7.46%；石门县常住人口为 60.10 万人，占比为 10.29%（表 1.2.3、图 1.2.4）。从 2008—2017 年人口变化趋势图（图 1.2.5）可以看出，常德市总人口减少近 10 万人，主要为农村人口减少，而城镇人口持续增加。近 5 年来，这种变化趋势更加明显。

表 1.2.3　2017 年常德市人口统计

单位：万人

地区	常住人口	城镇人口	农村人口
武陵区	74.36	66.35	8.01
鼎城区	82.15	42.84	39.31
安乡县	53.03	22.91	30.12
汉寿县	80.98	33.32	47.66
澧县	78.34	36.34	42.00
临澧县	43.59	20.59	23.00

地区	常住人口	城镇人口	农村人口
桃源县	85.79	35.08	50.71
石门县	60.10	27.04	33.06
津市市	26.14	17.30	8.84
合计	584.48	301.77	282.71

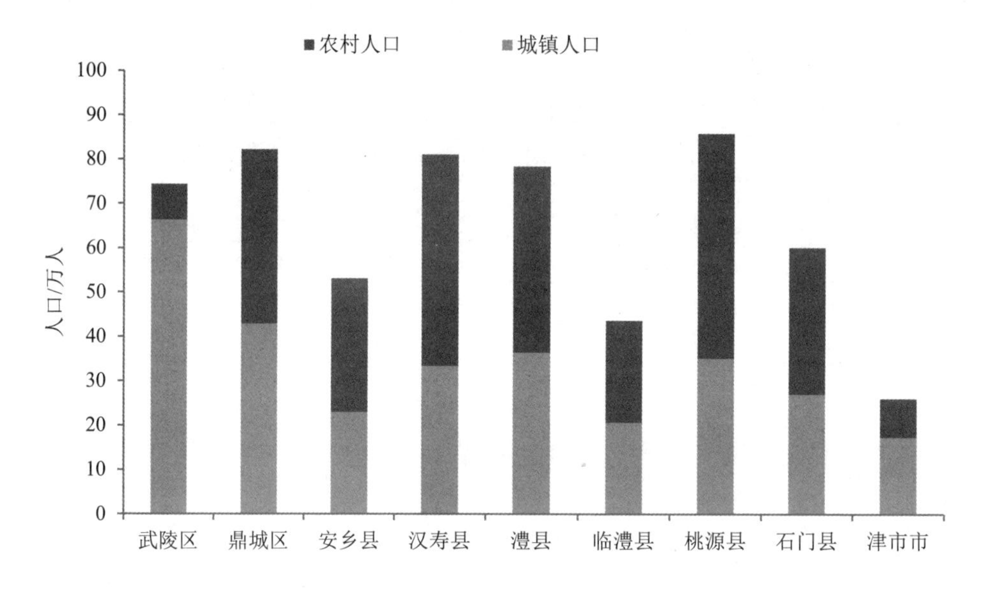

图 1.2.4　2017 年常德市人口分布

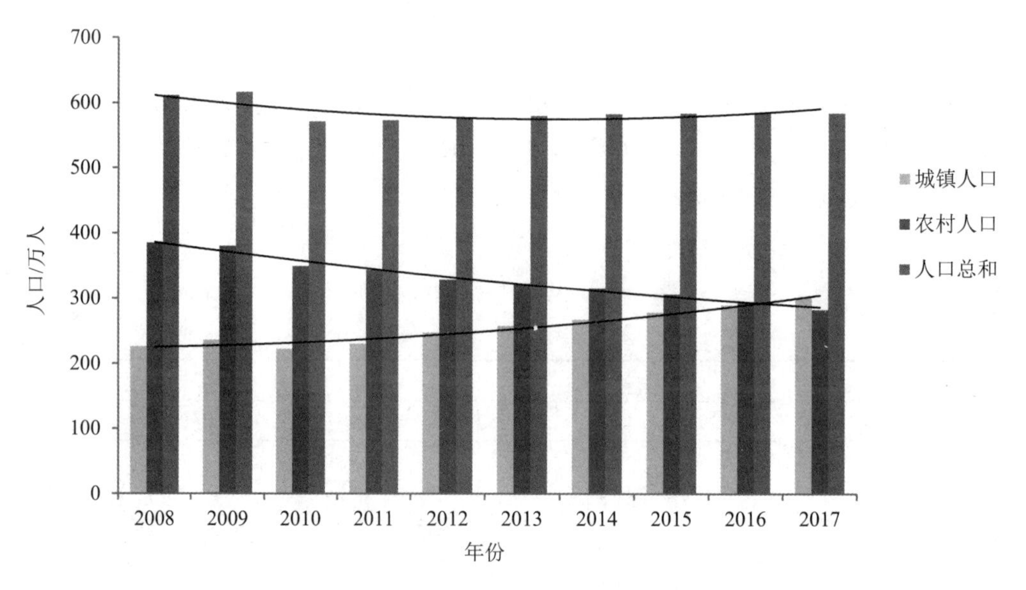

图 1.2.5　2008—2017 年常德市人口变化趋势

（3）岳阳市人口分布情况

据统计数据，截至 2017 年年底，岳阳市常住总人口为 583.78 万人，其中，城镇人口 332.95 万人，占比为 57.03%；农村人口 250.83 万人，占比为 42.97%。平江县人口数最大，其次是岳阳楼区，屈原管理区人口数最小（表 1.2.4、图 1.2.6）。从 2008—2017 年人口变化趋势图（图 1.2.7）可以看出，岳阳市总人口逐年增加，2008—2017 年增加了近 25 万人，呈现出农村人口减少、城镇人口持续增加的趋势，2014 年，城镇人口超过农村人口，此后城镇人口增长加快。

表 1.2.4　2017 年岳阳市人口统计

单位：万人

地区	常住人口	城镇人口	农村人口
岳阳楼区	89.32	82.25	7.07
云溪区	19.01	12.42	6.59
君山区	25.58	14.84	10.74
岳阳县	73.96	36.80	37.16
华容县	73.11	35.47	37.64
湘阴县	71.08	35.47	35.61
平江县	98.48	43.73	54.75
汨罗市	71.63	40.30	31.33
临湘市	51.66	26.70	24.96
屈原管理区	9.95	4.97	4.98
合计	583.78	332.95	250.83

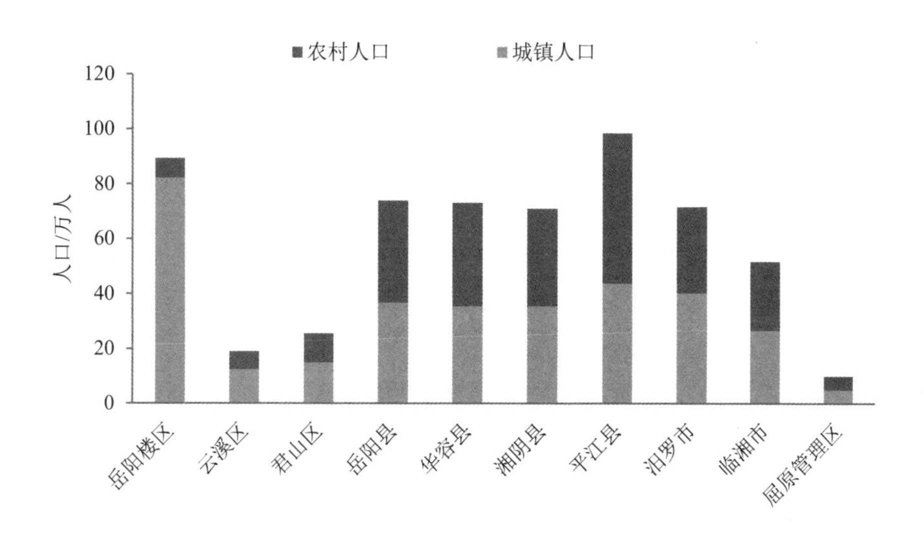

图 1.2.6　2017 年岳阳市人口分布

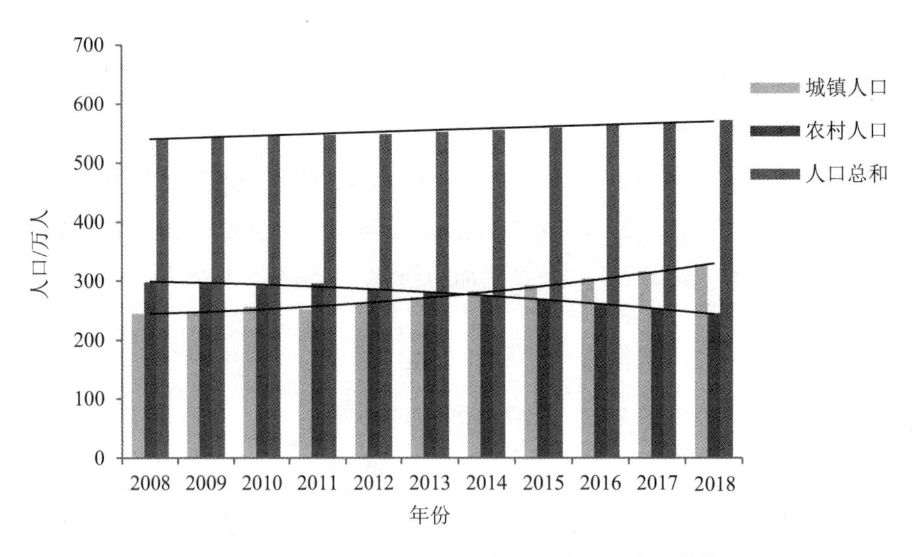

图 1.2.7　2008—2017 年岳阳市人口变化趋势

（4）益阳市人口分布情况

2017 年年底，益阳市常住总人口为 439.20 万人，其中，城镇人口 220.13 万人，占比为 50.12%；农村人口 219.07 万人，占比为 49.88%。其中，资阳区常住人口为 42.21 万人，占比为 9.61%；赫山区常住人口为 87.68 万人，占比为 19.96%；南县常住人口为 74.31 万人，占比为 16.92%；桃江县常住人口为 79.40 万人，占比为 18.08%；安化县常住人口为 86.26 万人，占比为 19.64%；沅江市常住人口为 69.34 万人，占比为 15.79%。赫山区常住人口最多，其次是安化县，资阳区常住人口最少（表 1.2.5、图 1.2.8）。从 2008—2017 年人口变化趋势图（图 1.2.9）可以看出，益阳市人口变化趋势呈现波动减少，从 470 万人减少到 439 万人，共减少 31 万人，尤其是 2011—2012 年，人口共减少 33.5 万人。城镇人口与农村人口变化，也同样呈现出农村人口减少、城镇人口持续增长的趋势，变化曲线在 2017 年实现交叉。

表 1.2.5　2017 年益阳市人口统计

单位：万人

地区	常住人口	城镇人口	农村人口
资阳区	42.21	24.10	18.11
赫山区	87.68	57.26	30.42
南县	74.31	35.15	39.16
桃江县	79.40	37.33	42.07
安化县	86.26	30.23	56.03
沅江市	69.34	36.06	33.28
合计	439.20	220.13	219.07

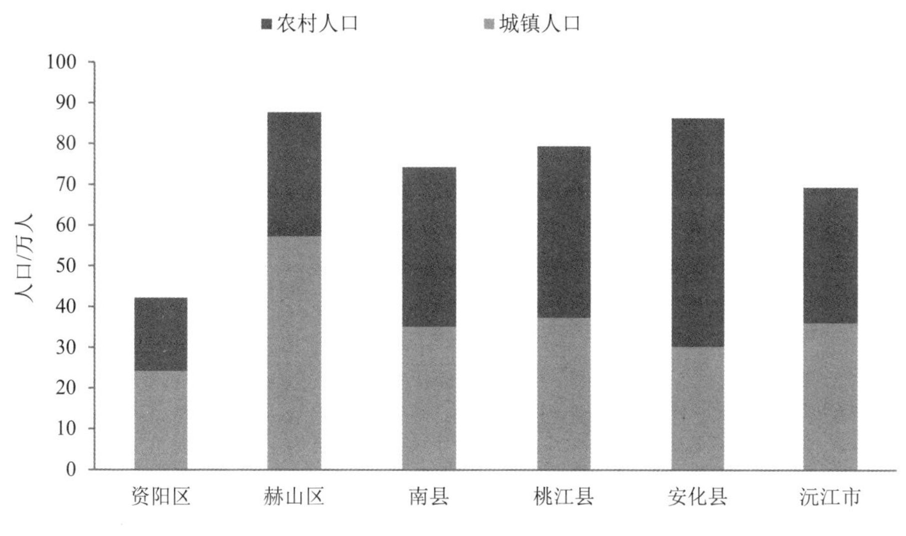

图 1.2.8　2017 年益阳市人口分布

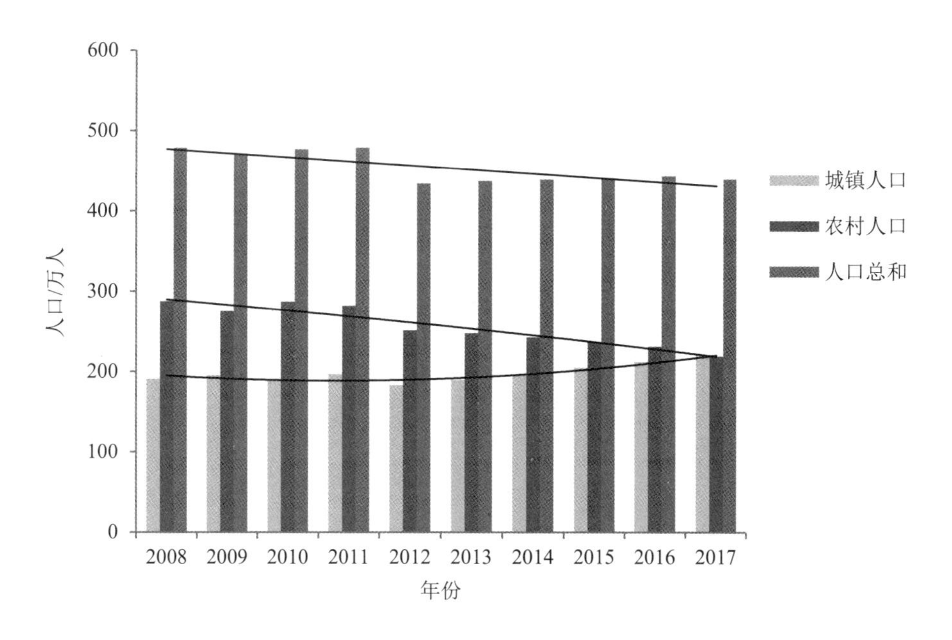

图 1.2.9　2008—2017 年益阳市人口变化趋势

（5）望城区人口分布情况

2017 年年底，望城区常住总人口达到 63.33 万人，较 2016 年增长 10.4%，其中，城镇人口 39.53 万人，占比为 62.42%；农村人口 23.80 万人，占比为 37.58%。人口变化趋势图（图 1.2.10）显示，2008—2017 年望城区总人口呈上升趋势，增加了 9 万多人，这与望城区前几年工业增加导致人口集聚有关。农村人口和城镇人口在 2012 年出现交叉，2012 年之前农村人口大于城镇人口，2012 年城镇人口赶超农村人口，截至 2017 年，城镇人口由 21.82 万人增加至 39.53 万人，增加了 17.71 万人；农村人口由 32.14 万人减少至 23.80 万人，减少了 8.34 万人，这主要是由于望城区距离长沙市区较近、城镇化速度加快等因素导致。

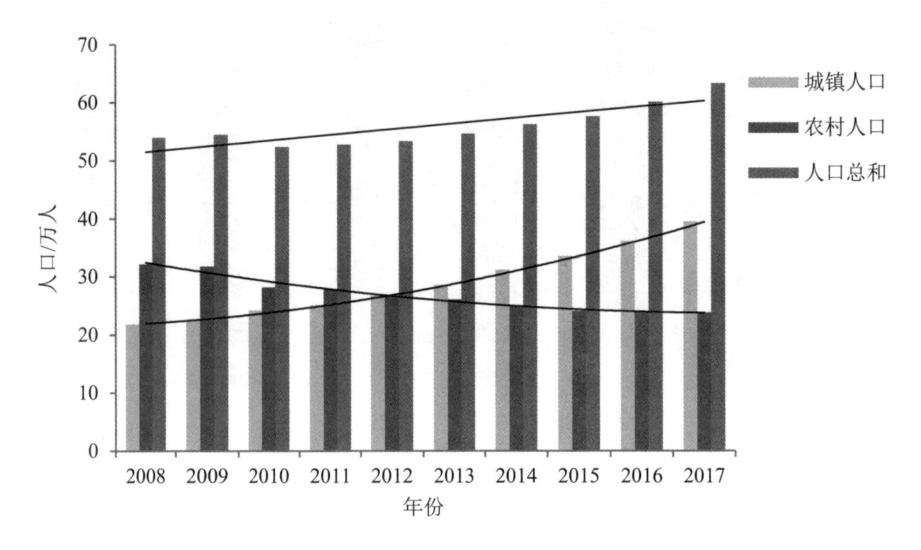

图 1.2.10 2008—2017 年望城区人口变化趋势

1.2.3 经济与产业结构的变化

（1）洞庭湖区经济与产业结构

据年鉴统计，2017 年洞庭湖区生产总值为 8 820.30 亿元。其中，岳阳市生产总值为 3 258.03 亿元，占比为 36.94%；常德市生产总值为 3 238.10 亿元，占比为 36.71%；益阳市生产总值为 1 665.40 亿元，占比为 18.88%；望城区生产总值为 658.76 亿元，占比为 7.47%（图 1.2.11）。

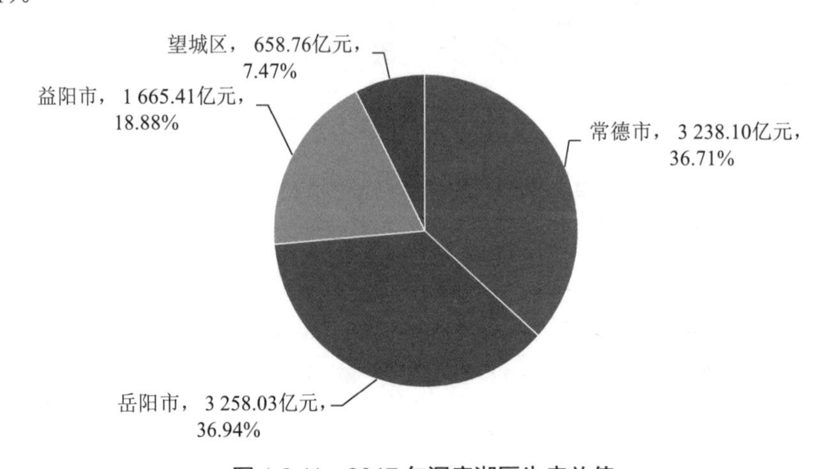

图 1.2.11 2017 年洞庭湖区生产总值

洞庭湖区生产总值呈增长趋势，从 2008 年的 2 713.51 亿元上升至 2017 年的 8 820.30 亿元。2008—2017 年，岳阳市生产总值逐年增长，增幅呈现波动上升；常德市生产总值增长趋势比较平稳，与岳阳市生产总值相差不大，截至 2017 年，仅相差 19.93 亿元；益阳市生产总值增长一直处于较平稳的状态，每年生产总值增幅不大，相比岳阳市和常德市，生产总值偏低；望城区的生产总值对于其他三个地级市来说规模较小，但也保持相对快速的增长（表 1.2.6 和图 1.2.12）。

表 1.2.6　2008—2017 年洞庭湖区三市一区年生产总值

单位：亿元

年份	常德市	岳阳市	益阳市	望城区	洞庭湖区
2008	1 049.70	939.38	530.34	194.09	2 713.51
2009	1 239.23	1 047.99	583.59	193.38	3 064.19
2010	1 491.57	1 312.47	706.20	243.00	3 753.24
2011	1 811.19	1 612.93	885.70	327.40	4 637.22
2012	2 038.50	2 199.92	1 030.50	374.90	5 643.82
2013	2 264.94	2 363.86	1 141.80	427.50	6 198.10
2014	2 514.21	2 676.00	1 274.30	469.80	6 934.31
2015	2 709.02	2 837.14	1 373.50	520.40	7 440.06
2016	2 953.82	3 188.98	1 535.10	582.20	8 260.10
2017	3 238.10	3 258.03	1 665.40	658.76	8 820.29

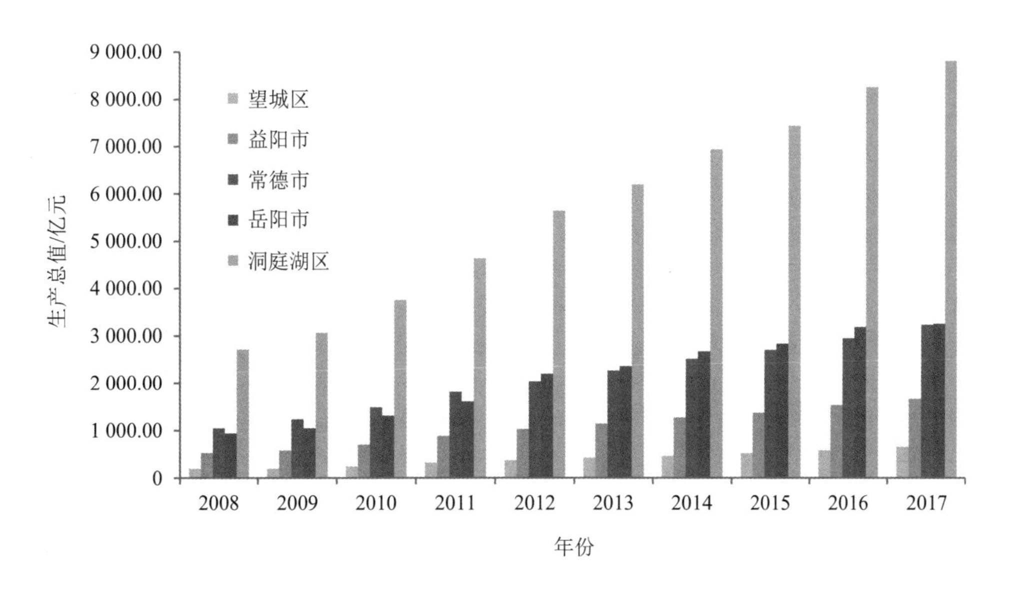

图 1.2.12　2008—2017 年洞庭湖区三市一区年生产总值变化趋势

2008—2017 年，洞庭湖区人均生产总值均处于不断增长的状态，截至 2017 年，人均生产总值为 5.26 万元。三市一区数据分析表明：岳阳市人均生产总值 2011 年前低于常德市，到 2012 年反超常德市，并一直保持领先；益阳市的人均生产总值逐年增加；望城区近 10 年引入工业园区，人均生产总值波动较大，增长最快，到 2017 年人均生产总值达到 9.71 万元（表 1.2.7 和图 1.2.13）。

表 1.2.7　2008—2017 年洞庭湖区三市一区人均生产总值

单位：万元

年份	常德市	岳阳市	益阳市	望城区	洞庭湖区
2008	1.92	1.51	1.11	3.60	1.70
2009	2.25	1.91	1.24	3.55	1.82
2010	2.66	2.40	1.48	4.65	2.22
2011	3.16	2.94	1.85	6.21	2.72
2012	3.55	3.98	2.37	7.03	3.41
2013	3.92	4.37	2.61	7.83	3.75
2014	4.32	4.77	2.90	8.36	4.18
2015	4.64	5.01	3.11	9.03	4.44
2016	5.05	5.46	3.46	9.68	4.91
2017	5.54	5.68	3.79	9.71	5.26

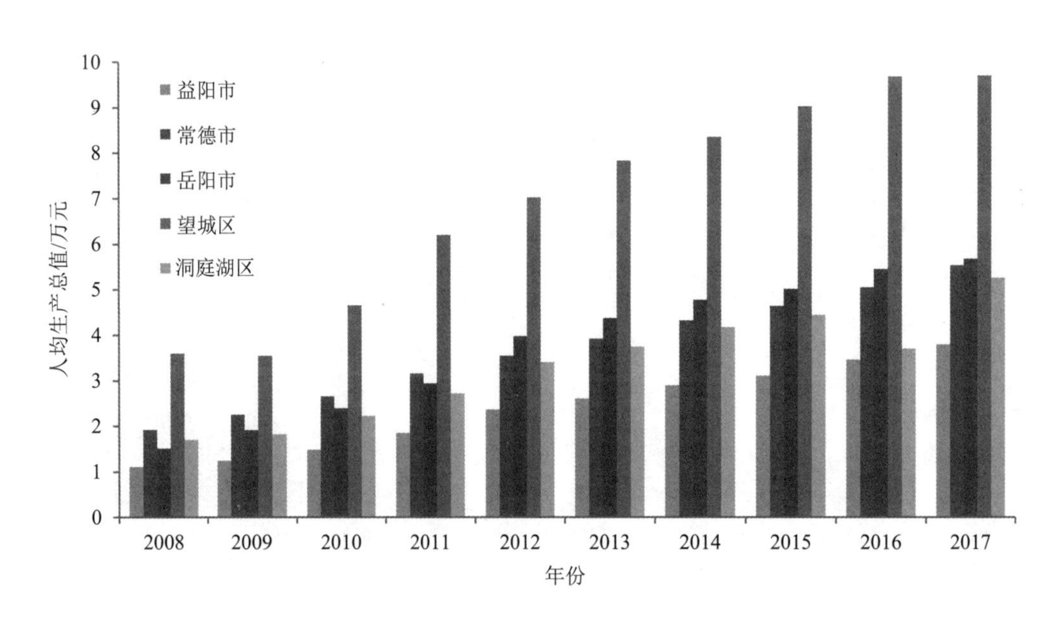

图 1.2.13　2008—2017 年洞庭湖区三市一区人均生产总值变化趋势

洞庭湖区第一产业发展总体呈增长趋势，截至 2017 年生产总值为 1 089.50 亿元。其中常德市发展最好，2008—2017 年一直处于增长状态，但增长速度缓慢；岳阳市第一产业发展增幅存在一定波动；益阳市第一产业增长幅度不大，但每年持续增长，2017 年与 2008 年相比增长了 149.92 亿元；望城区第一产业从 2009 年开始逐年增长（表 1.2.8 和图 1.2.14）。

表 1.2.8　2008—2017 年洞庭湖区三市一区第一产业生产总值

单位：亿元

年份	常德市	岳阳市	益阳市	望城区	洞庭湖区
2008	229.13	167.02	136.20	28.20	560.55
2009	257.36	190.15	142.90	17.90	608.31
2010	280.10	215.53	162.40	21.20	679.23
2011	294.69	257.22	191.90	26.30	770.11
2012	302.56	256.58	203.90	29.70	792.74
2013	323.83	255.28	216.10	32.60	827.81
2014	337.89	292.24	231.70	35.00	896.83
2015	355.20	316.75	251.40	39.40	962.75
2016	383.24	345.84	272.60	43.30	1 044.98
2017	395.50	362.35	286.12	45.53	1 089.50

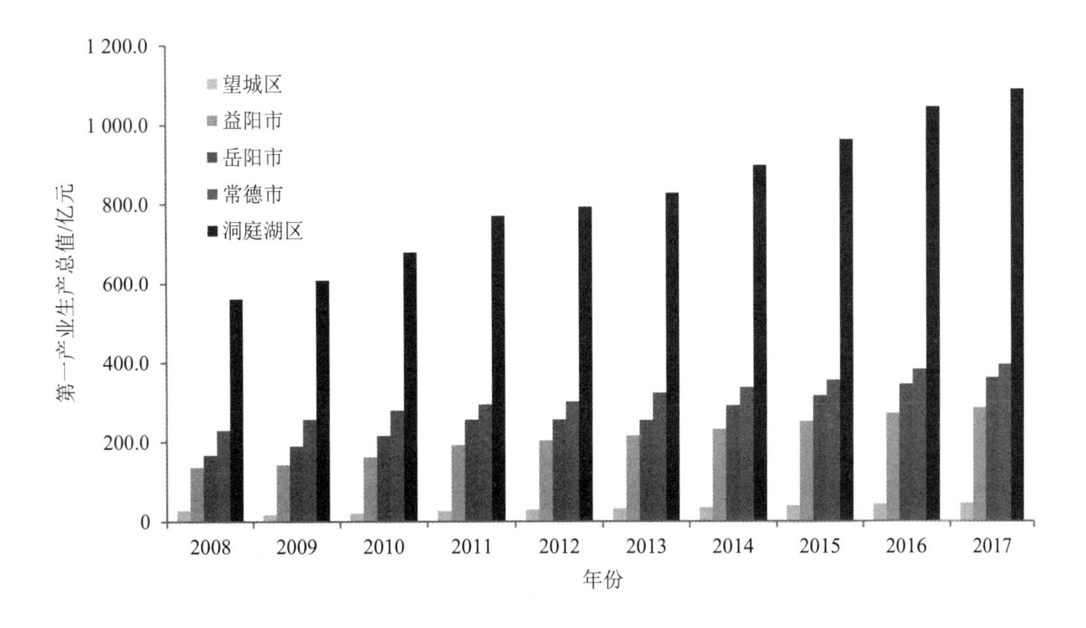

图 1.2.14　2008—2017 年洞庭湖区三市一区第一产业生产总值变化趋势

洞庭湖区第二产业增长较快，生产总值从 2008 年的 1 149.35 亿元增长至 2017 年的 3 831.96 亿元。岳阳市第二产业 2008—2014 年处于迅速上升的状态，特别是 2010—2012 年该地区第二产业增长了 532.14 亿元，2014 年后增长速度开始放缓；常德市第二产业在 2010 年与岳阳市基本一致，但增长速度比较平稳，2017 年增长至 1 292.50 亿元，与 2008 年相比，增长了 924.91 亿元；益阳市第二产业基数较小，2008—2017 年生产总值逐年增长，2017 年生产总值增长至 647.11 亿元，增幅达 234.5%；望城区作为一个县级区，2008—2017 年第二产业生产总值由 122.60 亿元增长至 467.42 亿元，增幅最高（表 1.2.9 和图 1.2.15）。

表 1.2.9　2008—2017 年洞庭湖区三市一区第二产业生产总值

单位：亿元

年份	常德市	岳阳市	益阳市	望城区	洞庭湖区
2008	367.59	465.70	193.46	122.60	1 149.35
2009	498.57	531.04	223.15	133.00	1 385.76
2010	685.25	689.69	295.39	172.70	1 843.03
2011	889.28	888.18	399.33	241.90	2 418.69
2012	1 008.45	1 221.83	482.17	276.80	2 989.25
2013	1 102.44	1 285.85	529.51	314.50	3 232.30
2014	1 197.88	1 440.08	579.60	341.70	3 559.26
2015	1 237.48	1 465.15	599.29	375.90	3 677.82
2016	1 257.17	1 469.10	662.04	416.30	3 804.61
2017	1 292.50	1 424.93	647.11	467.42	3 831.96

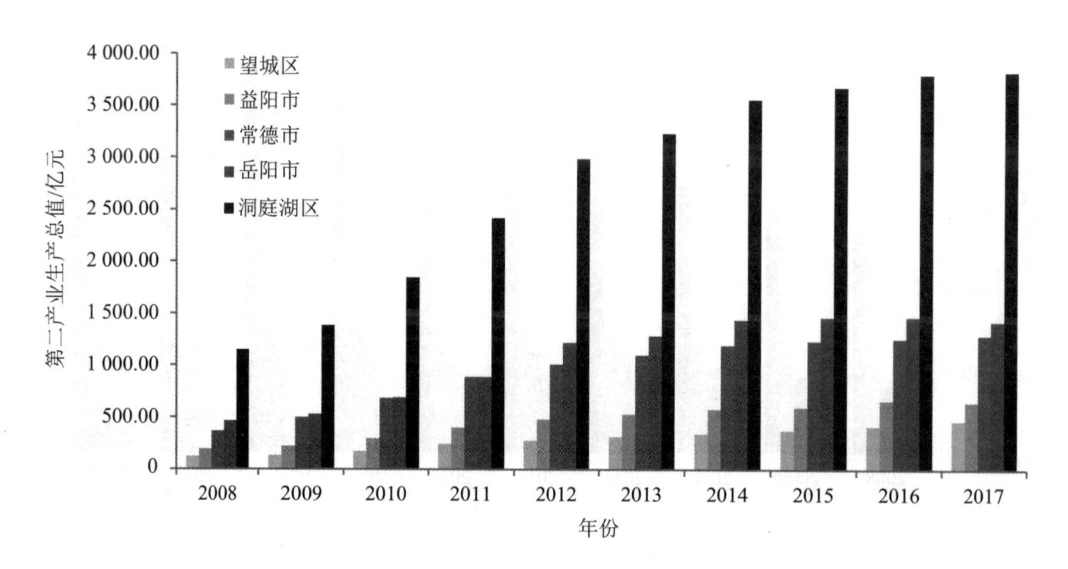

图 1.2.15　2008—2017 年洞庭湖区三市一区第二产业生产总值变化趋势

洞庭湖区第三产业呈逐年增长趋势，增长速度最快，生产总值由 2008 年的 933.60 亿元增长至 2017 年的 3 898.84 亿元，其中常德市和岳阳市增长较快。截至 2017 年，常德市第三产业增长至 1 550.10 亿元，增长了 1 147.84 亿元；岳阳市 2011—2012 年增长速度最快，2012—2017 年逐年增长；益阳市和望城区第三产业生产总值也呈现逐年增长的趋势，年增长率变化不大（表 1.2.10 和图 1.2.16）。

表 1.2.10　2008—2017 年洞庭湖区三市一区第三产业生产总值

单位：亿元

年份	常德市	岳阳市	益阳市	望城区	洞庭湖区
2008	402.26	287.39	200.65	43.30	933.60
2009	450.82	357.28	217.56	42.40	1 068.06
2010	526.22	407.25	248.42	49.10	1 230.99
2011	627.21	467.53	294.50	59.20	1 448.44
2012	727.49	721.51	344.46	68.40	1 861.86
2013	838.67	822.98	396.22	80.50	2 138.37
2014	978.38	937.00	463.03	93.00	2 471.41
2015	1 116.34	1 055.25	522.76	105.10	2 799.45
2016	1 313.41	1 285.94	600.48	122.60	3 322.43
2017	1 550.10	1 470.75	732.18	145.81	3 898.84

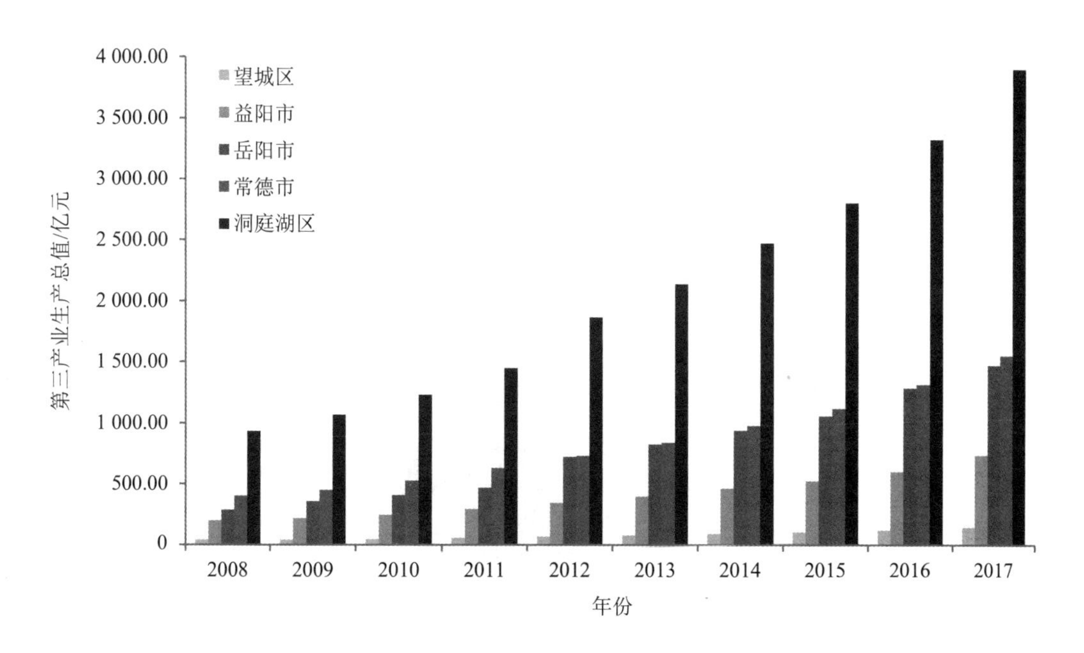

图 1.2.16　2008—2017 年洞庭湖区三市一区第三产业生产总值变化趋势

2017 年洞庭湖区三市一区第一产业、第二产业、第三产业产值构成见表 1.2.11。由表可知，第一产业在三市一区中的占比较小，第二产业和第三产业占比较大。望城区第二产业占比最大，高达 70.95%。说明洞庭湖区的污染源尤其要重视第二产业和第三产业的贡献率。

表 1.2.11 2017 年洞庭湖区三大产业生产总值及占比情况

产业类型	常德市		岳阳市		益阳市		望城区	
	GDP/亿元	占比/%	GDP/亿元	占比/%	GDP/亿元	占比/%	GDP/亿元	占比/%
第一产业	395.50	12.21	362.35	11.12	286.12	17.19	45.53	6.91
第二产业	1 292.50	39.91	1 424.93	43.74	647.11	38.85	467.42	70.95
第三产业	1 550.10	47.88	1 470.75	45.14	732.18	43.96	145.81	22.14
总和	3 238.10	100	3 258.03	100	1 665.41	100	658.76	100

（2）洞庭湖区产业结构分析

2017 年洞庭湖区生产总值为 8 820.30 亿元。其中，第一产业生产总值为 1 089.50 亿元，占比为 12.35%；第二产业生产总值为 3 831.96 亿元，占比为 43.44%；第三产业生产总值为 3 898.84 亿元，占比为 44.21%。洞庭湖区第一产业占比最小，第三产业占比最大（表 1.2.12 和图 1.2.17）。

表 1.2.12 2017 年洞庭湖区三大产业生产总值

单位：亿元

产业类型	常德市	岳阳市	益阳市	望城区	洞庭湖区
第一产业	395.50	362.35	286.12	45.53	1 089.50
第二产业	1 292.50	1 424.93	647.11	467.42	3 831.96
第三产业	1 550.10	1 470.75	732.18	145.81	3 898.84

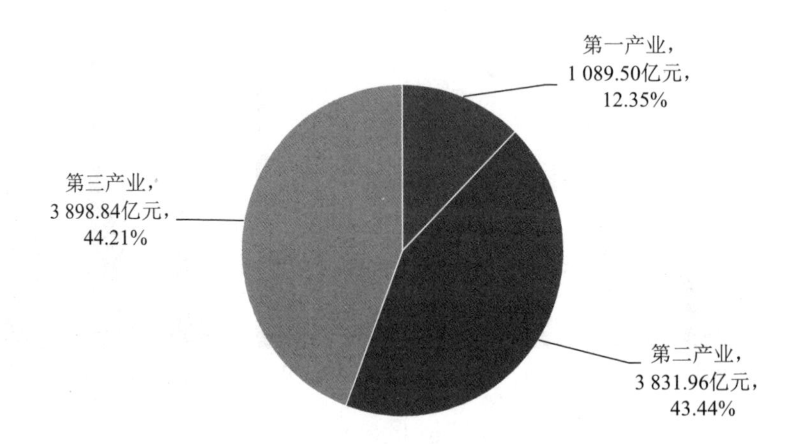

图 1.2.17 2017 年洞庭湖区三大产业产值占比

2017 年常德市实现地区生产总值 3 238.10 亿元，其中，第一产业 395.50 亿元，第二产业 1 292.50 亿元，第三产业 1 550.10 亿元（图 1.2.18）。

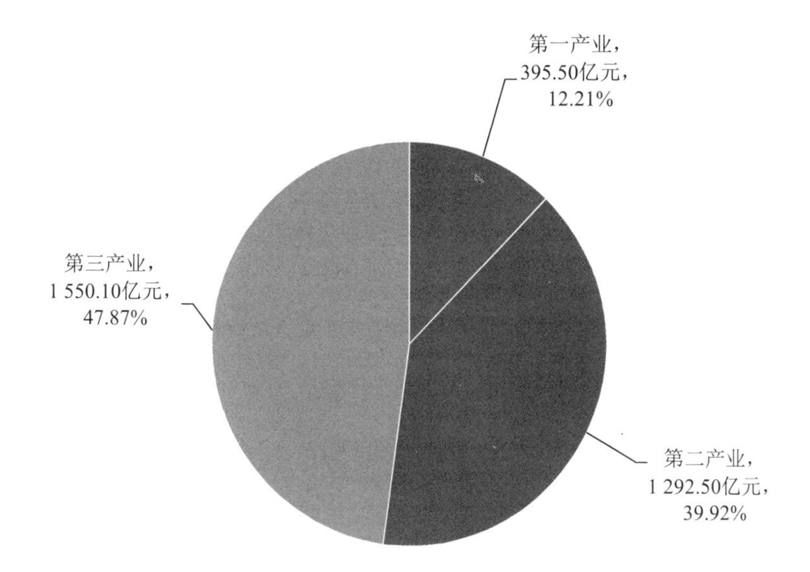

图 1.2.18　2017 年常德市三大产业产值占比

2017 年岳阳市生产总值为 3 258.03 亿元，其中，第一产业 362.35 亿元，占比为 11.12%；第二产业 1 424.93 亿元，占比为 43.74%；第三产业 1 470.75 亿元，占比为 45.14%。第一产业占比小，第二、第三产业发展迅猛，其中第三产业占比最大，这与岳阳市政府着力打造岳阳的旅游品牌、加快旅游产业的开发有关（图 1.2.19）。

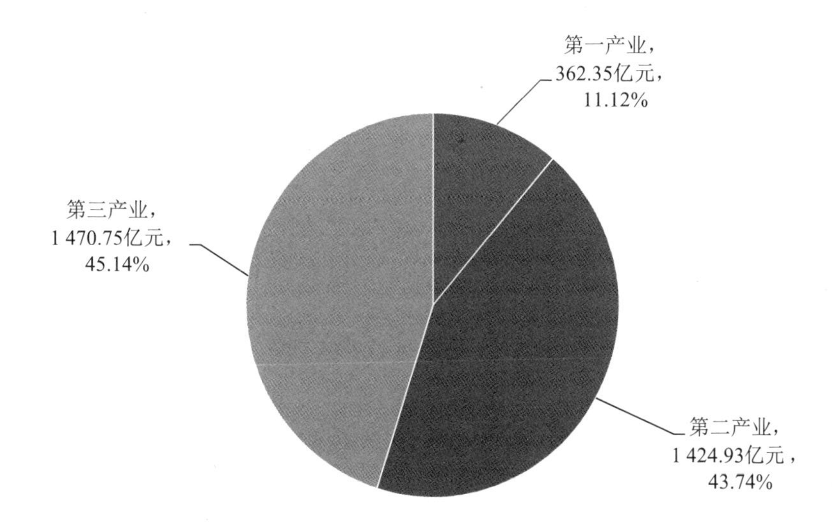

图 1.2.19　2017 年岳阳市三大产业产值占比

2017 年益阳市生产总值为 1 665.41 亿元，其中，第一产业 286.12 亿元，占比为 17.19%；第二产业 647.11 亿元，占比为 38.85%；第三产业 732.18 亿元，占比为 43.96%。总体来说，第一产业占比最小，第三产业占比最大（图 1.2.20）。

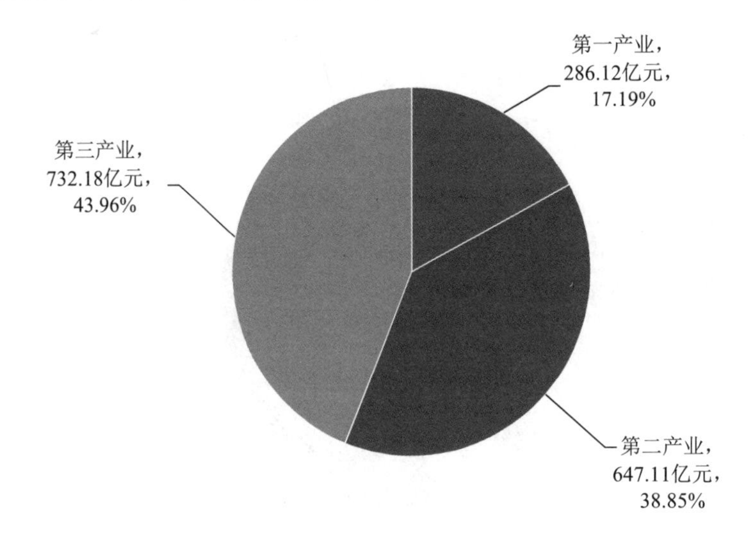

图 1.2.20　2017 年益阳市三大产业产值占比

2017 年望城区生产总值为 658.76 亿元，其中，第一产业 45.53 亿元，占比为 6.91%；第二产业 467.42 亿元，占比为 70.95%；第三产业 145.81 亿元，占比为 22.14%。三大产业所占比重差距明显（图 1.2.21）。

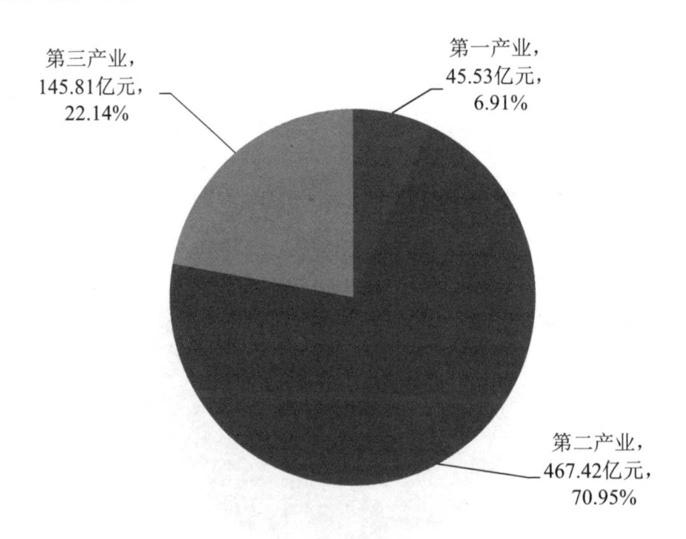

图 1.2.21　2017 年望城区三大产业产值占比

1.3 洞庭湖湖体演变趋势研究

1.3.1 洞庭湖的演变历史

洞庭湖的演变分为两个阶段：自然演变阶段和人类活动与自然复合作用演变阶段。

（1）自然演变阶段

在第四纪初期，随着新构造运动的来临，地壳产生了极为强烈的块断差异运动，使湖区开始强烈断陷，导致洞庭湖的形成。60 万年前除赤山外，洞庭湖区沉陷幅度在 100 m 以上。湖盆以赤山为界分为东、西两部分，湖水自安乡西北经津市市以北的澄县凹陷排入长江。距今 20 万年前的晚更新世末期——旧石器时代，洞庭湖区出现人类活动踪迹。距今 1 万年全新世以前，洞庭湖区演变主要以地质构造演变为主，经历了晚中生代—新生代和晚更新世末期两个阶段。

（2）人类活动与自然复合作用演变阶段

在新石器时代至我国战国时期，洞庭湖区的演变还是以自然作用为主，人类活动叠加在自然力之中所起作用较小。到元明时期，洞庭湖的水面面积约为 6 000 km^2；进入 20 世纪以来，“三口”大量的泥沙倾泻入湖，导致湖底淤浅及北岸沙洲快速增长，到 1949 年，洞庭湖的湖泊面积约为 4 350 km^2。中华人民共和国成立以后湖区进行了 3 次大的围垦，20 世纪 50 年代后期，是围垦外湖最快时期，围垦总面积达 600 km^2，此后，20 世纪 60 年代和 70 年代又有两次大的围垦，到 1978 年，洞庭湖水面面积约为 2 691 km^2。

1967 年和 1969 年分别对长江中洲子、上车湾实施人工裁弯，1972 年，沙滩洲发生自然裁弯，其后，长江裁弯段及其上游河道河床冲刷，“三口”流入洞庭湖的泥沙量减少，城陵矶出口河段发生淤积。1997 年，长江水利委员会对洞庭湖盆区进行了万分之一地形图量算，湖泊水面面积为 2 625 km^2，其中，七里湖 75 km^2，目平湖 332 km^2，南洞庭湖 905 km^2，东洞庭湖 1 313 km^2，总容积为 167×10^8 m^3，比 1978 年分别减少 19 km^2、17 km^2、15 km^2、64 km^2。现今的洞庭湖，洪水期汪洋一片，枯水期则仅剩几条带状水域。

1.3.2 基于 MODIS 数据的洞庭湖水域提取

MODIS（Moderate Resolution Imaging Spectroradiometer）是当前世界上新一代图谱合一的光学遥感仪器，代表当今世界最先进的遥感技术。本书所使用的 MODIS 影像 MOD13Q1 数据产品，主要提供 16 天的植被指数影像数据，包含归一化植被指数（NDVI）和增强型植被指数（EVI），空间分辨率为 250 m，均来源于美国国家航空航天局（NASA）的 GSFC 卫星网站（http://modis.gsfc.nasa.gov），2001—2017 年，每年 23 期影像，所有数据共计 391 期。

本书中的数据预处理分为3个步骤：①采用最大合成法（Maximum Value Composite，MVC）预处理NDVI数据，即在一定的合成期限中，对应固定的地理网格坐标，将每天逐像元计算出的NDVI更新，用最大的NDVI替换原像元值。②运用遥感软件ENVI5.3和MRT（MODIS Reproject Tools）对MODIS数据进行研究区域裁剪、投影转换等预处理，使影像数据成为集中反映研究区概况和具有坐标统一、范围一致的完整性的研究数据集。③基于经过MVC处理后的数据集仍然存在较大的噪声影响和残差，在TIMESAT3.3的软件支持下，采用Savitzky-Golay滤波法进一步对NDVI影像数据分析和重构，并进行对比。

本书采用水体指数法中的归一化植被指数模型提取洞庭湖区域的湖泊水体。归一化植被指数模型使用的是红光波段和近红外波段。在红光波段，水体的反射率高于植被，而在近红外波段，植被的反射率远远高于水体，通过NDVI模型的波段组合运算，可以增强水体和植被之间的反差。对于植被较为茂盛的地区，NDVI可以用来区分水陆边界，且提取的结果精度较高。MODIS卫星的NDVI计算公式为

$$\text{NDVI} = (\text{Band2} - \text{Band1}) / (\text{Band2} + \text{Band1})$$

式中，Band1和Band2分别为MODIS卫星的两个通道，光谱范围分别为620～670 nm、841～876 nm。通过对NDVI选取合适的阈值（本书选取 $-0.3 < \text{NDVI} < 0.1$），从而确定水体和陆地的边界。

1.3.3 洞庭湖水面面积变化特征

按照上述步骤下载MODIS影像数据，采用NDVI提取法提取洞庭湖多年水面面积数据，作为本章分析的基础数据。

由于河道泥沙淤积和人类活动的影响，近百年来洞庭湖面积不断地缩减，形成今天洞庭湖的形状。洞庭湖2001—2017年湖泊面积年际变化情况见表1.3.1和图1.3.1。

表1.3.1 洞庭湖湖泊面积年际变化

项目	2001年	2002年	2003年	2004年	2005年	2006年	2007年	2008年	2009年
年内最小面积/km²	740	685	962	691	481	375	546	502	738
月份	3	4	3	3	4	9	4	4	10
年内最大面积/km²	1 852	2 836	2 682	1 990	2 032	2 267	1 654	2 434	1 885
月份	6	8	7	7	8	7	7	10	7
年平均面积/km²	1 339	1 913	1 654	1 262	1 352	1 114	1 140	1 211	1 166
项目	2010年	2011年	2012年	2013年	2014年	2015年	2016年	2017年	
年内最小面积/km²	752	373	689	639	629	750	754	883	
月份	3	4	4	4	4	3	10	2	
年内最大面积/km²	2 045	1 947	2 366	1 941	1 961	1 751	2 337	2 239	
月份	7	6	7	6	6	7	7	5	
年平均面积/km²	1 362	965	1 507	1 221	1 252	1 197	1 304	1 254	

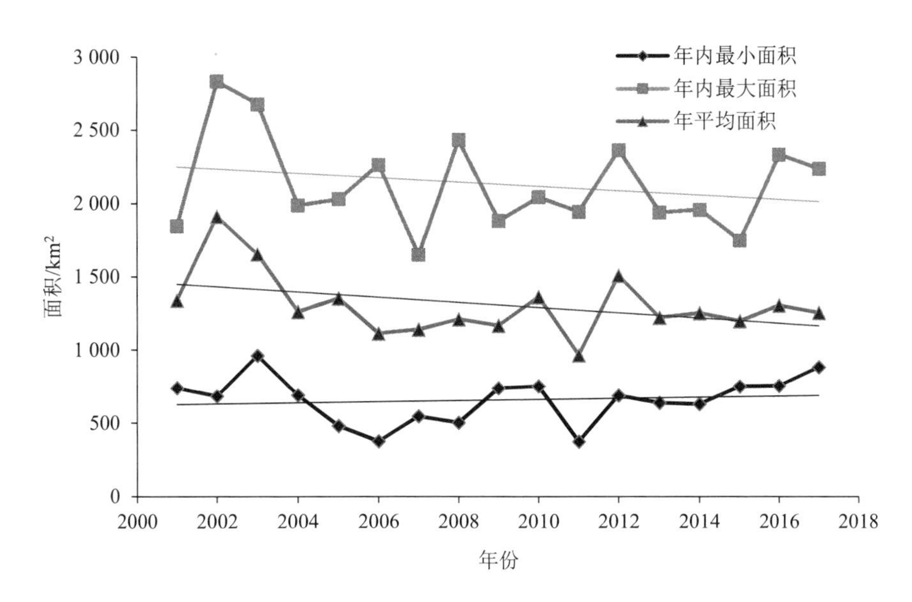

图 1.3.1　2001—2017 年洞庭湖湖泊面积年变化极值及平均值曲线

在研究时间段内，洞庭湖面积最大时期发生在 2002 年 8 月，湖泊面积为 2 836 km^2；最小面积发生在 2011 年 4 月，面积仅为 373 km^2，洞庭湖在这 17 年里面积变化最大相差 2 463 km^2，且洞庭湖面积的最大值与最小值的比值大于 7，远远高于同类型湖泊（如鄱阳湖等）的对应比值。

从洞庭湖年平均面积的最大值与最小值来看（表 1.3.1），2001 年的年平均面积相对于 2002 年和 2003 年的平均面积分别小 574 km^2 和 315 km^2；2003 年以后洞庭湖年内最大面积均不超过 2 700 km^2；2011 年和 2013 年这两年的最大面积仅为 1 900 km^2 左右，这与 2002 年的年内平均面积相近。

从图 1.3.1 洞庭湖的面积极值及平均值的变化曲线来看，洞庭湖的最大面积和年平均面积变化均呈逐年萎缩的趋势，但平均面积逐年萎缩的趋势没有最大面积萎缩的趋势明显，说明近年来洞庭湖地区的水资源总量正在逐年减少。但是最小面积也就是洞庭湖枯水期的最小面积却呈逐年增加的趋势，这可能是因为受到人类活动调控的影响。

1.3.4　洞庭湖湖体年际变化特征

对研究区域内每个像元一年内被淹没次数进行统计，得到淹没强度指数。从洞庭湖淹没强度指数空间变化图（图 1.3.2）上来看，淹没强度较高的地区基本为洞庭湖东北部地区，即东洞庭湖地区，主要包括连接长江的河道和一片较大的钳形湖区。南洞庭湖和西洞庭湖每年的淹没强度并不是太高，这两个片区淹没强度相对较高的地方基本都分布在以河道为中心的区域，而河道周围的淹没强度则逐渐降低。从资料上来看，这些地区主要是受到上游河流汇入洞庭湖所带来的泥沙淤积的影响，加上围垦造田，因此在枯水季节水量减少，仅留下河道的形态，湖泊形态基本消失。

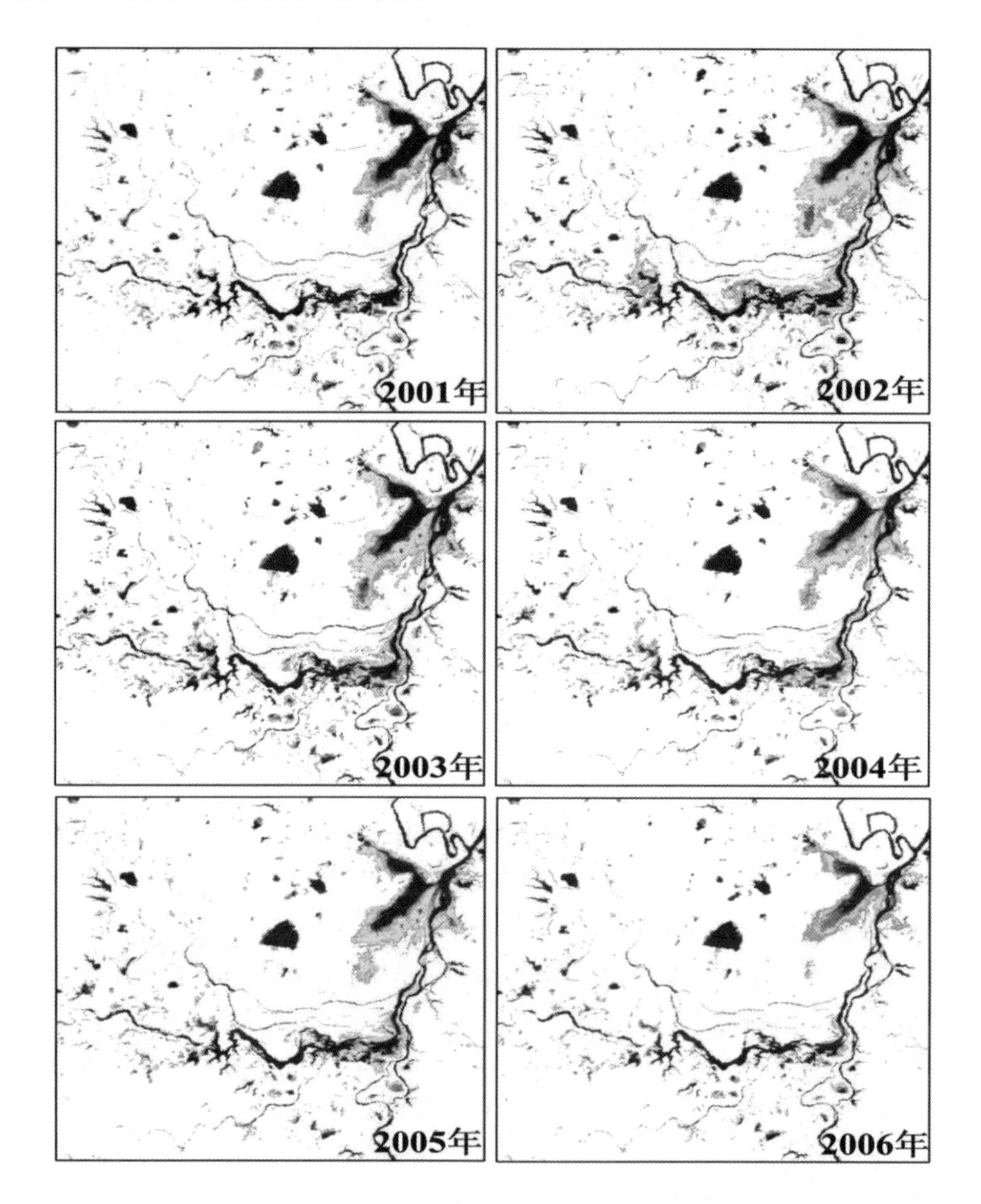

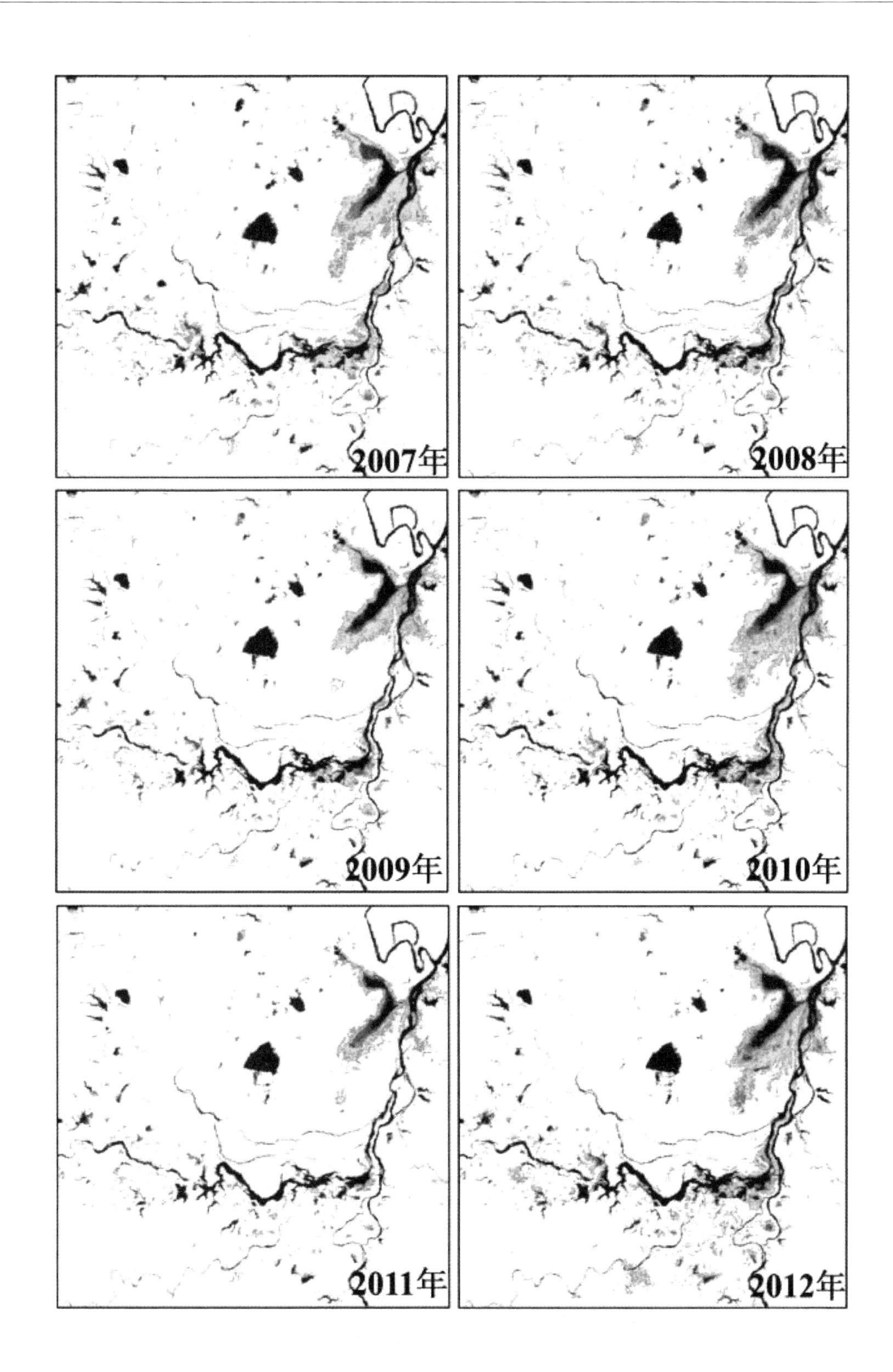
2007年
2008年
2009年
2010年
2011年
2012年

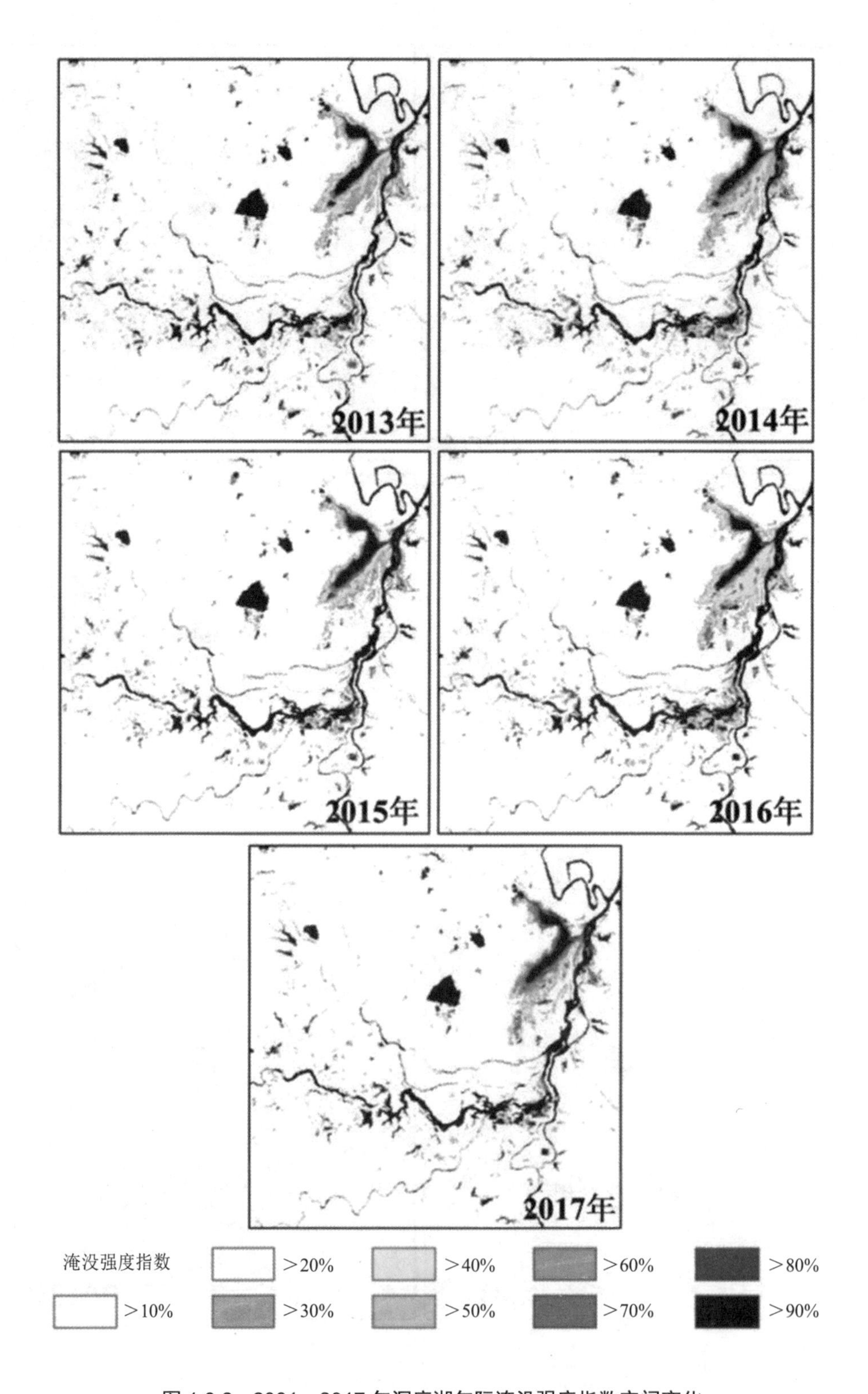

图 1.3.2 2001—2017 年洞庭湖年际淹没强度指数空间变化

结合洞庭湖年际淹没强度大于 70%、80%、90%的面积统计结果，洞庭湖区的不同淹没强度面积也呈逐年下降的趋势。2006 年和 2011 年这两年湖区淹没强度平均值较小，淹没强度大于 90%的区域面积统计结果分别为 205.06 km^2 和 151.75 km^2，也是在 2006 年和 2011 年，只有 205.06 km^2 和 151.75 km^2 的地区整年处于湖水的覆盖之下。从统计图上来看，枯水期这两年南洞庭湖和西洞庭湖仅留下了颜色较深的河道，湖泊的形态已经消失。2003 年大于 90%淹没强度的地区面积统计结果为 513.25 km^2，为 2001—2017 年最高值，说明在 2003 年洞庭湖的水量较本文研究时期内其余年份丰富，但是在这一年，南洞庭湖和西洞庭湖的淹没强度指数较高的地区面积仍然较少。

综上所述，从 2001—2017 年淹没强度的空间分布来看，西洞庭湖和南洞庭湖的湖泊生态环境形势比东洞庭湖地区更为严峻。

1.3.5　洞庭湖湖体季节性变化特征

洞庭湖湖体的季节性变化十分明显，利用淹没强度指数来对洞庭湖区 2001—2017 年每个月的空间变化分布进行分析，为洞庭湖区的湖泊环境变化、湖泊的合理规划、湖泊动态变化现状的成因提供可靠依据。

从洞庭湖每月的淹没强度指数面积变化统计曲线来看（图 1.3.3），洞庭湖的湖水水面淹没强度较高的有 5—9 月 5 个月份。从淹没强度的空间范围分布来看（图 1.3.4），洞庭湖湖水淹没强度较高的地区主要分布在东洞庭湖和南洞庭湖地区。相比之下，西洞庭湖地区的湖泊范围最小，且在这几个月淹没强度较高的地区仅有沅江的主河道以及一些零星的堤坑。

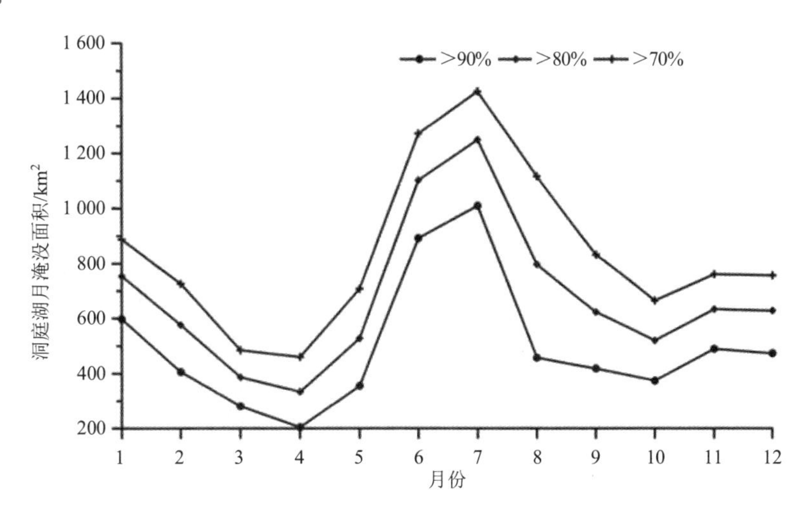

图 1.3.3　2001—2017 年洞庭湖每月淹没强度指数面积变化统计曲线

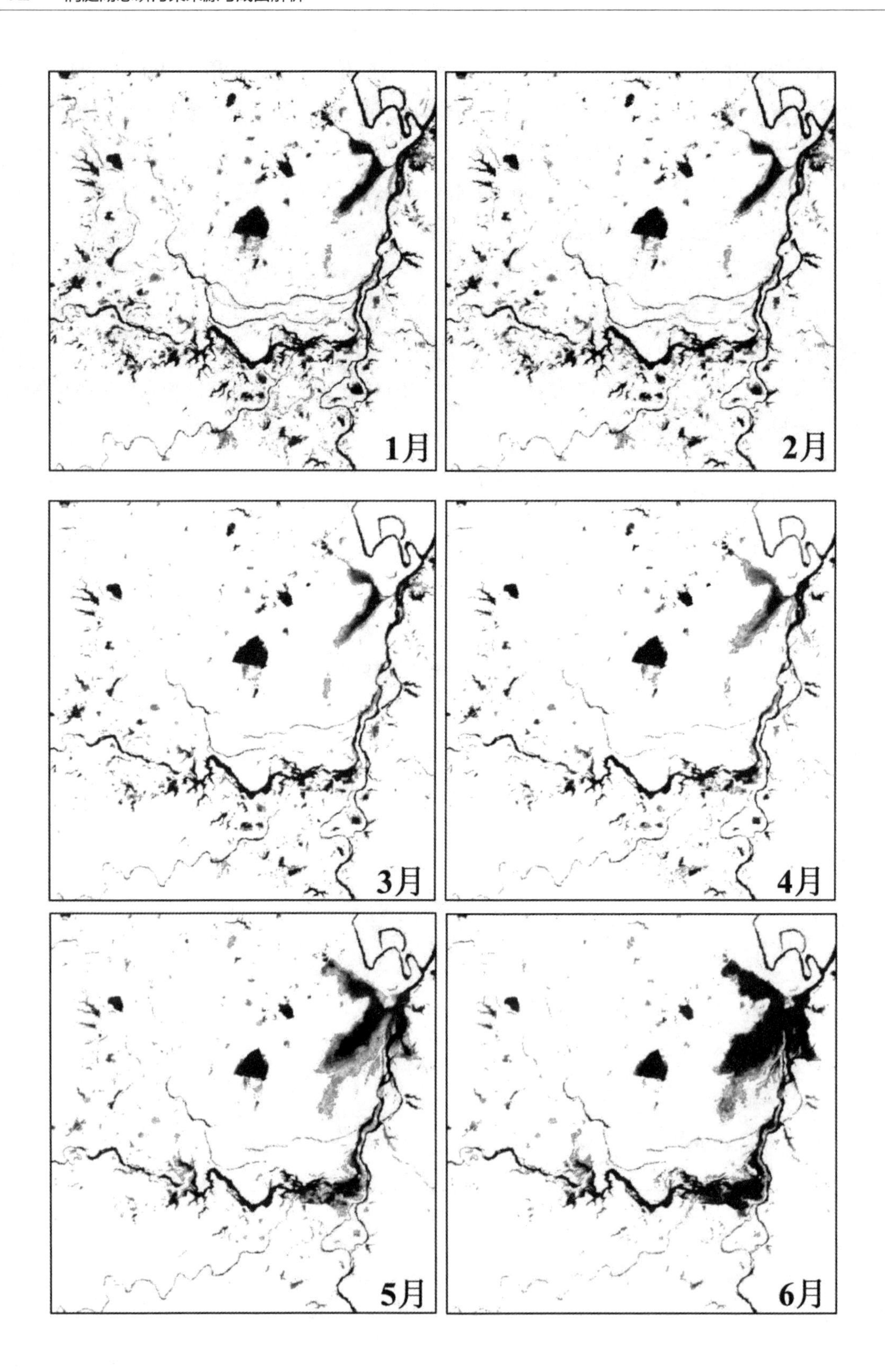
1月
2月
3月
4月
5月
6月

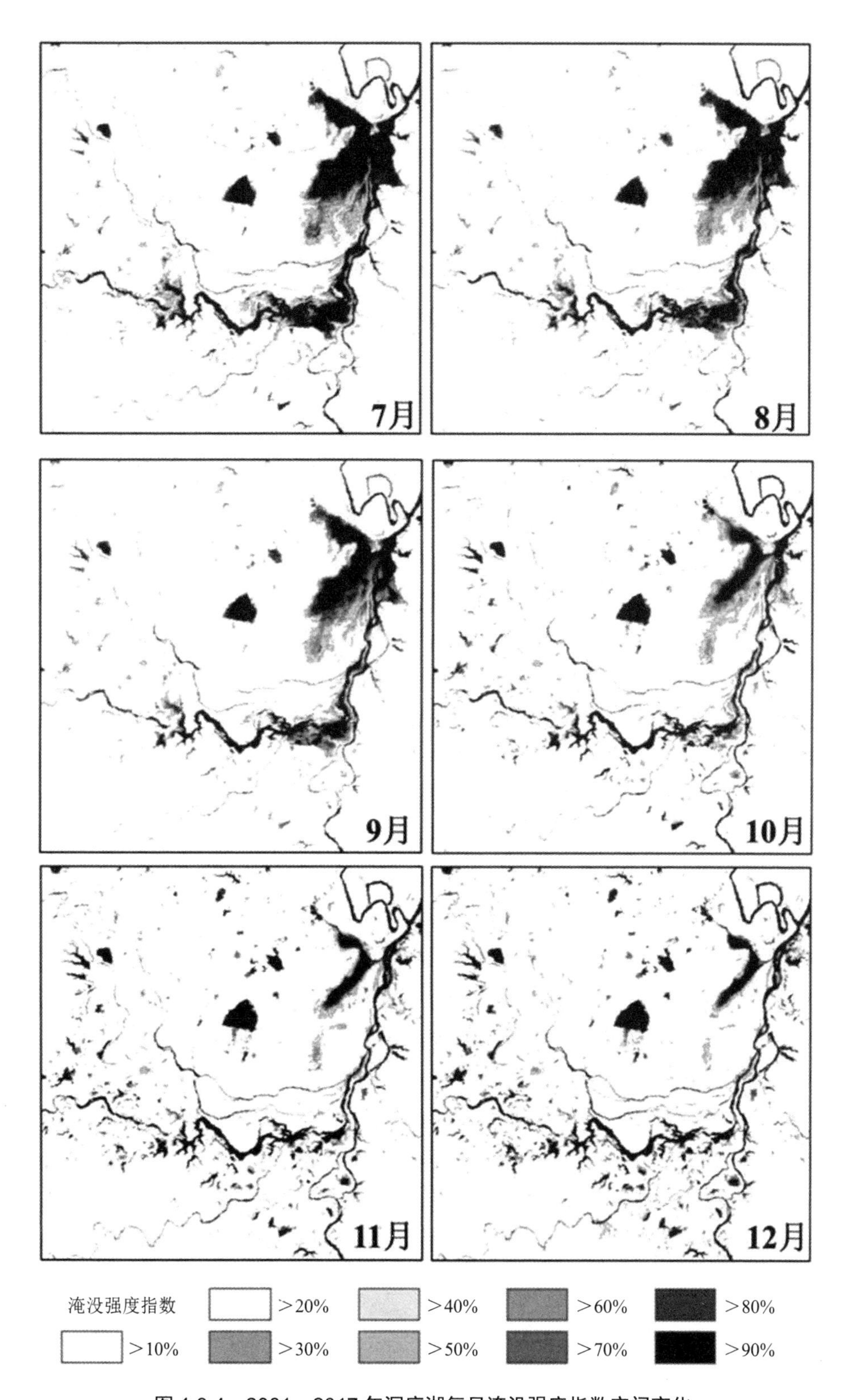

图 1.3.4　2001—2017 年洞庭湖每月淹没强度指数空间变化

根据统计结果，4 月的淹没强度指数为全年的最低值，淹没强度指数在 70%、80%、90%以上的面积分别为 484.68 km^2、333.75 km^2、204.18 km^2。随着雨季的到来，洞庭湖的淹没面积不断增加，最终在 7 月达到顶峰，淹没强度指数在 70%、80%、90%以上的面积分别为 1 425.12 km^2、1 248.68 km^2、1 009.62 km^2。随后洞庭湖逐渐进入枯水期（10 月），枯水期的洞庭湖，淹没强度较高的地区只剩下狭窄的河道和东洞庭湖的钳形湖泊。洞庭湖月淹没强度最大面积与最小面积相差 800～1 000 km^2，属于季节性变化剧烈的湖泊。

1.3.6 洞庭湖水面面积变化驱动因素分析

（1）降水

本书中降水数据来源于中国气象数据网（http://data.cma.cn）。选取岳阳气象站作为洞庭湖区代表气象站点，收集岳阳气象站 2001—2017 年每天 20 时至次日 20 时降水量的数据进行统计（图 1.3.5）。根据 2001—2017 年的气象观测数据，洞庭湖流域最大年降水量出现在 2002 年，达到 1 756 mm，其余年份降水量变化趋势不明显。

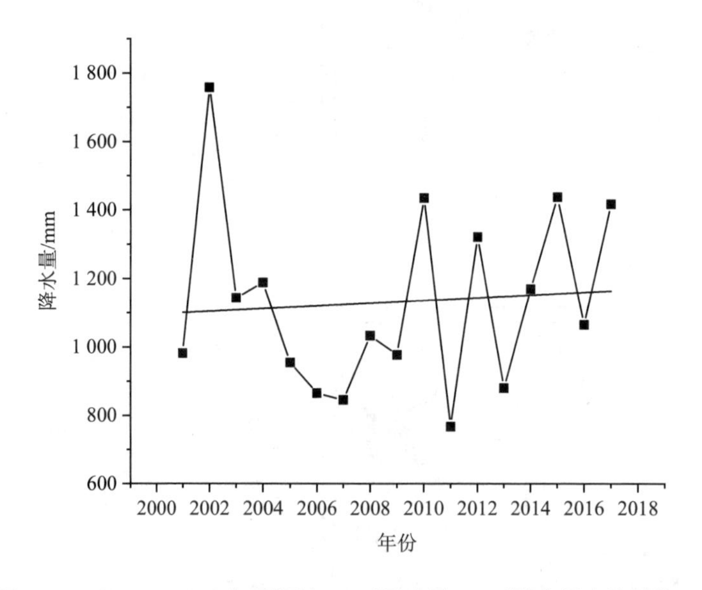

图 1.3.5 2001—2017 年岳阳站 20 时至次日 20 时降水量变化趋势

图 1.3.6 表示了 2001—2017 年岳阳站降水量和洞庭湖湖泊面积变化的关系。湖泊面积和岳阳站降水量呈正相关关系，Pearson 相关系数为 0.721 8，两者之间具有强相关性，因此降水量是洞庭湖湖泊面积变化的驱动因子之一。

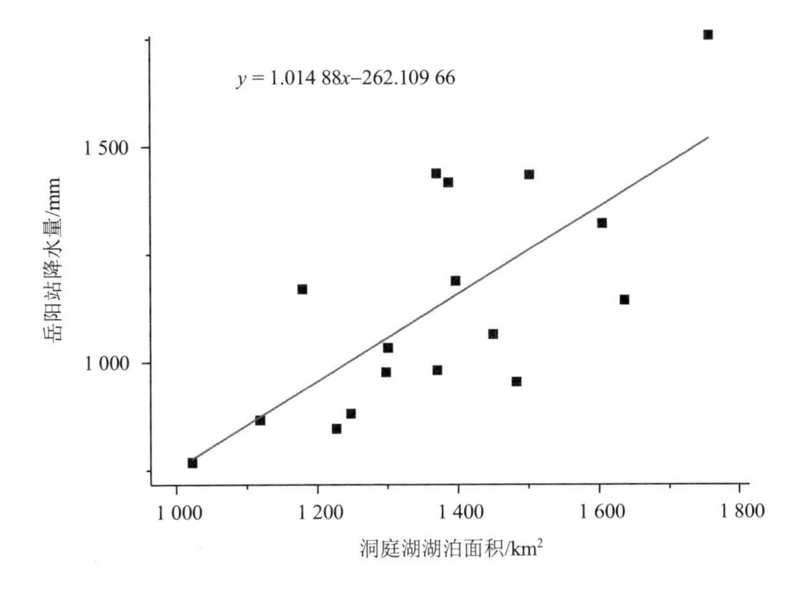

图 1.3.6　2001—2017 年岳阳站降水量和洞庭湖湖泊面积关系

（2）径流

通过查询湖南水文网（http://61.187.56.156/wap/index_sq.asp），本书收集了洞庭湖流域 2001—2017 年城陵矶水文站点的年均流量（图 1.3.7）以及水位数据。洞庭湖主要接受来自“三口四水”的水源补给，并从城陵矶口汇入长江。2001—2002 年，城陵矶年均流量约为 8 919 m^3/s，而三峡工程运行初期（2003—2008 年），年均流量为 7 305 m^3/s，最低年均流量为 2011 年的 4 725 m^3/s。

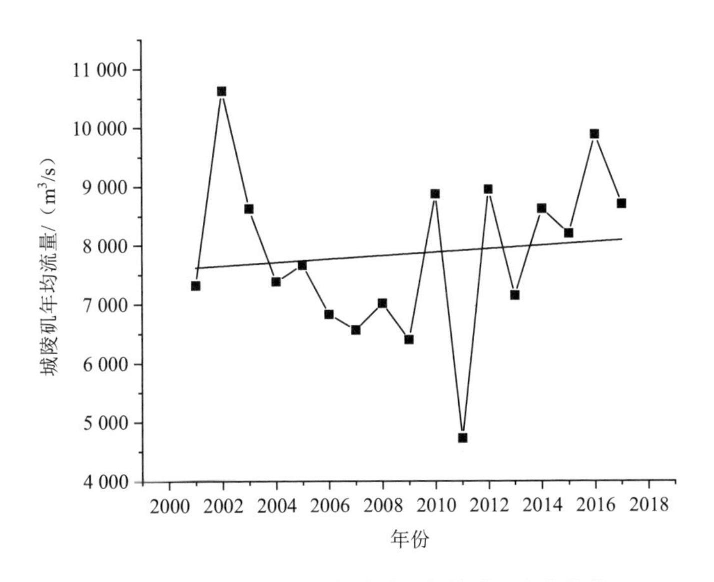

图 1.3.7　2001—2017 年城陵矶年均流量变化趋势

图 1.3.8 表示了 2001—2017 年城陵矶年均流量和洞庭湖湖泊面积变化的关系。湖泊面积和城陵矶年均流量呈正相关关系，Pearson 相关系数为 0.795 0，两者之间具有显著相关性，因此年均流量是洞庭湖湖泊面积变化的驱动因子之一。

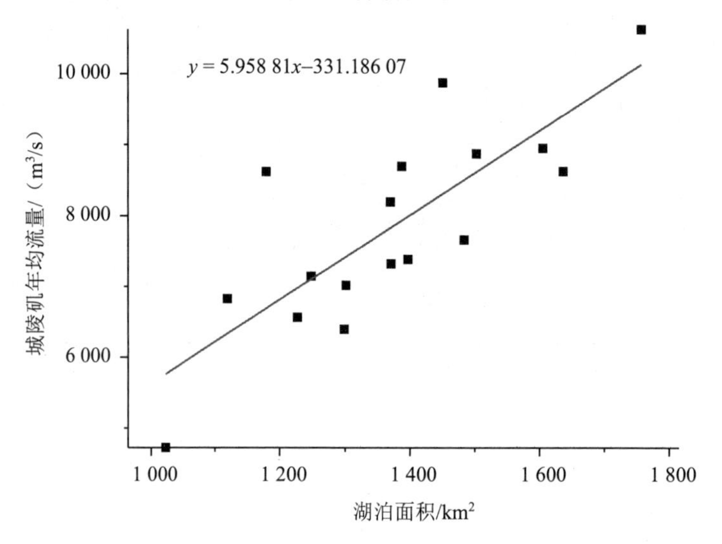

图 1.3.8 2001—2017 年城陵矶年均流量和洞庭湖湖泊面积关系

（3）水位

由 2001—2017 年城陵矶年均水位变化情况（图 1.3.9）可知，城陵矶年均水位在 25.2 m 上下波动呈上升趋势。其中，2011 年的平均水位最低为 23.6 m，2002 年的平均水位最高为 25.8 m，2017 年的平均水位为 25.15 m。

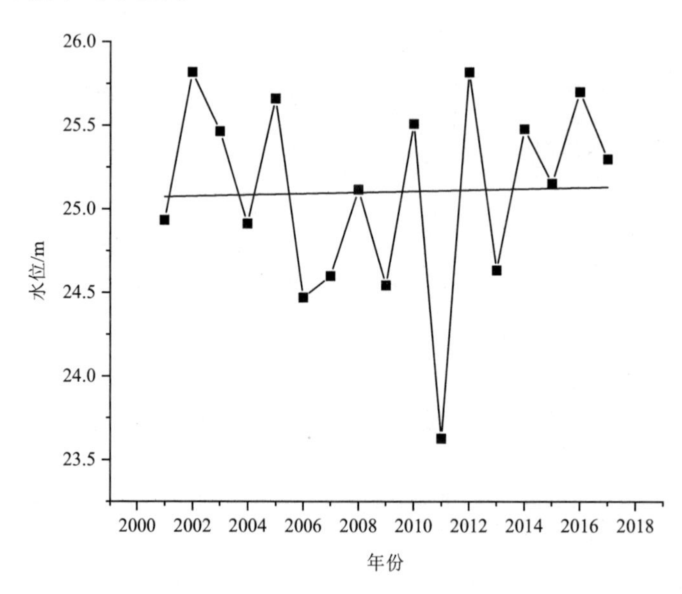

图 1.3.9 2001—2017 年城陵矶年均水位变化情况

图 1.3.10 表示了 2001—2017 年城陵矶水位和洞庭湖湖泊面积变化的关系。湖泊面积和城陵矶水位呈正相关关系，Pearson 相关系数为 0.817，两者之间具有强相关性，由此可知，水位是洞庭湖湖泊面积变化的主要驱动因子之一。

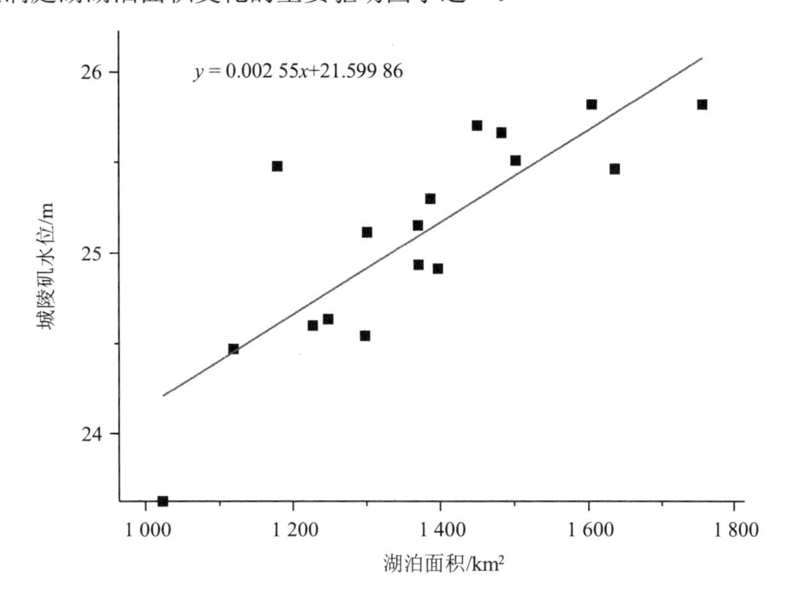

图 1.3.10　2001—2017 年城陵矶水位和洞庭湖湖泊面积关系

（4）造垸垦地的影响

随着人口压力增大，人们为发展经济扩大耕地，不断地围垦湖河滩地。1949 年后，围湖造田规模空前。据统计，自 1949 年以来，洞庭湖区围垦滩地 16.59 万 hm^2，与 1954 年相比，堤垸个数减少 90 个，耕地面积增加了 15.45 万 hm^2，而内、外湖面积分别减少了 12.02 万 hm^2 和 6.01 万 hm^2。

围湖造田使洞庭湖湖泊面积迅速缩减。1949—1978 年，围湖造田面积 1 933.7 km^2；同期，洞庭湖湖域由 4 350 km^2 缩减为 2 691 km^2，减少了 1 659 km^2；湖泊容积由 293×10^8 m^3 降低到 174×10^8 m^3，减少了 119×10^8 m^3。由此可见，围湖造田导致洞庭湖湖泊大面积缩减。

（5）洪道及航道疏浚的影响

20 世纪末，湖南省对洞庭湖进行了河湖疏浚，包括对湘江、资江、沅江、澧江“四水”尾闾和松滋河、藕池河、南洞庭湖、东洞庭湖、汨罗江等 13 条洪道进行疏挖，共疏挖洲滩 119 处，疏挖总工程量达 $42\ 939.39\times10^4$ m^3，挖槽长度 400.72 km，总面积 9 306.27 hm^2。疏浚施工于 1994 年开始，截至 2004 年基本完成。

另外，交通部门为开发湖区水运网络，也在洞庭湖区进行了大规模的疏浚挖泥工作。2002—2006 年，仅洞庭湖常鲇航运建设一项工程就基建疏浚挖槽 104 处，挖槽总长 69.62 km，

土方 $788.5\times10^4\ m^3$。

（6）三峡建坝

三峡工程的建设对洞庭湖湖泊面积产生了较大影响，主要是通过改变长江水情而产生作用。洞庭湖城陵矶的水位分别在 2003 年 6 月、2006 年 10 月和 2009 年 11 月达到同时期水位的波谷期，这主要和三峡工程 2003 年开始阶段性蓄水有关。

三峡工程建设导致洞庭湖接纳的长江“三口”分流来水减少，部分河道断流时间延长，加之 2006 年和 2009 年出现了罕见的旱灾，加剧了洞庭湖水位的下降。

三峡水库蓄水初期，沉积泥沙汇集，库区泥沙淤积显著增加，由于库区对泥沙的拦截，入湖泥沙明显较蓄水前少，从根本上延缓了洞庭湖区泥沙淤积的速率，但湖区原本含沙量很大，因此在短时间内仍处于淤积状态，湖底缓慢抬高，洲滩淤积增长，使得洞庭湖的水面面积仍在持续缩小。

1.4 小结

洞庭湖区位于长江中游荆江南岸，湖南省北部，跨湘、鄂两省。本书中洞庭湖区为湖南省境内洞庭湖水域及其周围平原区和湘江、资江、沅江、澧江干流尾闾地区，以及长江入湖口洪道与受堤垸保护的区域，主要包括岳阳市、常德市、益阳市和望城区等地区，共 25 个县（市、区）。

洞庭湖为洞庭湖区的核心，其南近湘阴县、益阳市，北抵华容县、安乡县、南县，东滨岳阳市、汨罗市，西至澧县。洞庭湖水系主要由湘江、资江、沅江、澧江四大水系和长江中游荆江南岸松滋口、太平口、藕池口“三口”分流水系组成，还有直接入湖的汨罗江、新墙河等支流汇入，由东洞庭湖岳阳城陵矶注入长江。洞庭湖多年平均水深为 6.39 m，湖水更换周期最长为 19 天，属典型的过水型湖泊。

洞庭湖区是全国十大农业基地之一，已成为我国重要的商品粮、水产、棉、苎麻和油的生产基地。同时湘莲、藜蒿等特色产品，芦苇、杨树等原材料产业也有一定规模，具有较强的地域特色和产业竞争力。土地利用面积的总体特征是林地＞耕地＞湿地＞建设用地＞草地，林地、水体、湿地、草地等具有重要生态功能的区域共占湖区面积的 59%以上。

2017 年，洞庭湖区总人口为 1 670.79 万人，其中，城镇人口 894.39 万人，农村人口 776.40 万人，2008—2017 年洞庭湖区人口总数变化不大，总体处于稳定状态。随着城市的发展，呈现出城镇人口增长、农村人口下降的趋势，城镇化率达 53.53%。洞庭湖区生产总值总量及人均生产总值均呈增长趋势，湖区主要以第二产业和第三产业为主，其中，岳阳市、常德市、益阳市第二产业和第三产业均衡发展，望城区则主要以第二产业为主。

2001—2017 年，洞庭湖湖泊面积整体呈逐渐缩减趋势，相比于年内湖泊面积均值，年内湖泊最大面积萎缩现象更为显著，这说明近年来洞庭湖地区的水资源总量逐渐减少。洞庭湖水面淹没强度较高的月份主要集中在 5—9 月。从淹没强度的空间范围分布情况来看，洞庭湖湖水淹没强度较高的地区主要分布在东洞庭湖和南洞庭湖。影响洞庭湖湖泊面积变化的主要驱动因子是水位和流量，其次是降水量。人类活动从一定程度上影响了径流大小等自然因素（如造垸垦地、三峡大坝的修建等），从而间接影响了洞庭湖湖泊面积的大小。

第 2 章　洞庭湖区水体总磷污染特征分析

2.1　洞庭湖湖体水质情况及总磷污染特征

2.1.1　洞庭湖湖体水质常规监测断面现状

目前，洞庭湖湖体共计 12 个水质监测断面（2015 年以前为 11 个，2016 年 6 月增设了 1 个大小西湖控制断面），其中，西洞庭湖 3 个：南嘴、蒋家嘴、小河嘴；南洞庭湖 3 个：万子湖、横岭湖、虞公庙；东洞庭湖 6 个：鹿角、扁山、东洞庭湖、岳阳楼、大小西湖、洞庭湖出口。12 个水质监测断面分布如图 2.1.1 所示。

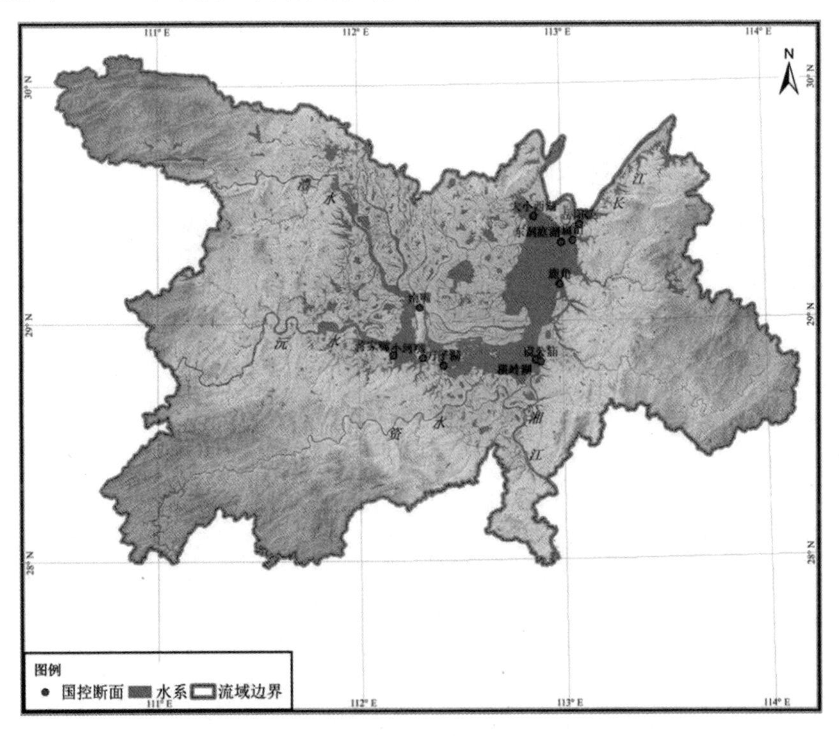

图 2.1.1　洞庭湖湖体 12 个水质监测断面位置

南嘴断面位于澧江入湖区域，蒋家嘴断面位于沅江入湖区域，小河嘴和万子湖断面位于沅江市洞庭湖区域，横岭湖和虞公庙断面位于湘江入湖区域，鹿角断面位于汨罗江入湖区域，大小西湖断面位于华容河和藕池河入湖区域，东洞庭湖、扁山和岳阳楼断面位于岳阳楼附近，洞庭湖出口断面位于洞庭湖与长江的交汇口城陵矶。根据以上断面的具体分布可知，现有常规监测断面的布设基本集中在主要入湖河流的入湖区域以及洞庭湖入长江区域，其他湖体区域没有布设任何点位。从空间上来看，现有常规监测点位覆盖的湖体区域范围较小。此外，目前仅监测总磷及总氮两个水质指标。由此可见，不论从现有监测点位的空间分布还是水质指标上来说，都难以全面反映洞庭湖的水质状况。因此，通过增设监测点位及增加监测水质指标，来全面掌握及分析洞庭湖整体的水质现状非常必要。

2.1.2　洞庭湖湖体水质监测点位增设与跟踪监测

现有的洞庭湖湖体地表水环境质量监测点位主要集中在进水区、出水区及岸边区，且点位数严重偏少，需增设更多点位以满足全面掌握洞庭湖水质的要求。

在现有常规监测断面的基础上，依据湖泊水质监测布点原则和相关技术标准与规范，增设监测断面，进行布点采样，制定监测方案，对洞庭湖湖体进行监测。考虑到丰水期、平水期、枯水期及水质季节性变化的特征，采样频次宜定为每个水期至少采样一次。监测点位设置根据《地表水和污水监测技术规范》（HJ/T 91—2002）、《水质　采样方案设计技术规定》（HJ 495—2009）和《水环境监测规范》（SL 219—2013）的规范要求，结合环境管理及水利水文部门的现有监测点位设置情况进行增设。

东洞庭湖位于华容县墨山铺、注滋口，汨罗市磊山，益阳市大通湖农场之间，被列入国家重点风景名胜区——“洞庭湖—岳阳楼风景名胜区”。滨湖的县（市、区）有岳阳市区（岳阳楼区、君山区）、华容县、钱粮湖农场、君山农场、建新农场、岳阳县，湖泊面积 1 327.8 km^2（包括漉湖与湘江洪道），按 10 km×10 km 网格布点，至少需布设 25 个监测点位。

西洞庭湖在益阳市、常德市境域，指赤山湖以西诸湖泊，湖泊面积 443.9 km^2，按 10 km×10 km 网格布点，需至少布设 9 个监测点位。

南洞庭湖跨岳阳市与益阳市，指赤山与磊石山以南诸湖泊，岳阳市境滨湖的有湘阴县、屈原管理区，介于东、西洞庭湖之间，主要有东南湖、万子湖和横岭湖。湖泊面积 920 km^2，按 10 km×10 km 网格布点，需至少布设 16 个监测点位。

根据以上布点方案对洞庭湖湖体进行布点采样，对湖区水环境质量评价、水质超标率和超标倍数执行《地表水环境质量标准》（GB 3838—2002），按Ⅰ类～劣Ⅴ类六个类别进行水质类别评价。

水质监测指标为总磷、总氮、氨氮、COD_{Mn}、叶绿素 a 5 项指标，并根据监测数据对洞庭湖湖体水质现状进行统计和分析，评估洞庭湖湖体水体污染状况，各项指标测定方法见表 2.1.1。

表 2.1.1 水质指标测定方法

项目	测定采用标准
总氮	《水质 总氮的测定 碱性过硫酸钾消解紫外分光光度法》（HJ 636—2012）
总磷	《水质 总磷的测定 钼酸铵分光光度法》（GB 11893—1989）
COD_{Mn}	《水质 高锰酸盐指数的测定》（GB 11892—1989）
氨氮	《水质 氨氮的测定 纳氏试剂分光光度法》（HJ 535—2009）
叶绿素 a	《水质 叶绿素 a 的测定 分光光度法》（HJ 897—2017）

根据洞庭湖水域分布情况，结合地表水水质检测的相关技术规范及标准，最终确定本次调查总共在洞庭湖体增设了 52 个水质监测点位，其中，东洞庭湖布设了 23 个，西洞庭湖布设了 11 个，南洞庭湖布设了 18 个，具体监测点位分布如图 2.1.2 所示。

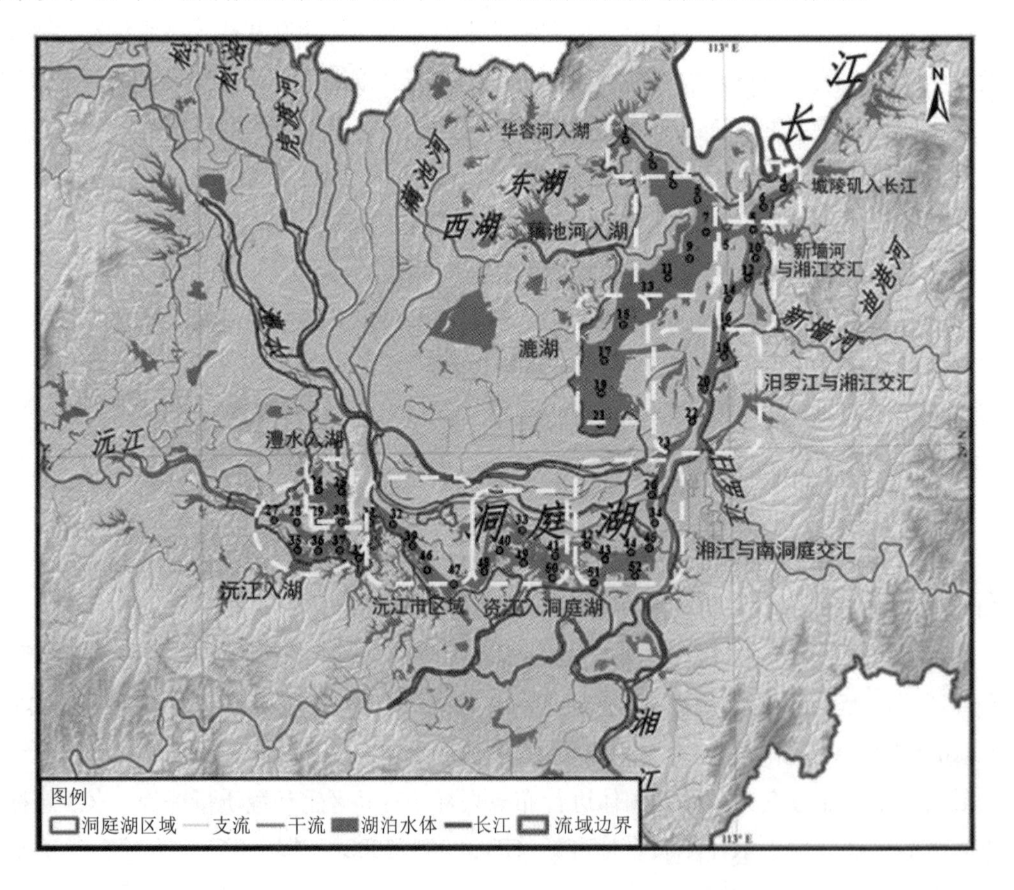

图 2.1.2 洞庭湖湖体水质监测增设点位分布情况

采样时间分别为 2018 年 9 月、10 月、12 月，图 2.1.3 为部分现场采样照片。采样方法，样品运输、保存、质量控制按《地表水和污水监测技术规范》（HJ/T 91—2002）、《水质　采样方案设计技术规定》（HJ 495—2009）和《水环境监测规范》（SL 219—2013）规定执行。

图 2.1.3　采样现场

2.1.3 洞庭湖湖体水质常规历史监测数据分析

2.1.3.1 常规监测断面总磷浓度月度变化特征

图 2.1.4 为东洞庭湖区域常规监测断面 2014 年 1 月—2018 年 11 月总磷变化趋势。由图可知，监测期间东洞庭湖区域各监测点位总磷浓度小于 0.05 mg/L 的月份情况：扁山断面为 2014 年 7 月、2016 年 7 月、2017 年 8 月；东洞庭湖断面为 2014 年 4 月、6 月、7 月，2015 年 7 月，2017 年 1 月和 2018 年 8 月；鹿角断面为 2014 年 4 月、5 月、7 月和 2018 年 8 月；岳阳楼断面则仅有 2014 年 5 月和 2018 年 8 月；洞庭湖出口断面为 2018 年 4 月、8 月和 11 月；大小西湖断面为 2018 年 5 月。各监测点位在其余月份总磷浓度均超过地表水Ⅲ类水质标准。

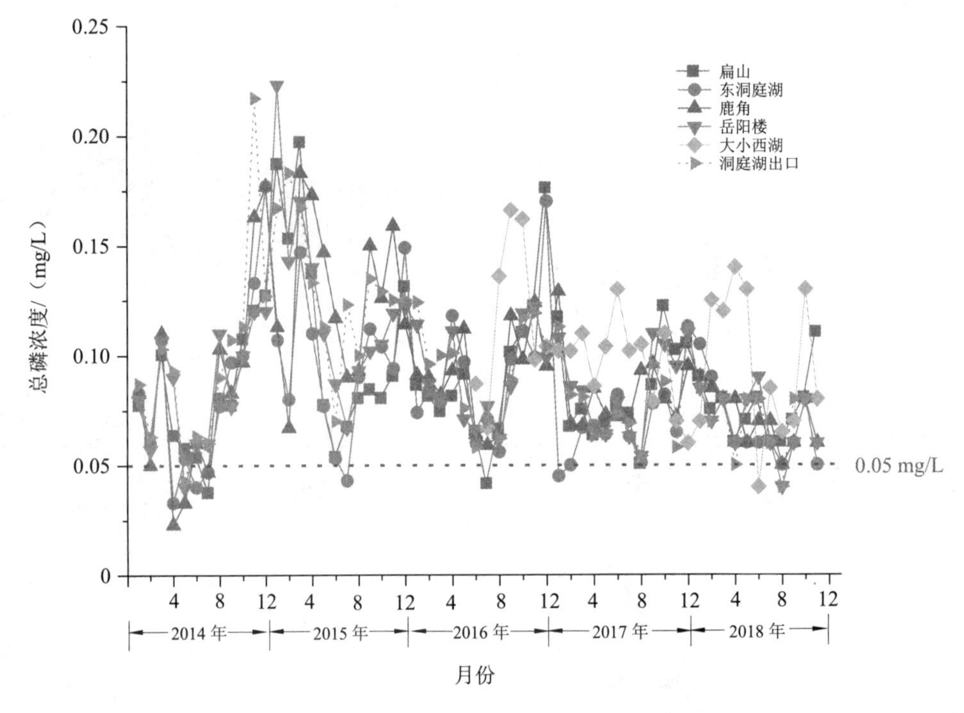

图 2.1.4 东洞庭湖区域监测点位总磷月平均变化趋势

扁山断面、东洞庭湖断面、鹿角断面 3 个点位的总磷浓度最大值分别出现在 2015 年 3 月、2014 年 12 月和 2015 年 3 月，均为地表水Ⅲ类水质标准的 3 倍，岳阳楼断面则在 2015 年 1 月出现最大值，为地表水Ⅲ类水质标准的 4 倍。大小西湖断面为 2016 年 6 月增设，其总磷浓度最大值出现在 2016 年 9 月，为地表水Ⅲ类水质标准的 3 倍。可见，在过去的近 5 年时间里，东洞庭湖区域各监测点位在 2014 年年底—2015 年年初这段时期内总磷浓度最高。

图 2.1.5 为西洞庭湖区域各常规监测断面 2014 年 1 月—2018 年 11 月总磷变化趋势。由图可知，西洞庭湖区域各监测断面总磷浓度达到地表水Ⅲ类水质标准的月份为蒋家嘴断面 2014 年 4 月、6 月，2016 年 9 月、12 月，2017 年 2 月、3 月、12 月和 2018 年 5 月、8 月、10 月；南嘴断面 2014 年 4 月，2017 年 2 月和 2018 年 7 月、11 月；小河嘴断面 2014 年 2 月、6 月、7 月，2016 年 9 月，2017 年 2 月、3 月、11 月和 2018 年 5 月、8 月、10 月、11 月，其余月份则全部超过地表水Ⅲ类水质标准。蒋家嘴断面、南嘴断面和小河嘴断面总磷浓度最大值分别出现在 2014 年 10 月、2014 年 9 月和 2018 年 1 月，分别超过地表水Ⅲ类水质标准的 3 倍、4 倍和 2.6 倍。

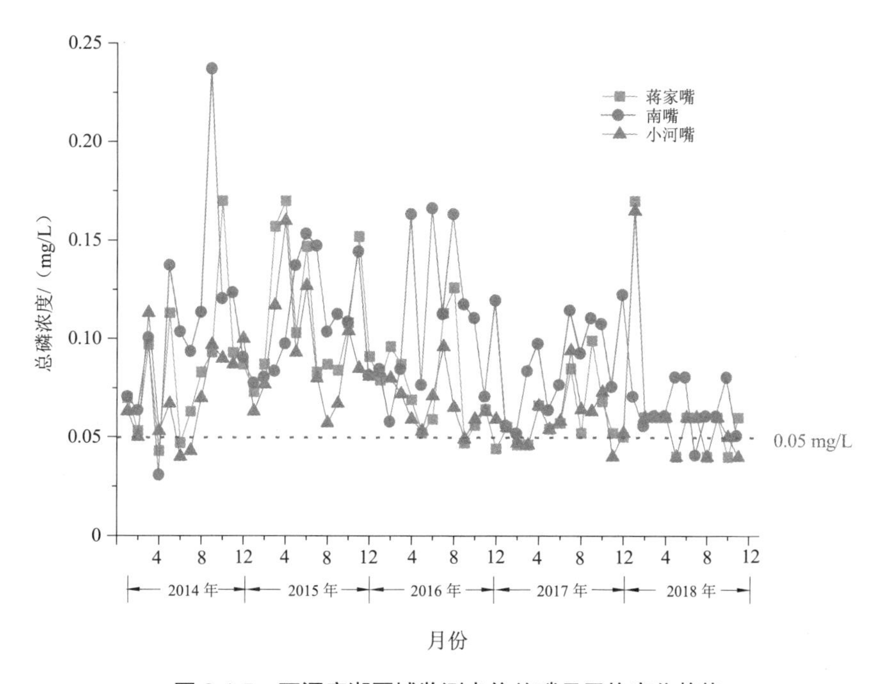

图 2.1.5　西洞庭湖区域监测点位总磷月平均变化趋势

图 2.1.6 为南洞庭湖区域各常规监测断面 2014 年 1 月—2018 年 11 月总磷变化趋势。由图可知，南洞庭湖区域各监测断面总磷浓度达到地表水Ⅲ类水质标准的月份为横岭湖断面 2014 年 2 月、5 月、6 月、7 月，2015 年 1 月，2016 年 3 月、6 月，2017 年 12 月；万子湖断面 2014 年 2 月、4 月、6 月、7 月，2017 年 3 月、6 月和 2018 年 5 月、6 月、10 月；虞公庙断面 2014 年 4 月、6 月，2016 年 4 月、8 月和 2017 年 8 月。横岭湖断面、万子湖断面和虞公庙断面总磷浓度最大值分别出现在 2015 年 3 月、2015 年 4 月和 2015 年 3 月，分别为地表水Ⅲ类水质标准的 3 倍、2.5 倍和 2 倍。

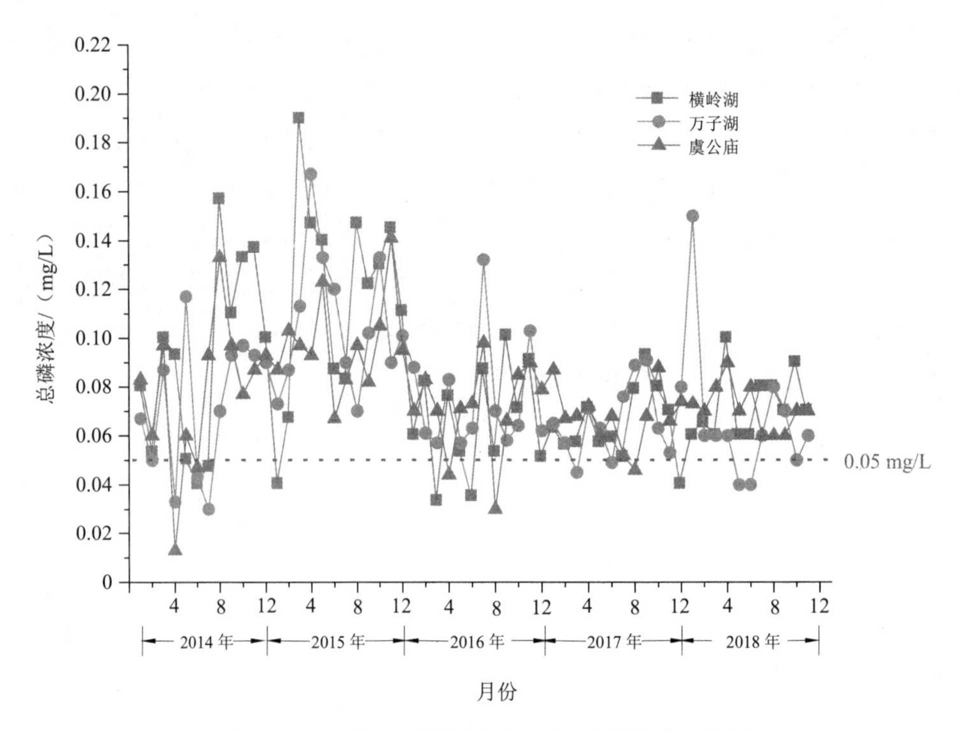

图 2.1.6　南洞庭湖区域监测点位总磷月平均变化趋势

根据 2014 年 1 月—2018 年 11 月洞庭湖各常规监测断面的月度总磷浓度变化特征进行分析可知，各监测断面总磷浓度达到地表水Ⅲ类水质标准的月份频次均较低，且最大值主要集中于 2014 年 9 月—2015 年 4 月，超过地表水Ⅲ类水质标准的 2～4 倍不等。从总体上来说，总磷浓度超过地表水Ⅲ类水质标准的月份频次由高到低排列情况依次为东洞庭湖＞西洞庭湖＞南洞庭湖。

2.1.3.2　常规监测断面水质年际变化特征

为进一步掌握洞庭湖水质的年际变化特征，对 12 个常规监测断面 2014—2018 年的年度总磷和总氮平均值进行了分析，其结果见表 2.1.2。

表 2.1.2　洞庭湖湖体 12 个水质监测断面总磷和总氮年度平均值

单位：mg/L

序号	区域	断面名称	2014 年		2015 年		2016 年		2017 年		2018 年	
			总磷	总氮	总磷	总氮	总磷	总氮	总磷	总氮	总磷	总氮
1	东洞庭	岳阳楼	0.081	2.10	0.123	2.09	0.091	1.94	0.083	1.84	0.078	1.821
2		洞庭湖出口	0.097	2.09	0.131	2.17	0.093	1.97	0.079	1.79	0.078	1.884
3		鹿角	0.086	2.07	0.128	2.15	0.091	2.01	0.084	1.87	0.087	1.927
4		东洞庭湖	0.084	1.92	0.097	1.93	0.093	1.93	0.069	1.66	0.098	1.925

序号	区域	断面名称	2014 年		2015 年		2016 年		2017 年		2018 年	
			总磷	总氮	总磷	总氮	总磷	总氮	总磷	总氮	总磷	总氮
5	东洞庭	扁山	0.079	1.93	0.111	2.17	0.091	2.00	0.084	1.93	0.083	1.944
6		大小西湖	—	—	—	—	0.117	1.76	0.097	1.39	0.098	1.412
7	西洞庭	小河嘴	0.073	1.68	0.093	1.60	0.067	1.59	0.059	1.58	0.113	1.403
8		蒋家嘴	0.084	1.76	0.118	1.67	0.074	1.59	0.060	1.61	0.115	1.500
9		南嘴	0.107	1.96	0.111	2.09	0.111	1.91	0.087	1.88	0.063	1.688
10	南洞庭	横岭湖	0.092	1.78	0.117	1.73	0.066	1.61	0.065	1.66	0.063	1.461
11		万子湖	0.073	1.69	0.107	1.64	0.075	1.56	0.067	1.59	0.105	1.491
12		虞公庙	0.078	2.53	0.098	2.50	0.072	2.27	0.068	2.08	0.072	2.211

注：《地表水环境质量标准》Ⅲ类标准中，总磷（湖库）≤0.05 mg/L，总氮≤1.0 mg/L。

由表中数据可知，2014—2018 年，洞庭湖湖体 12 个常规监测断面总磷浓度年度平均值均超过地表水Ⅲ类水质标准。其中，2015 年 12 个监测断面总磷年度平均浓度最高，2016—2017 年总磷平均值有所下降，2018 年总磷平均值有上升的趋势。2014—2017 年，洞庭湖湖体 12 个监测断面总氮年度平均值均大于 1.0 mg/L，超过地表水Ⅲ类水质标准要求，各年度的总氮平均浓度差别不大，其中，2015 年 12 个监测断面总氮年度平均浓度最高，2016—2017 年总氮浓度有所下降。

根据常规监测断面的总磷和总氮的年度平均值变化趋势可知，洞庭湖水质在 2015 年较差，之后开始逐渐好转，但离地表水Ⅲ类水质标准的要求还有较大差距。从总体上来看，总磷及总氮浓度的年度平均值从高到低排列依次为东洞庭湖＞西洞庭湖＞南洞庭湖。

2.1.4　洞庭湖湖体增设点位水质情况

由于目前的常规监测断面较少，因此本次调查在现有常规监测断面的基础上，增设了 52 个监测点位，以全面掌握洞庭湖的水质现状。但由于 12 月为枯水期，是一年中水位最低的时期，因此有些点位在 12 月无法采集到水样。

2.1.4.1　总磷污染特征

图 2.1.7 为 2018 年 9 月、10 月和 12 月 3 个月份洞庭湖各区域增设监测点位的总磷浓度情况。

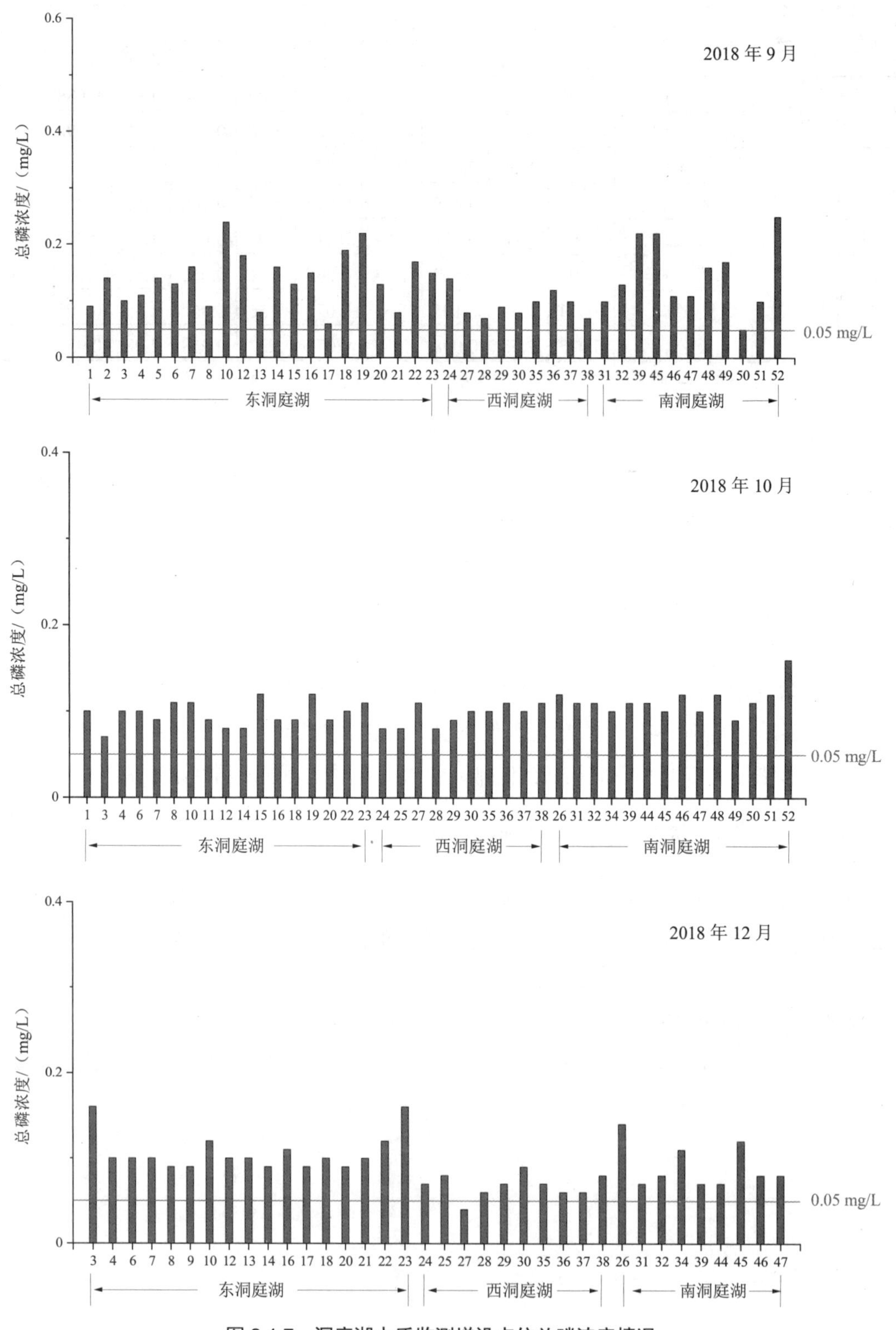

图 2.1.7　洞庭湖水质监测增设点位总磷浓度情况

由图 2.1.7 可知，2018 年 9 月，东洞庭湖的华容河入湖区域和城陵矶入长江区域的总磷浓度范围为 0.09～0.14 mg/L，平均浓度约为 0.11 mg/L；藕池河入湖区域的总磷浓度范围为 0.08～0.16 mg/L，平均浓度约为 0.13 mg/L；漉湖区域的总磷浓度范围为 0.06～0.22 mg/L，平均浓度约为 0.12 mg/L；新墙河与湘江交汇区域的总磷浓度范围为 0.15～0.24 mg/L，平均浓度约为 0.18 mg/L；汨罗江与湘江交汇区域的总磷浓度范围为 0.13～0.19 mg/L，平均浓度约为 0.16 mg/L。其中，新墙河与湘江交汇区域的 10 号点位为最高值（0.24 mg/L）。西洞庭湖的澧水入湖区域（安乡县）的总磷浓度范围为 0.08～0.14 mg/L，平均浓度约为 0.10 mg/L；沅江入湖区域（汉寿县）的总磷浓度范围为 0.07～0.12 mg/L，平均浓度约为 0.09 mg/L。南洞庭湖的湘江与南洞庭湖汇合区域（湘阴县）的总磷浓度范围为 0.1～0.25 mg/L，平均浓度约为 0.19 mg/L；资江入洞庭湖区域的总磷浓度范围为 0.05～0.17 mg/L，平均浓度约为 0.13 mg/L；沅江市区域的总磷浓度范围为 0.10～0.22 mg/L，平均浓度约为 0.134 mg/L。其中，湘江与南洞庭湖汇合区域的 52 号点位为南洞庭湖的总磷浓度最高值（0.25 mg/L），同时也是东洞庭湖、西洞庭湖、南洞庭湖的最高值。

2018 年 10 月，东洞庭湖的华容河入湖区域的总磷浓度范围为 0.07～0.10 mg/L，平均浓度约为 0.085 mg/L；藕池河入湖区域的总磷浓度为 0.09 mg/L；漉湖区域的总磷平均浓度为 0.12 mg/L；城陵矶入长江区域的总磷浓度范围为 0.10～0.11 mg/L，平均浓度约为 0.1 mg/L；新墙河与湘江交汇区域的总磷浓度范围为 0.08～0.11 mg/L，平均浓度约为 0.09 mg/L；汨罗江与湘江交汇区域的总磷浓度范围为 0.09～0.11 mg/L，平均浓度约为 0.098 mg/L。西洞庭湖的澧水入湖区域（安乡县）的总磷浓度范围为 0.08～0.10 mg/L，平均浓度约为 0.088 mg/L；沅江入湖区域（汉寿县）的总磷浓度范围为 0.08～0.11 mg/L，平均浓度约为 0.1 mg/L。南洞庭湖的湘江与南洞庭湖汇合区域（湘阴县）的总磷浓度范围为 0.10～0.16 mg/L，平均浓度约为 0.12 mg/L；资江入洞庭湖区域的总磷浓度范围为 0.09～0.12 mg/L，平均浓度约为 0.11 mg/L；沅江市区域的总磷浓度范围为 0.10～0.12 mg/L，平均浓度约为 0.11 mg/L。

2018 年 12 月，东洞庭湖的华容河入湖区域的总磷浓度为 0.16 mg/L；藕池河入湖区域的总磷浓度范围为 0.09～0.10 mg/L，平均浓度约为 0.097 mg/L；漉湖区域的总磷浓度范围为 0.09～0.10 mg/L，平均浓度约为 0.095 mg/L；城陵矶入长江区域的总磷浓度范围为 0.09～0.10 mg/L，平均浓度约为 0.097 mg/L；新墙河与湘江交汇区域的总磷浓度范围为 0.09～0.12 mg/L，平均浓度约为 0.105 mg/L；汨罗江与湘江交汇区域的总磷浓度范围为 0.09～0.16 mg/L，平均浓度约为 0.12 mg/L。西洞庭湖的澧江入湖区域（安乡县）的总磷浓度范围为 0.07～0.09 mg/L，平均浓度约为 0.078 mg/L；沅江入湖区域（汉寿县）的总磷浓度范围为 0.04～0.08 mg/L，平均浓度约为 0.06 mg/L。南洞庭湖的湘江与南洞庭湖汇合区域（湘阴县）的总磷浓度范围为 0.07～0.14 mg/L，平均浓度约为 0.11 mg/L；沅江市区域的总磷浓度范围为 0.07～0.08 mg/L，平均浓度约为 0.076 mg/L。

对以上不同时间的总磷浓度结果进行分析可知，2018 年 9 月按区域分布的总磷浓度由高到低的排列情况依次为南洞庭湖＞东洞庭湖＞西洞庭湖。此外，各主要河流入湖口区域的总磷浓度通常高于其他区域，这可能与地表水Ⅲ类水质标准中，河流的总磷浓度标准较高有关（≤0.2 mg/L）。2018 年 10 月东洞庭湖、西洞庭湖、南洞庭湖各区域总磷浓度平均值相差不大，但所有点位及区域均值仍显著高于 0.05 mg/L 的地表水Ⅲ类水质标准。2018 年 12 月，东洞庭湖各区域总磷浓度平均值明显大于西洞庭湖和南洞庭湖，各区域均值显著高于 0.05 mg/L 的地表水Ⅲ类水质标准，按总磷浓度由高到低的排序情况依次为东洞庭湖＞南洞庭湖＞西洞庭湖。

从时间上来看，2018 年 9 月和 10 月的总磷浓度均值相差不大，12 月的总磷浓度均值低于 9 月和 10 月。9 月和 10 月是洞庭湖的平水期，水位处于全年的平均水平，12 月是枯水期，是一年中水位最低的时期。因此，12 月总磷浓度均值低于其他两个月，一方面，可能是由于不同季节的总磷排放强度不同；另一方面，洞庭湖水体的总磷浓度与其水位变化可能也有一定的关系。

从空间上来看，综合 3 个月的总磷浓度变化，3 个区域总磷浓度情况为东洞庭湖＞南洞庭湖＞西洞庭湖。一方面，可能是由于东洞庭湖处于整个洞庭湖流域的下游，湘江、资江、沅江、澧江四大水系带来的总磷除水体自身消纳以外，最终都汇集到东洞庭湖；另一方面，相对于西洞庭湖和南洞庭湖所在的常德和益阳地区，东洞庭湖所在的岳阳区域经济发展更好，人口更集中，使得该区域的总磷排放强度更大。

2.1.4.2 总氮污染特征

图 2.1.8 为 2018 年 9 月、10 月和 12 月洞庭湖各区域增设监测点位的总氮浓度情况。

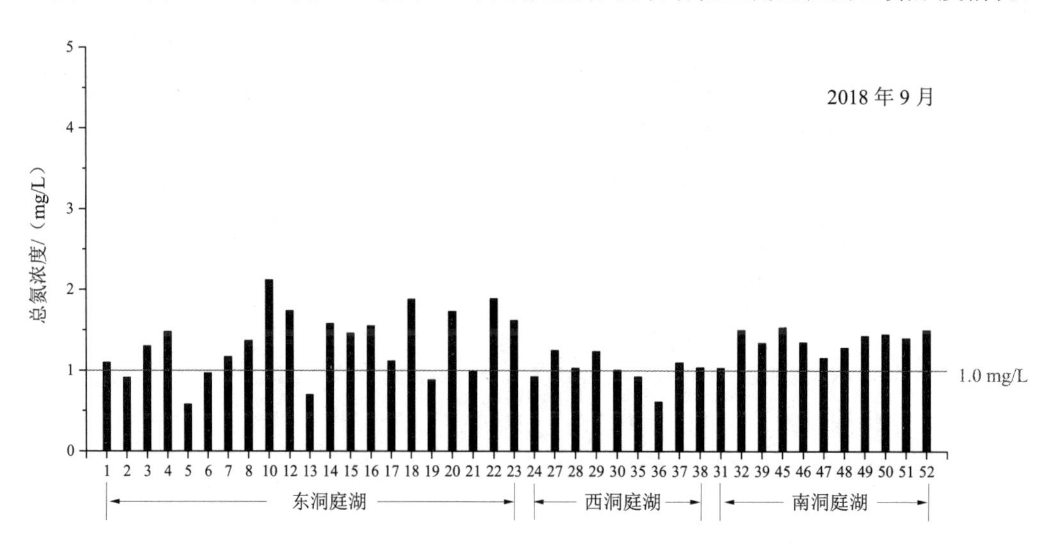

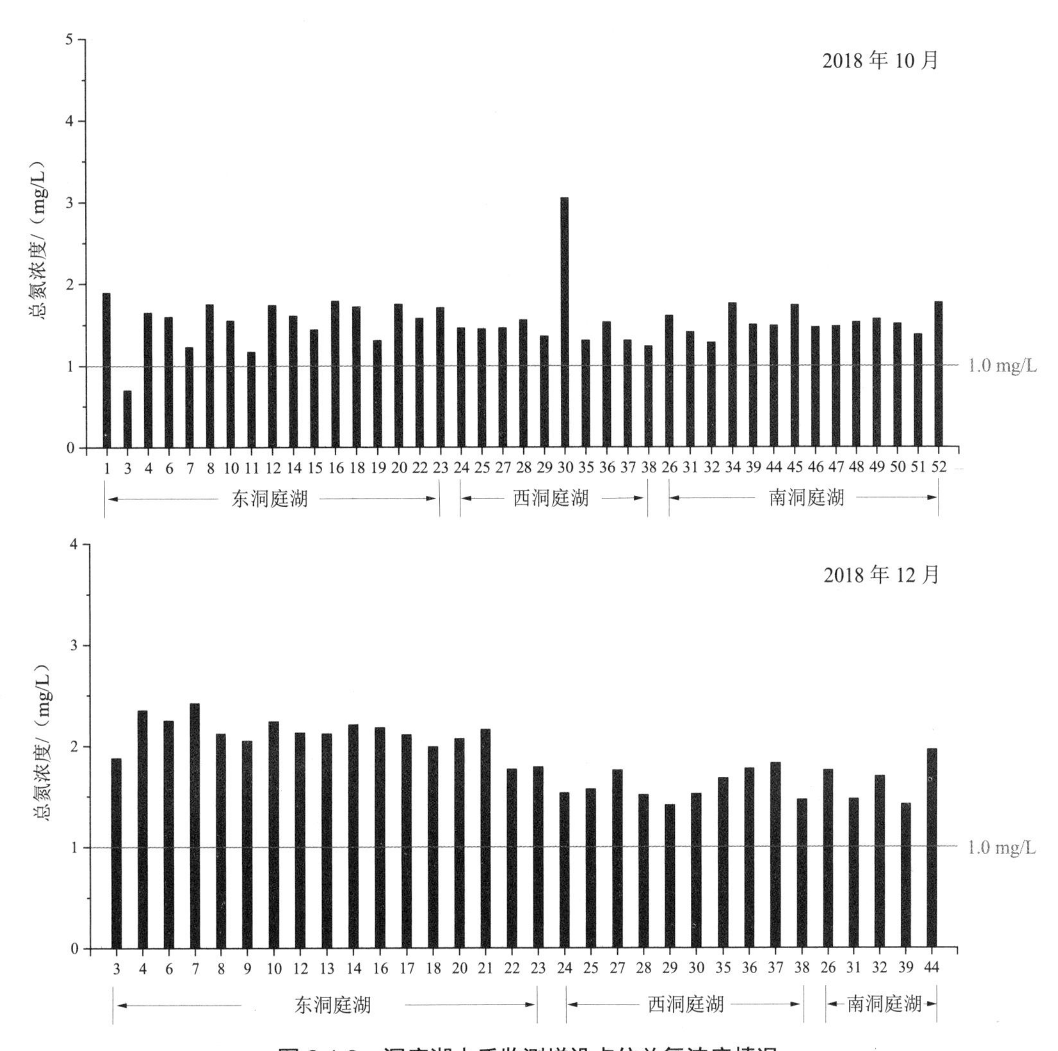

图 2.1.8　洞庭湖水质监测增设点位总氮浓度情况

由图 2.1.8 可知，2018 年 9 月，东洞庭湖的华容河入湖区域的总氮浓度范围为 0.91～1.3 mg/L；藕池河入湖区域的总氮浓度范围为 0.58～1.17 mg/L，平均浓度约为 0.82 mg/L；漉湖区域的总氮浓度范围为 0.88～1.46 mg/L，平均浓度约为 1.1 mg/L；城陵矶入长江区域的总氮浓度范围为 0.97～1.48 mg/L，平均浓度约为 1.3 mg/L；新墙河与湘江交汇区域的总氮浓度范围为 1.55～2.12 mg/L，平均浓度约为 1.7 mg/L；汨罗江与湘江交汇区域的总氮浓度范围为 1.62～1.89 mg/L，平均浓度约为 1.78 mg/L。其中，汨罗江与湘江交汇区域的 10 号点位为最高值 1.89 mg/L。西洞庭湖的澧江入湖区域（安乡县）的总氮浓度范围为 0.92～1.24 mg/L，平均浓度约为 1.1 mg/L；沅江入湖区域（汉寿县）的总氮浓度范围为 0.61～1.25 mg/L，平均浓度约为 0.99 mg/L。南洞庭湖的湘江与南洞庭湖汇合区域（湘阴县）的总氮浓度范围为 1.4～1.53 mg/L，平均浓度约为 1.5 mg/L；资江入洞庭湖区域的总氮浓度范围为 1.28～1.45 mg/L，平均浓度约为 1.4 mg/L；沅江市区域的总氮浓度范围为 1.03～1.5 mg/L，平均浓度约为 1.3 mg/L。

2018 年 10 月，东洞庭湖的华容河入湖区域的总氮浓度范围为 0.70～1.89 mg/L，总氮平均浓度约为 1.295 mg/L；藕池河入湖区域的总氮浓度范围为 1.17～1.23 mg/L，平均浓度约为 1.2 mg/L；瀌湖区域的总氮浓度范围为 1.31～1.44 mg/L；城陵矶入长江区域的总氮浓度范围为 1.6～1.75 mg/L，平均浓度约为 1.67 mg/L；新墙河与湘江交汇区域的总氮浓度范围为 1.55～1.79 mg/L，平均浓度约为 1.68 mg/L；汨罗江与湘江交汇区域的总氮浓度范围为 1.58～1.75 mg/L，平均浓度约为 1.69 mg/L。西洞庭湖的澧江入湖区域（安乡县）的总氮浓度范围为 1.36～3.05 mg/L，平均浓度约为 1.83 mg/L；沅江入湖区域（汉寿县）的总氮浓度范围为 1.24～1.56 mg/L，平均浓度约为 1.4 mg/L。南洞庭湖与湘江汇合区域（湘阴县）的总氮浓度范围为 1.38～1.77 mg/L，平均浓度约为 1.63 mg/L；资江入洞庭湖区域的总氮浓度范围为 1.51～1.57 mg/L，平均浓度约为 1.54 mg/L；沅江市区域的总氮浓度范围为 1.28～1.50 mg/L，平均浓度约为 1.43 mg/L。

2018 年 12 月，东洞庭湖的华容河入湖区域的总氮浓度为 1.88 mg/L；藕池河入湖区域的总氮浓度范围为 2.05～2.42 mg/L，平均浓度约为 2.2 mg/L；瀌湖区域的总氮浓度范围为 2.11～2.16 mg/L，平均浓度约为 2.14 mg/L；城陵矶入长江区域的总氮浓度范围为 2.12～2.35 mg/L，平均浓度约为 2.24 mg/L；新墙河与湘江交汇区域的总氮浓度范围为 2.13～2.24 mg/L，平均浓度约为 2.19 mg/L；汨罗江与湘江交汇区域的总氮浓度范围为 1.77～2.07 mg/L，平均浓度约为 1.91 mg/L。西洞庭湖的澧水入湖区域（安乡县）的总氮浓度范围为 1.41～1.57 mg/L，平均浓度约为 1.51 mg/L；沅江入湖区域（汉寿县）的总氮浓度范围为 1.47～1.77 mg/L，平均浓度约为 1.67 mg/L。南洞庭湖与湘江汇合区域（湘阴县）的总氮浓度范围为 1.76～1.96 mg/L，平均浓度约为 1.86 mg/L；沅江市区域的总氮浓度范围为 1.42～1.70 mg/L，平均浓度约为 1.53 mg/L。

由以上洞庭湖总氮结果分析可知，相较于总磷指标全面高于地表水Ⅲ类水质标准的情况，总氮的情况稍好，有部分区域的总氮浓度达到了地表水Ⅲ类水质标准。2018 年 9 月，虽然只有小部分点位的总氮浓度达到了地表水Ⅲ类水质标准，但平均浓度只是稍微超出标准，按区域分布的总氮浓度由高到低的排列情况依次为东洞庭湖＞南洞庭湖＞西洞庭湖。2018 年 10 月洞庭湖各区域增设监测点位的总氮浓度仅在东洞庭区域有一个点位达到地表水Ⅲ类水质标准，其余点位全部超出，且比 2018 年 9 月的总氮浓度有明显提高，东洞庭湖、西洞庭湖、南洞庭湖各区域均值相差不大。2018 年 12 月洞庭湖各区域增设监测点位的总氮浓度全部超出地表水Ⅲ类水质标准，且比 2018 年 9 月和 10 月的总氮浓度有明显提高，总氮浓度均值由高到低的排序情况依次为东洞庭湖＞南洞庭湖＞西洞庭湖，且东洞庭湖显著高于其他两个区域，南洞庭湖和西洞庭湖差别不大。

从时间上分析，洞庭湖水体总氮浓度的变化趋势与总磷浓度的变化趋势较为相似，也出现了枯水期的 12 月的浓度明显高于平水期的 9 月和 10 月。从空间上的分布情况来看，总氮浓度的变化趋势也与总磷浓度的变化趋势类似，总体上是东洞庭湖＞南洞庭湖＞西洞庭湖，东洞庭湖高于其他两个区域，而南洞庭湖和西洞庭湖差别不大。

2.1.4.3　氨氮污染特征

图 2.1.9 为洞庭湖各区域增设监测点位的氨氮浓度情况。由图可知，2018 年 9 月，在所有增设的点位中，仅有东洞庭湖的两个点位超过了地表水Ⅲ类水质标准，但整体的浓度均值达到了地表水Ⅲ类水质标准。2018 年 10 月，洞庭湖湖体增设点位的氨氮浓度在 0.064～0.338 mg/L 波动，均显著低于地表水Ⅲ类水质标准。2018 年 12 月，洞庭湖湖体的氨氮浓度范围为 0.060～0.727 mg/L，所有区域均达到地表水Ⅲ类水质标准。在整个监测期内，总体上洞庭湖水体氨氮的平均浓度显著低于地表水Ⅲ类水质标准，仅有个别点位超出。

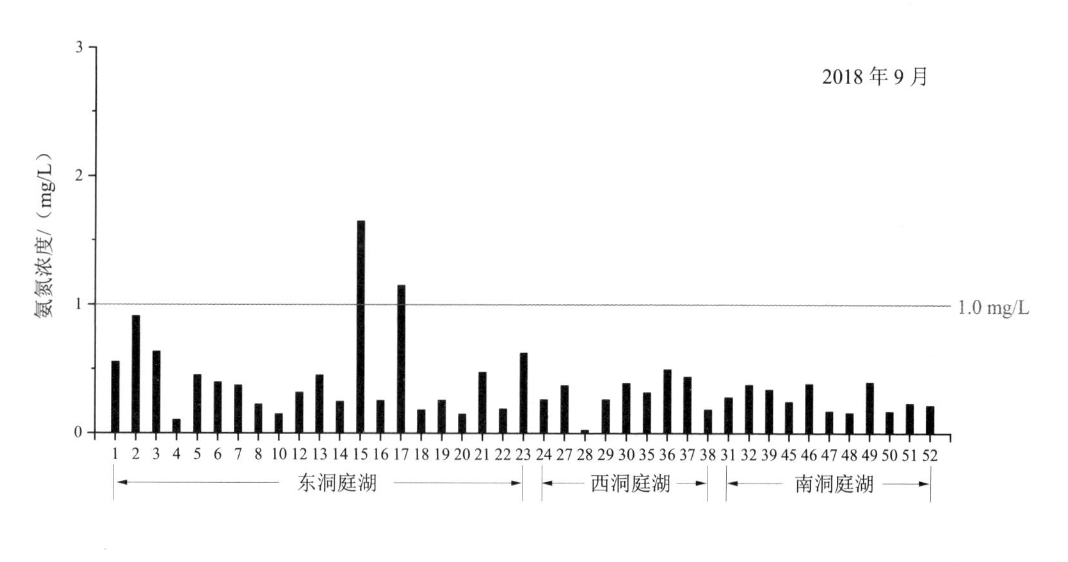

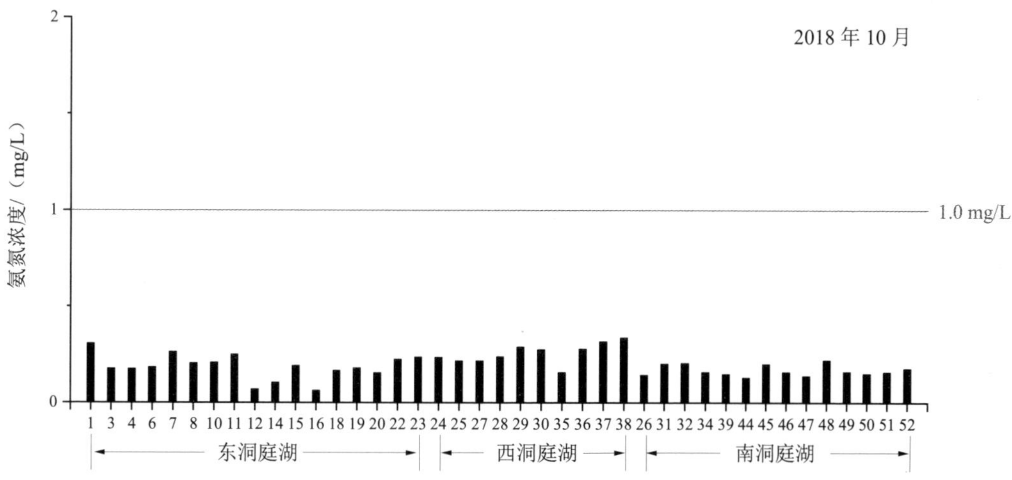

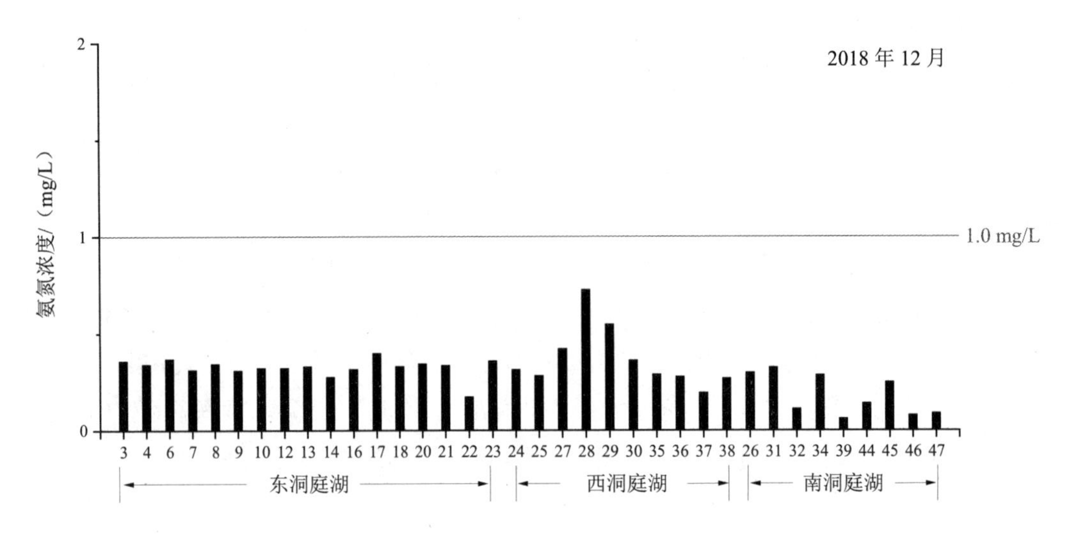

图 2.1.9 洞庭湖水质监测增设点位氨氮浓度情况

2.1.4.4 COD_{Mn} 污染特征

图 2.1.10 为洞庭湖各区域增设监测点位的 COD_{Mn} 浓度情况。由图可知，2018 年 9 月，COD_{Mn} 浓度范围为 1.69～9.87 mg/L，仅有东洞庭湖的 4 个点位高于地表水Ⅲ类水质标准，总体情况较好，整体平均浓度仍然达到了地表水Ⅲ类水质标准。2018 年 10 月，洞庭湖水体增设点位的 COD_{Mn} 浓度范围为 1.0～3.9 mg/L，均显著低于地表水Ⅲ类水质标准。2018 年 12 月，洞庭湖水体的 COD_{Mn} 浓度在 0.06～0.727 mg/L 波动，均达到地表水Ⅲ类水质标准。

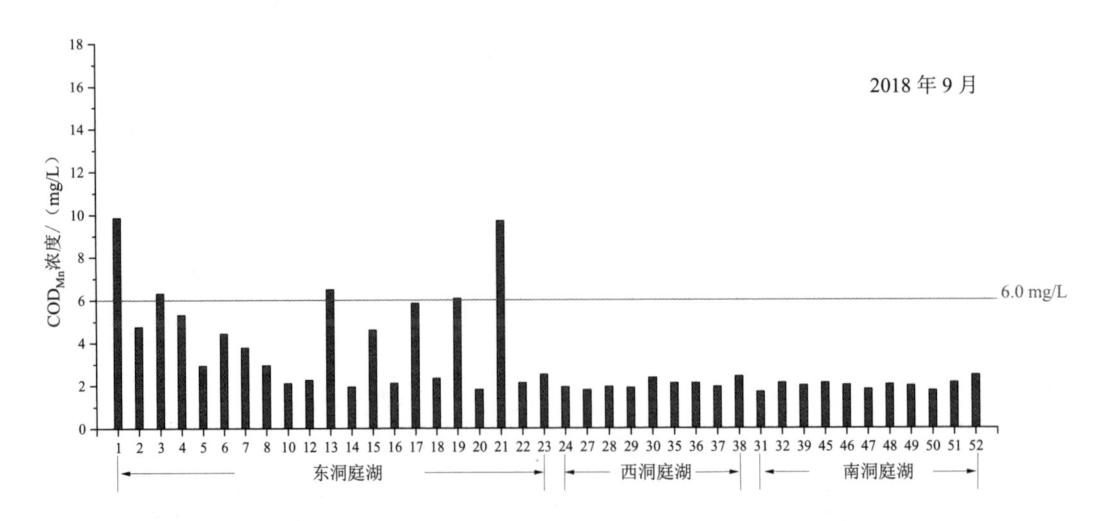

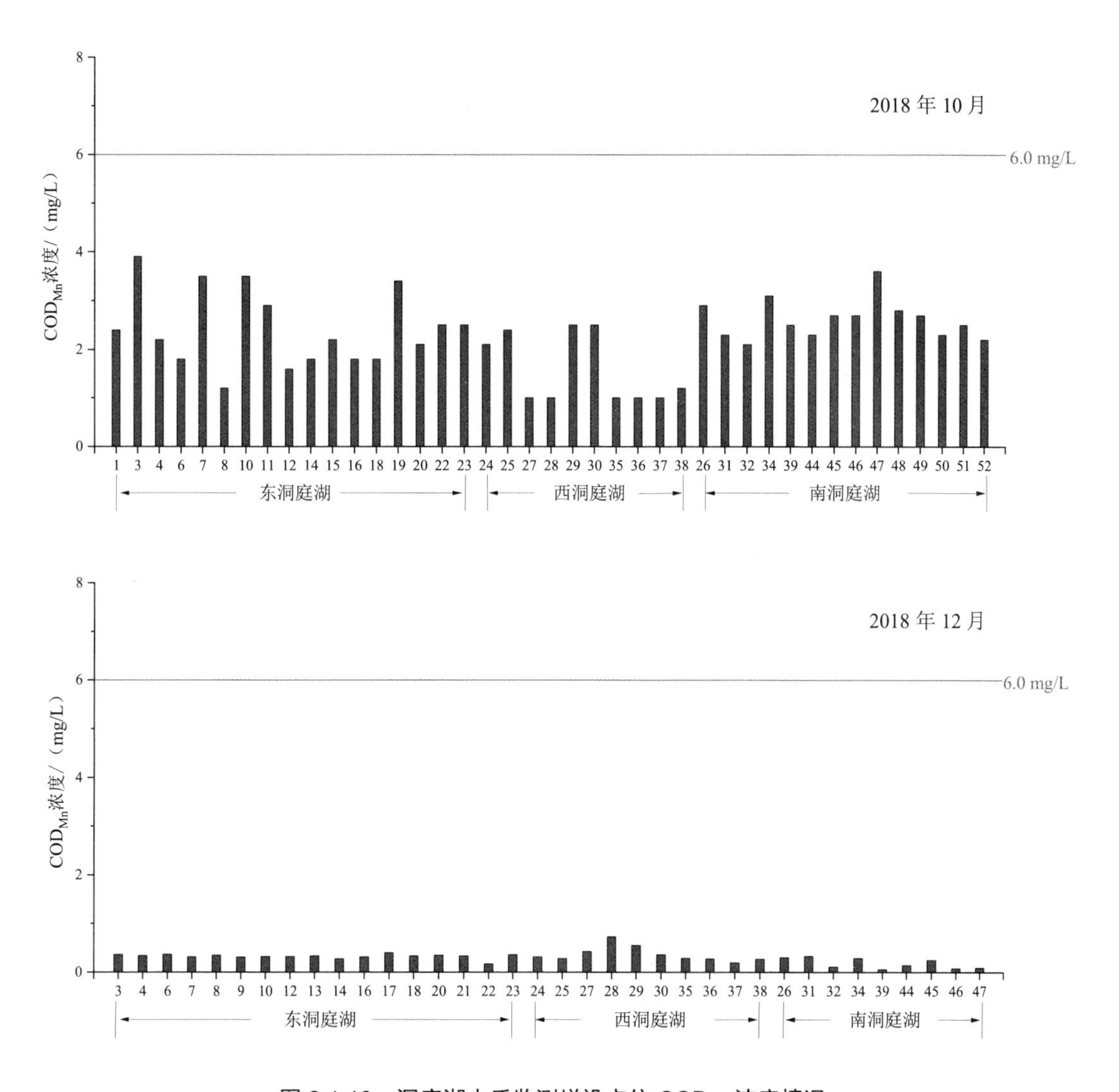

图 2.1.10　洞庭湖水质监测增设点位 COD_{Mn} 浓度情况

2.1.4.5　叶绿素 a 浓度特征

图 2.1.11 为洞庭湖各区域增设监测点位的叶绿素 a 浓度情况。由图可知，2018 年 9 月，洞庭湖水体的叶绿素 a 浓度范围为 2～91 μg/L，其中最高值为 91 μg/L。2018 年 10 月，洞庭湖水体的叶绿素 a 浓度范围为 1.3～38.9 μg/L，最高值仅为 38.9 μg/L。2018 年 12 月，洞庭湖水体的叶绿素 a 浓度均在 6 μg/L 以下。可见，洞庭湖水体的叶绿素 a 浓度结果远低于 10 μg/L 的富营养化标准，未出现富营养化的状况。

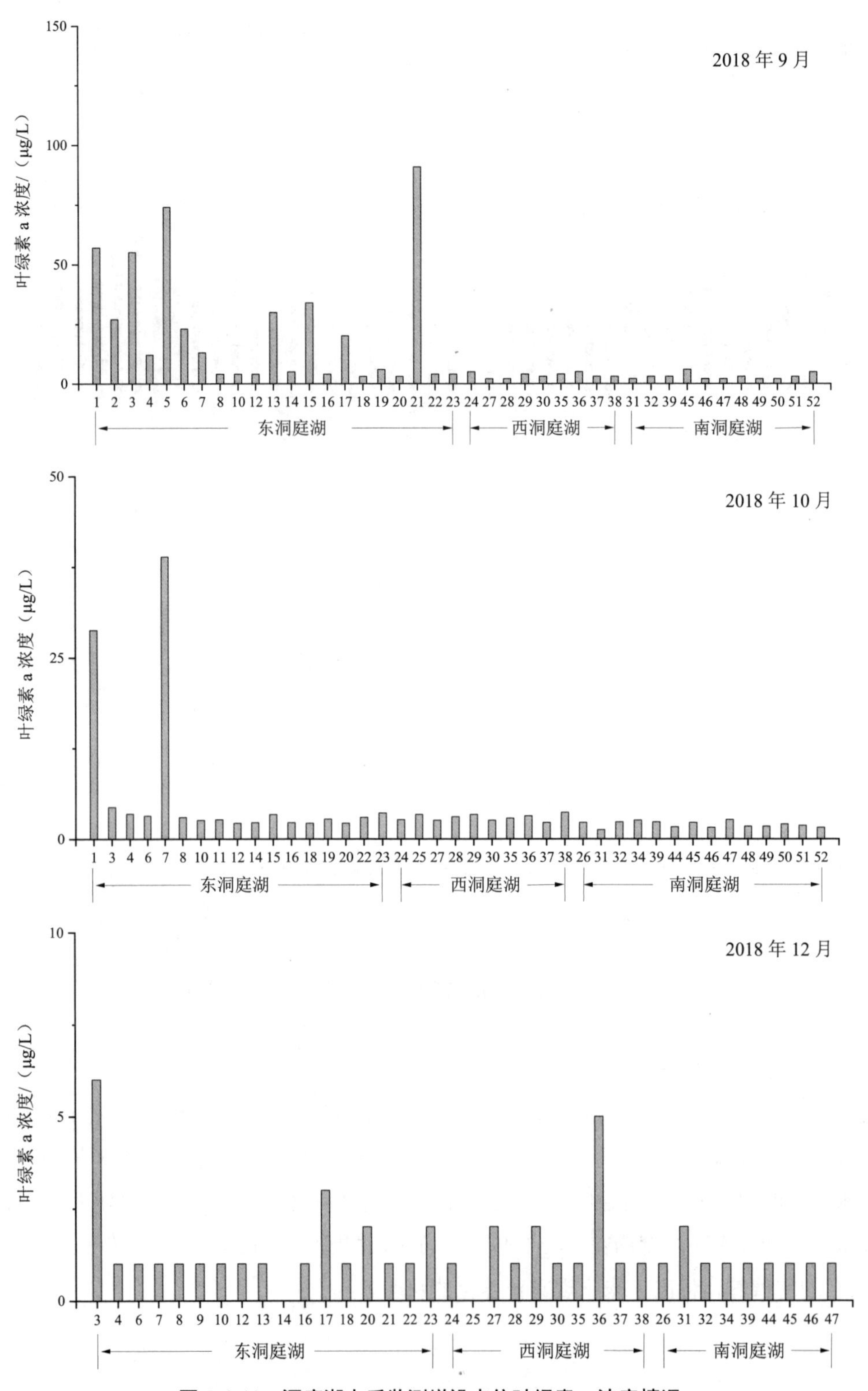

图 2.1.11 洞庭湖水质监测增设点位叶绿素 a 浓度情况

2.1.5　洞庭湖湖体水质总体情况

表 2.1.3 为 2014—2018 年洞庭湖湖体总磷浓度变化情况，根据年均数据来看，2015 年达到最大值之后，开始逐年下降，但仍未达到地表水Ⅲ类水质的标准（≤0.5 mg/L）。从浓度范围分布情况来看，小于 0.5 mg/L 的比例较低，大部分监测数据处于 0.05～0.10 mg/L，高于 0.10 mg/L 的占比也较低，且 2015 年后比例开始逐渐下降。从结果分析来看，近几年洞庭湖水体的总磷污染形势是逐渐好转的趋势，但离地表水Ⅲ类水质的标准还有一定的差距。

表 2.1.3　2014—2018 年洞庭湖湖体总磷浓度变化情况

项目	2014 年	2015 年	2016 年	2017 年	2018 年
年度均值/（mg/L）	0.085 3	0.112 0	0.085 6	0.075 4	0.070 9
＜0.05 mg/L 的占比	18.94%	1.52%	5.76%	9.03%	15.15%
0.05～0.10 mg/L 的占比	55.30%	41.67%	69.06%	74.30%	77.27%
＞0.10 mg/L 的占比	25.76%	56.82%	25.19%	16.67%	7.58%

2.2　洞庭湖区域主要内湖水质情况及总磷污染特征

2.2.1　洞庭湖内湖点位增设与跟踪监测

洞庭湖目前设置有 20 个主要内湖监测点位，分别为安乡珊珀湖、西毛里湖、常德冲天湖、东风湖、汉寿太白湖、华容东湖、柳叶湖、皇家湖、后江湖、鹤龙湖、大通湖、湘阴东湖、千龙湖、南湖、三仙湖水库、松杨湖、团湖、芭蕉湖、黄盖湖、冶湖。各内湖监测点位分布如图 2.2.1 所示。

但现有的 20 个内湖中设置的水质监测点位仅有一个，且只监测总磷及总氮两个指标，难以全面反映洞庭湖区内湖的总体水质状况。因此本次调查将在内湖现有监测点位的基础上增设点位，并增加氨氮、COD_{Mn}、叶绿素 a 等指标，对洞庭湖区域内的主要内湖水质进行更全面的综合评价。

新增监测点位按《水质　采样方案设计技术规定》（HJ 495—2009）设置，即考虑在进水区、出水区、深水区、浅水区、湖心区和岸边区等不同水域设置监测点，每个湖泊增设 3～5 个点位，具体增设的监测点位情况见表 2.2.1。

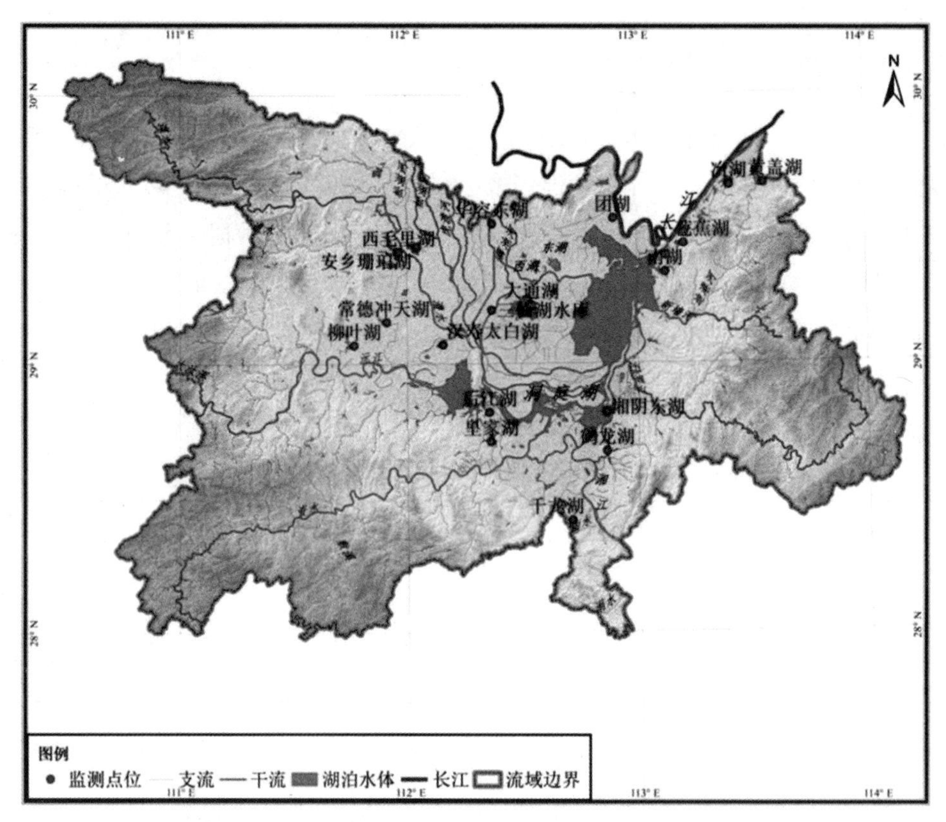

图 2.2.1　洞庭湖区域 20 个主要内湖监测点位分布情况

表 2.2.1　洞庭湖主要内湖水质监测点位增设情况

东洞庭湖区域		南洞庭湖区域		西洞庭湖区域	
编号	位置	编号	位置	编号	位置
1-1	芭蕉湖 1	8-1	鹤龙湖 1	13-1	常德冲天湖 1
1-2	芭蕉湖 2	8-2	鹤龙湖 2	13-2	常德冲天湖 2
1-3	芭蕉湖 3	8-3	鹤龙湖 3	13-3	常德冲天湖 3
2-1	东风湖 1	8-4	鹤龙湖 4	13-4	常德冲天湖 4
2-2	东风湖 2	9-1	后江湖 1	16-1	西毛里湖 1
2-3	东风湖 3	9-2	后江湖 2	16-2	西毛里湖 2
3-1	南湖 1	9-3	后江湖 3	16-3	西毛里湖 3
3-2	南湖 2	9-4	后江湖 4	17-1	三仙湖水库 1
3-3	南湖 3	10-1	皇家湖 1	17-2	三仙湖水库 2
4	松杨湖	10-2	皇家湖 2	17-3	三仙湖水库 3
5	团湖	10-3	皇家湖 3	18-1	汉寿太白湖 1
6	冶湖	10-4	皇家湖 4	18-2	汉寿太白湖 2
7	黄盖湖	11-1	千龙湖 1	18-3	汉寿太白湖 3
15-1	华容东湖 1	11-2	千龙湖 2	18-4	汉寿太白湖 4

东洞庭湖区域		南洞庭湖区域		西洞庭湖区域	
编号	位置	编号	位置	编号	位置
15-2	华容东湖 2	11-3	千龙湖 3	18-5	汉寿太白湖 5
15-3	华容东湖 3	11-4	千龙湖 4	19-1	安乡珊珀湖 1
		11-5	千龙湖 5	19-2	安乡珊珀湖 2
		12-1	湘阴东湖 1	19-3	安乡珊珀湖 3
		12-2	湘阴东湖 2	20	柳叶湖
		12-3	湘阴东湖 3		
		12-4	湘阴东湖 4		
		14-1	大通湖 1		
		14-2	大通湖 2		
		14-3	大通湖 3		
		14-4	大通湖 4		
		14-5	大通湖 5		
		14-6	大通湖 6		

内湖水质评价及相关水质指标的测定参照本书 2.1.2 中相关内容执行。采样方法、样品运输及保存以及质量控制按《地表水和污水监测技术规范》(HJ/T 91—2002)、《水质　采样方案设计技术规定》（HJ 495—2009）和《水环境监测规范》（SL 219—2013）的规定执行。

2.2.2　洞庭湖主要内湖常规监测历史数据分析

2.2.2.1　内湖总氮和总磷浓度年际变化特征

20 个内湖 2016 年 1 月—2018 年 2 月的总磷和总氮年度平均值结果如表 2.2.2 所示。

表 2.2.2　洞庭湖 20 个内湖监测断面总磷和总氮 2016—2018 年平均值

单位：mg/L

区域	断面名称	2016 年		2017 年		2018 年	
		总磷	总氮	总磷	总氮	总磷	总氮
东洞庭湖	芭蕉湖	0.056 5	0.312 7	0.066 8	0.355	0.085	1.936
	东风湖	0.069	0.904	0.087 5	1.187 4	0.095 5	2.87
	黄盖湖	0.011 4	0.356	0.017 5	0.162	0.016	1.589
	南湖	0.1	0.149	0.090 5	0.16	0.094	1.823
	松杨湖	0.063 7	0.338 4	0.101 7	0.489	0.145	1.542
	团湖	0.066 87	0.429	0.067	0.261 4	0.076	1.26
	冶湖	0.02	0.733	0.020 8	0.260 8	0.02	0.141 5
	华容东湖	0.393 7	0.461	0.168 94	0.401 7	0.243 7	0.844

区域	断面名称	2016年		2017年		2018年	
		总磷	总氮	总磷	总氮	总磷	总氮
西洞庭湖	安乡珊珀湖	0.246	0.291	0.213 6	0.246 6	0.123	0.636 4
	常德冲天湖	0.172 2	0.302	0.187	0.331	0.079	1.343 6
	汉寿太白湖	0.072 8	0.191 1	0.103 3	0.291	0.081	0.723 9
	柳叶湖	0.061 5	0.156	0.033 3	0.187 5	0.036	0.918 7
	三仙湖水库	0.138	0.476	0.070 8	0.375 5	0.055	1.669
	西毛里湖	0.044 75	0.157	0.023 5	0.174 8	0.043	0.539 6
南洞庭湖	鹤龙湖	0.082 17	0.506	0.066 7	0.586 6	0.041	0.824
	大通湖	0.244	0.345 7	0.215	0.158 8	0.218	1.029
	后江湖	0.069	0.271	0.067	0.228	0.046 9	1.303 3
	皇家湖	0.032	0.402	0.074	0.359 9	0.060 8	0.782 8
	千龙湖	0.051 4	0.177 1	0.037 4	0.514	0.03	0.926 7
	湘阴东湖	0.093 7	0.469	0.070 5	0.562	0.039	0.736

注：地表水环境质量标准Ⅲ类标准中，总磷（湖库）≤0.05 mg/L，总氮≤1.0 mg/L。

由图2.2.2可知，2016—2018年，总磷浓度都达标的内湖仅有3个，分别是黄盖湖、西毛里湖、冶湖；皇家湖、千龙湖2016年总磷达标，2017年和2018年均超标；柳叶湖2016年总磷超标，2017年和2018年达标；剩余的安乡珊珀湖、芭蕉湖、常德冲天湖、大通湖、东风湖、汉寿太白湖、鹤龙湖、后江湖、华容东湖、南湖、三仙湖水库、松杨湖、团湖和湘阴东湖14个内湖在2016—2018年总磷年均值都超标，超标情况最严重的是华容东湖和大通湖，超标倍数高达8倍。内湖总氮超标情况较少，仅有东风湖、团湖总氮年平均浓度超标。

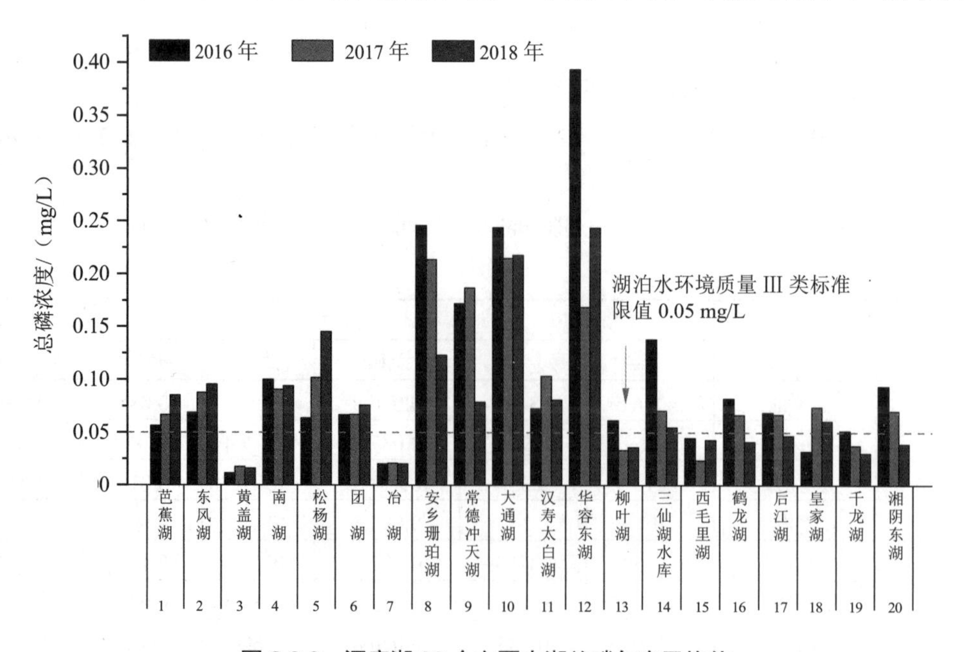

图2.2.2 洞庭湖20个主要内湖总磷年度平均值

2.2.2.2　内湖总氮和总磷浓度月度变化特征

（1）东洞庭湖区域内湖

图 2.2.3 为 2016 年 1 月—2018 年 11 月东洞庭湖区域主要内湖总磷月均变化情况。由图可知，芭蕉湖总磷月均浓度仅在 2016 年 6 月、9 月和 2017 年 1 月、2 月达到地表水Ⅲ类水质标准，小于 0.05 mg/L；华容东湖总磷月均浓度在统计时期内均超过 0.05 mg/L，其中 2016 年总磷月均浓度波动较大，总磷污染情况较严重；黄盖湖总磷月均浓度在统计期内均达到地表水Ⅲ类水质标准，总磷浓度在 0.01 mg/L 左右，情况较好；南湖总磷月均浓度均超过 0.05 mg/L，总磷污染情况较严重；团湖总磷月均浓度在 2016—2018 年波动较大，在 2016 年 6 月、12 月，2017 年 1 月、2 月和 2018 年 2 月总磷月均浓度小于 0.05 mg/L，其余月份均超标；冶湖总磷月均浓度在 0.02 mg/L 左右波动，总体情况较好。

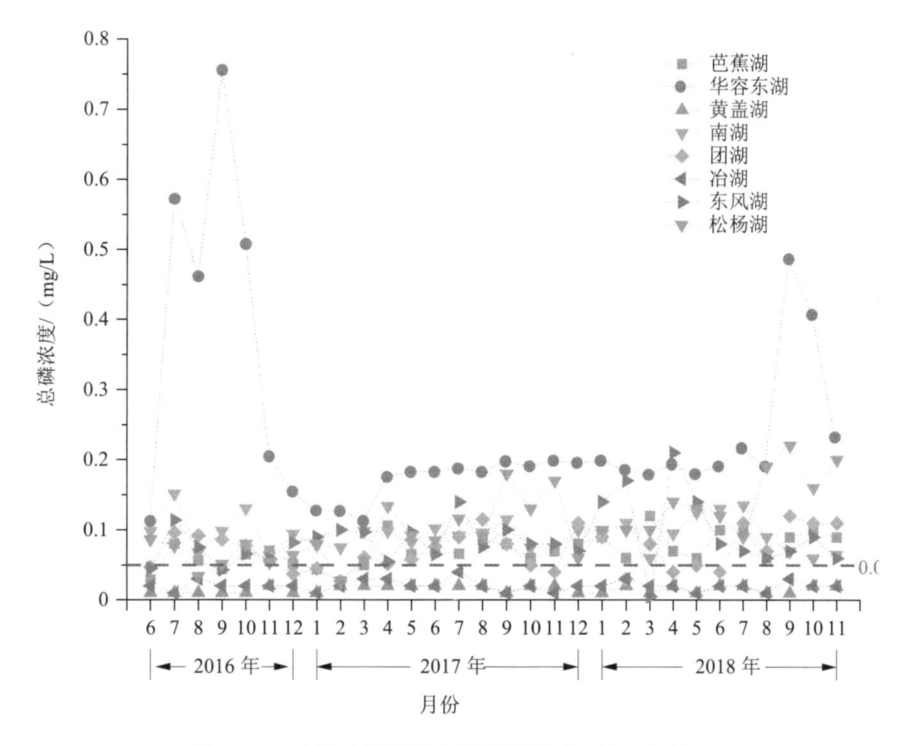

图 2.2.3　东洞庭湖区域主要内湖总磷月均变化值

（2）西洞庭湖区域内湖

图 2.2.4 为 2016 年 1 月—2018 年 11 月西洞庭湖区域主要内湖的总磷浓度月均变化情况。由图可知，安乡珊珀湖 2016—2018 年总磷月均浓度均超过 0.05 mg/L，总磷污染较为严重；常德冲天湖总磷月均浓度仅在 2017 年 2 月小于 0.05 mg/L，其余月份均超标；汉寿太白湖总磷月均浓度在 2016 年 12 月和 2017 年 1 月、2 月、3 月、6 月和 2018 年 2 月小于 0.05 mg/L，其余月份均超标；柳叶湖总磷月均浓度在 2016—2018 年波动较大，2016 年总

磷月均浓度超过地表水Ⅲ类水质标准，但 2017—2018 年总磷浓度逐渐降低，水质趋于好转；三仙湖水库总磷月均浓度在 2016—2018 年波动较大，仅在 2016 年 12 月和 2017 年 2 月、3 月、4 月、11 月总磷月均浓度小于 0.05 mg/L，其余月份均超标，但从总体上来看，三仙湖水库总磷浓度呈下降趋势。西毛里湖总磷月均浓度在 2016—2018 年呈下降趋势，2016 年年初总磷月均浓度超过 0.05 mg/L，但 2016 年 4 月—2018 年 2 月，总磷月均浓度均小于 0.05 mg/L，水质总体呈变好趋势。

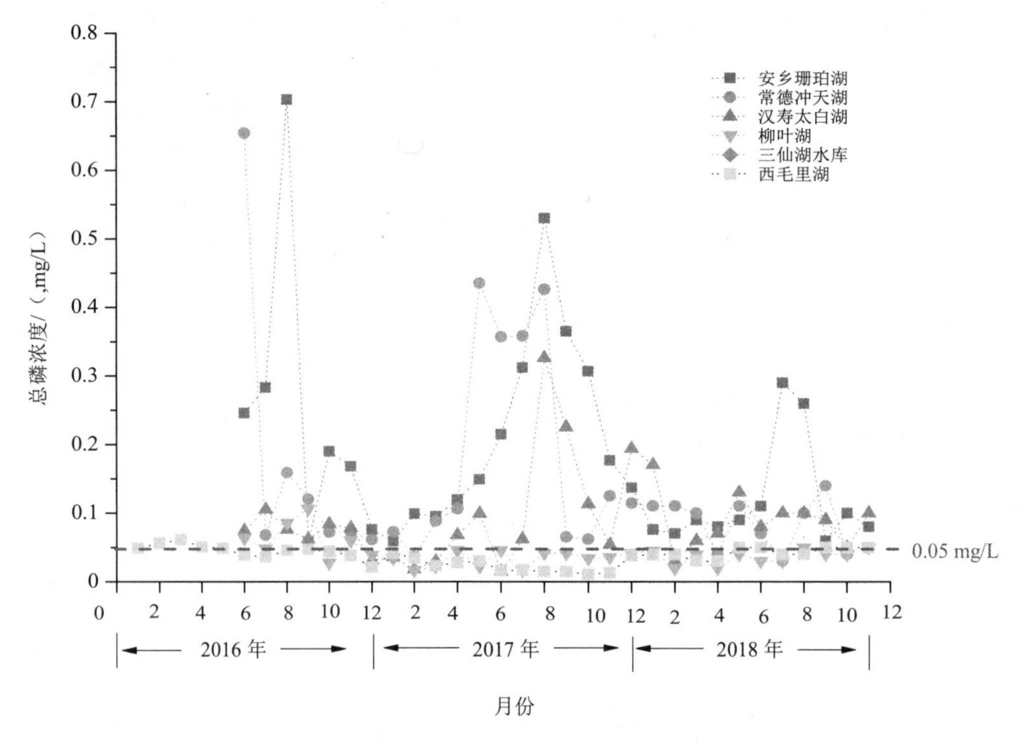

图 2.2.4 西洞庭湖区域主要内湖总磷月均变化值

（3）南洞庭湖区域内湖

图2.2.5为2016年1月—2018年2月南洞庭湖区域主要内湖的总磷浓度月均变化情况。由图可知，鹤龙湖总磷月均浓度仅在 2017 年 5 月和 12 月小于 0.05 mg/L，其余月份均超标；后江湖总磷月均浓度仅在 2016 年 10 月小于 0.05 mg/L，其余月份均超标，在 2018 年 1 月和 2 月水质变好，总磷月均浓度约为 0.05 mg/L；皇家湖总磷月均浓度在 2016—2018 年呈现出一个上升趋势，2016 年总磷月均浓度均达到地表水Ⅲ类水质标准，但在 2017—2018 年，总磷浓度逐渐超过 0.05 mg/L，其中仅有 2017 年 3 月低于 0.05 mg/L，从总体上来看，皇家湖总磷浓度呈升高趋势；千龙湖总磷月均浓度在 2016—2018 年呈下降趋势，2017 年和 2018 年总磷浓度均低于 0.05 mg/L，从总体上来看，千龙湖总磷浓度呈下降趋势；湘阴东湖总磷月均浓度在 2016—2018 年总体呈下降趋势，在 2017 年 5 月、12 月总磷月均

浓度低于 0.05 mg/L，其余月份均超标。

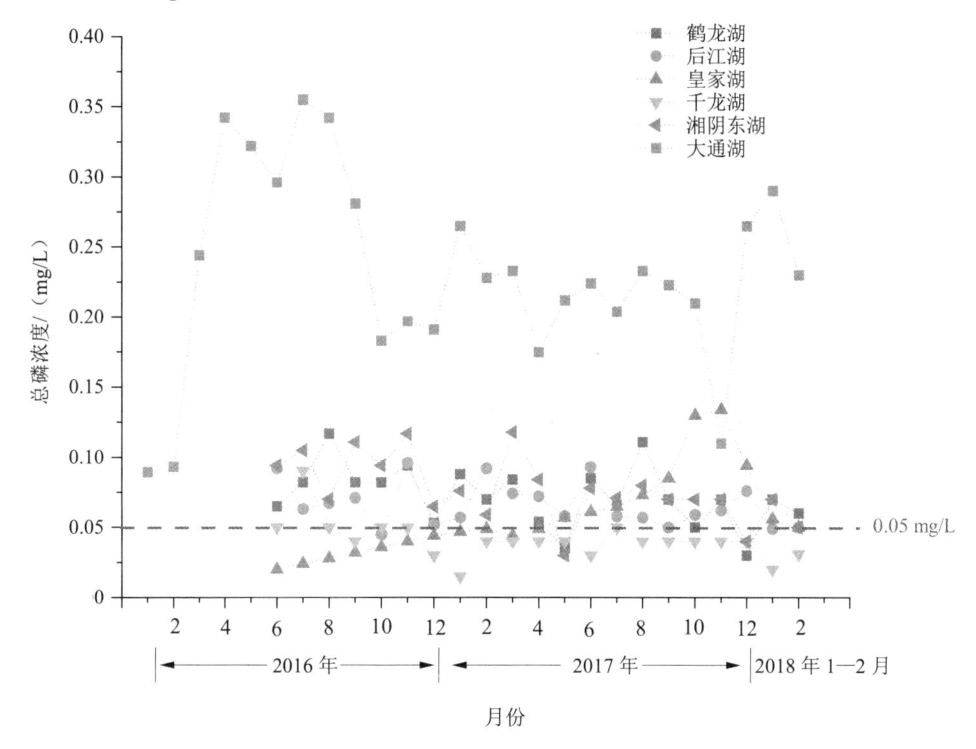

图 2.2.5　南洞庭湖区域主要内湖总磷月均变化值

2.2.3　洞庭湖主要内湖增设监测点位水质情况

2.2.3.1　内湖总磷污染特征

图 2.2.6 是洞庭湖主要内湖增设监测点位的总磷浓度情况。由图可知，2018 年 9 月洞庭湖内湖监测点位总磷浓度达标的只有黄盖湖（0.01 mg/L）点位，千龙湖 2 号（0.03 mg/L）、3 号（0.04 mg/L）点位，常德冲天湖 1 号（0.03 mg/L）、2 号（0.04 mg/L）点位，西毛里湖 1 号点位（0.05 mg/L），柳叶湖点位（0.03 mg/L），其他点位均超过地表水环境质量标准Ⅲ类标准（≤0.05 mg/L），华容东湖超标最为严重，总磷平均浓度为 0.35 mg/L，其中华容东湖 2 号点位总磷浓度高达 0.40 mg/L，是地表水Ⅲ类水质标准的 8 倍。其次是大通湖、汉寿太白湖总磷浓度较高，平均浓度分别为 0.23 mg/L、0.22 mg/L，鹤龙湖、湘阴东湖平均浓度分别为 0.17 mg/L、16 mg/L，芭蕉湖、东风湖总磷平均浓度为 0.10 mg/L，南湖、皇家湖、千龙湖总磷平均浓度为 0.08 mg/L，后江湖、西毛里湖、常德冲天湖相对总磷浓度较低，平均浓度为 0.06 mg/L。

2018 年 10 月洞庭湖区域 20 个主要内湖中有 7 个内湖总磷含量超过地表水Ⅲ类水质标准，分别是芭蕉湖（0.10 mg/L）、东风湖（0.09 mg/L）、松杨湖（0.16 mg/L）、团湖（0.11 mg/L）、皇家湖（0.09 mg/L）、大通湖（0.12 mg/L）和安乡珊珀湖（0.10 mg/L），其中浓度最高的松杨湖达到地表水Ⅲ类水质标准的 3.2 倍，其余内湖总磷浓度均低于 0.05 mg/L。

2018 年 12 月洞庭湖区域内湖监测点位总磷浓度大部分超过了地表水Ⅲ类水质标准（≤0.05 mg/L），只有东风湖 3 号，冶湖，黄盖湖，千龙湖 1 号、2 号，常德冲天湖 2 号、3 号，大通湖 1 号、2 号，安乡珊珀湖 2 号，柳叶湖点位小于 0.05 mg/L，其他内湖点位均不同程度地超出。大通湖超出的浓度最高，总磷平均浓度达 0.36 mg/L，其中大通湖 3 号点位浓度最高，为 0.56 mg/L，是地表水Ⅲ类水质标准的 11.2 倍。其次为华容东湖，总磷平均浓度为 0.15 mg/L。南湖和汉寿太白湖总磷平均浓度都是 0.13 mg/L。后江湖总磷平均浓度最低，为 0.05 mg/L。

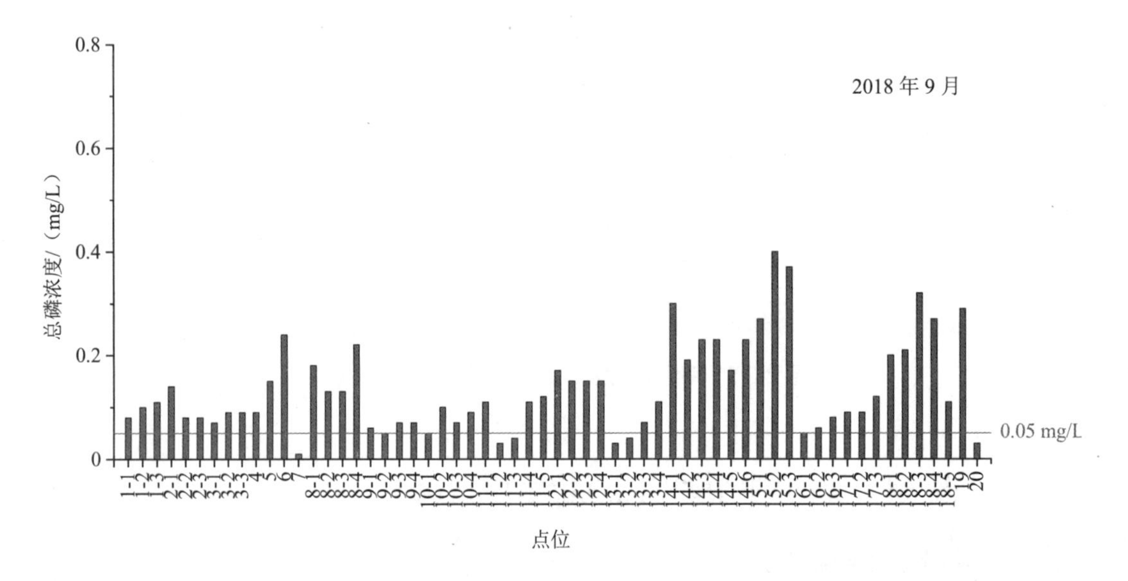

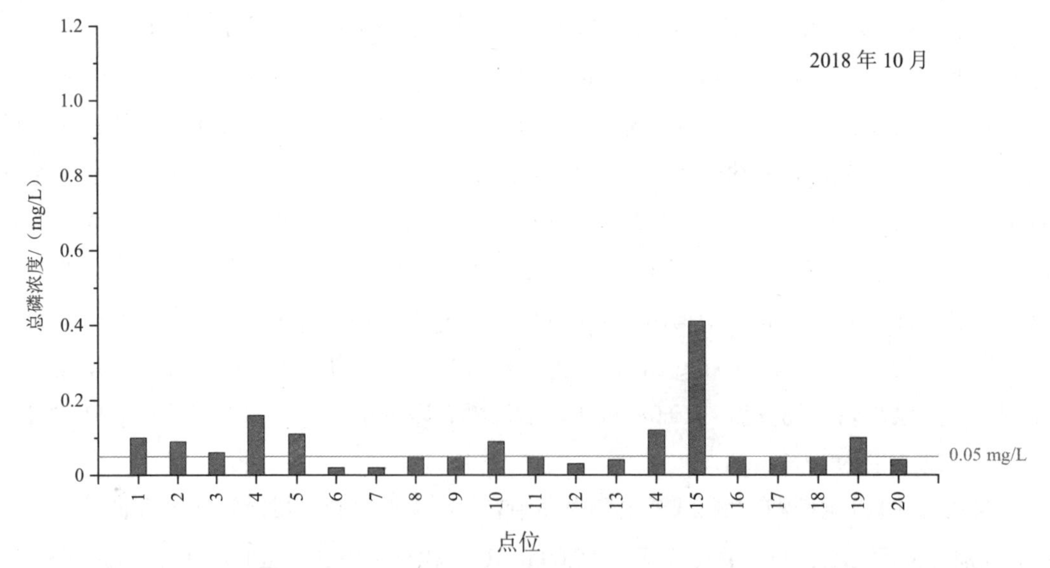

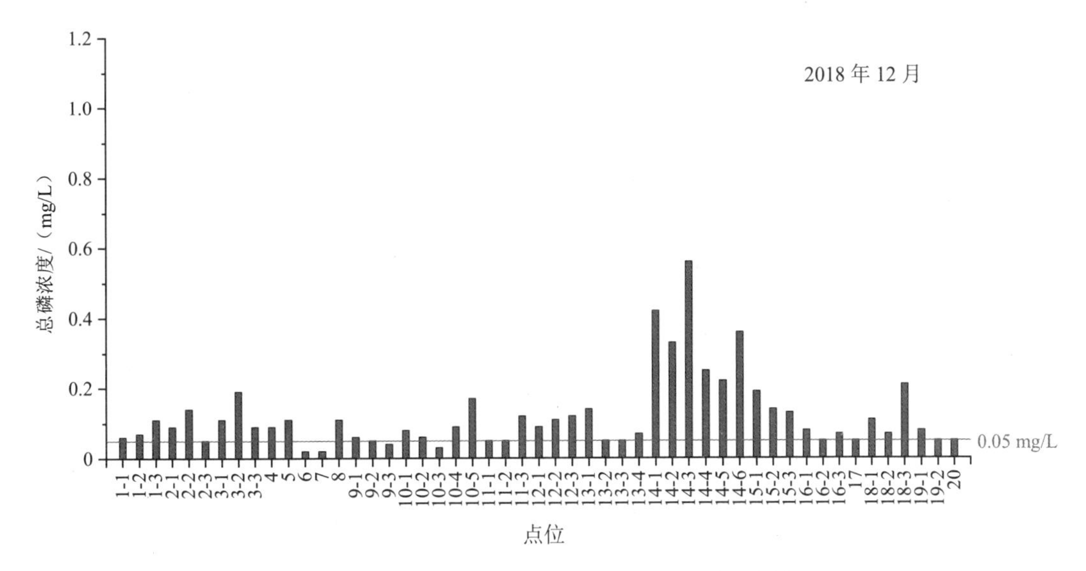

图 2.2.6 洞庭湖区域主要内湖增设点位总磷浓度情况

2.2.3.2 内湖总氮污染特征

图 2.2.7 是洞庭湖区域主要内湖增设监测点位总氮浓度情况。由图可知，2018 年 9 月洞庭湖内湖监测点位总氮浓度较高的有东风湖 1 号、3 号点位，松杨湖，团湖，冶湖，后江湖 1～4 号点位，皇家湖 1 号点位，常德冲天湖 2 号点位，三仙湖水库 1～3 号点位，汉寿太白湖 3 号、4 号点位。其中，东风湖 1 号点位浓度最高，是地表水Ⅲ类水质标准的 2.45 倍，其他点位总氮均未小于 1.0 mg/L。西毛里湖总氮浓度最低，平均浓度为 0.49 mg/L，华容东湖总氮平均浓度为 0.55 mg/L，大通湖总氮平均浓度为 0.58 mg/L，东风湖、后江湖总体超标较严重，总氮平均浓度分别为 1.44 mg/L 和 1.39 mg/L。

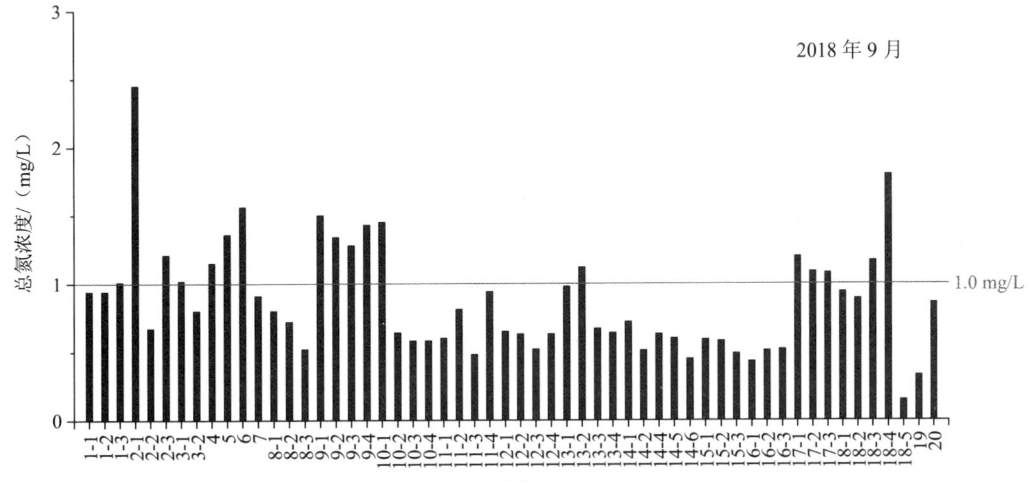

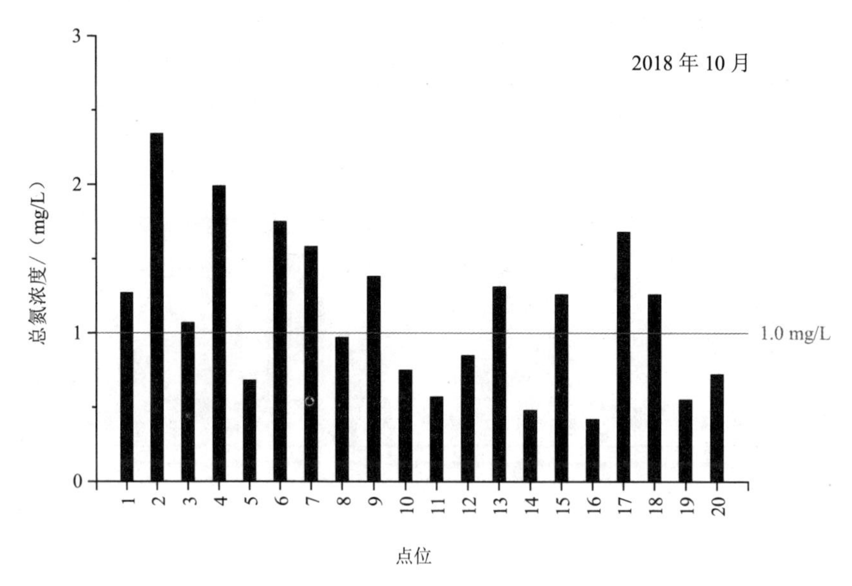

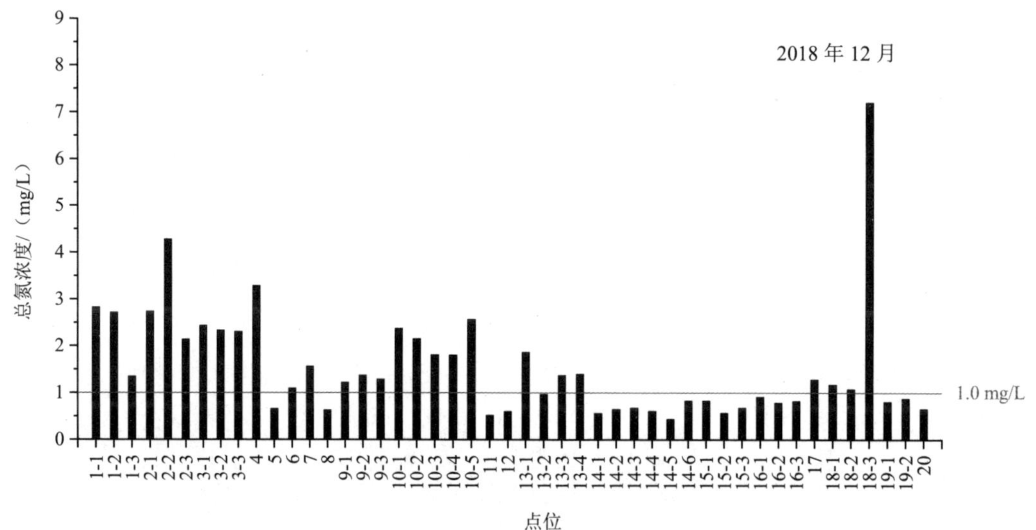

图 2.2.7 洞庭湖区域主要内湖增设点位总氮浓度情况

2018 年 10 月，洞庭湖内湖总氮浓度只有团湖、鹤龙湖、皇家湖、千龙湖、湘阴东湖、大通湖、西毛里湖、安乡珊珀湖、柳叶湖达到了地表水Ⅲ类水质标准（≤1.0 mg/L）。总氮浓度最低的是西毛里湖，仅 0.42 mg/L，其余内湖均不同程度超出。其中，东风湖、松杨湖总氮浓度最高，分别为 2.34 mg/L 和 1.99 mg/L。

2018 年 12 月，洞庭湖内湖监测点位中总氮浓度达到地表水Ⅲ类水质标准（≤1.0 mg/L）的有团湖、鹤龙湖、湘阴东湖、大通湖、华容东湖、西毛里湖、安乡珊珀湖、柳叶湖、常德冲天湖 2 号点位。其中，大通湖总氮平均浓度最低，为 0.69 mg/L，其他点位总氮浓度均超出。其中，汉寿太白湖 3 号点位总氮浓度达到 7.5 mg/L，其次是东风湖 2 号点位总氮浓度为 4.25 mg/L，皇家湖 5 号点位为 2.5 mg/L，三仙湖水库，汉寿太白湖 1 号，常德冲天湖 1 号、3 号、4 号点位总氮浓度略微超出。

2.2.3.3　内湖氨氮污染特征

图 2.2.8 是洞庭湖区域主要内湖增设监测点位氨氮浓度情况。由图可知，2018 年 9 月洞庭湖内湖监测点位氨氮浓度均小于 1.0 mg/L，总体情况较好。2018 年 12 月洞庭湖内湖只有东风湖 2 号（3.24 mg/L）和汉寿太白湖 3 号（6.02 mg/L）点位氨氮浓度较高，其他点位均小于 1.0 mg/L，总体情况较好。

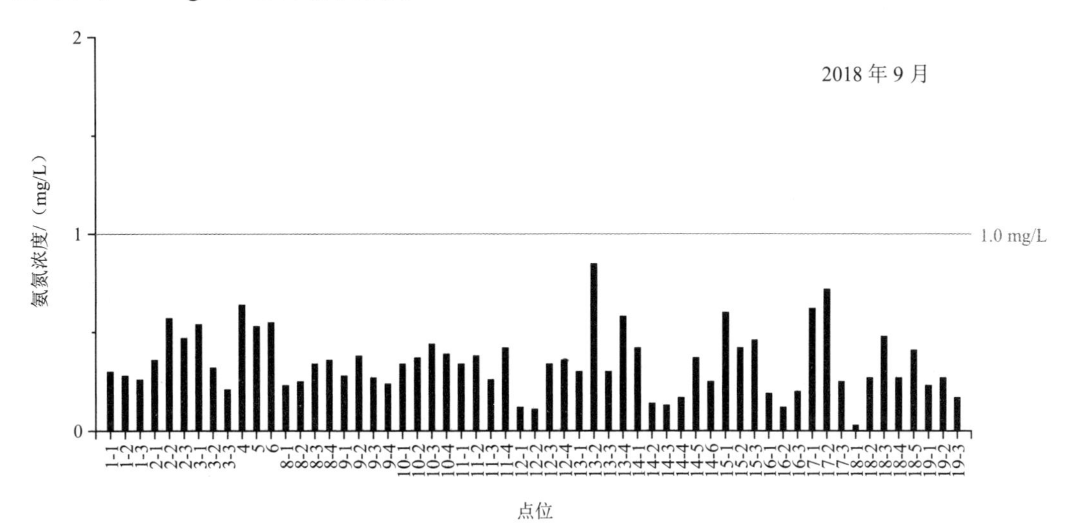

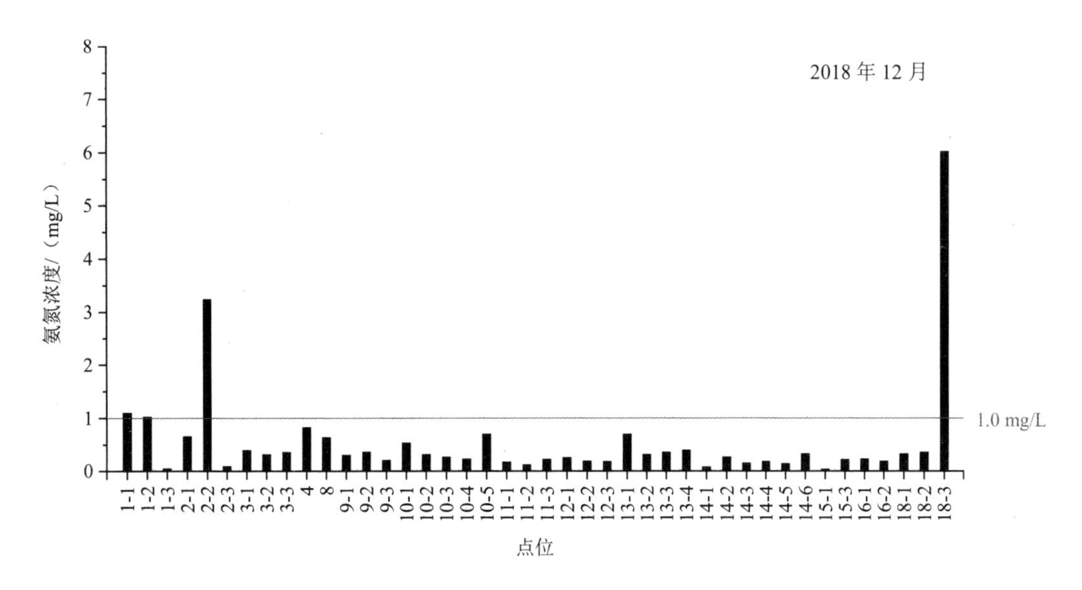

图 2.2.8　洞庭湖区域主要内湖增设点位氨氮浓度情况

2.2.3.4 内湖 COD_{Mn} 污染特征

图 2.2.9 是洞庭湖区域主要内湖增设监测点位 COD_{Mn} 浓度情况。由图可知，2018 年 9 月洞庭湖内湖监测点位 COD_{Mn} 浓度符合地表水Ⅲ类水质标准的点位较多，其中东风湖 1 号，南湖 1 号，常德冲天湖 4 号，大通湖 1 号、5 号略微超出，团湖（9.15 mg/L）、冶湖（8.40 mg/L）浓度较高，松杨湖浓度最高（12.51 mg/L），是地表水Ⅲ类水质标准的 2.1 倍（≤6.0 mg/L），汉寿太白湖 1～4 号点位全部高于 6.0 mg/L，其中 4 号点位浓度最高。2018 年 12 月洞庭区域内湖监测点位 COD_{Mn} 浓度除了汉寿太白湖 3 号（14.93 mg/L）点位浓度较高外，其他点位均达到地表水Ⅲ类水质标准。

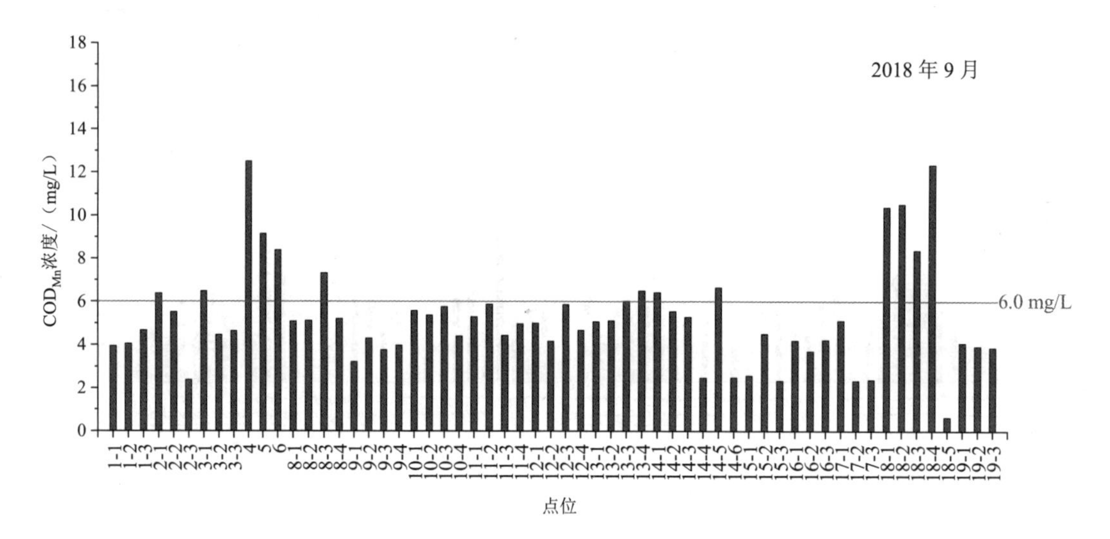

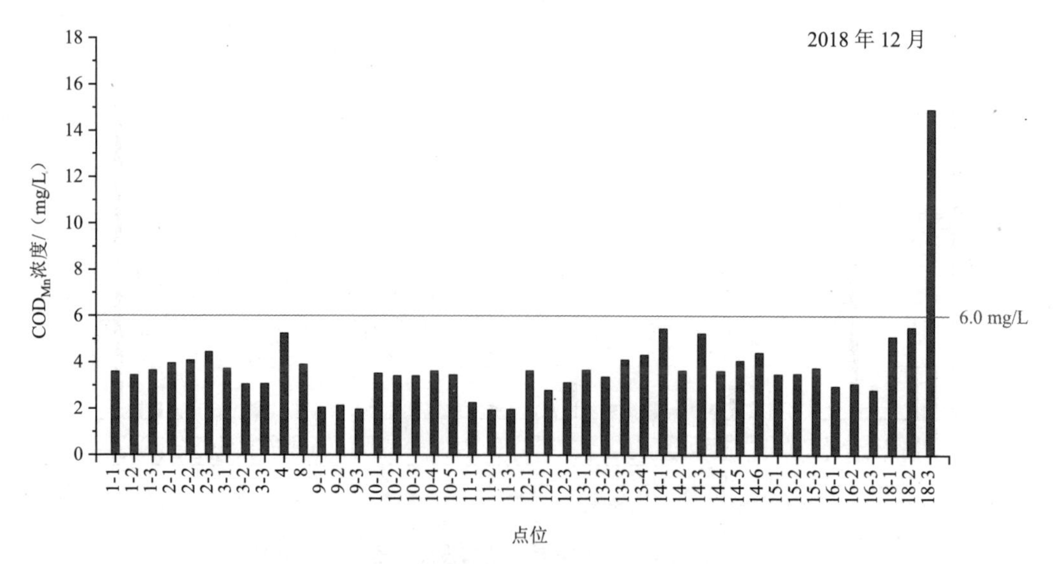

图 2.2.9 洞庭湖区域主要内湖增设点位 COD_{Mn} 浓度情况

2.2.3.5　内湖叶绿素 a 浓度特征

图 2.2.10 是洞庭湖区域主要内湖监测点位叶绿素 a 浓度情况。由图可知，2018 年 9 月汉寿太白湖叶绿素 a 浓度最高，平均浓度为 123.6 μg/L，其中汉寿太白湖 4 号点位高达 273 μg/L。大通湖叶绿素 a 浓度最低，平均浓度为 6.67 μg/L。2018 年 12 月洞庭湖区域主要内湖叶绿素 a 浓度相对较低，最高也只有 54 μg/L。从整体上来看，洞庭湖区域主要内湖叶绿素 a 浓度都远低于 10 mg/L 的富营养化标准。

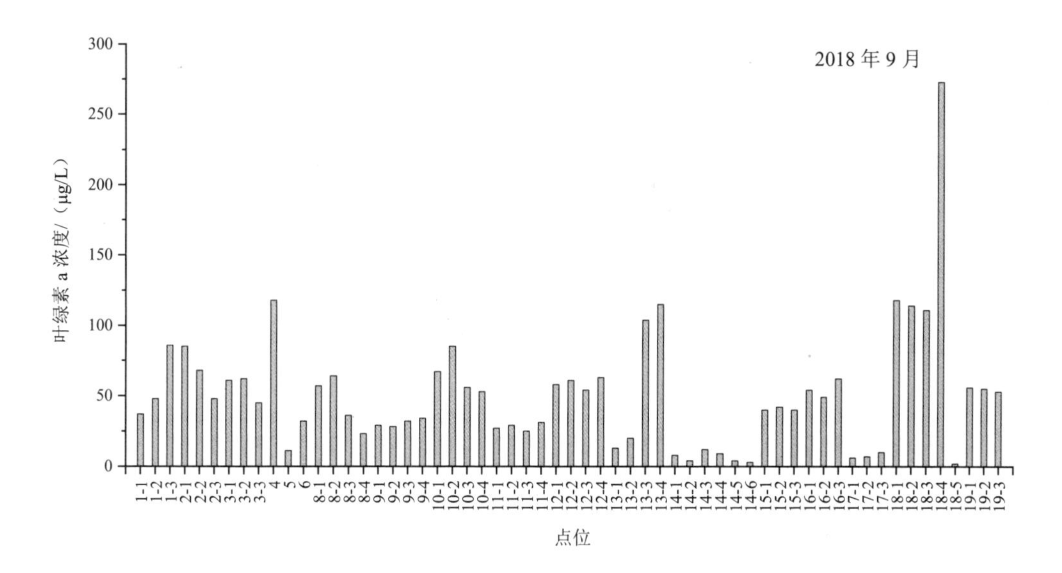

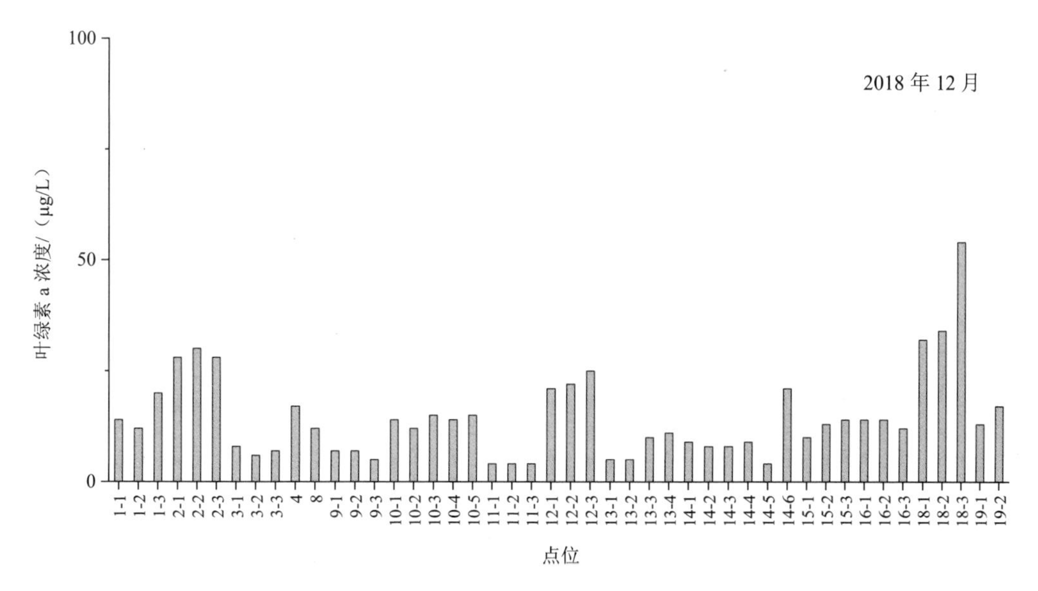

图 2.2.10　洞庭湖区域主要内湖增设点位叶绿素 a 浓度情况

2.2.4　内湖水质综合评价

通过近几年洞庭湖区域主要内湖的水质指标分析可以发现，无论是历史数据还是增设监测点位后的数据，总磷污染都比较严重。调查的20个内湖中，仅有黄盖湖、冶湖情况较好，达到了地表水Ⅲ类水质标准。其他内湖中，大通湖和华容东湖情况最为严重，最高浓度分别为地表水Ⅲ类水质标准的11倍和8倍，这一状况可能是由过度养殖造成的。

相较于总磷浓度，洞庭湖区域主要内湖的总氮浓度情况稍好，大部分内湖达到了地表水Ⅲ类水质标准，东风湖和后江湖浓度较高，但超出标准倍数较低。

洞庭湖区域主要内湖的氨氮和 COD_{Mn} 情况总体上良好，所有内湖的平均浓度都达到了地表水Ⅲ类水质标准，仅有汉寿太白湖和东风湖的个别点位在个别月份超出标准值。叶绿素a浓度则是所有内湖都远低于10 mg/L的富营养化标准值，可见，洞庭湖区域的内湖都没有明显的富营养化情况。综合以上分析可以得出，洞庭湖区域主要内湖的水质要全面达到地表水Ⅲ类水质标准，主要面临的问题是总磷和总氮的治理。

2.3　洞庭湖主要入湖河流水质情况及总磷输入负荷核算

2.3.1　洞庭湖主要入湖河流近年总磷变化情况

根据现有环境管理部门及水利水文部门的监测点位，收集湘江、资江、沅江、澧江“四水”，松滋、太平、藕池“三口”以及汨罗江、藕池东支、华容河等洞庭湖主要入湖河流的监测数据和水文资料，依据《地表水环境质量标准》（GB 3838—2002）对总磷、总氮、氨氮、COD_{Mn}、叶绿素a 5项指标进行入湖河流水质现状评估，在此基础上核算洞庭湖“四水三口”及主要入湖河流总磷输入负荷，并分析“四水三口”及主要入湖河流总磷来源特征。

根据《“十三五”湖南省地表水环境质量监测网设置方案》设置的监测点位，三市一区地表水监测点位共计104个：岳阳市44个、常德市32个、益阳市23个、长沙望城区5个，去掉20个内湖和12个湖体监测点位，剩余72个入湖河流监测点位如图2.3.1所示，各监测点位2014—2018年总磷年均数据如表2.3.1所示。根据表2.3.1数据绘制洞庭湖湖区入湖河流监测断面总磷年度数据图，如图2.3.2所示。由表2.3.1可以看出，2014—2018年，仅有沅江志溪、资江敷溪和湘江沩水胜利3个监测断面的总磷浓度出现过超出地表水Ⅲ类水质标准的情况，整体上入湖河流的总磷情况较好。

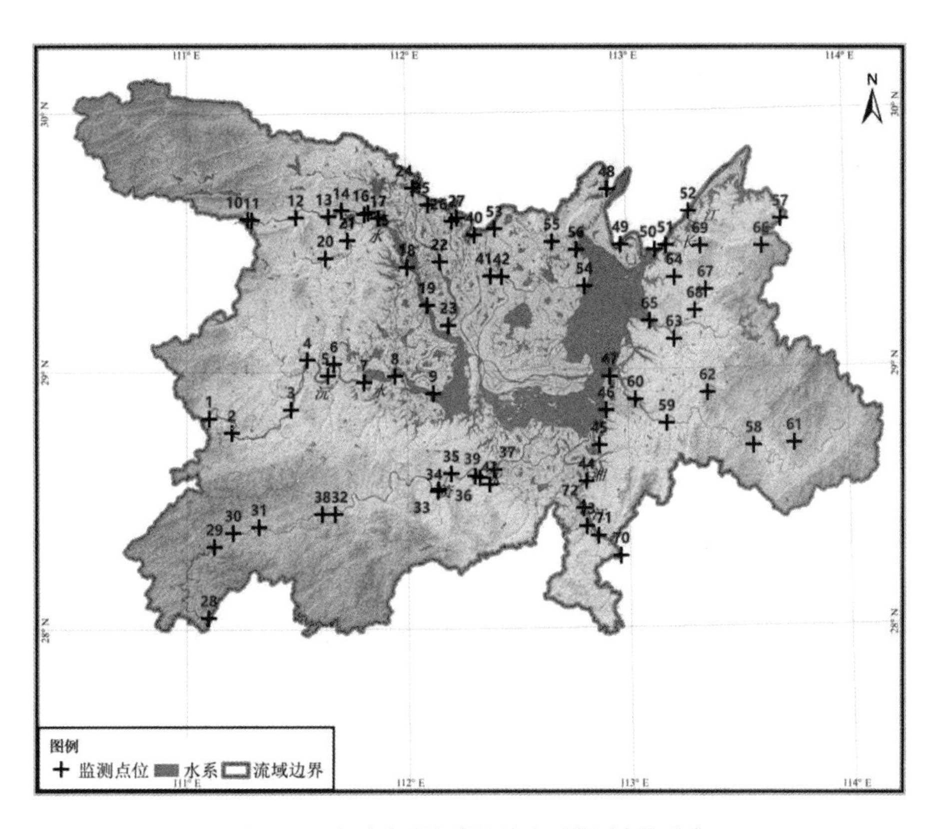

图 2.3.1　洞庭湖区入湖河流水质监测点位分布

表 2.3.1　2014—2018 年洞庭湖主要入湖河流总磷监测数据汇总

单位：mg/L

序号	监测站名称	河流名称	断面名称	2014 年	2015 年	2016 年	2017 年	2018 年
1	常德市	虎渡河	安生	—	—	0.164	0.096	0.087
2	常德市	澧水道水	九龙水厂	—	—	0.06	0.071	0.069
3	常德市	澧水道水	沔泗村仙人桥	—	—	0.076	0.075	0.068 6
4	常德市	澧水干流	白龙潭	—	—	0.057	0.059	0.052 1
5	常德市	澧水干流	三江口	0.039	0.043	0.050 1	0.031	0.036
6	常德市	澧水干流	沙河口	0.097	0.08	0.077	0.065	0.064
7	常德市	澧水干流	石龟山水文站	—	—	0.134	0.119	0.083 9
8	常德市	澧水干流	宋家渡	—	—	0.073	0.068	0.039 4
9	常德市	澧水干流	澹州大坝上游	—	—	0.026	0.017	0.038 8
10	常德市	澧水干流	窑坡渡	0.052	0.062	0.062	0.039	0.050 7
11	常德市	澧水干流	易家渡叶家坪村	—	—	0.038	0.055	0.048 6

序号	监测站名称	河流名称	断面名称	2014 年	2015 年	2016 年	2017 年	2018 年
12	常德市	澧水干流	张公庙	—	—	0.037	0.02	0.044 1
13	常德市	澧水干流	樟木滩	—	—	0.043	0.031	0.037 5
14	常德市	藕池河西支	官垱	—	—	0.149	0.117	0.091 5
15	常德市	松虎洪道	安德芦林铺	—	—	0.176	0.146	0.107
16	常德市	松澧洪道	大鲸港	—	—	0.149	0.137	0.094
17	常德市	松滋河东支	马坡湖	0.162	0.14	0.138	0.118	0.092 5
18	常德市	松滋河西支	青龙窑	—	—	0.183	0.119	0.097 9
19	常德市	沅江干流	白鹤洲	—	—	0.038	0.056	0.067 2
20	常德市	沅江干流	常德三水厂	—	—	0.054	0.035	0.059
21	常德市	沅江干流	陈家河（四水厂）	—	—	0.053	0.034	0.056 5
22	常德市	沅江干流	高湾	—	—	0.104	0.053	0.051 2
23	常德市	沅江干流	观音寺	—	—	0.05	0.05	0.042 1
24	常德市	沅江干流	黄潭州	—	—	0.071	0.071	0.074 2
25	常德市	沅江干流	凌津滩	0.095	0.079	0.059	0.043	0.048 1
26	常德市	沅江干流	坡头	0.095	0.104	0.07	0.061	0.053
27	常德市	沅江干流	新兴咀	—	—	0.041	0.059	0.067 4
28	益阳市	南茅运河	南洲桥以南	—	—	0.107	0.124	0.145
29	益阳市	藕池河东支	沱江上坝口	—	—	0.129	0.119	0.125
30	益阳市	藕池河中支	藕池河中支入境	—	—	0.062	0.047	0.062 5
31	益阳市	资江敷溪	敷溪	—	—	0.232	0.031	0.017 3
32	益阳市	资江干流	城北水厂	—	—	0.024	0.03	0.022 8
33	益阳市	资江干流	京华村	—	—	0.026	0.034	0.038 4
34	益阳市	资江干流	龙山港	0.026	0.045	0.037	0.056	0.072 5
35	益阳市	资江干流	坪口	0.026	0.022	0.03	0.05	0.052 7
36	益阳市	资江干流	桃谷山	0.014	0.023	0.019	0.065	0.063
37	益阳市	资江干流	桃江县一水厂	—	—	0.027	0.053	0.072 6
38	益阳市	资江干流	万家嘴	0.057	0.079	0.064	0.065	0.071
39	益阳市	资江干流	新桥河	—	—	0.037	0.048	0.060 6
40	益阳市	资江干流	柘溪水库	0.032	0.036	0.034	0.04	0.059 4
41	益阳市	资江干流	株溪口	—	—	0.02	0.032	0.024 8
42	益阳市	资江志溪河	志溪河	—	—	0.219	0.208	0.17
43	岳阳市	芭蕉湖支流	双花水库	—	—	0.021	0.015	0.015 5
44	岳阳市	华容河	六门闸	—	—	0.135	0.118	0.104
45	岳阳市	华容河	潘家渡	—	—	0.081	0.18	0.143 4

序号	监测站名称	河流名称	断面名称	2014 年	2015 年	2016 年	2017 年	2018 年
46	岳阳市	汨罗江	兰家洞水库	—	—	0.021	0.016	0.013
47	岳阳市	汨罗江	南渡	0.117	0.124	0.116	0.113	0.1
48	岳阳市	汨罗江	新市	—	—	0.12	0.093	0.058 5
49	岳阳市	汨罗江	严家滩	—	—	0.077	0.077	0.104 5
50	岳阳市	汨罗江	尧塘水库	—	—	0.019	0.015	0.023
51	岳阳市	藕池河东支	藕池河东支入境	—	—	0.073	0.111	0.112 1
52	岳阳市	藕池河东支	团洲	—	—	0.124	0.125	0.123 9
53	岳阳市	坦渡河	新桥	—	—	0.018	0.047	0.023
54	岳阳市	湘江干流	磊石山	—	—	0.091	0.101	0.078 8
55	岳阳市	湘江干流	屈原自来水厂	—	—	0.072	0.073	0.065
56	岳阳市	湘江干流	乌龙嘴	—	—	0.098	0.062	0.036 3
57	岳阳市	湘江干流	樟树港	0.07	0.091	0.073	0.075	0.070 8
58	岳阳市	新墙河	八仙桥	0.099	0.112	0.123	0.108	0.106
59	岳阳市	新墙河	东湖庙	—	—	0.022	0.045	0.027
60	岳阳市	新墙河	金凤水库进口	0.017	0.023	0.016	0.02	0.014 5
61	岳阳市	新墙河	龙源水库	—	—	0.009	0.011	0.008 8
62	岳阳市	新墙河	溸事大桥	—	—	0.106	0.119	0.122 7
63	岳阳市	新墙河	新墙水库	—	—	0.017	0.016	0.018 1
64	岳阳市	长江湖南段	城陵矶	0.146	0.125	0.107	0.102	0.084
65	岳阳市	长江湖南段	荆江口	0.178	0.159	0.132	0.111	0.101
66	岳阳市	长江湖南段	君山长江取水口	—	—	0.12	0.091	0.103 7
67	岳阳市	长江湖南段	陆城	0.118	0.125	0.103	0.088	0.091
68	岳阳市	长江湖南段	天字一号	—	—	0.117	0.105	0.075 7
69	长沙市	湘江干流	乔口	0.097	0.086	0.077	0.08	0.074 9
70	长沙市	湘江干流	三汊矶	0.096	0.089	0.079	0.077	0.075 3
71	长沙市	湘江干流	望城水厂	—	—	0.095	0.14	0.066 8
72	长沙市	湘江沩水	胜利	—	—	0.144	0.205	0.13

根据上表数据，可得 72 个入湖河流监测点位 2016—2018 年总磷年度平均数据如图 2.3.2 所示。

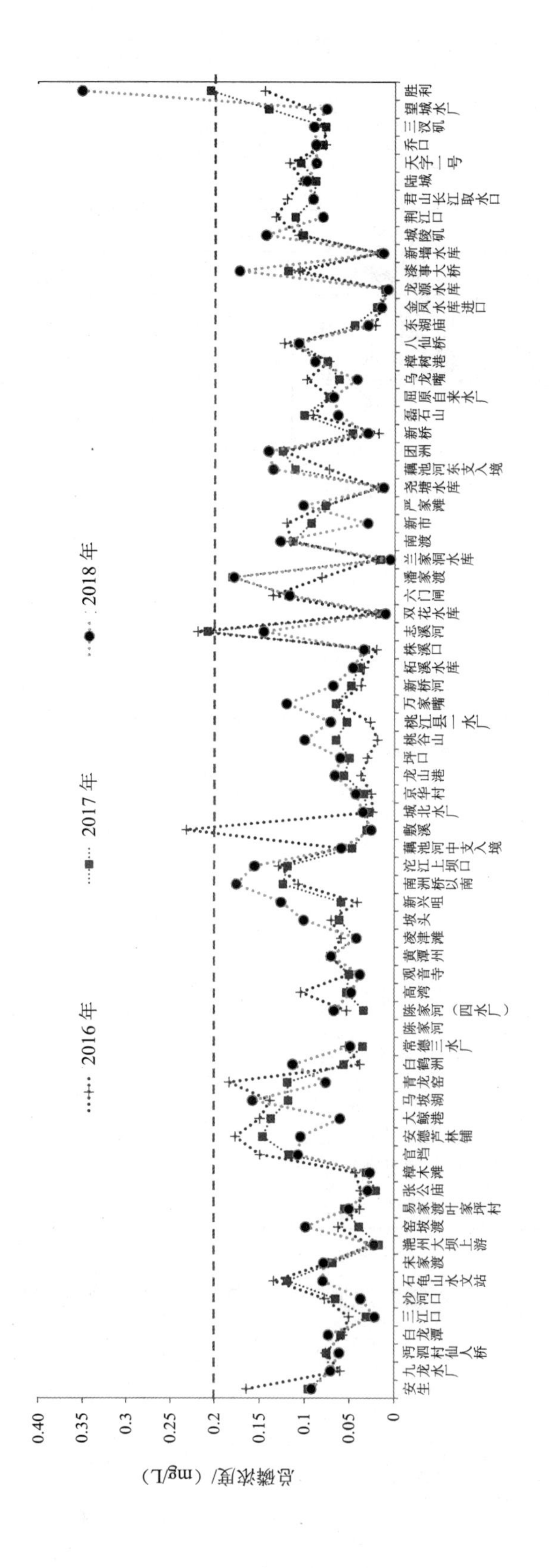

图 2.3.2 洞庭湖湖区入湖河流监测断面总磷年度数据

根据汇总数据可知入湖河流总磷月平均值变化情况。由图 2.3.3 可知，虎渡河的安生断面 2016 年 7 月、8 月总磷月均浓度均超过地表水环境质量标准Ⅲ类标准（≤0.2 mg/L）；2016 年 6 月、9—12 月，2017 年和 2018 年均达标。

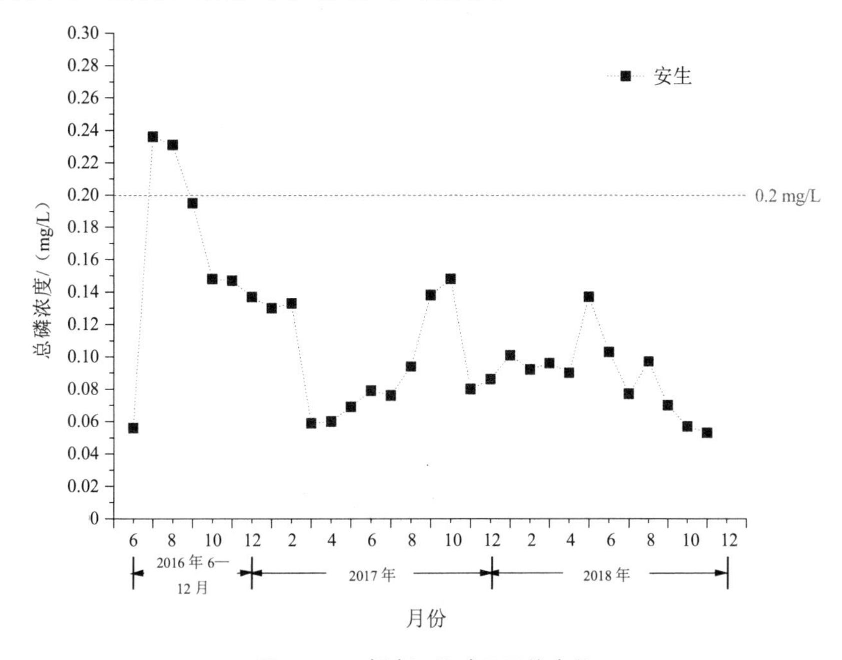

图 2.3.3　虎渡河总磷月平均变化

由图 2.3.4 可知，澧水道水 2016 年 6 月—2018 年总磷月均浓度达到地表水环境质量标准Ⅲ类标准（≤0.2 mg/L）。

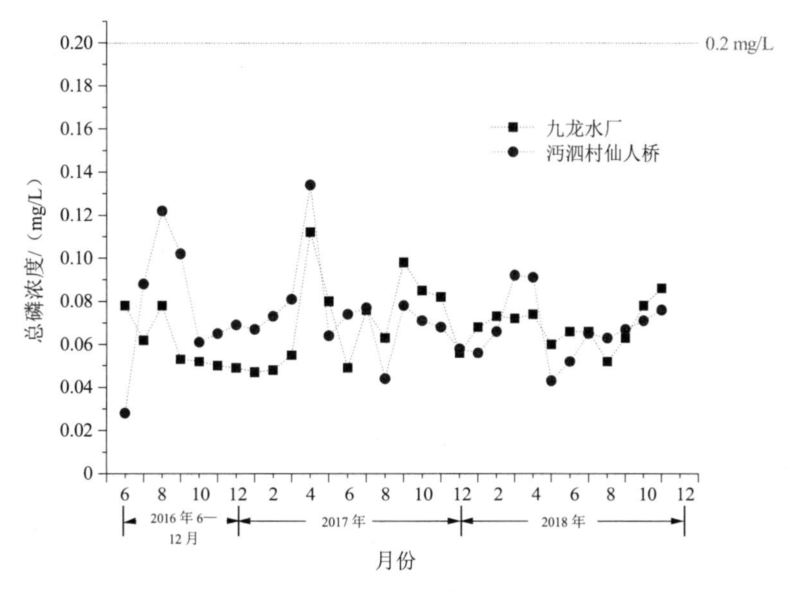

图 2.3.4　澧水道水总磷月平均变化

由图 2.3.5 可知，澧水干流 2014—2018 年总磷月均浓度达到地表水环境质量标准Ⅲ类标准（≤0.2 mg/L）。

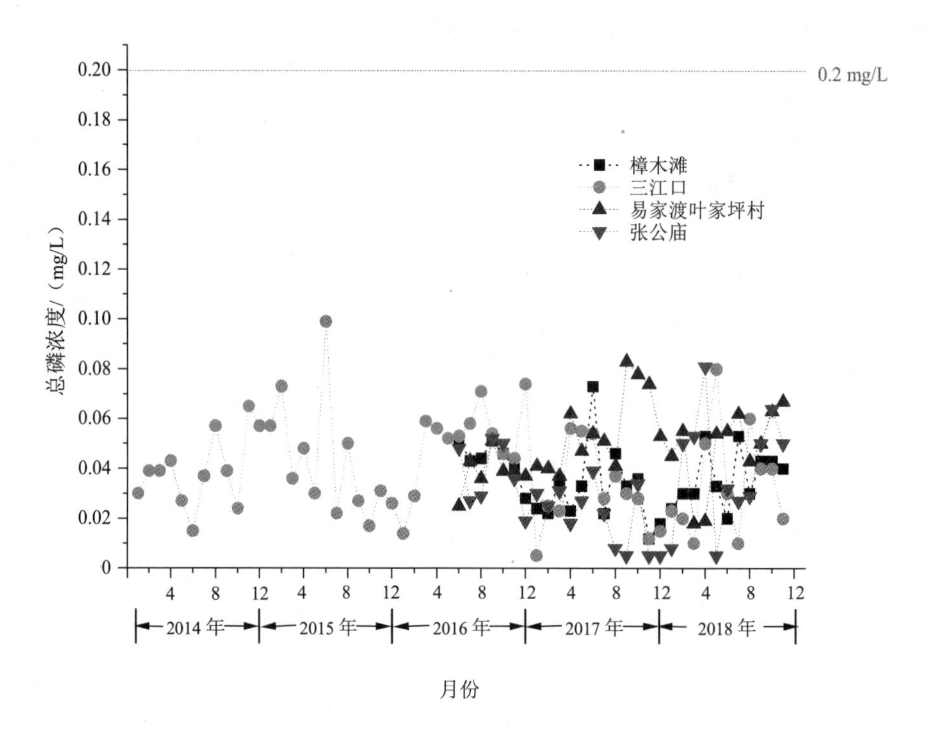

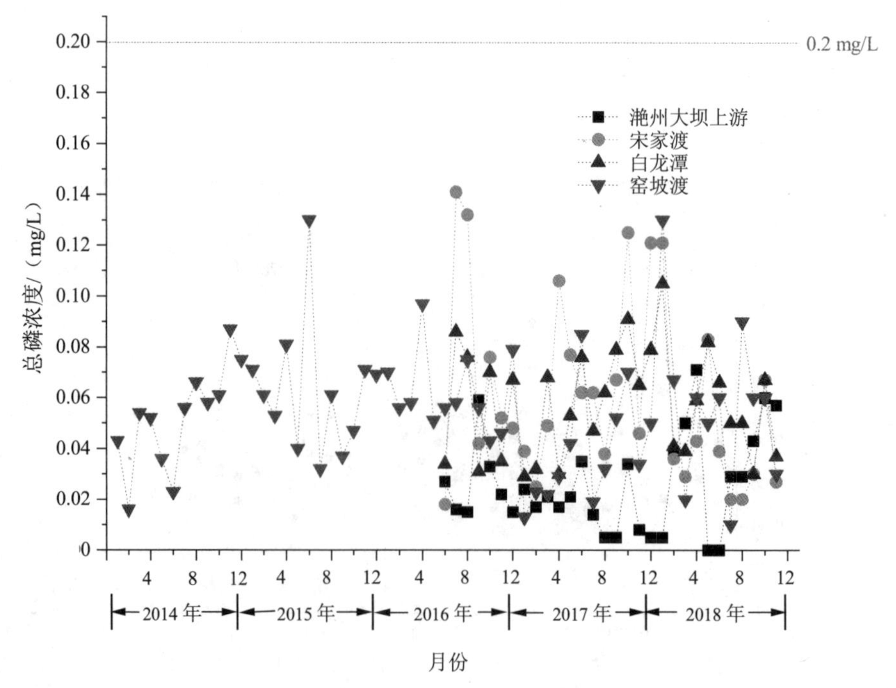

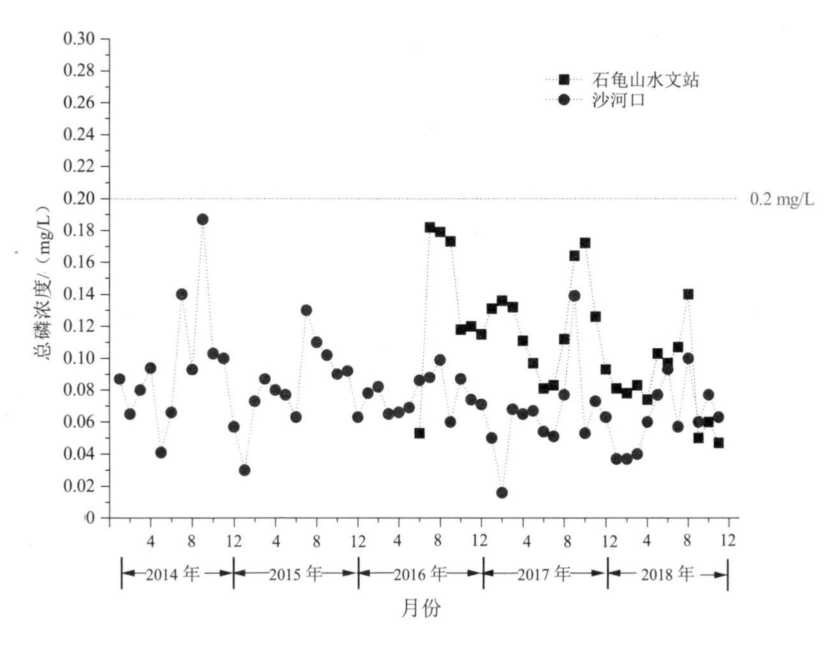

图 2.3.5　澧水干流总磷月平均变化

由图 2.3.6 可知，藕池河官垱断面 2016 年 7 月总磷月均浓度超过地表水Ⅲ类水质标准（≤0.2 mg/L），2016 年 6 月、8—12 月，2017—2018 年均达标；藕池河中支入境总磷月均浓度均达到地表水Ⅲ类水质标准（≤0.2 mg/L）；藕池河团洲断面 2016 年 10 月总磷月均浓度超过地表水Ⅲ类水质标准（≤0.2 mg/L），2016 年 6—9 月、11 月、12 月，2017—2018 年均达标。

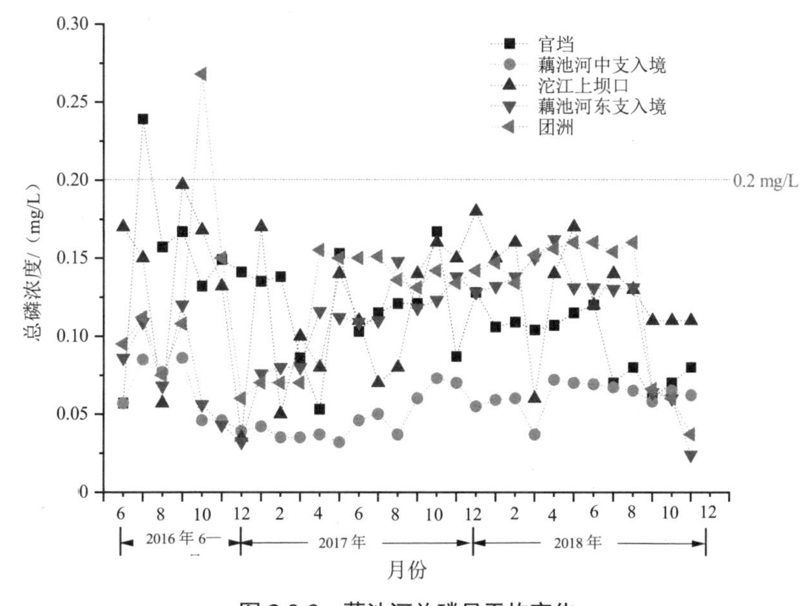

图 2.3.6　藕池河总磷月平均变化

由图 2.3.7 可知，松虎洪道安德芦林铺断面 2016 年 6 月—2018 年总磷月均浓度均达到地表水环境质量标准Ⅲ类标准（≤0.2 mg/L）。

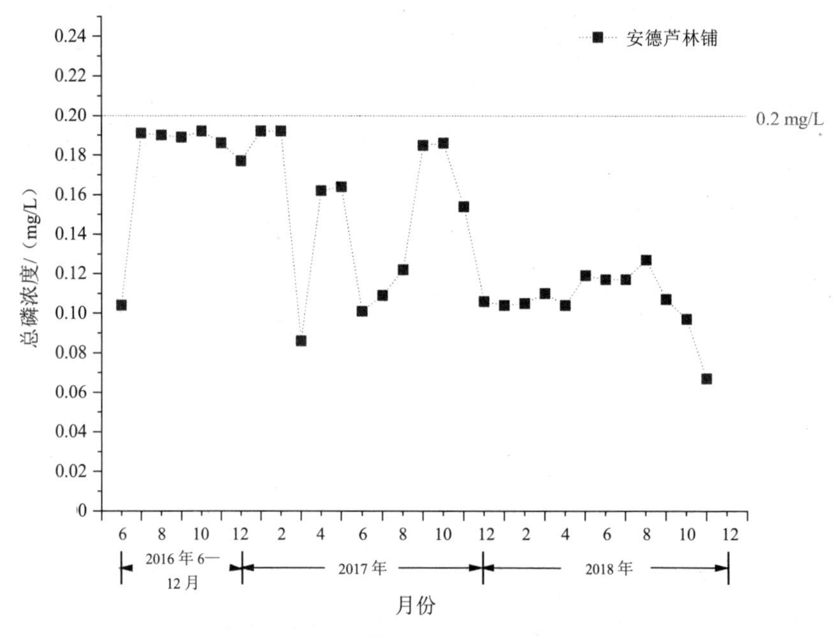

图 2.3.7　松虎洪道总磷月平均变化

由图 2.3.8 可知，松澧洪道大鲸港断面 2016 年 6 月至 2018 年总磷月均浓度均达到地表水Ⅲ类水质标准（≤0.2 mg/L）。

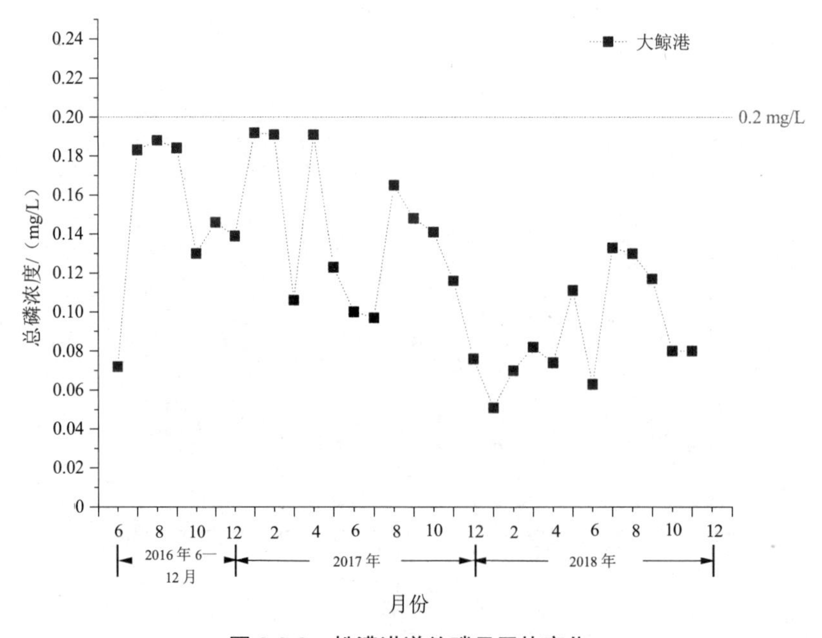

图 2.3.8　松澧洪道总磷月平均变化

由图 2.3.9 可知，松滋河马坡湖断面在 2014—2018 年，只有 2014 年 9 月和 2017 年 4 月总磷月均浓度超过地表水Ⅲ类水质标准（≤0.2 mg/L），其余月份均达标；松滋河青龙窑断面在 2016—2018 年，只有 2016 年 7 月、8 月超过地表水Ⅲ类水质标准（≤0.2 mg/L），其余月份均达标。

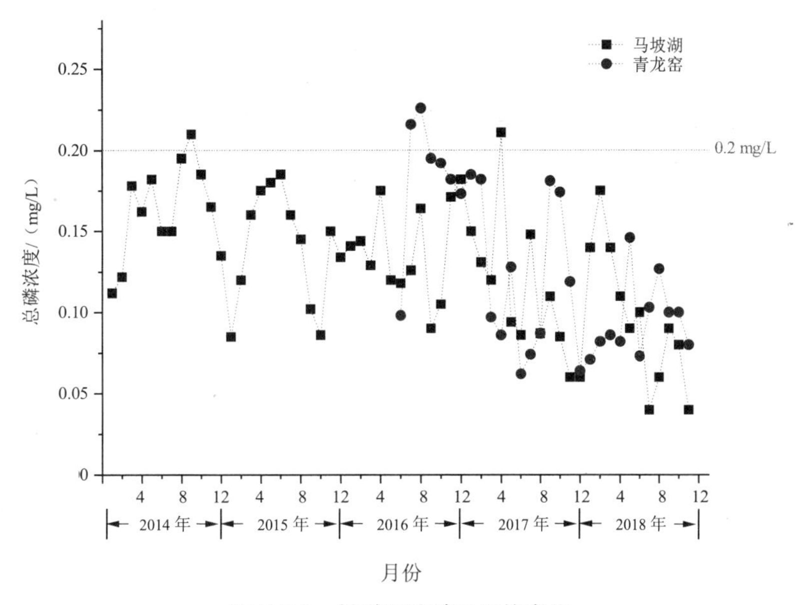

图 2.3.9　松滋河总磷月平均变化

由图 2.3.10 可知，沅江干流在 2014—2018 年总磷月均浓度均达到地表水Ⅲ类水质标准（≤0.2 mg/L）。

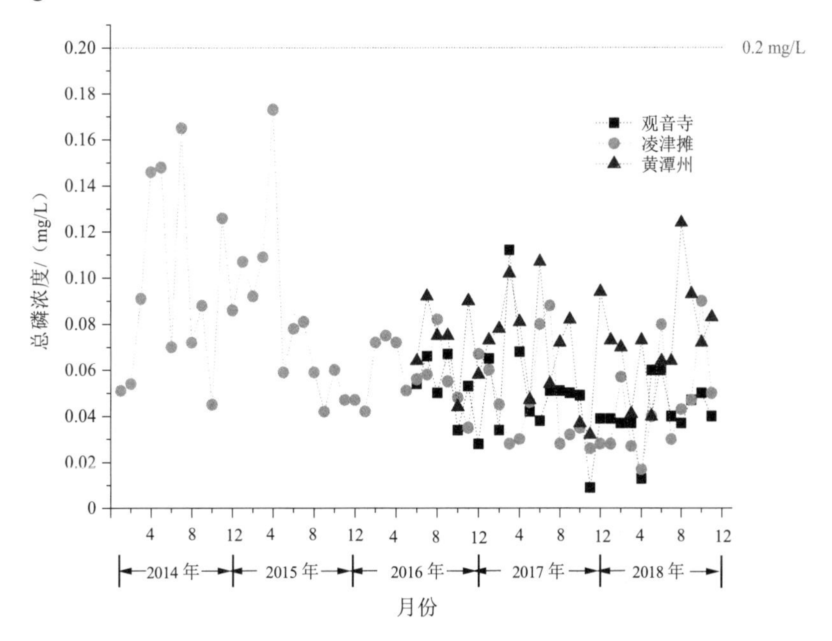

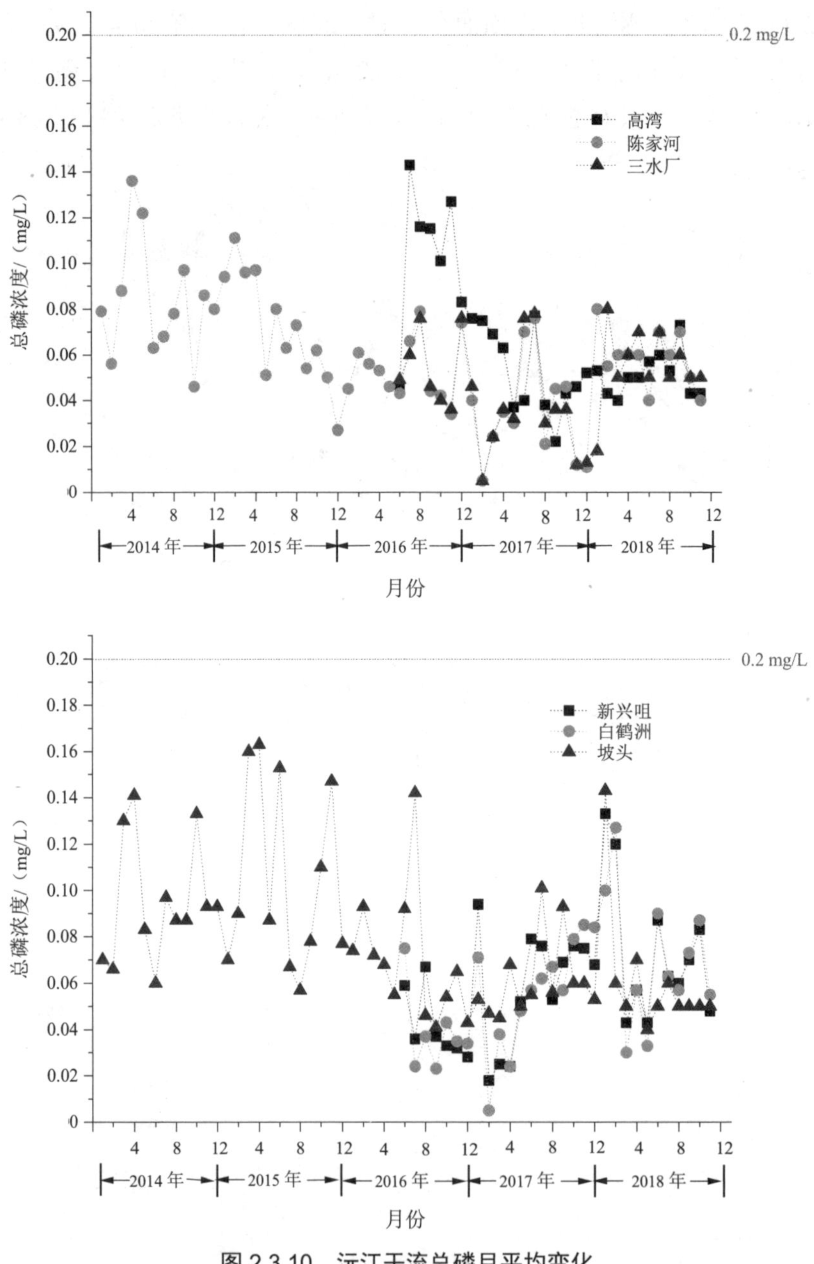

图 2.3.10 沅江干流总磷月平均变化

由图 2.3.11 可知，南茅运河南洲桥以南断面在 2016 年 6 月—2018 年总磷月均浓度均达到地表水Ⅲ类水质标准（≤0.2 mg/L）。

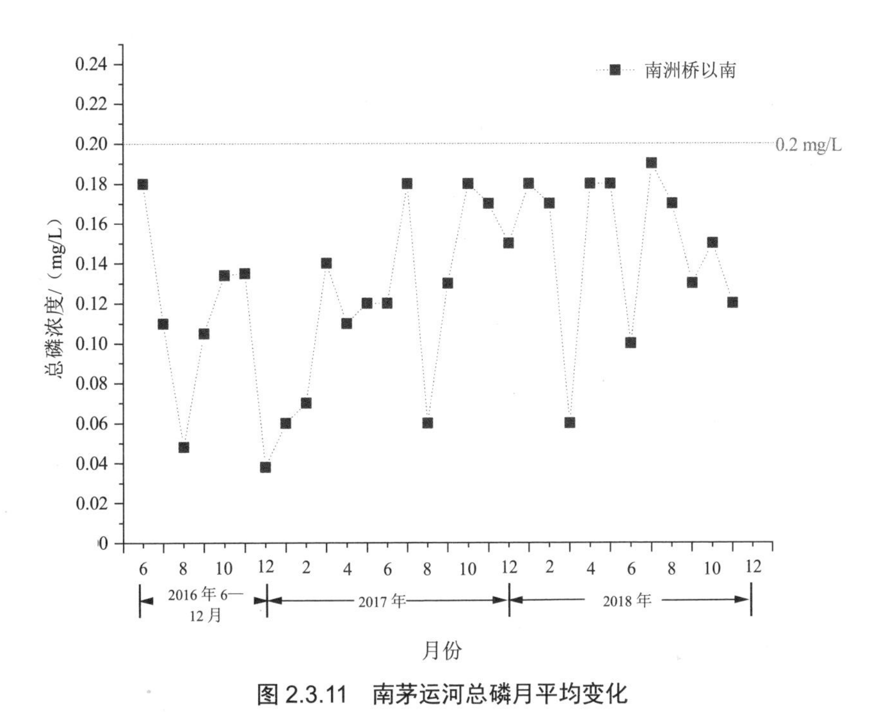

图 2.3.11　南茅运河总磷月平均变化

由图 2.3.12 可知，资江干流的上游和中游在 2014—2018 年总磷月均浓度均达到地表水Ⅲ类水质标准（≤0.2 mg/L）；资江志溪河断面在 2016 年 6 月—2017 年 5 月、2017 年 11 月总磷月均浓度超过地表水Ⅲ类水质标准（≤0.2 mg/L），2017 年 9 月、10 月、12 月总磷月均浓度为 0.2 mg/L，2017 年 6 月、7 月及 2018 年均达到地表水Ⅲ类水质标准（≤0.2 mg/L）。

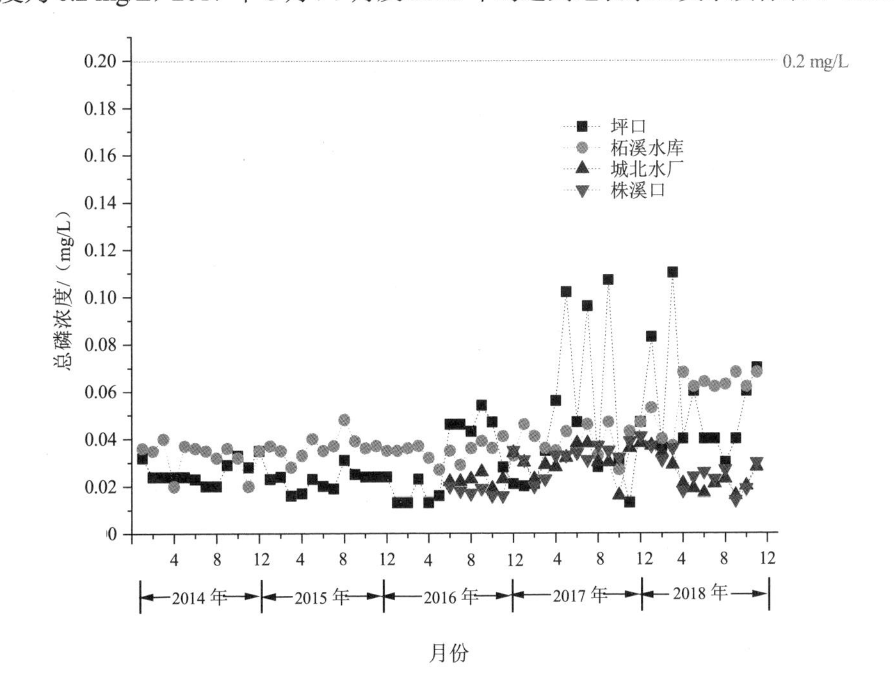

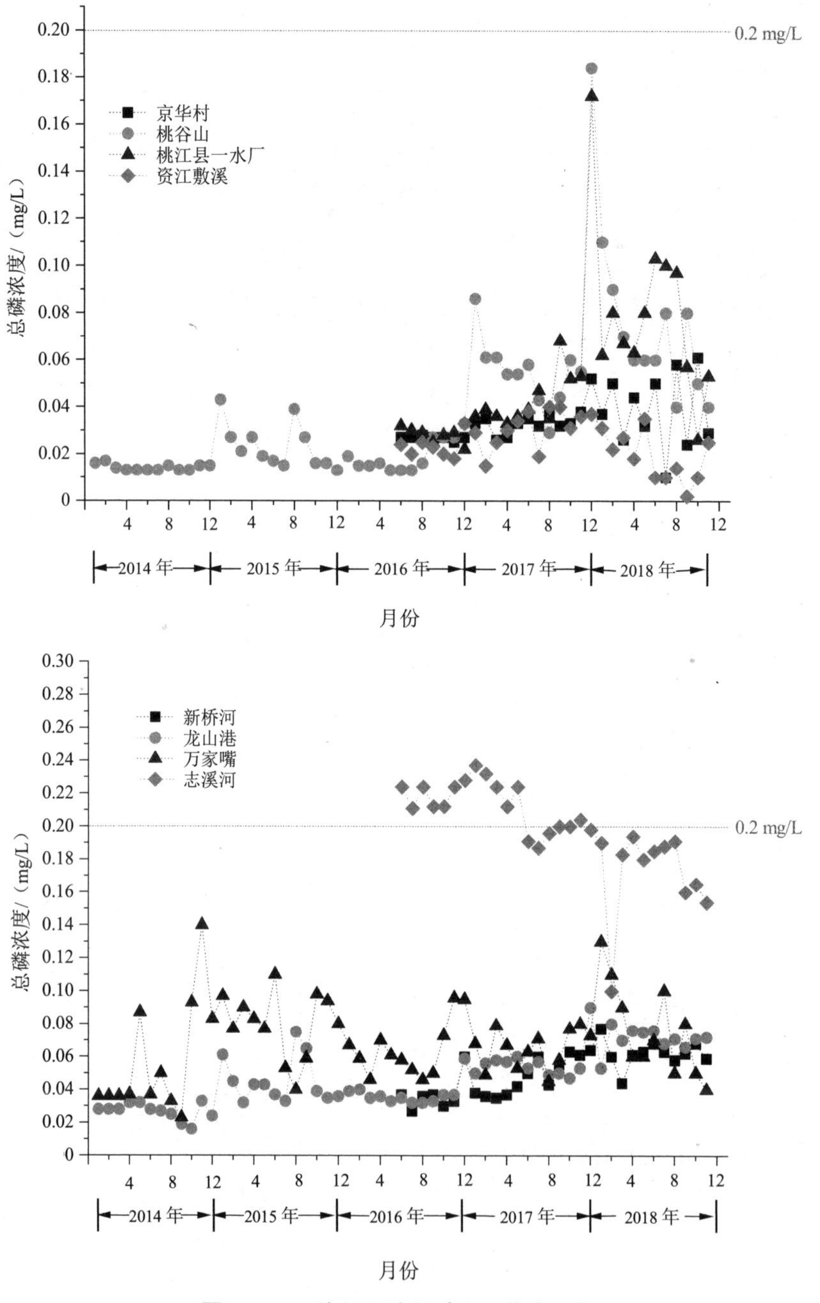

图 2.3.12 资江干流总磷月平均变化值

由图 2.3.13 可知，华容河六门闸断面在 2016 年 1 月、2017 年 3 月总磷月均浓度超过地表水Ⅲ类水质标准（≤0.2 mg/L），其余月份均达标；潘家渡断面在 2016—2018 年总磷月均浓度均达标。

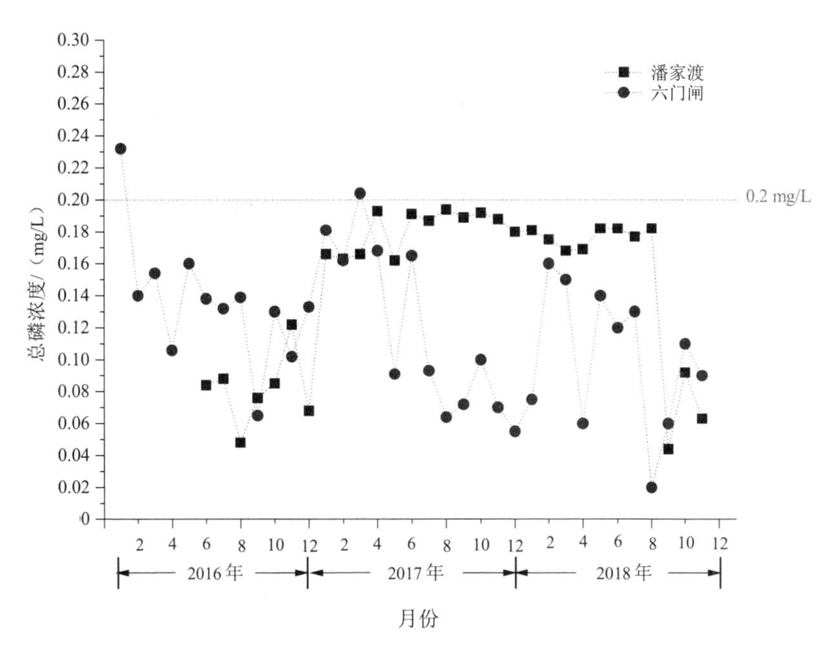

图 2.3.13　华容河总磷月平均变化

由图 2.3.14 可知，汨罗江下游的南渡断面在 2015 年 1 月、2016 年 1 月总磷月均浓度超过地表水Ⅲ类水质标准（≤0.2 mg/L），其余月份均达标，严家滩、尧塘水库、新市、兰家洞水库断面均达标。

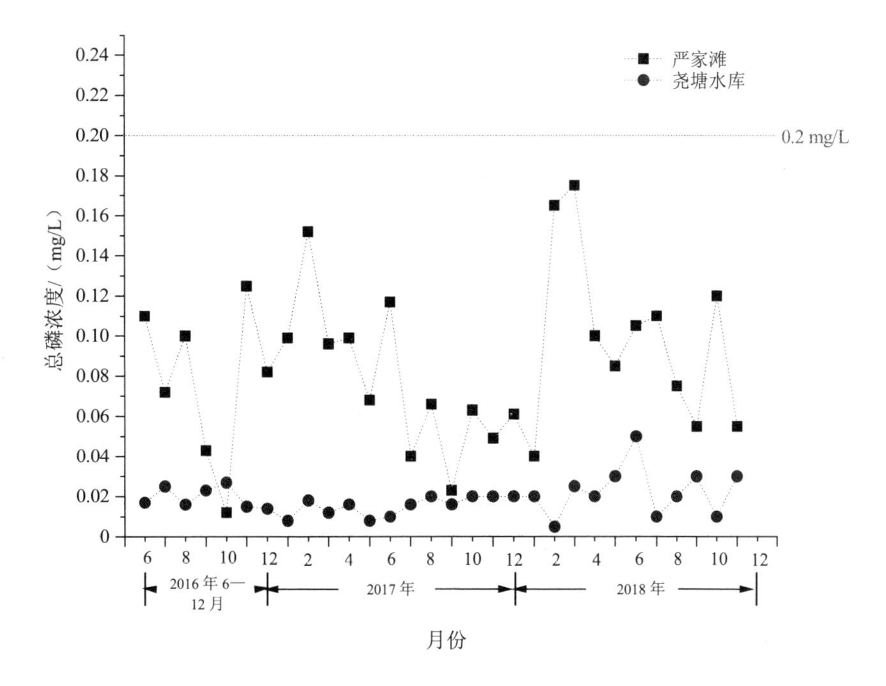

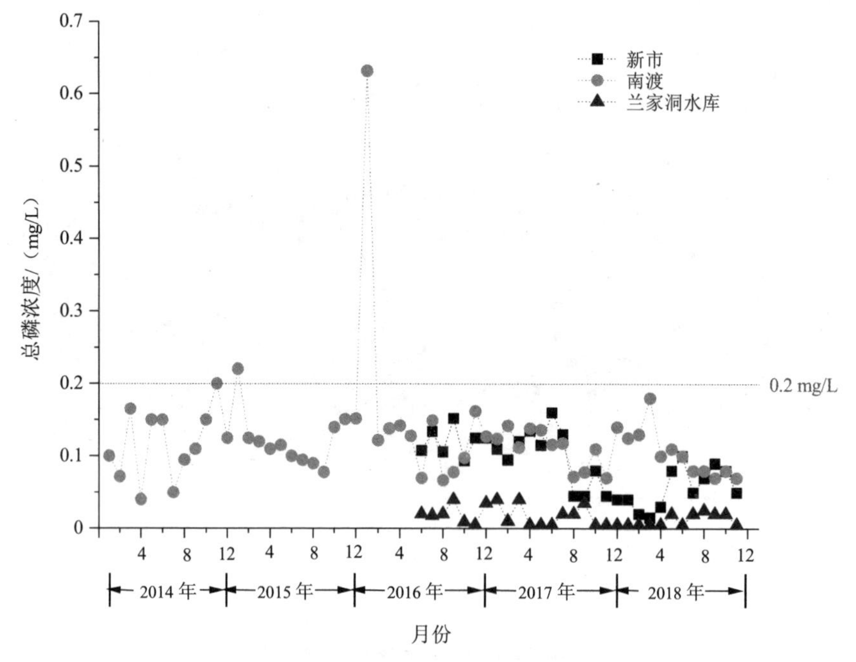

图 2.3.14　汨罗江总磷月平均变化

由图 2.3.15 可知，坦渡河的新桥断面在 2016 年 6 月—2018 年总磷月均浓度均达到地表水Ⅲ类水质标准（≤0.2 mg/L）。

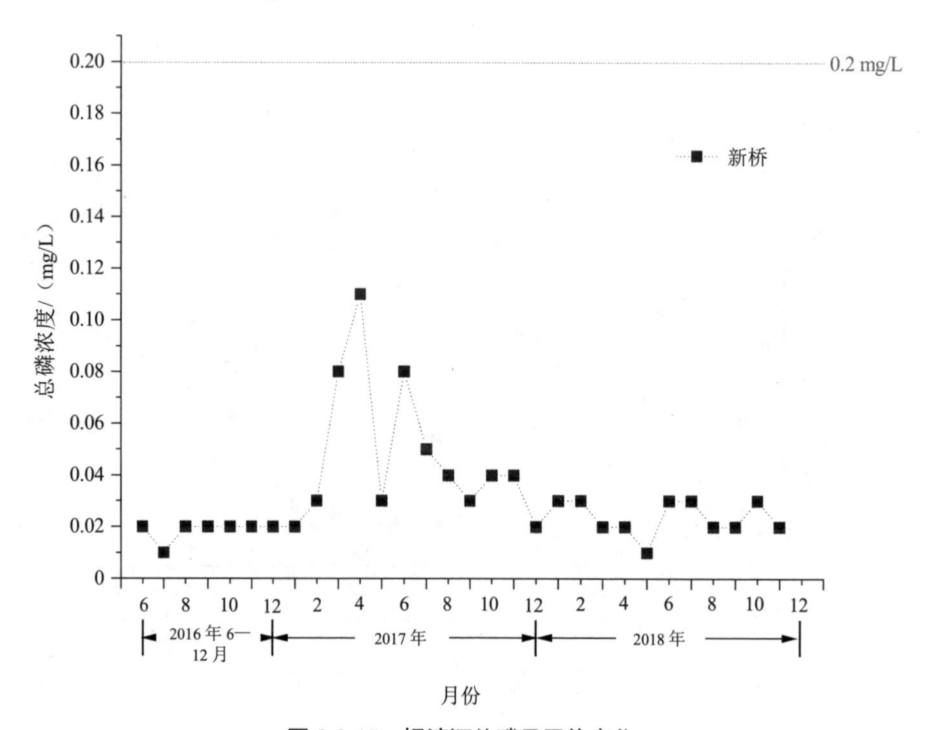

图 2.3.15　坦渡河总磷月平均变化

由图 2.3.16 可知，湘江干流上游的胜利断面在 2016 年 4 月、2017 年 9—12 月、2018 年 1—4 月总磷月均浓度超过地表水Ⅲ类水质标准（≤0.2 mg/L），下游的磊石山断面 2017 年 7 月总磷月均浓度超过地表水Ⅲ类水质标准（≤0.2 mg/L）；上游的三汊矶、望城水厂、乔口断面，中游的樟树港、乌龙嘴断面，下游的屈原自来水厂断面均达标，其中，三汊矶断面在 2014 年 4 月，望城水厂断面在 2016 年 6 月，2017 年 4 月、7—9 月总磷月均浓度均为 0.2 mg/L。

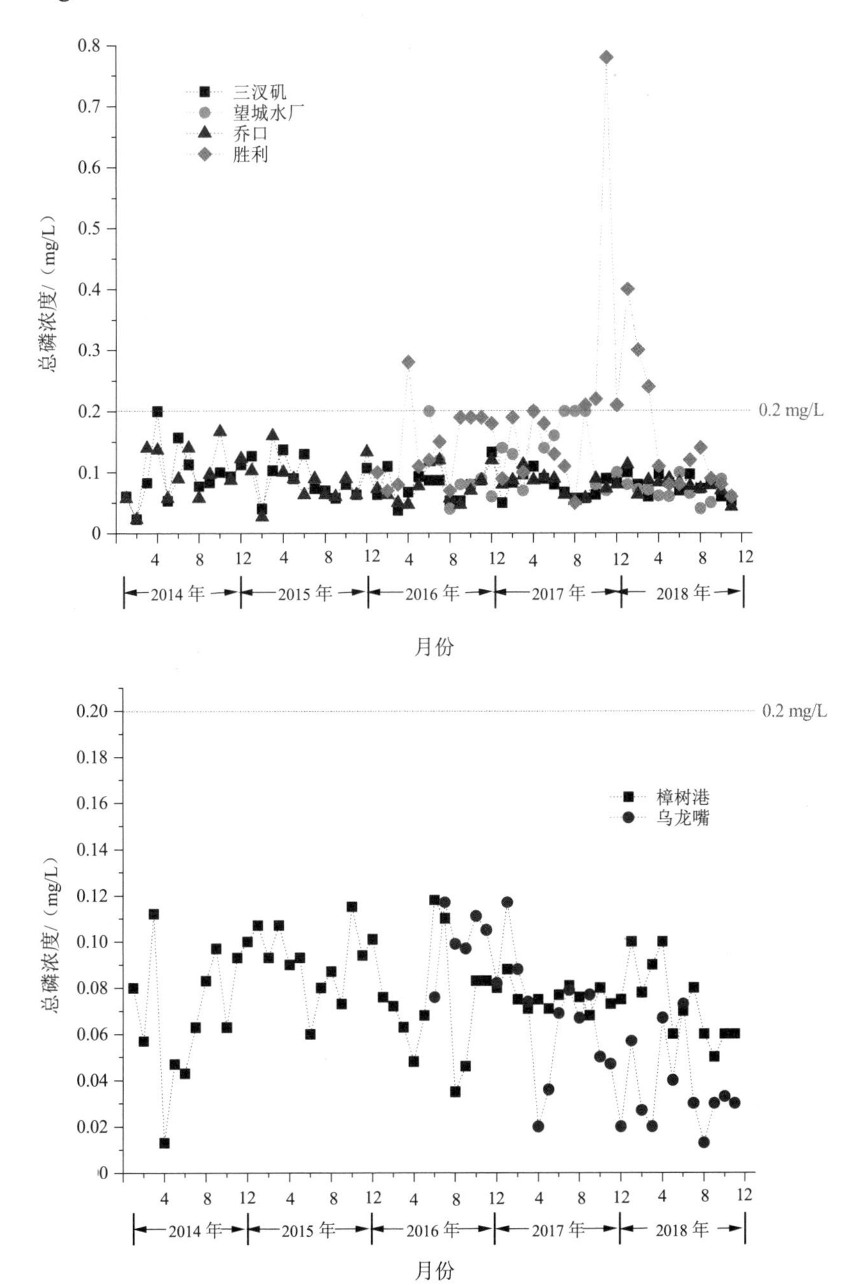

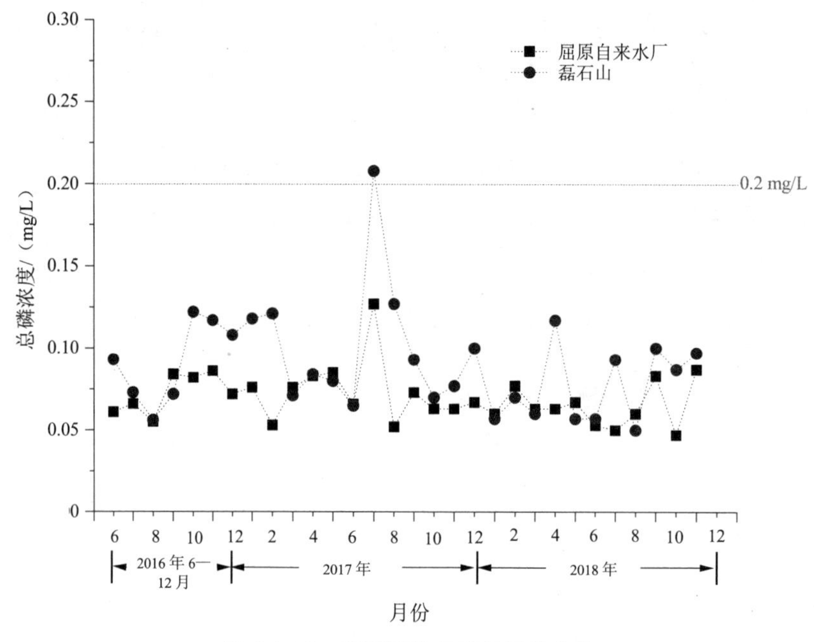

图 2.3.16 湘江干流总磷月平均变化

由图 2.3.17 可知，2014—2018 年新墙河八仙桥断面除 2016 年 2 月总磷月均浓度超过地表水Ⅲ类水质标准（≤0.2 mg/L）外，其余月份均达标；龙源水库、东湖庙、漆事大桥、新墙水库、金凤水库进口断面均达标。

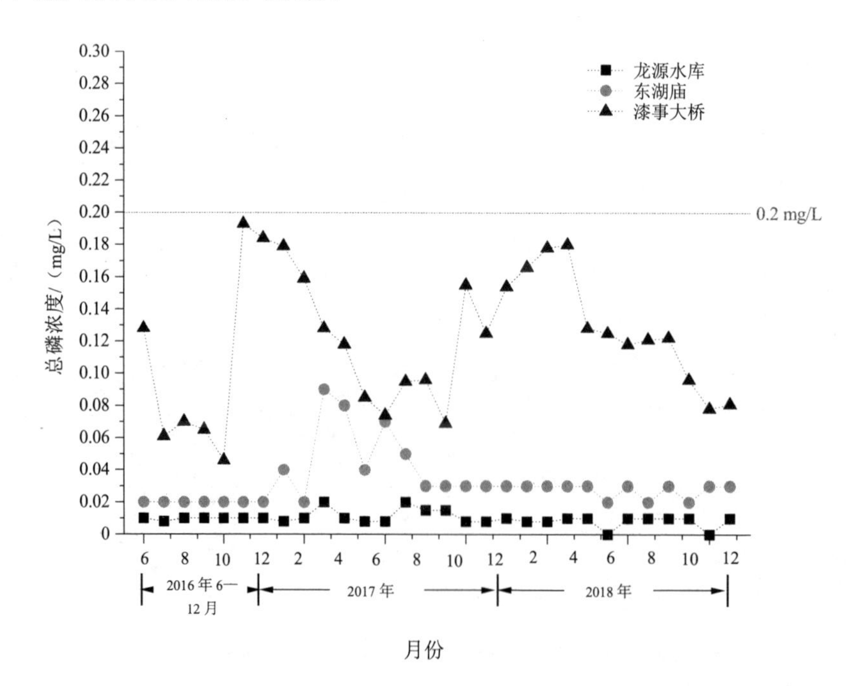

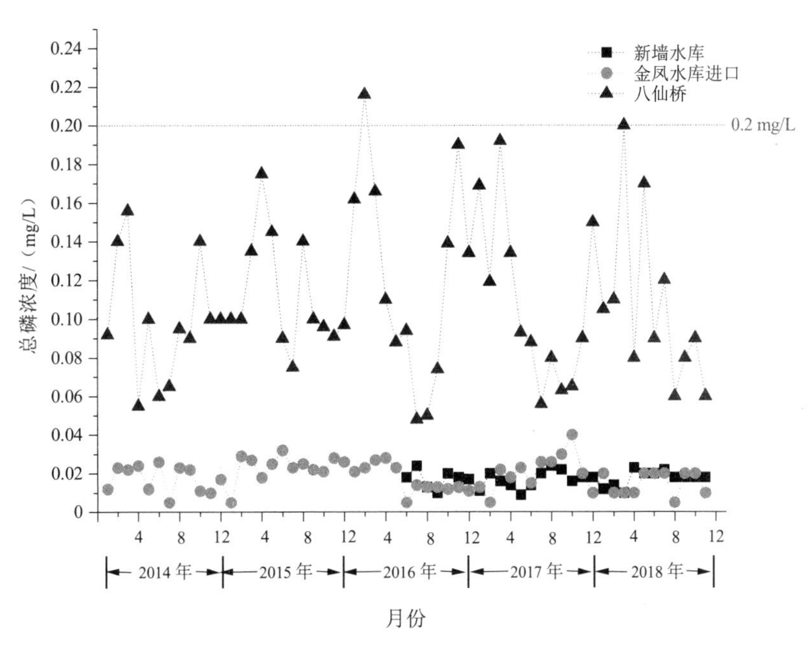

图 2.3.17　新墙河总磷月平均变化

由图 2.3.18 可知，长江湖南段的荆江口断面在 2014 年 2—5 月、12 月，2015 年 1 月、3 月，城陵矶断面在 2014 年 2 月、4 月，陆城断面在 2015 年 1 月，总磷月均浓度超过地表水Ⅲ类水质标准（≤0.2 mg/L），其余月份均达标；天字一号和君山长江取水口断面均达标。

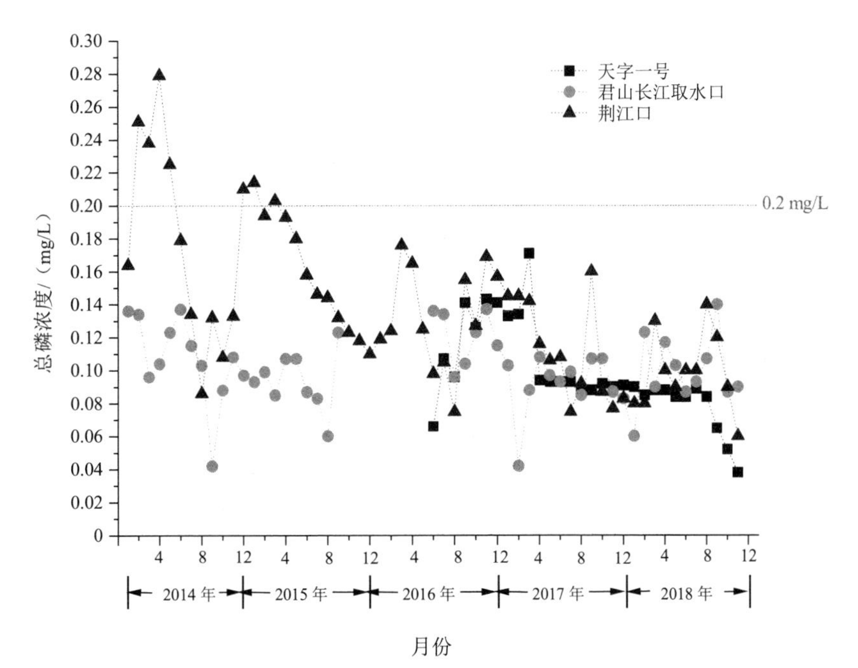

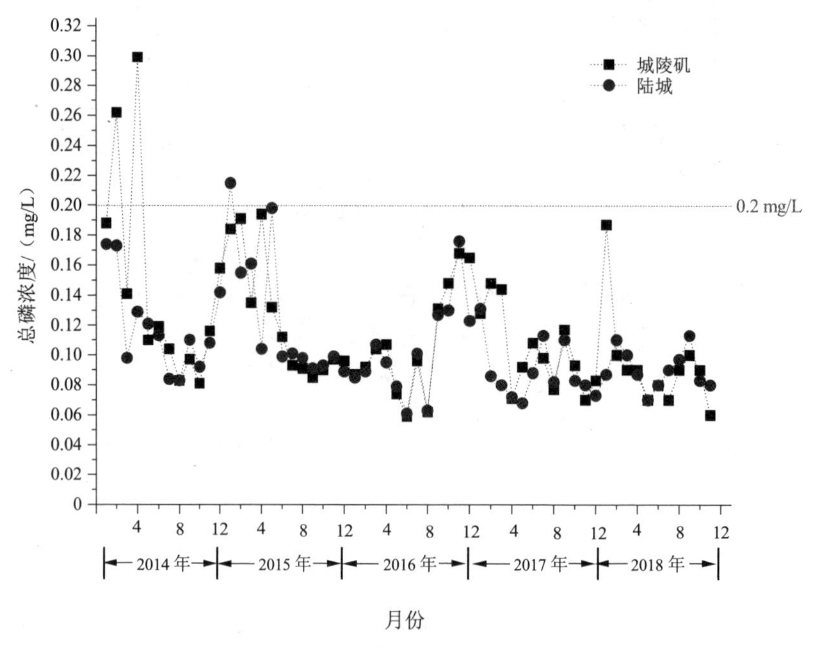

图 2.3.18　长江湖南段总磷月平均变化

根据以上数据分析可知，72 个入湖监测点位总磷浓度执行地表水Ⅲ类水质标准（≤ 0.2 mg/L）。总磷年度均值超标点位有 3 个，分别是资江敷溪（2016 年总磷平均浓度超标）、资江志溪河（2016 年、2017 年总磷平均浓度超标）、湘江沩水胜利（2017 年、2018 年总磷平均浓度超标）监测点，其余监测点位均达到地表水Ⅲ类水质标准。

2.3.2　洞庭湖主要入湖河流入境总磷输入负荷核算

本次调查选取了“四水三口”（湘江、资江、沅江、澧江、松滋河、虎渡河、藕池河）等主要入湖河流进入洞庭湖区三市一区的入境处的点位进行了磷输入负荷核算，其中，常德市（4 个，松滋河干流、虎渡河干流、沅江干流、澧水干流）、益阳市（2 个，藕池河东支干流、资水干流），长沙望城区（1 个，湘江干流），具体入境点位如图 2.3.19 所示。

根据上述主要出入湖河流的总磷浓度监测数据和水文监测资料，核算洞庭湖主要出入湖河流总磷输入负荷，计算公式为

$$W_{ij}=C_{ij}\times Q_{ij}\times 3\ 600\times 24\times 10^{-6}$$

式中，W_{ij} 为入湖河流总磷负荷，t/a；C_{ij} 为河流出入湖口总磷平均值，mg/L；Q_{ij} 为入湖水量年均值，m³/s。

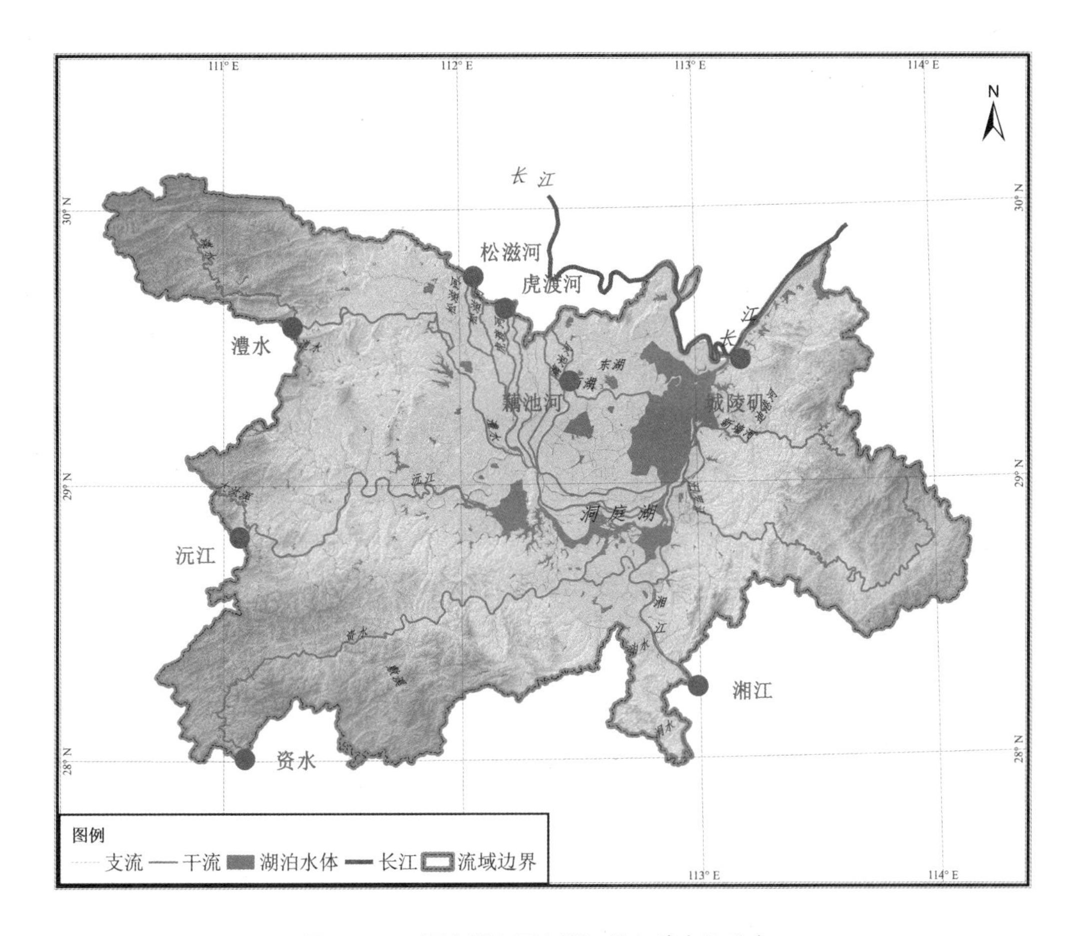

图 2.3.19　洞庭湖主要入湖河流入境点位分布

通过收集各入境点位水质和水文全年度监测数据，核算了 2017 年主要入湖河流入境总磷、总氮情况，具体如表 2.3.2 所示。由表中数据可知，2017 年由“四水三口”进入洞庭湖区域三市一区境内的总磷量为 12 940 t，主要来自湘江和沅江的入境输入，分别占 39.97%和 29.49%，第三为资江，占 9.88%，其余占比均不足 5%。

表 2.3.2　2017 年主要入湖河流总磷、总氮入境输入情况

河流名称	断面名称	浓度/（mg/L）		流量/（m^3/s）	年输入量/（t/a）		比例/%	
		总氮	总磷		总氮	总磷	总氮	总磷
湘江	三汊矶	0.335	0.077	2 130	22 503	5 172	46.06	39.97
沅江	观音寺	0.168	0.050	2 420	12 821	3 816	26.24	29.49
澧江	樟木滩	0.068	0.031	470	1 008	459	2.06	3.55
资江	坪口	0.209	0.050	811	5 345	1 279	10.94	9.88
藕池东支	藕池东支入境	0.368	0.111	308	3 574	1 078	7.32	8.33

河流名称	断面名称	浓度/（mg/L）		流量/（m^3/s）	年输入量/（t/a）		比例/%	
		总氮	总磷		总氮	总磷	总氮	总磷
虎渡河	安生	0.473	0.096	177	2 640	536	5.40	4.14
松滋河	青龙窑	0.191	0.119	160	964	600	1.97	4.64
合计					48 855	12 940	100	100

为进一步分析洞庭湖区域主要河流总磷入境输入的来源，2018 年 12 月，对洞庭湖 7 条主要入境河流在入境处及入长江口（城陵矶）采集了水样，并分析了水体和泥沙中总磷输入和输出的情况，各点位水样的监测数据见表 2.3.3。

表 2.3.3　2018 年 12 月洞庭湖主要入境河流入境处及入长江口总磷监测数据

河流名称	断面名称	悬浮物浓度/（mg/L）	总磷	
			悬浮物中含量/%	水中浓度/（mg/L）
长江	城陵矶	57	0.12	0.12
湘江	三汊矶大桥	39	0.05	0.11
藕池东支	南华大桥	60	0.02	0.08
沅江	五强溪	4	0.50	0.02
澧江	东阳渡澧水大桥	5	0.20	0.02
资江	平口资水大桥	11	0.45	0.03
虎渡河	黄山头南线大堤	53	0.02	0.02
松滋河	四门公	32	0.09	0.07

根据表 2.3.3 数据可知，8 个出境河流监测点位的总磷浓度都符合地表水Ⅲ类水质标准（≤0.2 mg/L）。此外，从表 2.3.4 中的数据可以看出，河流中夹带的泥沙等悬浮物含磷量较高，按取样水溶液折算，计算 7 条主要河流悬浮物总磷入境处输入及入长江口输出情况，计算结果见表 2.3.4。根据计算结果可知，资江、沅江悬浮物夹带的总磷量超过输入总磷的 50%，澧江、虎渡河、松滋河悬浮物夹带的总磷量超过输入总磷的 30%，藕池河悬浮物夹带的总磷量相对较低。

表 2.3.4　2018 年 12 月洞庭湖主要入境河流悬浮物总磷输入及输出情况

河流名称	断面名称	悬浮物中总磷/（mg/L，折算成水溶液）	水中总磷浓度/（mg/L）	悬浮物中占输入输出总磷比例/%
长江	城陵矶	0.07	0.12	36.84
湘江	三汊矶大桥	0.02	0.11	15.38
藕池东支	南华大桥	0.01	0.08	11.11
沅江	五强溪	0.02	0.02	50.00

河流名称	断面名称	悬浮物中总磷/（mg/L，折算成水溶液）	水中总磷浓度/（mg/L）	悬浮物中占输入输出总磷比例/%
澧江	东阳渡澧水大桥	0.01	0.02	33.33
资江	平口资水大桥	0.05	0.03	62.50
虎渡河	黄山头南线大堤	0.01	0.02	33.33
松滋河	四门公	0.03	0.07	30.00

根据上述出入湖河流的总磷浓度监测数据和水文监测资料，核算洞庭湖主要出入湖河流总磷输入负荷，计算公式为

$$W_{ij}=C_{ij}\times Q_{ij}\times 3\,600\times 24\times 365\times 10^{-6}$$

式中，W_{ij} 为入湖河流总磷负荷，t/a；C_{ij} 为河流出入湖口总磷平均值，mg/L；Q_{ij} 为入境水量日均值，m^3/s。

计算结果见表 2.3.5。

表 2.3.5　2018 年入湖河流含磷输入及输出情况

河流	流量/（m^3/s）	水中总磷/（t/a）	泥沙中总磷/（t/a）	总磷/（t/a）
湘江	1 620.0	5 619.72	1 021.77	98 089.57
沅江	1 450.0	914.54	914.54	74 535.34
澧江	219.0	138.13	69.06	10 359.58
资江	617.0	583.73	972.89	49 228.01
藕池东支	179.6	453.11	56.64	8 892.27
虎渡河	168.8	106.47	53.23	5 536.21
松滋河	104.4	230.47	98.77	7 769.97
输入合计	4 358.8	8 046.16	3 186.90	254 410.94
长江（输出）	4 737.4	17 927.84	10 457.91	270 411.55

由表 2.3.5 可知，本次监测的主要入湖河流的总输入流量为 4 358.8 m^3/s，主要入湖河流磷的总输入量为 11 233.06 t/a，其中泥沙（悬浮物）夹带总磷量为 3 186.90 t/a（占比 29.37%），河水中总磷量为 8 046.16 t/a（占比 70.63%）；湖区输入长江的总磷量为 28 385.75 t/a，其中泥沙（悬浮物）夹带总磷量为 10 457.91 t/a（36.84%），河水中总磷量为 17 927.84 t/a（占比 63.16%）。

2.3.3　洞庭湖主要入湖河流入湖体总磷输入负荷核算

根据洞庭湖主要入湖河流入湖体监测点位（图 2.3.20）的监测数据，核算了 2017 年主要入湖河流入湖体总磷输入情况，具体如表 2.3.6 所示。

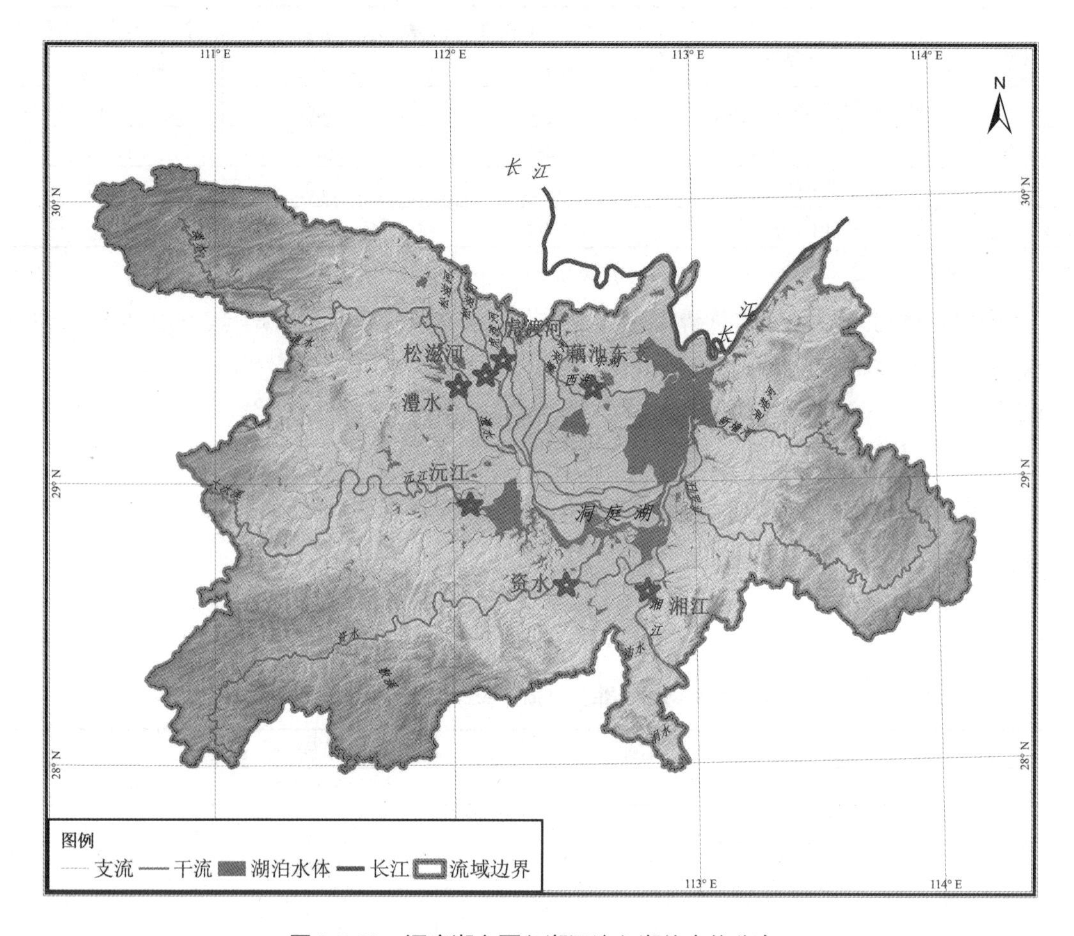

图 2.3.20 洞庭湖主要入湖河流入湖体点位分布

表 2.3.6 2017 年入湖河流入湖体总磷数据统计

河流名称	断面名称	总磷浓度/（mg/L）	流量/（m^3/s）	总磷年输入量/（t/a）	比例/%
湘江	樟树港	0.075	2 130	5 038	31.02
沅江	坡头	0.061	2 387	4 592	28.27
澧江	沙河口	0.065	769	1 576	9.70
资江	万家嘴	0.065	932	1 910	11.76
藕池东支	团洲	0.125	220	867	5.34
虎渡河	芦林铺	0.146	177	815	5.02
松滋河	马坡湖	0.118	388	1 444	8.89
合计				16 243	100

由表 2.3.6 可知，2017 年 7 条主要入湖河流进入洞庭湖湖体的总磷量为 16 243 t。其中，湘江入湖带入的总量最大，占 7 条河流入湖总磷的 31.02%；其次是沅江，占 7 条河流入湖总磷的 28.27%。

2.3.4 洞庭湖主要入湖河流入境、入湖总磷变化情况分析

根据洞庭湖主要入湖河流 2017 年的三市一区入境处总磷量与入湖口总磷量，可分析主要入湖河流在三市一区的总磷变化情况，具体见表 2.3.7。

表 2.3.7　2017 年主要河流入境、入湖总磷变化情况

单位：t

河流	入境总磷	入湖总磷	变化量
湘江	5 172	5 038	−134
沅江	3 816	4 592	776
澧江	459	1 576	1 117
资江	1 279	1 910	631
藕池东支	1 078	867	−211
虎渡河	536	815	279
松滋河	600	1 444	844
合计	12 940	16 243	3 302

从表 2.3.7 可以看出，除湘江和藕池东支，其余主要入湖河流的入湖总磷量均大于入境总磷量。其中，澧江增加量最大，增加了 1 117 t，增幅达 243.36%。从水质数据来看，入境的总磷平均浓度只有 0.031 mg/L，但入湖时却高达 0.065 mg/L，这可能是澧江在流经张家界、常德两市时，沿途工业园区、农业面源、城镇居民区排放的废水含磷量较高，降解量较小，从而导致入湖时的总磷量大幅增加；资江、澧江、松滋河也由于在三市一区流域面积较大，沿河人口较为密集、工农业较为发达，入湖总磷量也远远高于入境总磷量。

虽然湘江在三市一区段的人口密集、工农业发达区域，但流经长度较短，沿河自来水厂较多，水质功能区等级较高，废水排放管控严格，水体自净能力较强，入湖河流中的含磷量反而低于入境的含磷量，故而入湖总磷量低于入境总磷量。而藕池东支虽然在益阳、岳阳两市区域的流经长度较长，但在该段流域内农场、沼泽地较多，工业不太发达（尤其是 2017 年大量造纸厂等工业企业关闭），沿途汇入的总磷较少，自净能力较强，从而使得入湖总磷量低于入境总磷量。

2.4 小结

（1）洞庭湖湖体水质情况

根据洞庭湖湖体现有 12 个监测断面的监测数据，近 5 年总磷年度平均值均大于 0.05 mg/L，超过了《地表水环境质量标准》（GB 3838—2002）中湖库区Ⅲ类水质的要求。

在增设点位中，2018 年 9 月、10 月和 12 月 3 个月采集的所有样品中，仅有两个样品总磷浓度达到了地表水Ⅲ类水质标准；总氮浓度则有将近 50%的点位达到了地表水Ⅲ类水质标准（≤1.0 mg/L）；氨氮和 COD_{Mn} 两项指标则基本所有样品浓度都低于地表水Ⅲ类水质标准，整体情况良好。

根据监测结果可知，整体上，洞庭湖湖体水质的主要问题是总磷及总氮超过地表水Ⅲ类水质标准的情况比较严重，而氨氮、COD_{Mn} 和叶绿素 a 3 项指标则情况良好。

从时间尺度上的变化规律来看，总体上来说，洞庭湖水体的总磷浓度在 2015 年达到最大值后开始逐年下降，总磷污染形势呈逐渐好转的趋势，但离地表水Ⅲ类水质的标准还有一定的差距。从空间上来看，总体上是总磷浓度是东洞庭湖最高，南洞庭湖与西洞庭湖相近。这与以下两方面因素有关：

①可能是由于东洞庭湖处于整个洞庭湖流域的下游，湘江、资江、沅江、澧江四大水系带来的总磷除水体自身消纳以外，最终都汇集到东洞庭湖；

②相对于西洞庭湖和南洞庭湖所在的常德和益阳地区，东洞庭湖所在的岳阳区域经济发展更好，人口更集中，使得该区域的总磷排放强度更大。

（2）洞庭湖区域主要内湖水质情况

根据近 3 年洞庭湖 20 个主要内湖监测数据，总磷月均浓度达到《地表水环境质量标准》（GB 3838—2002）中Ⅲ类水质对湖库要求的内湖仅有黄盖湖、冶湖两个。柳叶湖、三仙湖水库、西毛里湖、湘阴东湖则在 2018 年达到了Ⅲ类水质要求。东风湖、皇家湖、松杨湖总磷月均浓度总体呈上升态势，水质有恶化趋势；总磷污染情况最严重的是华容东湖和大通湖，总磷月均浓度都超标，最大超标倍数达 11.2 倍。

根据监测数据，内湖水体总氮浓度普遍存在超过地表水Ⅲ类水质标准对湖库要求的情况（≤1.0 mg/L），超过 50%的监测点位总氮浓度高于 1.0 mg/L，最高倍数达 3 倍。氨氮和 COD_{Mn} 两项指标则情况良好，绝大多数监测点位浓度都低于地表水Ⅲ类水质标准。

（3）主要入湖河流水质情况及总磷输入

在主要入湖河流监测点位中，总磷年度均值超过《地表水环境质量标准》（GB 3838—2002）中Ⅲ类水质要求的点位只有资江敷溪、资江志溪河、湘江沩水胜利 3 个，其余监测点位均达到Ⅲ类水质要求。

2017 年 7 条主要入湖河流进入洞庭湖湖体的总磷量为 16 243 t。其中，湘江入湖带入的总量最大，占 7 条河流入湖磷总量的 30.02%；其次是沅江，占 7 条河流入湖磷总量的 28.27%；然后是资江和澧江，分别占比为 11.76%和 9.70%。“四水”输入总磷占到洞庭湖磷总输入量的 81.09%，可见，“四水”地表径流仍然是洞庭湖磷输入的主要来源。虽然在入湖河流的 72 个监测断面中，仅有 3 个断面的总磷浓度超过了地表水Ⅲ类水质标准，但河流的标准为≤0.2 mg/L，而湖库的标准为≤0.05 mg/L。洞庭湖作为过水性的湖泊，从上游输入的磷可能难以在较短的过水周期内被消纳，同时还有湖区内源式输入，这些可能是造成洞庭湖总体上总磷浓度难以达到地表水Ⅲ类水质标准的一些原因。

第 3 章 洞庭湖区总磷污染源调查与分析

3.1 工业污染源

3.1.1 工业企业废水排放情况

3.1.1.1 常德市工业企业废水排放量

如图 3.1.1 所示，2017 年常德市工业废水排放量较大的工业行业有造纸和纸制品业（26.20%）、盐类（20.90%）、化学原料和化学制品制造业（8.90%）、纺织业（7.80%）、食品制造业（7.40%）、烟草制品业（5.14%）、煤炭开采和洗选业（5.10%）、其他采矿业（4.80%）。上述 8 种行业的工业废水排放总量为 2 875.22 万 t，约占常德市工业废水排放总量的 86.24%。其中，工业废水排放量最大的工业行业为造纸和纸制品业，其工业废水排放量为 875.93 万 t，占常德市工业废水排放总量的 26.20%。

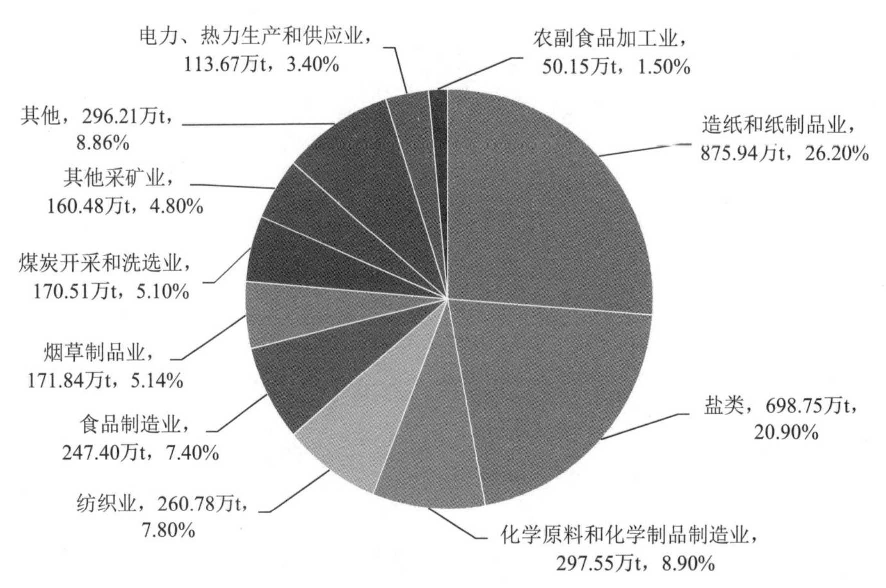

图 3.1.1 2017 年常德市各工业行业废水排放量及占比

如图 3.1.2 所示，2017 年常德市中型企业工业废水排放量最大，为 1 485.75 万 t，占常德市工业废水排放总量的 44.44%；其次是小型企业，废水排放量为 1 395.48 万 t，占常德市工业废水排放总量的 41.74%；微型企业的废水排放量仅占常德市工业废水排放总量的 5.10%。如图 3.1.3 所示，从企业排放废水量规模上进行分析，排放量在 10 万～100 万 t 的企业废水排放总量最多，占常德市工业废水排放总量的 61.37%；其次是排放量在 100 万 t 以上的企业，占常德市工业废水排放总量的 31.60%。

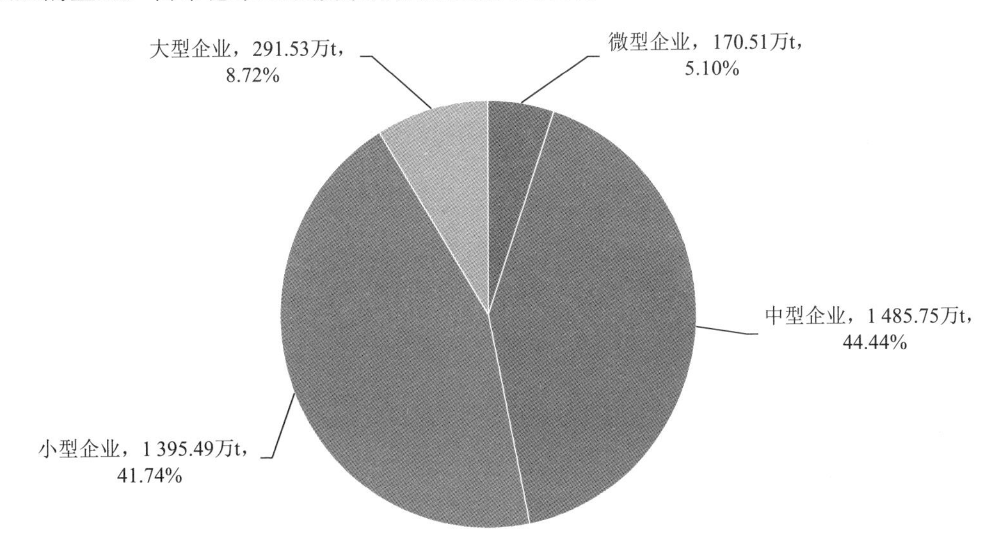

图 3.1.2　2017 年常德市各规模企业废水排放量及占比

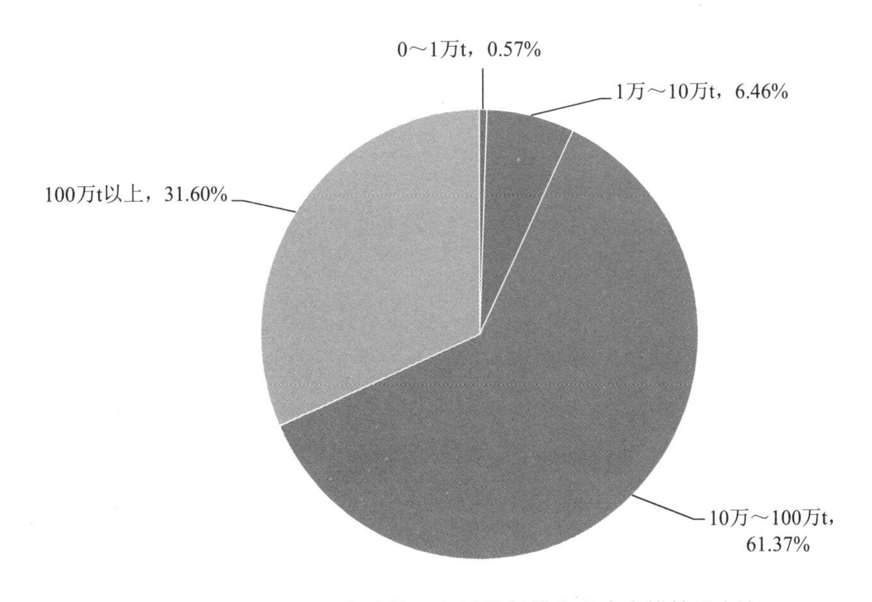

图 3.1.3　2017 年常德市各排放规模企业废水排放量占比

3.1.1.2 益阳市工业企业废水排放量

如图 3.1.4 所示，2017 年益阳市工业废水排放量较大的工业行业有造纸和纸制品业（64.30%），电力、热力生产和供应业（14.20%），食品制造业（3.60%），农副食品加工业（3.20%），有色金属冶炼和压延加工业（3.10%），纺织业（2.90%）。上述 6 种行业的工业废水排放总量为 3 870.77 万 t，占益阳市工业废水排放总量的 91.30%。其中，工业废水排放量最大的工业行业为造纸和纸制品业，其工业废水排放量为 2 735.06 万 t，占益阳市工业废水排放总量的 64.30%。

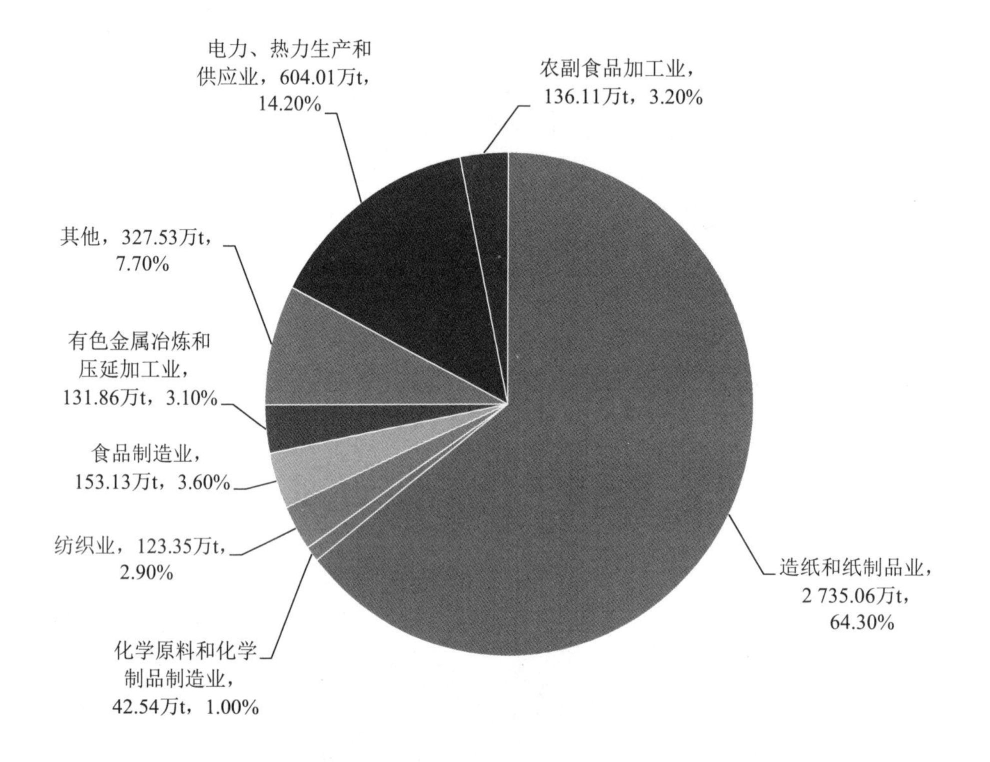

图 3.1.4 2017 年益阳市各工业行业废水排放量及占比

如图 3.1.5 所示，2017 年益阳市小型企业工业废水排放量最大，为 1 745.67 万 t，占益阳市工业废水排放总量的 41.04%；其次是大型企业，废水排放量为 1 401.56 万 t，占益阳市工业废水排放总量的 32.95%；微型企业的废水排放量仅占益阳市工业废水排放总量的 3.53%。如图 3.1.6 所示，从企业排放废水量规模上进行分析，排放量在 100 万 t 以上的企业最多，占益阳市工业废水排放总量的 69.47%；其次是排放量在 10 万～100 万 t 的企业，占益阳市工业废水排放总量的 26.90%。

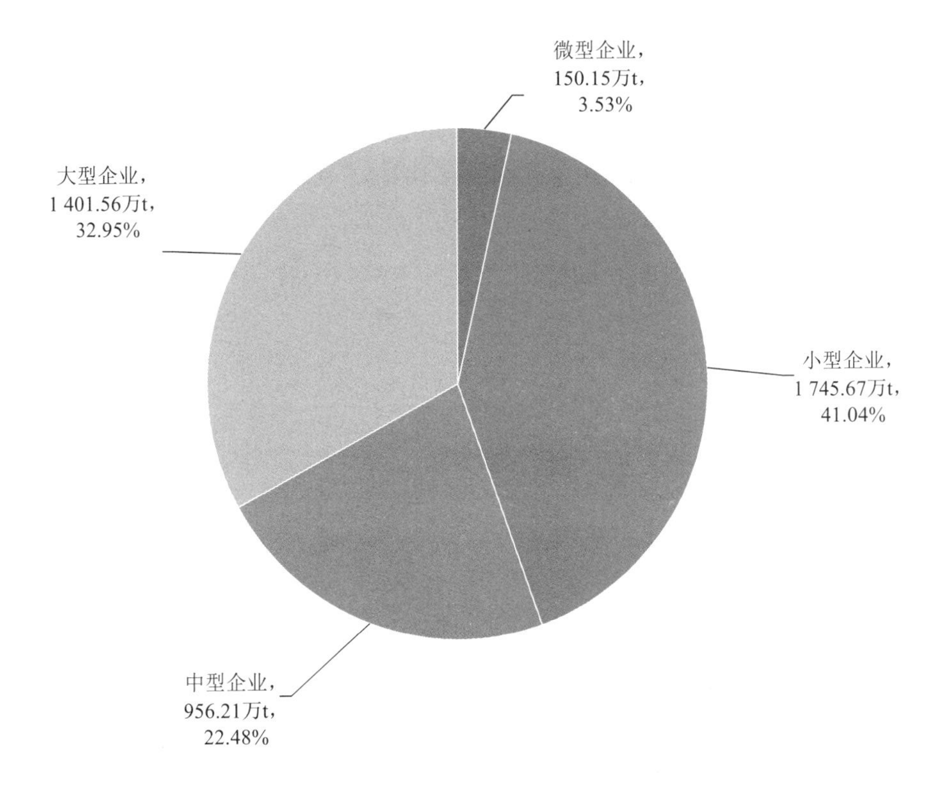

图 3.1.5 2017 年益阳市各规模企业废水排放量及占比

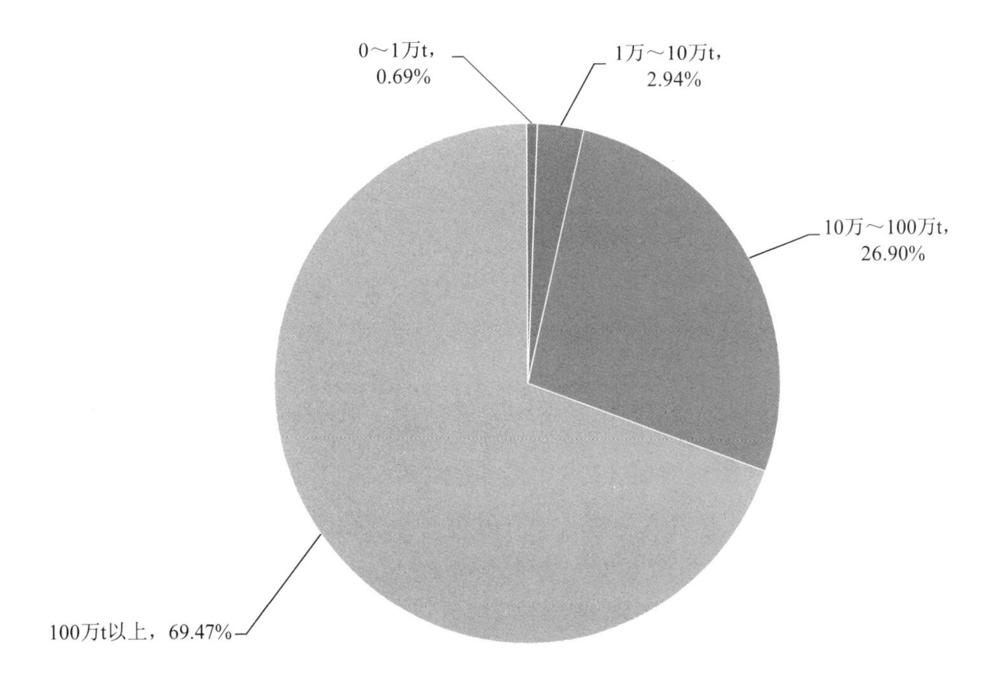

图 3.1.6 2017 年益阳市各排放规模企业废水排放量占比

3.1.1.3 岳阳市工业企业废水排放量

如图 3.1.7 所示，2017 年岳阳市工业废水排放量较大的工业行业有造纸和纸制品业（45.00%），石油加工、炼焦和核燃料加工业（18.30%），化学原料和化学制品制造业（16.50%），农副食品加工业（6.40%），纺织业（3.50%）。上述 5 种行业的工业废水排放总量为 6 722.01 万 t，占岳阳市工业废水排放总量的 89.70%。其中，工业废水排放量最大的工业行业为造纸和纸制品业，其工业废水排放量为 3 361.01 万 t，占岳阳市工业废水排放总量的 45.00%。

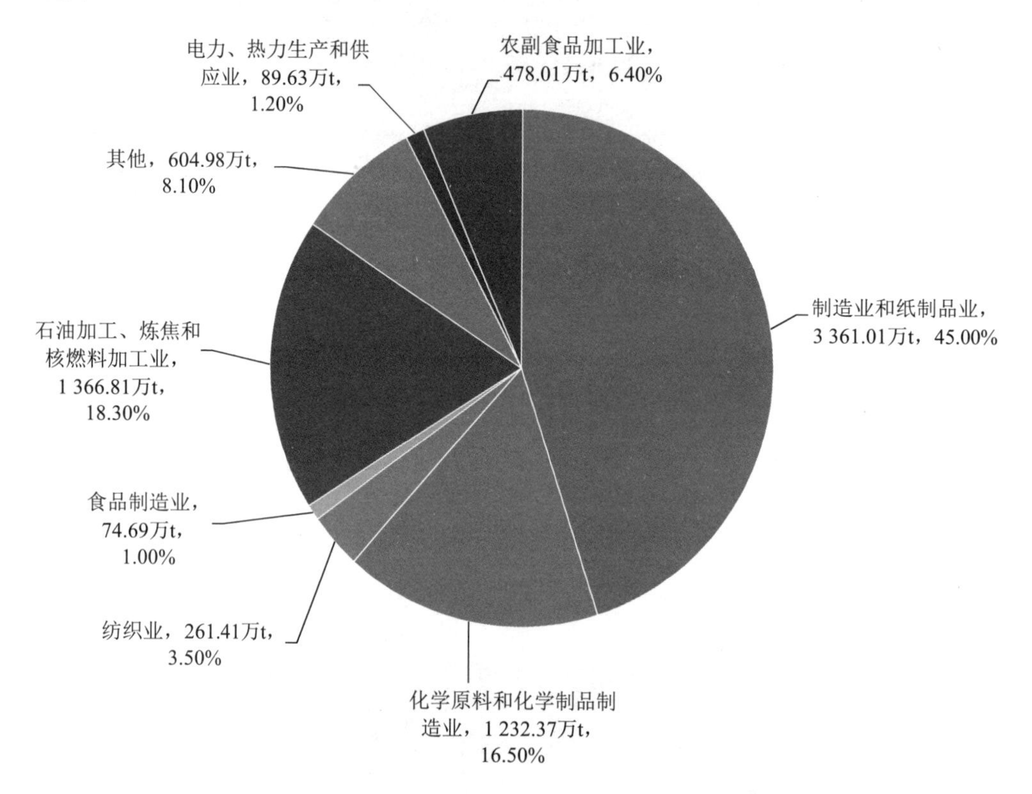

图 3.1.7 2017 年岳阳市各工业行业废水排放量及占比

如图 3.1.8 所示，2017 年岳阳市大型企业工业废水排放量最大，为 5 007.90 万 t，占岳阳市工业废水排放总量的 67.05%；其次是小型企业，废水排放量为 1 725.32 万 t，占岳阳市工业废水排放总量的 23.10%；微型企业的废水排放量仅占工业废水排放总量的 0.05%。如图 3.1.9 所示，从企业排放废水量规模上进行分析，排放量在 1 000 万 t 以上的企业排放工业废水量最多，占岳阳市工业废水排放总量的 48.25%；其次是排放量在 100 万～1 000 万 t 的企业，占岳阳市工业废水排放总量的 24.20%。

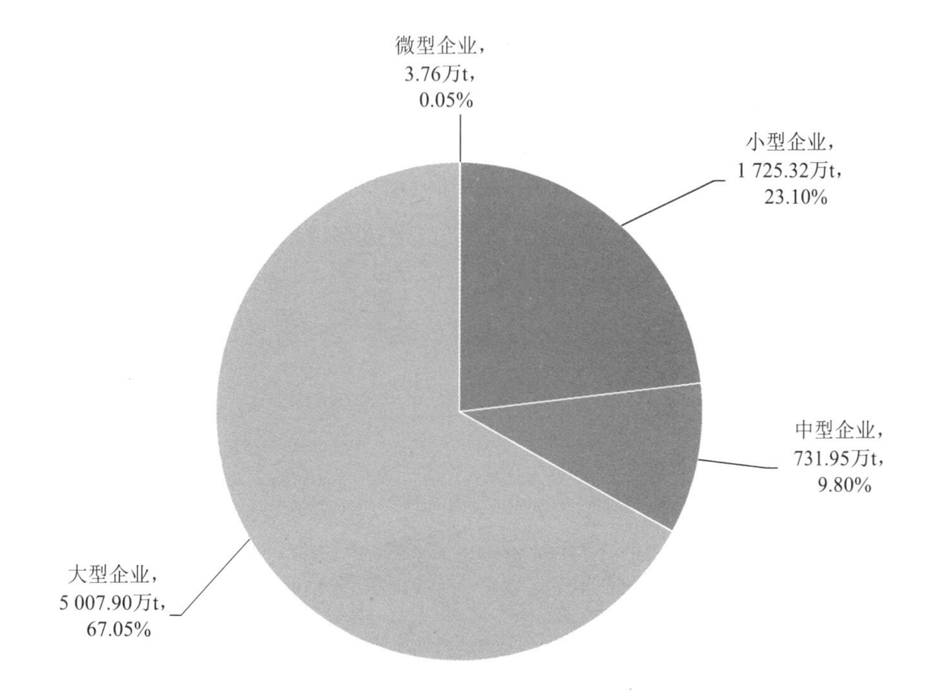

图 3.1.8　2017 年岳阳市各规模企业废水排放量及占比

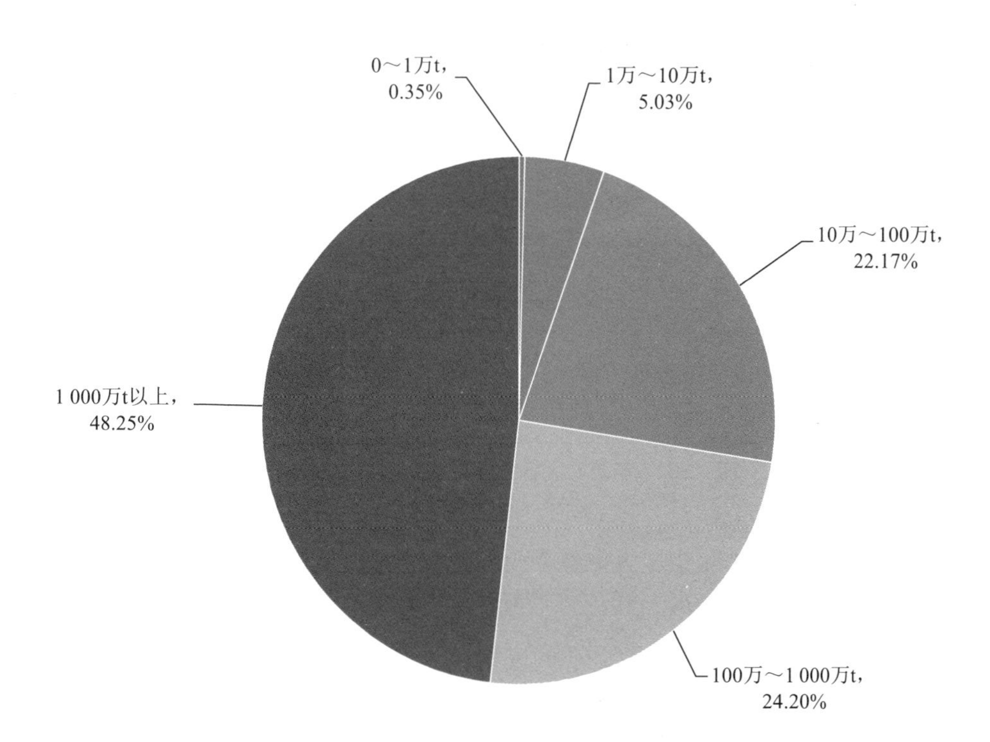

图 3.1.9　2017 年岳阳市各排放规模企业废水排放量占比

3.1.1.4　望城区工业企业废水排放量

如图 3.1.10 所示，2017 年望城区工业废水排放量较大的工业行业有化学原料和化学制品制造业（28.00%），食品制造业（19.50%），农副食品加工业（12.40%），酒、饮料和精制茶制造业（6.50%），有色金属冶炼和压延加工业（6.24%），非金属矿物制造业（5.90%），医疗制造业（4.90%），通用设备制造业（4.50%）。上述 8 种行业的工业废水排放总量为 332.24 万 t，占望城区工业废水排放总量的 87.94%。其中，工业废水排放量最大的工业行业为化学原料和化学制品制造业，其工业废水排放量为 105.83 万 t，占望城区工业废水排放总量的 28.00%。

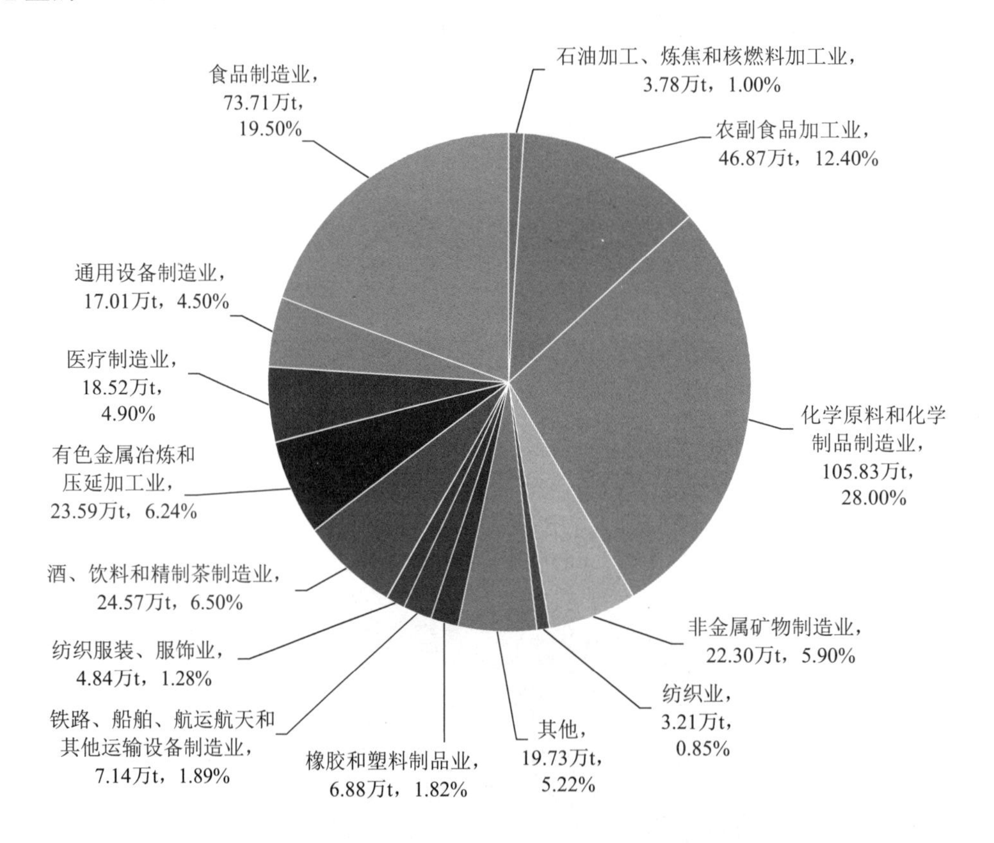

图 3.1.10　2017 年望城区各工业行业废水排放量及占比

如图 3.1.11 所示，2017 年望城区中型企业工业废水排放量最大，为 198.32 万 t，占望城区工业废水排放总量的 52.47%；其次是小型企业，废水排放量为 142.87 万 t，占望城区工业废水排放总量的 37.80%；微型企业的废水排放量仅占望城区工业废水排放总量的 1.87%。如图 3.1.12 所示，从企业排放废水量规模上进行分析，排放量在 1 万～10 万 t 的企业废水排放量最多，占望城区工业废水排放总量的 48.32%；其次是排放量在 100 万 t 以上的企业，占望城区工业废水排放总量的 27.63%。

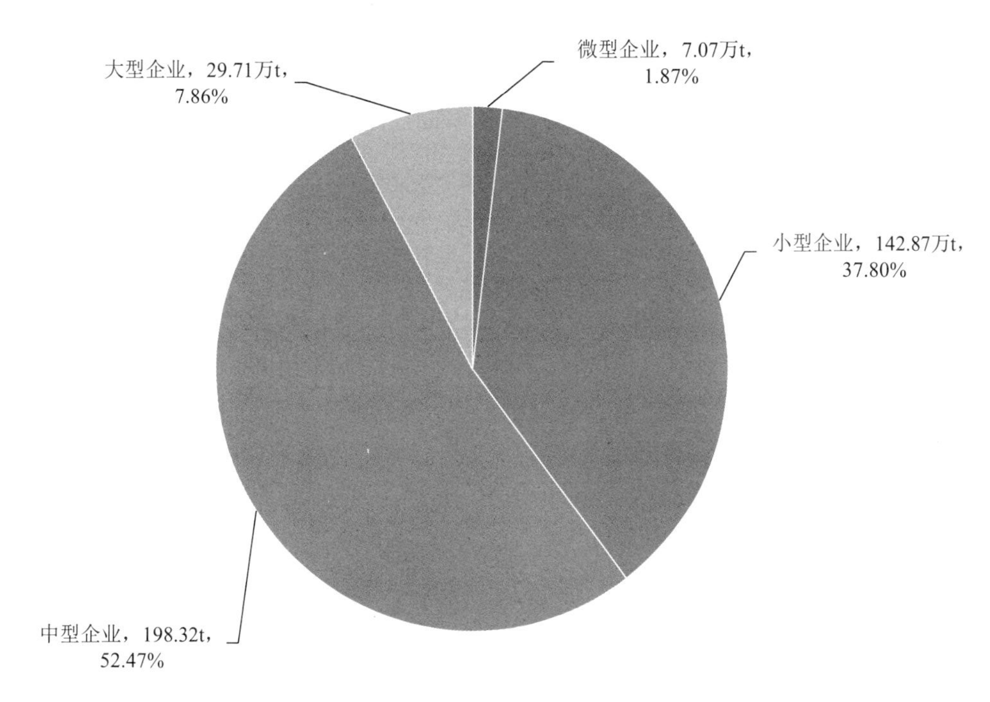

图 3.1.11　2017 年望城区各规模企业废水排放量及占比

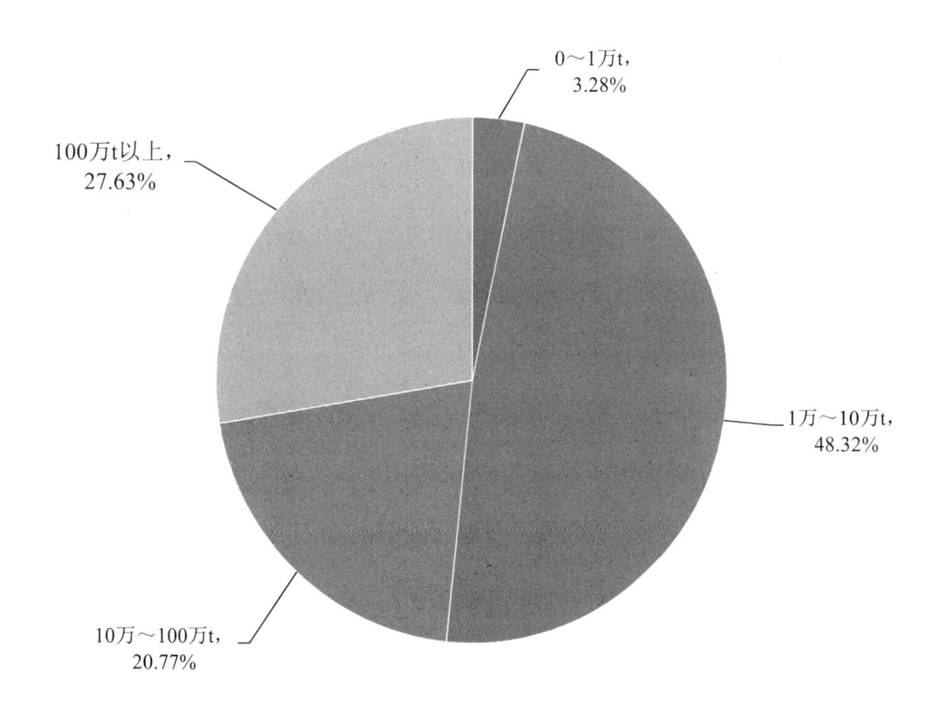

图 3.1.12　2017 年望城区各排放规模企业废水排放量占比

3.1.1.5 洞庭湖区工业企业废水排放与分布情况

2017 年洞庭湖区工业废水排放总量为 15 443.76 万 t，如图 3.1.13 所示，其中，岳阳市工业废水排放量最大，为 7 468.90 万 t，占洞庭湖区工业废水排放总量的 48.36%；其次是益阳市，排放量为 4 253.50 万 t，占洞庭湖区工业废水排放总量的 27.54%。

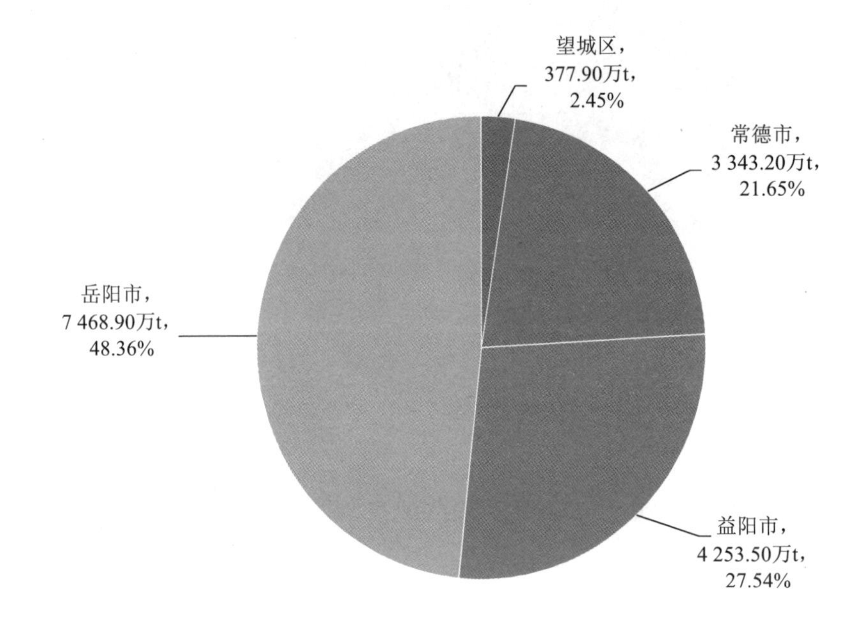

图 3.1.13 2017 年洞庭湖区三市一区废水排放量及占比

如图 3.1.14 所示，2017 年洞庭湖区工业废水排放量较大的工业行业有造纸和纸制品业（45.14%），化学原料和化学制品制造业（10.87%），石油加工、炼焦和核燃料加工业（8.87%），电力、热力生产和供应业（5.23%），农副食品加工业（4.60%），盐类（4.52%），纺织业（4.20%），食品制造业（3.60%）。上述 8 种行业的工业废水排放总量为 13 436.06 万 t，占洞庭湖区工业废水排放总量的 87.00%。其中，工业废水排放量最大的工业行业为造纸和纸制品业，其工业废水排放量为 6 971.31 万 t，占洞庭湖区工业废水排放总量的 45.14%。

如图 3.1.15 所示，2017 年洞庭湖区大型企业工业废水排放量最大，为 6 730.39 万 t，占洞庭湖区工业废水排放总量的 43.58%；其次是小型企业，废水排放量为 5 009.95 万 t，占洞庭湖区工业废水排放总量的 32.44%；微型企业的废水排放量仅占洞庭湖区工业废水排放总量的 2.15%。如图 3.1.16 所示，从企业排放废水量规模上进行分析，排放量在 100 万～1 000 万 t 的企业废水排放量最大，占洞庭湖区工业企业废水排放总量的 38.36%；其次是排放量在 10 万～100 万 t 的企业，占洞庭湖区工业企业废水排放总量的 31.92%。

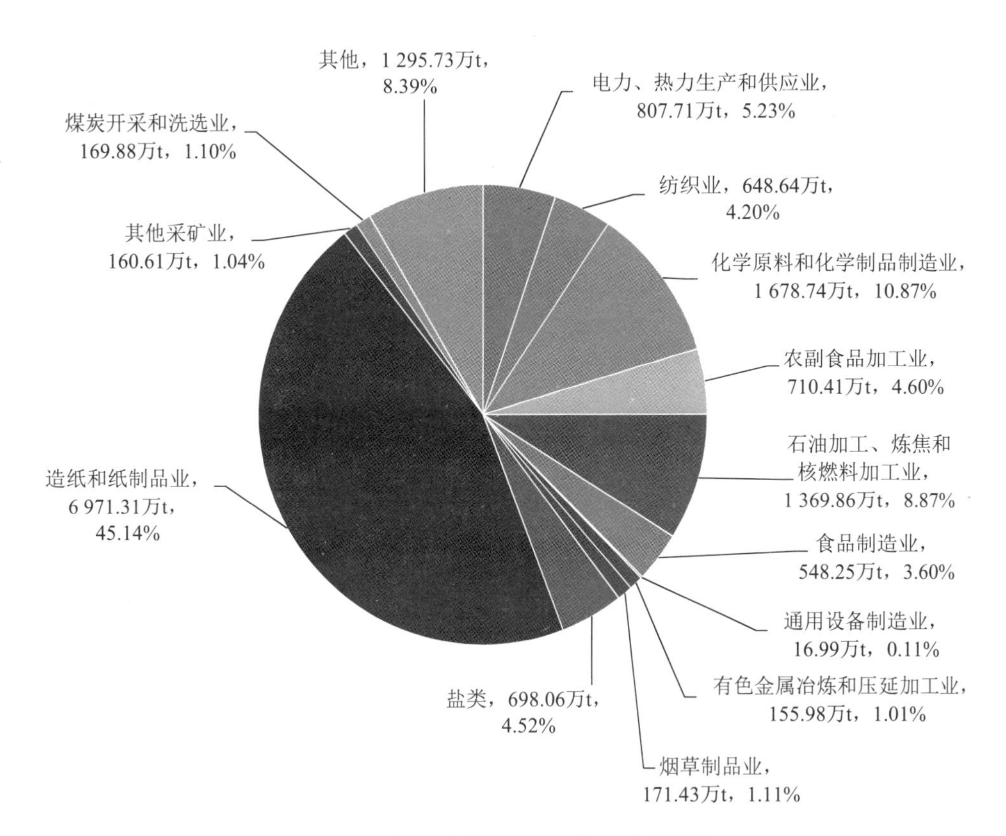

图 3.1.14 2017 年洞庭湖区各工业行业废水排放量及占比

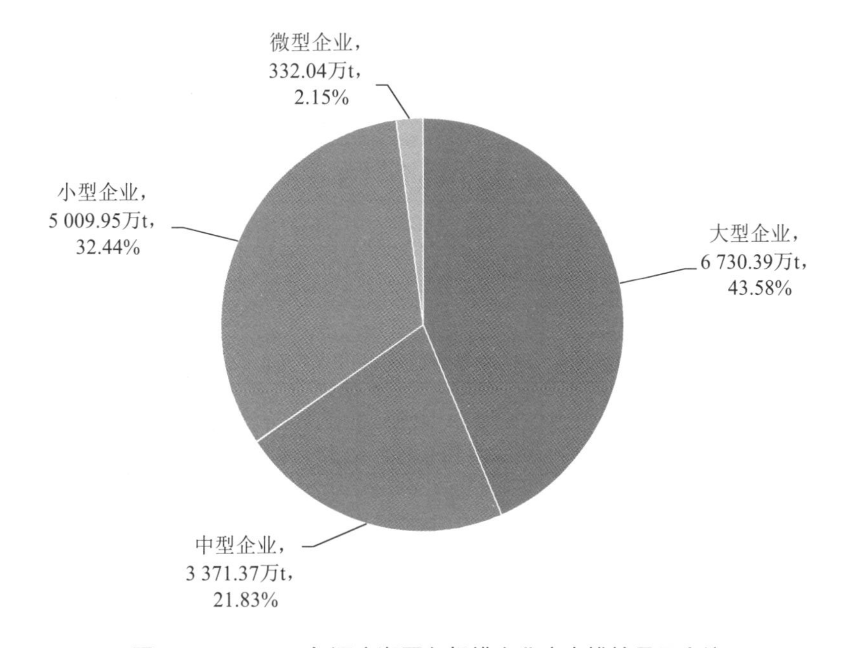

图 3.1.15 2017 年洞庭湖区各规模企业废水排放量及占比

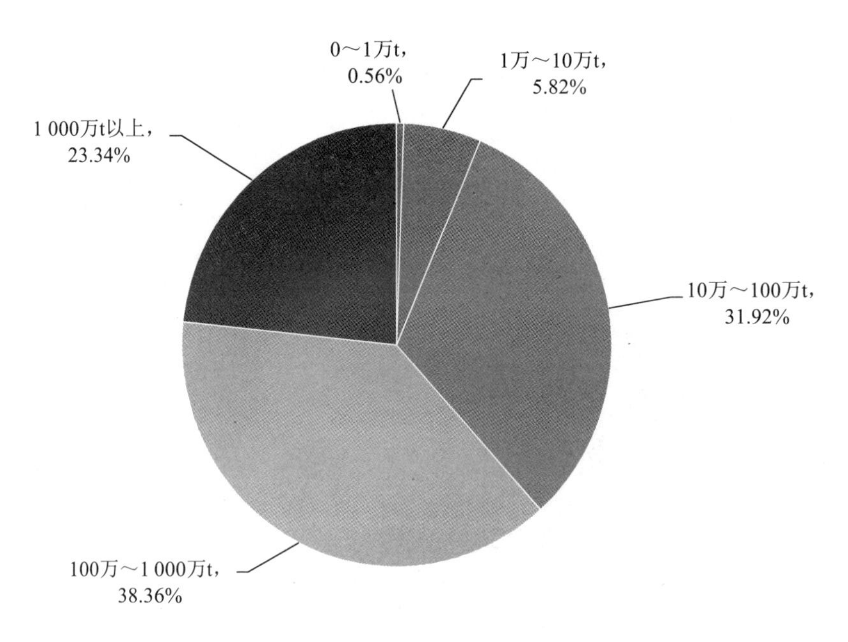

图 3.1.16 2017 年洞庭湖区各排放规模企业废水排放量占比

3.1.1.6 洞庭湖区工业企业废水排放去向

洞庭湖区工业废水排放的受纳水体情况见表 3.1.1 和图 3.1.17。2017 年洞庭湖区涉水工业企业共计 651 家，总共排放工业废水 15 443.76 万 t，其中，直接排入长江干流的企业有 53 家，占企业总数的 8.14%。排入长江干流的废水量为 4 397.62 万 t，占排放废水总量的 28.48%；其次是排入洞庭湖、澧水、资江、沅江和湘江的废水，排放量分别占排放废水总量的 18.62%、13.88%、8.33%、6.63%和 4.97%。

表 3.1.1 2017 年各受纳水体接纳工业企业废水情况

受纳水体	企业数/家	占比/%	企业废水排放量/万 t	占比/%
资江	62	9.53	1 286.38	8.33
志溪河	12	1.84	412.37	2.67
长江干流（中下游）	53	8.14	4 397.62	28.48
长江流域—洞庭湖水系	20	3.07	186.83	1.21
沅江	82	12.60	1 024.29	6.63
新墙河	15	2.30	256.63	1.66
渫水	4	0.61	6.14	0.04
湘江	142	21.81	766.93	4.97
调骇河	16	2.46	199.73	1.29

受纳水体	企业数/家	占比/%	企业废水排放量/万 t	占比/%
桃花江	9	1.38	411.21	2.66
松滋河	11	1.69	96.20	0.62
藕池河	15	2.30	728.56	4.72
汨罗江	45	6.91	573.91	3.72
涟水	6	0.92	8.11	0.05
澧水	69	10.60	2 144.08	13.88
洞庭湖	83	12.75	2 875.20	18.62
涔水	7	1.09	69.57	0.45
合计	651	100	15 443.76	100

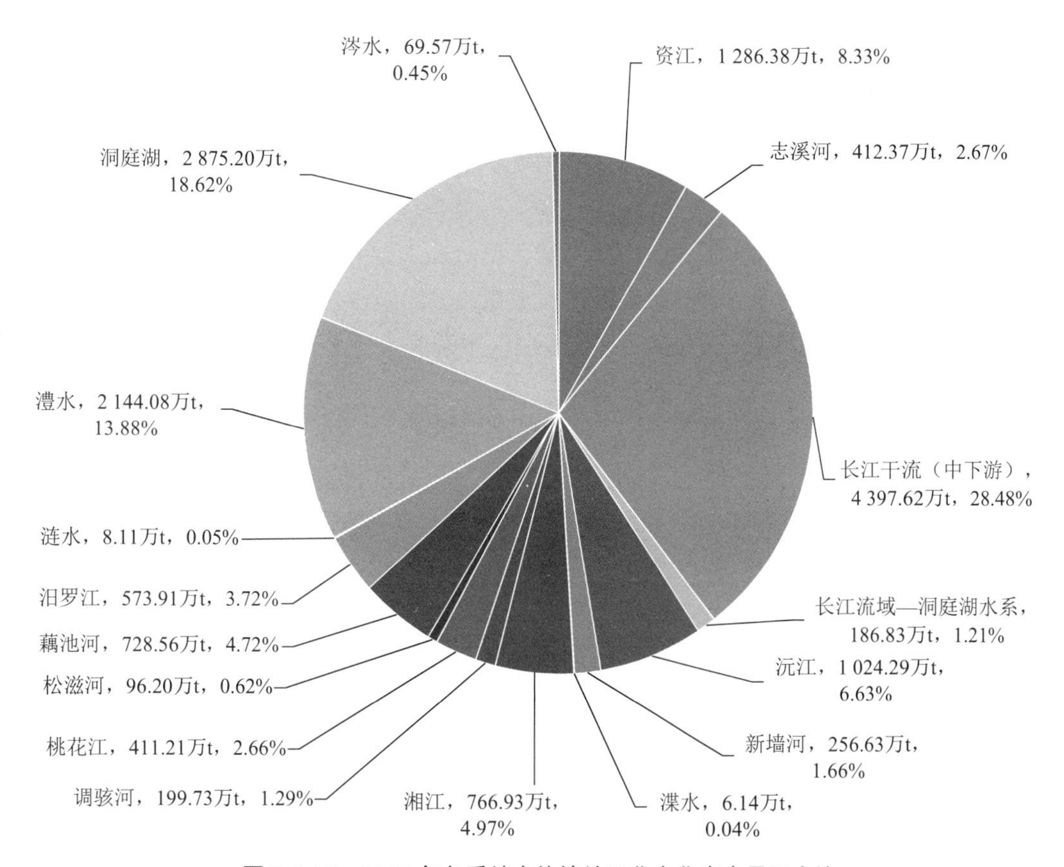

图 3.1.17　2017 年各受纳水体接纳工业企业废水量及占比

3.1.1.7　小结

2017 年洞庭湖区工业废水排放总量为 15 443.76 万 t，其中，岳阳市工业废水排放量最大，为 7 468.90 万 t，占洞庭湖区工业废水排放总量的 48.36%；其次是益阳市，排放量为

4 253.50 万 t，占洞庭湖区工业废水排放总量的 27.54%。洞庭湖区工业废水排放量较大的工业行业主要有造纸和纸制品业、化学原料和化学制品制造业，石油加工、炼焦和核燃料加工业，废水排放量占比分别为 45.14%、10.87%和 8.87%。洞庭湖区大型企业工业废水排放量最大，为 6 730.39 万 t，占洞庭湖区工业废水排放总量的 43.58%。洞庭湖区工业废水排放的受纳水体主要为长江干流、洞庭湖、澧水、资江、沅江和湘江。

3.1.2 工业园区废水排放情况

3.1.2.1 岳阳市工业园区废水排放情况

岳阳市主要有岳阳君山工业集中区、岳阳市经济技术开发区、湖南岳阳绿色化工产业园、华容工业集中区、临湘工业园、湖南汨罗工业园、平江县西部工业新城、湘阴工业园、湖南岳阳台湾农民创业园和岳阳县工业集中区 10 个工业园区。2017 年岳阳市工业园区工业废水排放总量为 1 873.30 万 t。

如图 3.1.18 所示，2017 年岳阳市工业园区工业废水排放量较大的园区有湖南岳阳绿色化工产业园（38.97%）、岳阳市经济技术开发区（24.02%）、湘阴工业园（9.61%）、华容工业集中区（8.65%）、临湘工业园（6.73%）、平江县西部工业新城（5.60%）、岳阳县工业集中区（3.20%）。上述 7 个工业园区的工业废水排放总量为 1 813 万 t，占岳阳市工业园区工业废水排放总量的 96.78%。其中，工业废水排放量最大的园区为湖南岳阳绿色化工产业园，其工业废水排放量为 730 万 t，占岳阳市工业园区工业废水排放总量的 38.97%。

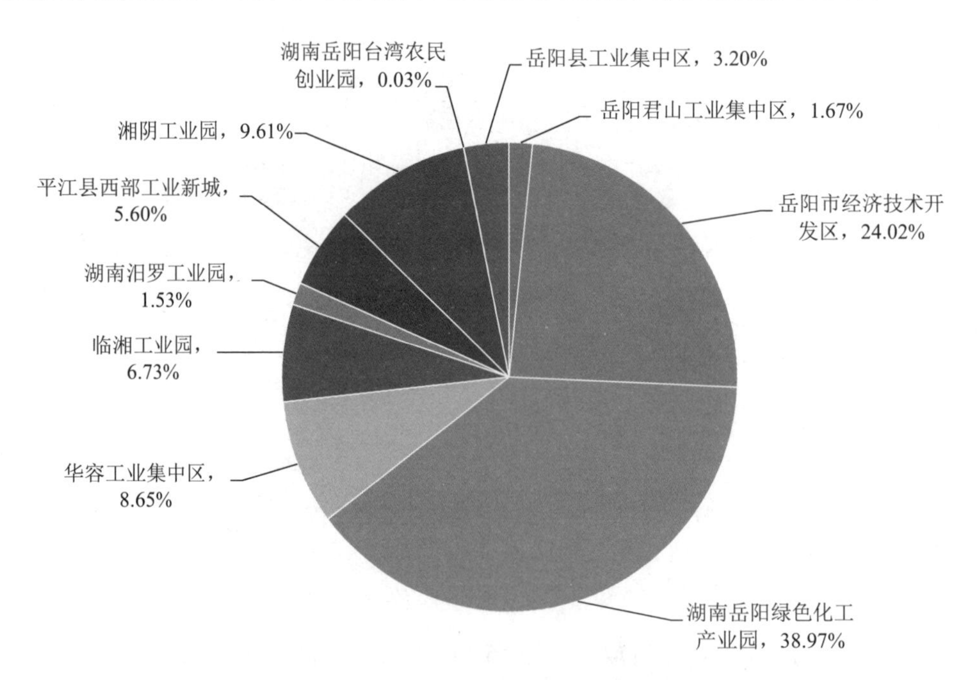

图 3.1.18 2017 年岳阳市各工业园区废水排放情况

3.1.2.2　益阳市工业园区废水排放情况

益阳市主要有益阳安化高明工业园、安化经开区、大通湖洞庭食品工业园、南县经开区、桃江经开区、益阳高新区、沅江高新区、资阳长春经开区 8 个工业园区。

如图 3.1.19 所示，2017 年益阳市工业园区工业废水排放量较大的园区有沅江高新区（50.69%）、资阳长春经开区（27.91%）、南县经开区（10.77%）、益阳高新区（7.01%）、桃江经开区（2.03%）。上述 5 个工业园区的工业废水排放总量为 641.39 万 t，占益阳市工业园区工业废水排放总量的 98.41%。其中，工业废水排放量最大的园区为沅江高新区，其工业废水排放量为 330.39 万 t，占益阳市工业园区工业废水排放总量的 50.69%。

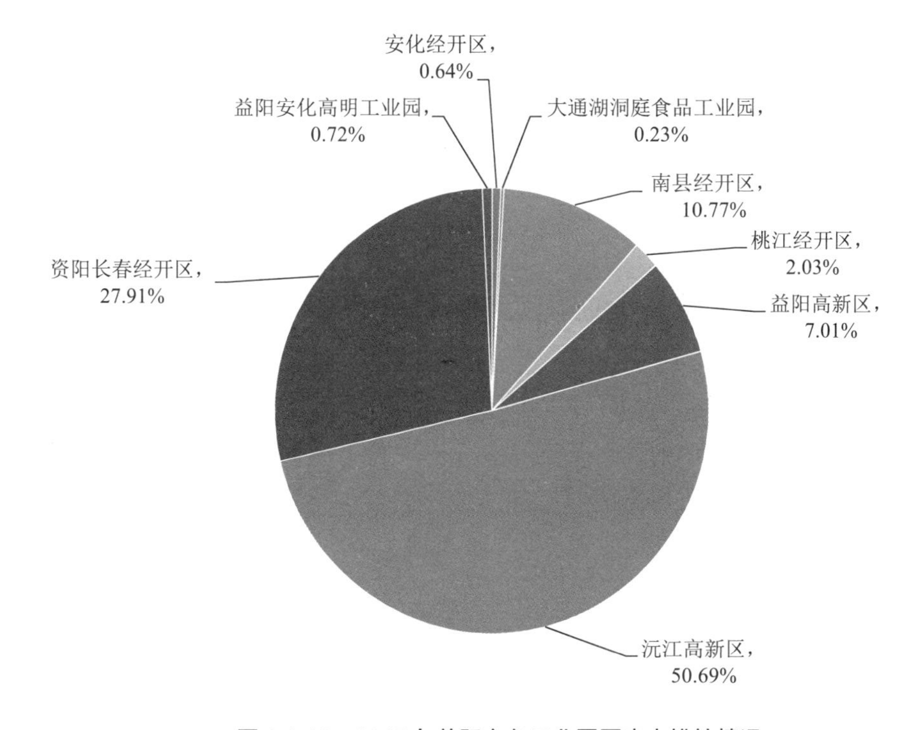

图 3.1.19　2017 年益阳市各工业园区废水排放情况

3.1.2.3　常德市工业园区废水排放情况

常德市主要有安乡县工业集中区、汉寿县工业园、湖南常德经济开发区、常德高新技术产业开发区、湖南临澧经济开发区、西洞庭工业集中区、津市高新技术产业开发区、澧县经济开发区、湖南石门经济开发区、桃源县工业集中区 10 个工业园区。

如图 3.1.20 所示，2017 年常德市工业园区工业废水排放量较大的园区有湖南常德经济开发区（24.81%）、澧县经济开发区（22.62%）、安乡县工业集中区（18.92%）、西洞庭工业集中区（12.83%）、桃源县工业集中区（9.76%）。上述 5 个工业园区的工业废水排放总量为 4 280.18 万 t，占益阳市工业园区工业废水排放总量的 88.49%。其中，工业废水排放量最大的园区为湖南常德经济开发区，其工业废水排放量为 1 200 万 t，占常德市工业园区工业废水排放总量的 24.81%。

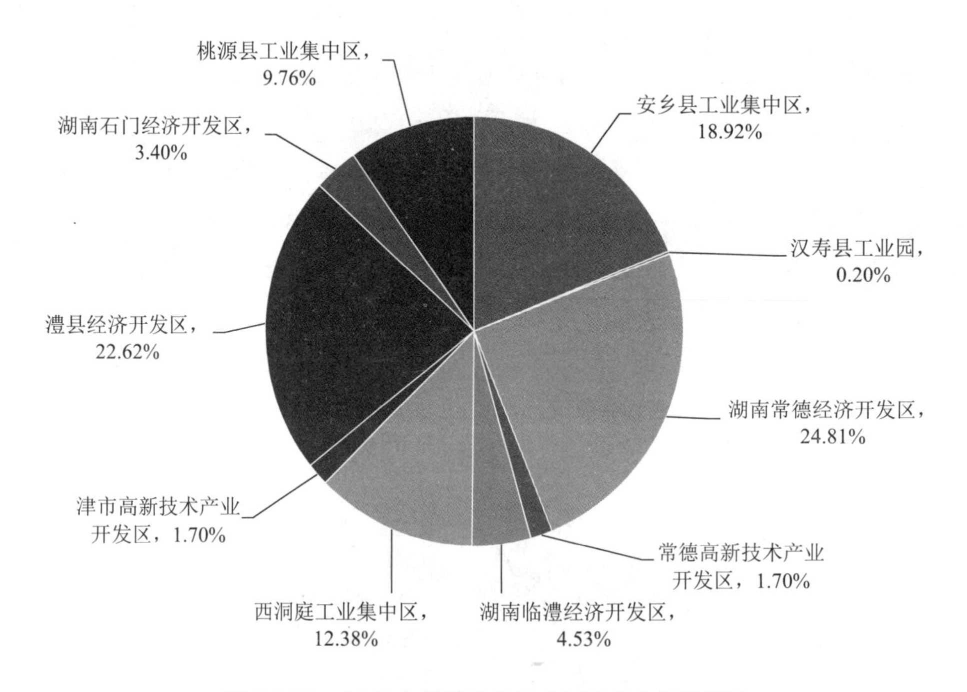

图 3.1.20　2017 年常德市各工业园区废水排放情况

3.1.2.4　望城区工业园区废水排放情况

望城区主要有望城经开区和铜官循环工业基地两个工业园区。如图 3.1.21 所示，2017 年望城区工业园区工业废水排放量最大的园区为望城经开区，其工业废水排放量为 240 万 t，占望城区工业园区工业废水排放总量的 51.61%。铜官循环工业基地工业废水排放量为 225 万 t，占望城区工业园区工业废水排放总量的 48.39%。

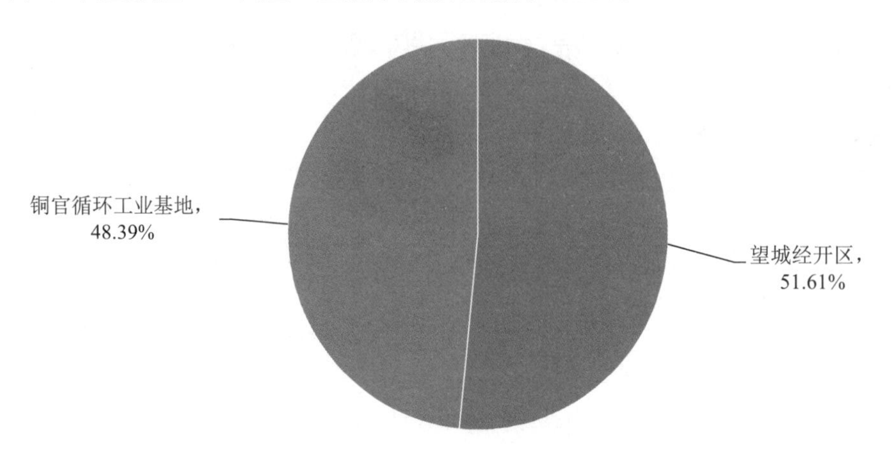

图 3.1.21　2017 年望城区各工业园区废水排放情况

3.1.2.5　洞庭湖区工业园区废水排放情况

2017 年洞庭湖区工业园区工业废水排放总量为 7 827.01 万 t。如图 3.1.22 所示，其中，常德市工业园区工业废水排放量最大，为 4 836.96 万 t，占洞庭湖区工业园区工业废水排放总量的 61.80%；其次为岳阳市工业园区，排放量为 1 873.30 万 t，占洞庭湖区工业园区工业废水排放总量的 23.93%。

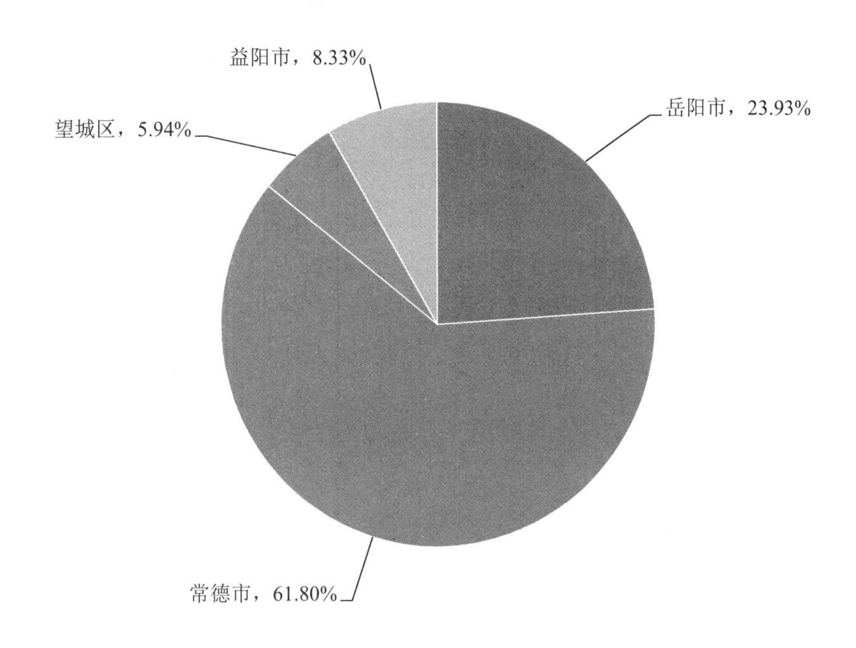

图 3.1.22　2017 年洞庭湖区三市一区工业园区工业废水排放情况

3.1.2.6　小结

2017 年洞庭湖区工业园区工业废水排放总量为 7 827.01 万 t（表 3.1.2），其中，常德市工业园区工业废水排放量最大，为 4 836.96 万 t，占洞庭湖区工业园区工业废水排放总量的 61.80%；其次为岳阳市，排放量为 1 873.30 万 t，占洞庭湖区工业园区工业废水排放总量的 23.93%。

表 3.1.2　2017 年洞庭湖区各工业园区的工业废水排放情况

地市区名称	工业园区（集聚区）名称	分园名称	主导产业	县（市、区）	所在乡镇（街道）	经度	纬度	园区日均排水量/（t/d）	年排水量/（t/a）
岳阳市	岳阳君山工业集中区	林角佬工业片区、荆江门工业片区	电子、印刷包装、机械制造、食品	君山区	柳林洲街道办事处	东经 113°54′36″	北纬 29°25′48″	1 040	312 000
	岳阳市经济技术开发区	—	机械、电子、医药、商贸物流	经济技术开发区	罗家坡	东经 113°10′36″	北纬 29°20′50″	15 000	4 500 000
	湖南岳阳绿色化工产业园	云溪片区、长岭片区	原油加工及石油制品制造产业	云溪	云溪镇	东经 113°15′29″	北纬 29°28′48″	—	7 300 000
	华容工业集中区	三封工业园	建材工业、农副产品加工业、医药材料制造、机械制造	华容县	三封寺镇	东经 112°25′12″	北纬 29°19′15.6″	5 400	1 620 000
	临湘工业园	儒溪、三湾	农药及其配套产业、建材	临湘市	江南镇	东经 114°54′43″	北纬 30°38′33″	4 200	1 260 000
	湖南汨罗工业园	新市片区	再生资源回收和再生资源加工	汨罗	新市镇	东经 113°9′36″	北纬 28°47′6″	900	270 000
		弼时片区	先进制造业、新材料业、电子信息产业	汨罗	弼时镇	东经 113°9′36″	北纬 28°47′6″	54	16 200
	平江县西部工业新城	—	矿产品加工、食品轻工、机械电子	平江县	伍市镇	东经 113°16′48.1″	北纬 28°47′34.8″	3 500	1 050 000
	湘阴工业园	—	先进制造、电子信息、装饰建材、纺织服装、食品加工	湘阴县	洋沙湖街道	东经 112°55′12″	北纬 28°39′32.4″	6 000	1 800 000
	湖南岳阳台湾农民创业园	—	农副产品加工	岳阳县	黄沙街镇	东经 113°37′12″	北纬 29°13′22.8″	16	4 800
	岳阳县工业集中区	—	生物医药、新型建材、机械制造业	岳阳县	荣家湾镇	东经 113°6′56″	北纬 29°8′31″	2 000	600 000
	小计								18 733 000

地市区名称	工业园区（集聚区）名称	分园名称	主导产业	县（市、区）	所在乡镇（街道）	经度	纬度	园区日均排水量/（t/d）	年排水量/（t/a）
常德市	安乡县工业集中区	河东、河西片	机械（电子）、生物制药、食品加工、再生纸业	安乡县	安乡县深柳镇	东经 112°10′52.7″	北纬 29°24′14.65″	—	9 152 800
	汉寿县工业园	—	装备制造、生物医药和精细化工	汉寿县	汉寿县太子庙镇	东经 111°56′57.228″	北纬 28°47′17.196″	—	95 280
	湖南常德经济开发区	—	化学工业、造纸工业、纺织印染工业	常德市	湖南常德经济开发区	东经 111°41′51″	北纬 28°56′36″	—	12 000 000
	常德高新技术产业开发区	—	机械装备制造、电子信息产业	鼎城区	鼎城区灌溪镇	东经 111°37′31″	北纬 29°5′2″	—	820 000
	湖南临澧经济开发区	—	高新材料、机电制造业	临澧县	临澧县安福社区	东经 111°22′48″	北纬 29°17′24″	—	2 190 000
	西洞庭工业集中区	—	农副产品深加工	西洞庭湖管理区	西洞庭湖管理区金凤街道办事处	东经 110°58′52.20″	北纬 29°14′11.63″	—	5 985 863
	津市高新技术产业开发区	—	汽车、纺织、食品	津市市	津市市嘉山街道	东经 111°51′49″	北纬 29°34′11″	—	820 000
	澧县经济开发区	—	食品加工、医疗器械、轻纺	澧县	澧县澧西街道办事处	东经 110°46′43″	北纬 29°39′26″	—	10 943 400
	湖南石门经济开发区	—	电力延伸配套产业，矿产品加工、农副食品加工	石门县	石门县	东经 111°13′48″	北纬 29°21′0″	—	1 642 500
	桃源县工业集中区	—	农产品加工、电子信息业、机械制造	桃源县	桃源县	东经 111°28′66″	北纬 28°55′8″	—	4 719 778
	小计								48 369 621

地市区名称	工业园区（集聚区）名称	分园名称	主导产业	县（市、区）	所在乡镇（街道）	经度	纬度	园区日均排水量/（t/d）	年排水量/（t/a）
望城区	望城经开区	望城经开区	食品医药、有色金属精深加工、先进制造产业	望城区	望城区	东经 112°50′39″	北纬 28°18′33″	—	2 400 000
		铜官循环工业基地	化工新材料、现代医药、新型环保建材	望城区	铜官镇	—	—	—	2 250 000
	小计								4 650 000
益阳市	益阳安化高明工业园	益阳安化高明工业园	钨钴磨削料初级加工	安化县	安化县	东经 111°54′36″	北纬 28°4′0.12″	156	46 800
	安化经开区（除高明工业园）	黑茶产业园、江南工业园、梅城工业园	安化黑茶加工、农副产品加工、机械电子、服装制造	安化县	安化县	东经 111°18′36″	北纬 28°23′20.4″	139.4	41 820
	大通湖洞庭食品工业园	—	粮食加工、水产品加工、果蔬加工及粮食仓储物流	大通湖	大通湖	东经 112°15′28″	北纬 29°01′19″	50	15 000
	南县经开区	—	食品加工、生物医药、轻工纺织	南县	南县	东经 112°13′44″	北纬 29°13′4″	2 339	701 700
	桃江经开区	—	竹木加工、装备制造、食品加工	桃江县	桃江县	东经 112°5′23.9″	北纬 28°19′48″	441.49	132 447
	益阳高新区	—	电子信息、装备制造	益阳市	益阳市	东经 112°27′4.57″	北纬 28°27′3.6″	1 523.10	456 930
	沅江高新区	—	机械制造、服装加工、食品加工	沅江市	沅江市	东经 112°21′1.3″	北纬 28°48′44″	11 013	3 303 900
	资阳长春经开区	—	以稀土产业为主的新材料产业	资阳区	资阳区	东经 112°21′12″	北纬 28°36′37″	6 063	1 818 900
	小计								6 517 497
总计									78 270 118

注：工业园区每年排水按 300 d 计算。

3.1.3　工业污染物排放情况

3.1.3.1　常德市工业污染物排放情况

（1）常德市工业 COD 排放情况

2017 年常德市工业 COD 排放总量为 2 578.86 t。如图 3.1.23 所示，其中，非金属矿采选业 COD 排放量最大，为 652.99 t，占常德市 COD 排放总量的 25.32%；其次为造纸和纸制造业，COD 排放量为 630.18 t，占常德市 COD 排放总量的 24.44%。

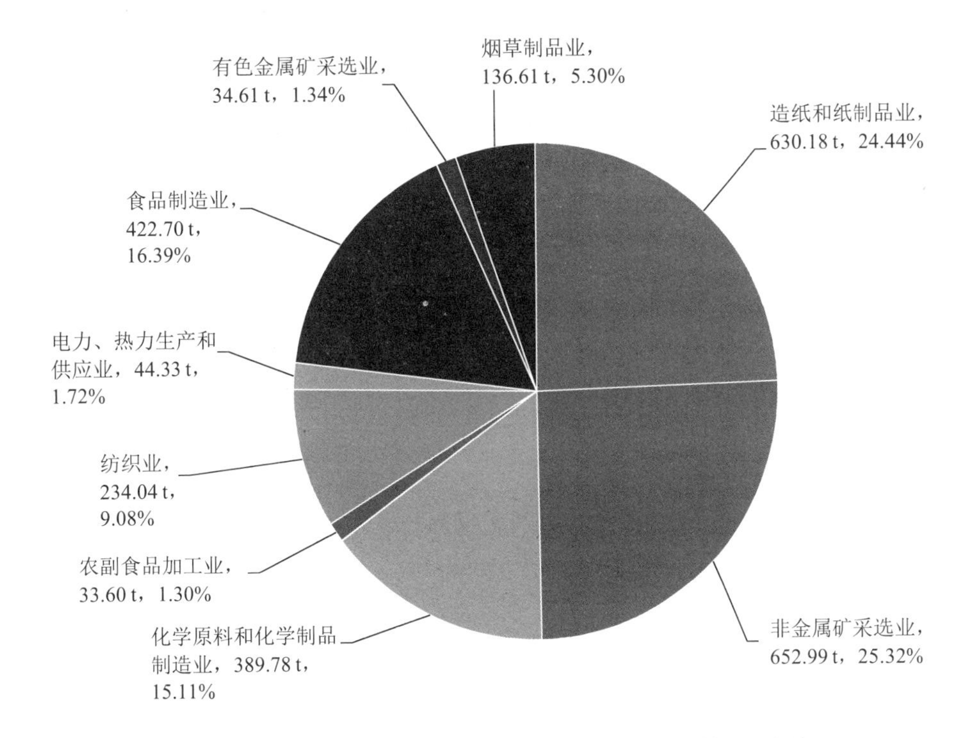

图 3.1.23　2017 年常德市各工业行业 COD 排放量及占比

（2）常德市工业总磷排放情况

2017 年常德市工业总磷排放总量为 17.94 t。如图 3.1.24 所示，其中，食品制造业总磷排放量最大，为 5.25 t，占常德市总磷排放总量的 29.28%；其次为农副食品加工业，总磷排放量为 2.76 t，占常德市总磷排放总量的 15.41%。

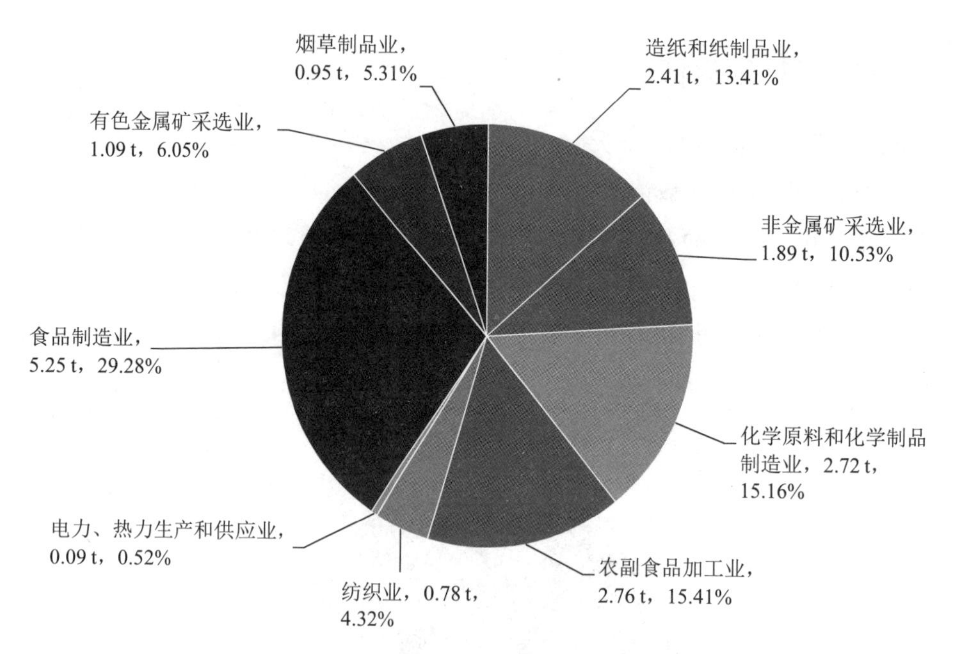

图 3.1.24 2017 年常德市各工业行业总磷排放量及占比

（3）常德市工业总氮排放情况

2017 年常德市工业总氮排放总量为 286.15 t。如图 3.1.25 所示，其中，造纸和纸制品业总氮排放量最大，为 85.01 t，占常德市总氮排放总量的 29.71%；其次为食品制造业，总氮排放量为 64.57 t，占常德市总氮排放总量的 22.57%。

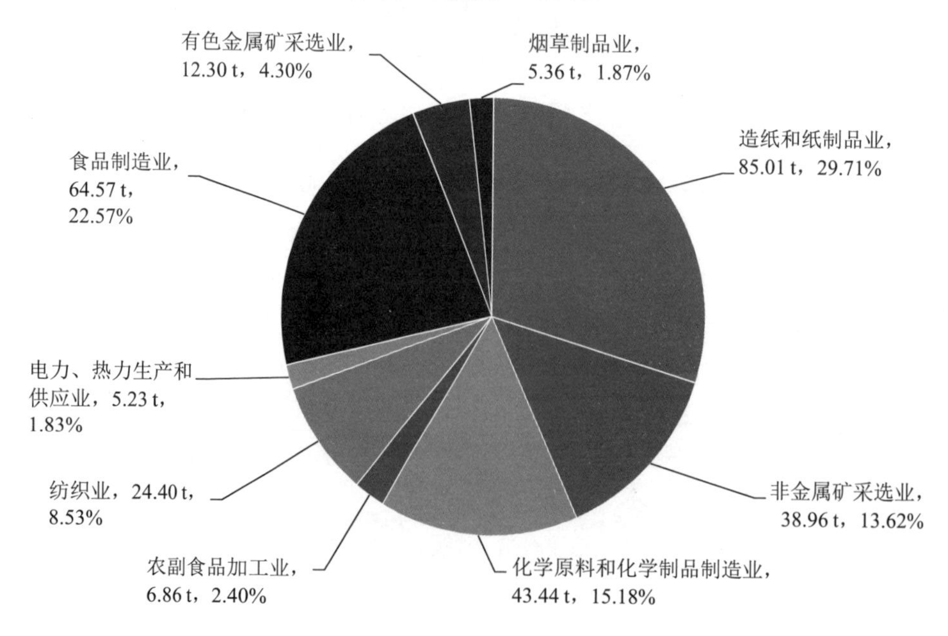

图 3.1.25 2017 年常德市各工业行业总氮排放量及占比

3.1.3.2 益阳市工业污染物排放情况

（1）益阳市工业COD排放情况

2017年益阳市工业COD排放总量为2 782.80 t。如图3.1.26所示，其中，造纸和纸制品业COD排放量最大，为1 969.20 t，占益阳市COD排放总量的70.76%；其次为食品制造业，COD排放量为261.63 t，占益阳市COD排放总量的9.40%。

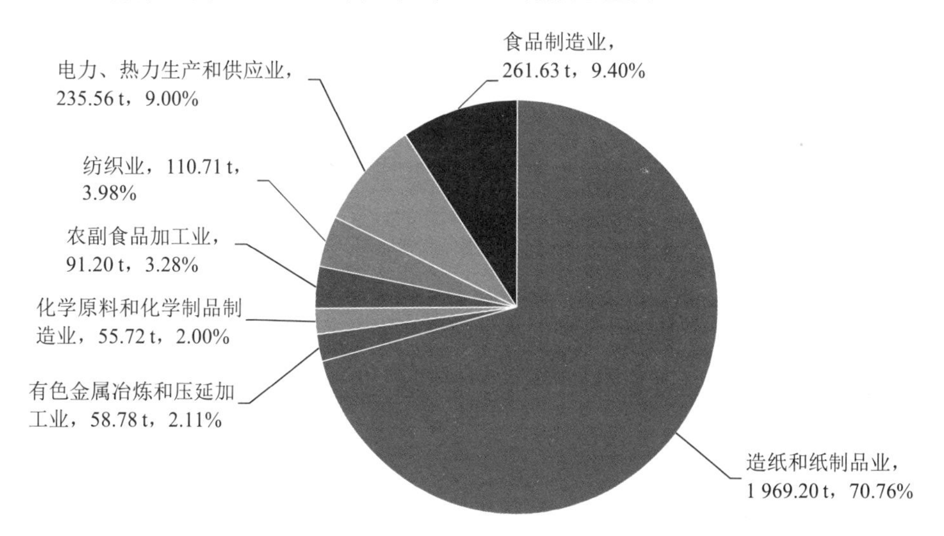

图3.1.26 2017年益阳市各工业行业COD排放量及占比

（2）益阳市工业总磷排放情况

2017年益阳市工业总磷排放总量为20.39 t。如图3.1.27所示，其中，造纸和纸制品业总磷排放量最大，为7.52 t，占益阳市总磷排放总量的36.88%；其次为农副食品加工业，总磷排放量为7.50 t，占益阳市总磷排放总量的36.80%。

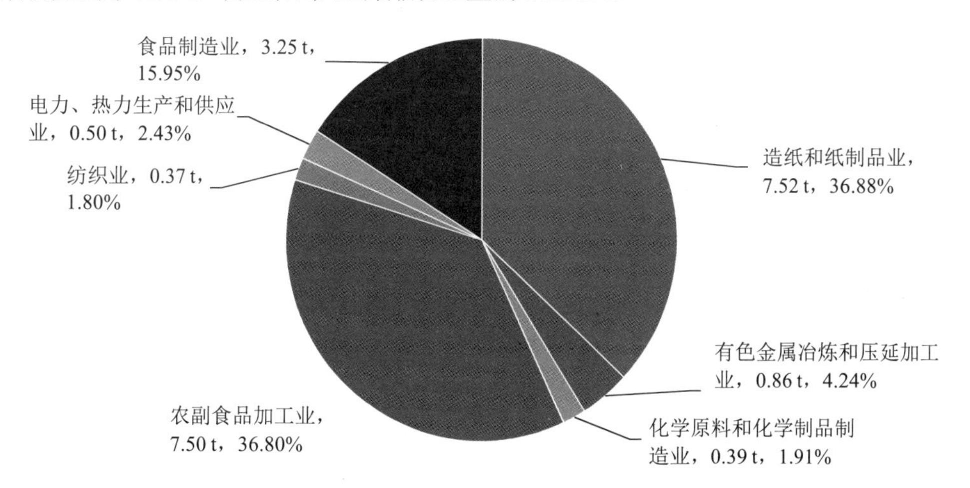

图3.1.27 2017年益阳市各工业行业总磷排放量及占比

（3）益阳市工业总氮排放情况

2017 年益阳市工业总氮排放总量为 378.65 t。如图 3.1.28 所示，其中，造纸和纸制品业总氮排放量最大，为 265.65 t，占益阳市总氮排放总量的 70.16%；其次为食品制造业，总氮排放量为 39.97 t，占益阳市总氮排放总量的 10.55%。

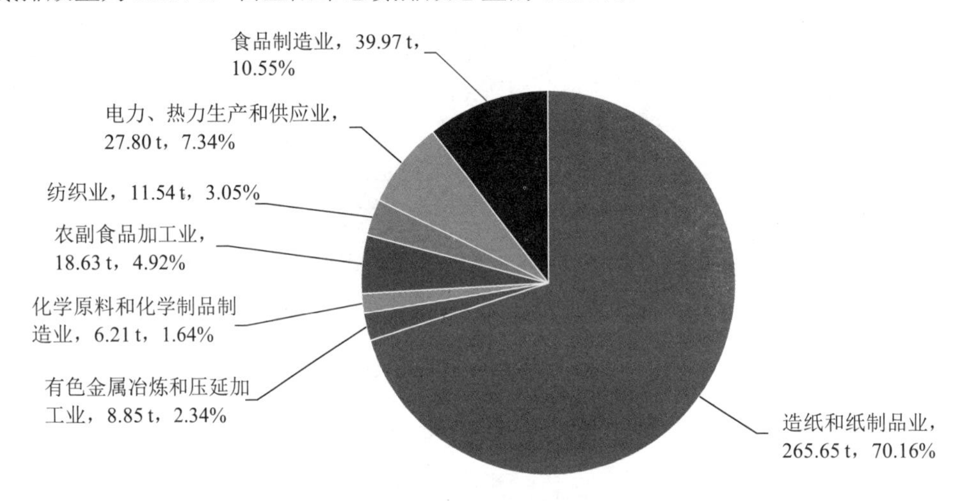

图 3.1.28　2017 年益阳市各工业行业总氮排放量及占比

3.1.3.3　岳阳市工业污染物排放情况

（1）岳阳市工业 COD 排放情况

2017 年岳阳市工业 COD 排放总量为 6 563.76 t。如图 3.1.29 所示，其中，造纸和纸制品业 COD 排放量最大，为 2 419.92 t，占岳阳市 COD 排放总量的 36.87%；其次为化学原料和化学制品制造业，COD 排放量为 1 658.85 t，占岳阳市 COD 排放总量的 25.27%。

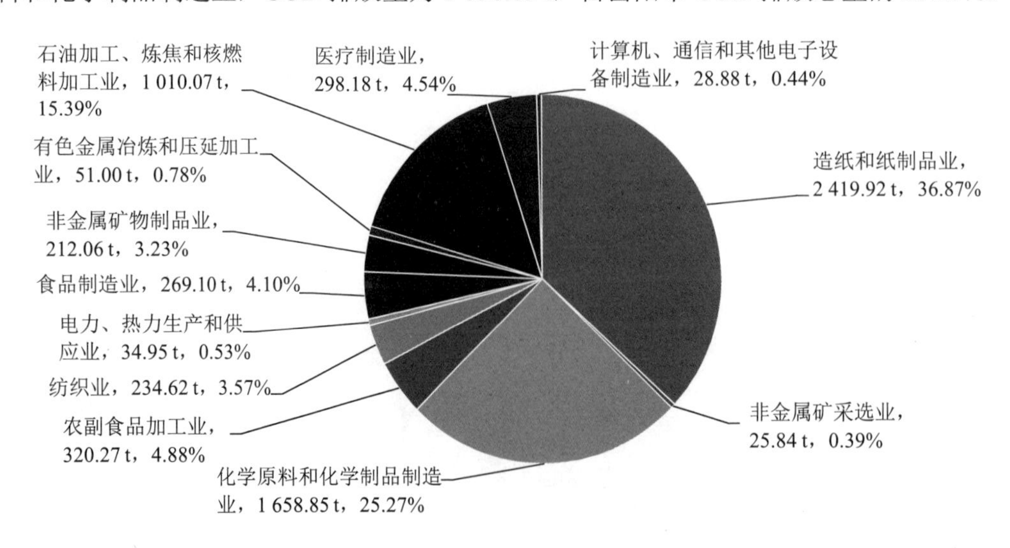

图 3.1.29　2017 年岳阳市各工业行业 COD 排放量及占比

（2）岳阳市工业总磷排放情况

2017 年岳阳市工业总磷排放总量为 58.59 t。如图 3.1.30 所示，其中，农副食品加工业总磷排放量最大，为 26.35 t，占岳阳市总磷排放总量的 44.97%；其次为化学原料和化学制品制造业，总磷排放量为 11.57 t，占岳阳市总磷排放总量的 19.75%。

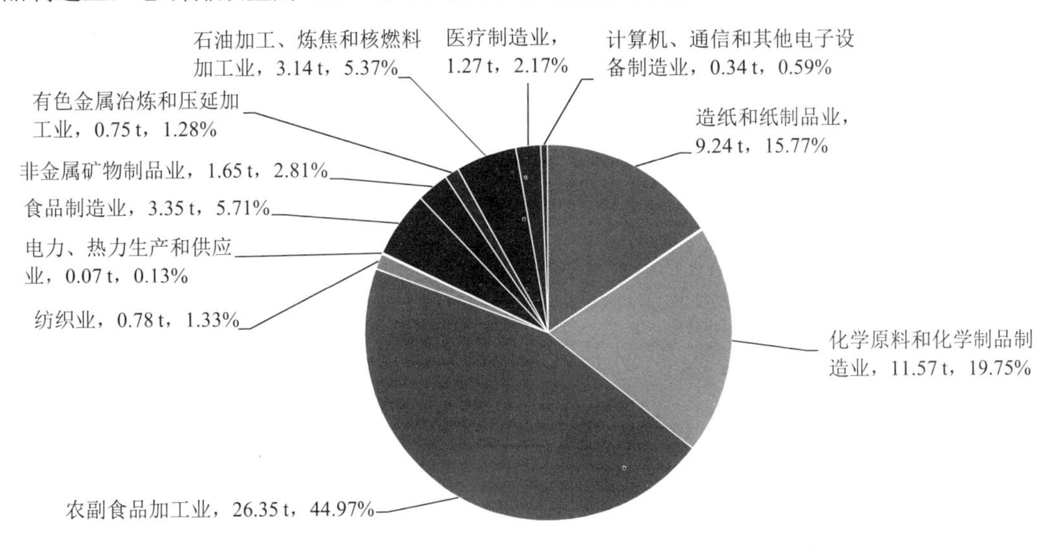

图 3.1.30　2017 年岳阳市各工业行业总磷排放量及占比

（3）岳阳市工业总氮排放情况

2017 年岳阳市工业总氮排放总量为 1 111.80 t。如图 3.1.31 所示，其中，石油加工、炼焦和核燃料加工业总氮排放量最大，为 420.98 t，占岳阳市总氮排放总量的 37.86%；其次为造纸和纸制品业，总氮排放量为 326.45 t，占岳阳市总氮排放总量的 29.36%。

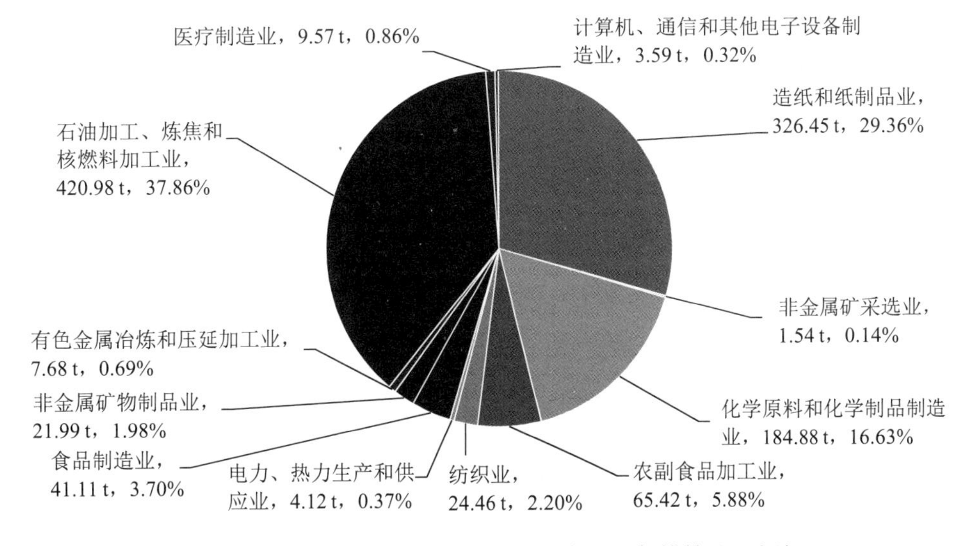

图 3.1.31　2017 年岳阳市各工业行业总氮排放量及占比

3.1.3.4 望城区工业污染物排放情况

（1）望城区工业 COD 排放情况

2017 年望城区工业 COD 排放总量为 420.00 t。如图 3.1.32 所示，其中，化学原料和化学制品制造业 COD 排放量最大，为 138.61 t，占望城区 COD 排放总量的 33.00%；其次为食品制造业，COD 排放量为 125.91 t，占望城区 COD 排放总量的 29.98%。

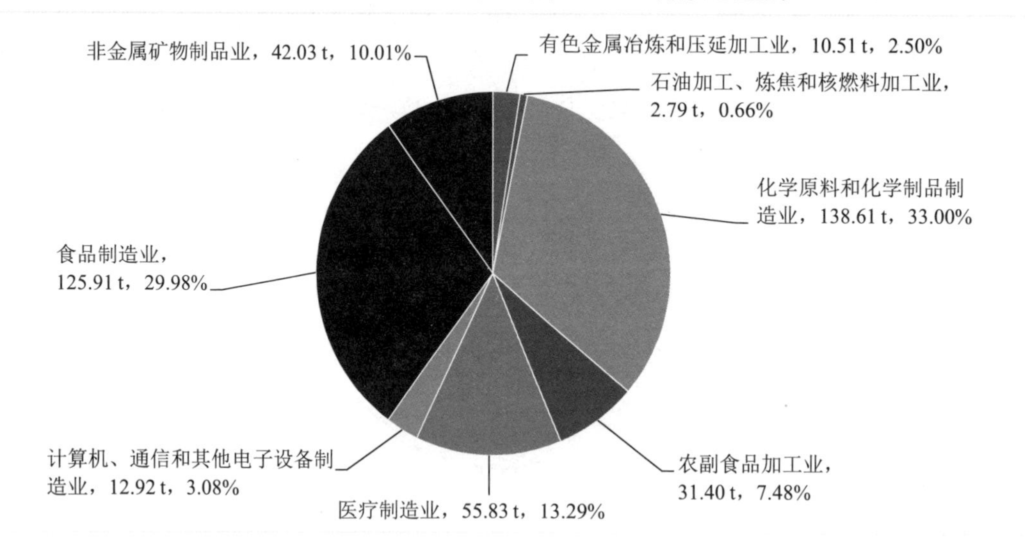

图 3.1.32 2017 年望城区各工业行业 COD 排放量及占比

（2）望城区工业总磷排放情况

2017 年望城区工业总磷排放总量为 6.00 t。如图 3.1.33 所示，其中，农副食品加工业总磷排放量最大，为 2.58 t，占望城区总磷排放总量的 43.08%；其次为食品制造业，总磷排放量为 1.57 t，占望城区总磷排放总量的 26.10%。

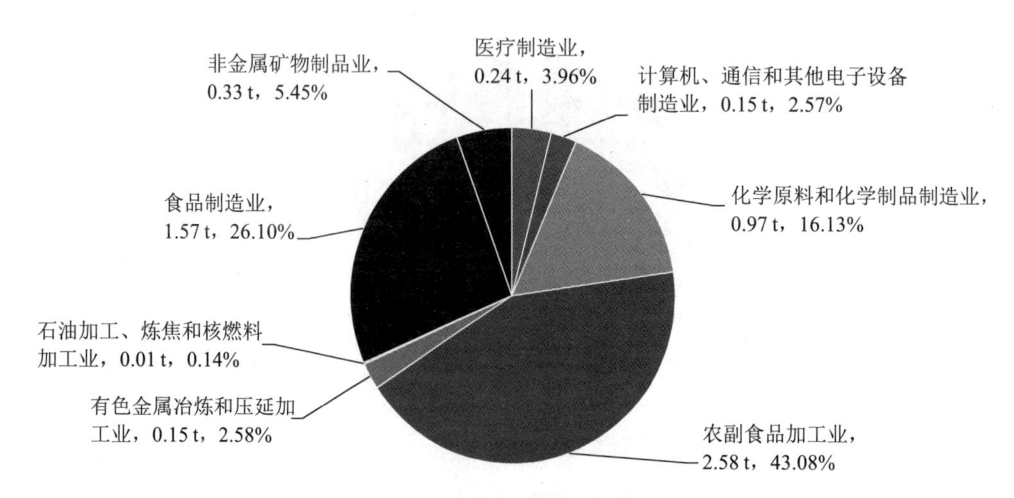

图 3.1.33 2017 年望城区各工业行业总磷排放量及占比

（3）望城区工业总氮排放情况

2017 年望城区工业总氮排放总量为 51.60 t。如图 3.1.34 所示，其中，食品制造业总氮排放量最大，为 19.23 t，占望城区总氮排放总量的 37.27%；其次为化学原料和化学制品制造业，总氮排放量为 15.45 t，占望城区总氮排放总量的 29.94%。

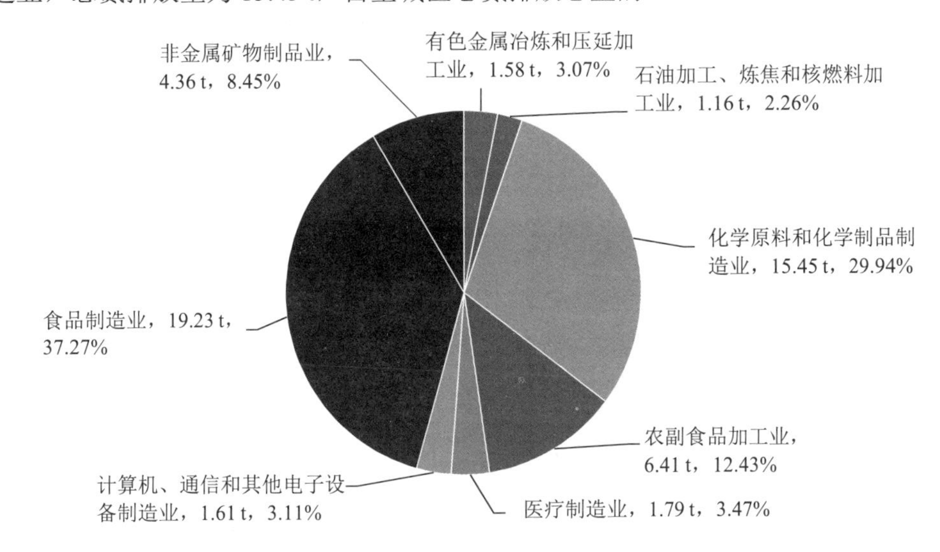

图 3.1.34　2017 年望城区各工业行业总氮排放量及占比

3.1.3.5　洞庭湖区工业企业污染物排放情况

（1）洞庭湖区工业 COD 排放情况

2017 年洞庭湖区工业 COD 排放总量为 12 345.42 t。如图 3.1.35 所示，其中，岳阳市工业 COD 排放量最大，为 6 563.76 t，占洞庭湖区工业 COD 排放总量的 53.17%；其次为益阳市，COD 排放量为 2 782.80 t，占洞庭湖区工业 COD 排放总量的 22.54%。

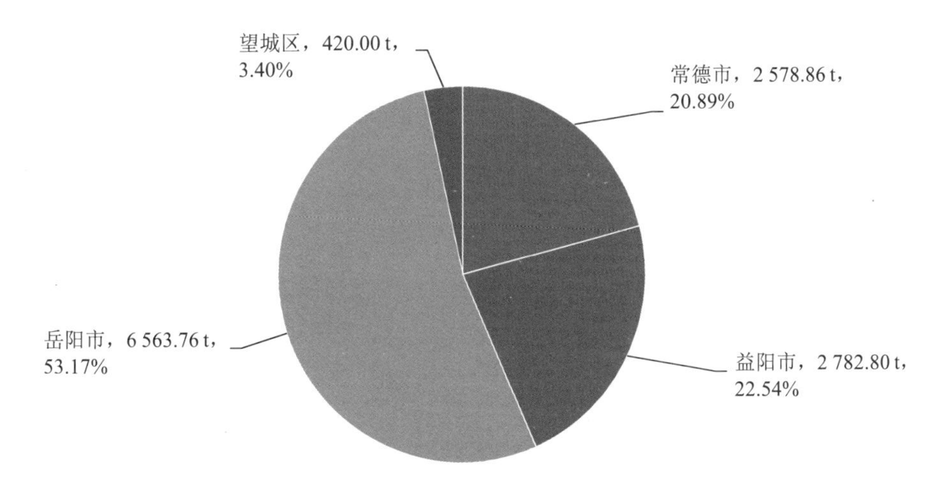

图 3.1.35　2017 年洞庭湖区三市一区工业 COD 排放量及占比

（2）洞庭湖区工业总磷排放情况

2017 年洞庭湖区工业总磷排放总量为 102.92 t。如图 3.1.36 所示，其中，岳阳市工业总磷排放量最大，为 58.59 t，占洞庭湖区工业总磷排放总量的 56.93%；其次为益阳市，总磷排放量为 20.39 t，占洞庭湖区工业总磷排放总量的 19.81%。

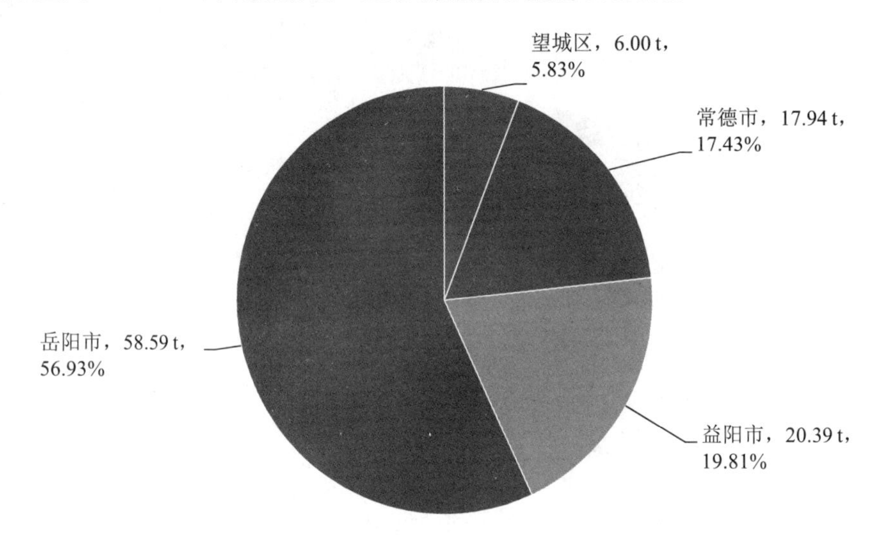

图 3.1.36　2017 年洞庭湖区三市一区工业总磷排放量及占比

（3）洞庭湖区工业总氮排放情况

2017 年洞庭湖区工业总氮排放总量为 1 828.20 t。如图 3.1.37 所示，其中，岳阳市工业总氮排放量最大，为 1 111.80 t，占洞庭湖区工业总氮排放总量的 60.81%；其次为益阳市，总氮排放量为 378.65 t，占洞庭湖区工业总氮排放总量的 20.71%。

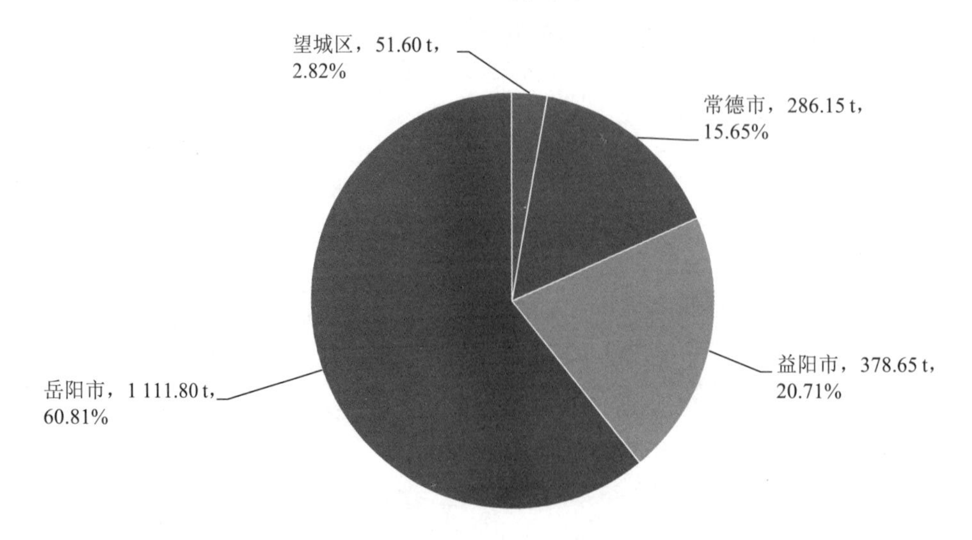

图 3.1.37　2017 年洞庭湖区三市一区工业总氮排放量及占比

3.1.3.6　洞庭湖区各工业行业污染物排放情况

（1）洞庭湖区各工业行业 COD 排放情况

如图 3.1.38 所示，2017 年洞庭湖区 COD 排放量较大的工业行业有造纸和纸制品业（40.66%），非金属矿采选业（5.50%），化学原料和化学制品制造业（18.17%），食品制造业（8.74%），纺织业（4.69%），非金属矿物制品业（2.06%），医疗制造业（2.87%），农副食品加工业（3.86%），电力、热力生产和供应业（2.55%），石油加工、炼焦和核燃料加工业（8.20%），烟草制造业（1.11%）。上述 11 种行业的 COD 排放总量为 12 149.12 t，占洞庭湖区 COD 排放总量的 98.41%。其中，COD 排放量最大的工业行业为造纸和纸制品业，其 COD 排放量为 5 019.30 t，占洞庭湖区 COD 排放总量的 40.66%。

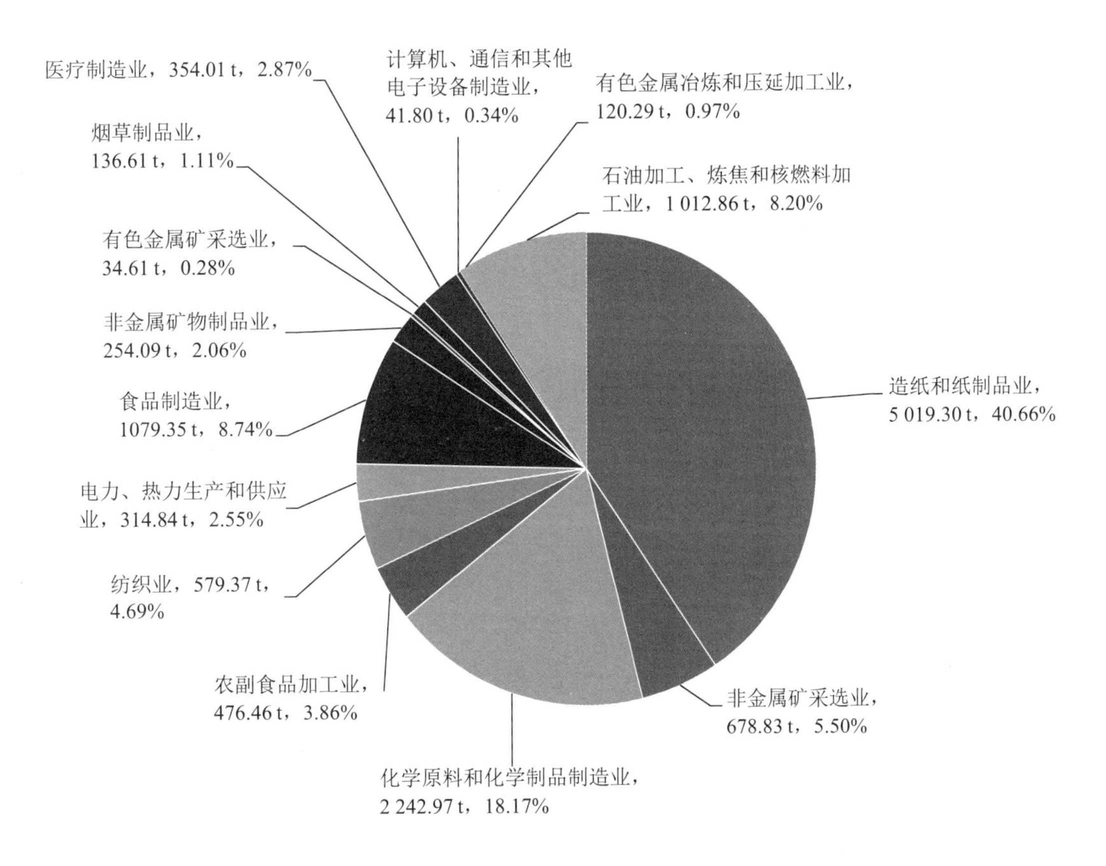

图 3.1.38　2017 年洞庭湖区各工业行业 COD 排放量及占比

（2）洞庭湖区各工业行业总磷排放情况

如图 3.1.39 所示，2017 年洞庭湖区总磷排放量较大的工业行业有化学原料和化学制品制造业（15.20%），非金属矿采选业（1.91%），农副食品加工业（38.09%），造纸和纸制品业（18.63%），食品制造业（13.04%），非金属矿物制品业（1.92%），纺织业（1.87%），医疗制造业（1.46%），石油加工、炼焦和核燃料加工业（3.06%），有色金属冶炼和压延加工业（1.72%），有色金属矿采选业（1.06%）。上述 11 种行业的总磷排放总量为 100.82 t，占洞庭湖区总磷排放总量的 97.95%。其中，总磷排放量最大的工业行业是农副食品加工业，其总磷排放量为 39.20 t，占洞庭湖区总磷排放总量的 38.09%。

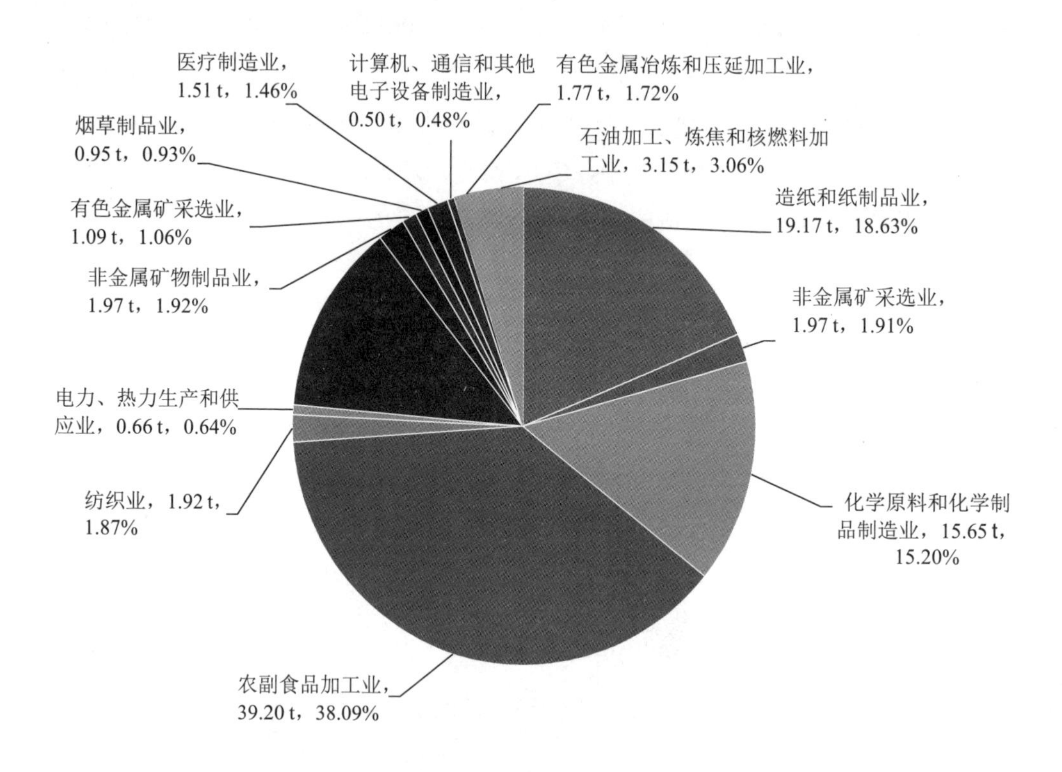

图 3.1.39 2017 年洞庭湖区各工业行业总磷排放量及占比

（3）洞庭湖各工业行业总氮排放情况

如图 3.1.40 所示，2017 年洞庭湖区总氮排放量较大的工业行业有化学原料和化学制品制造业（13.67%），非金属矿采选业（2.22%），农副食品加工业（5.32%），造纸和纸制品业（37.04%），食品制造业（9.02%），非金属矿物制品业（1.44%），纺织业（3.30%），石油加工、炼焦和核燃料加工业（23.09%），电力、热力生产和供应业（2.03%）。上述 9 种行业的总氮排放总量为 1 776.10 t，占洞庭湖区总氮排放总量的 97.15%。其中，总氮排放量最大的工业行业为造纸和纸制品业，其总氮排放量为 677.12 t，占洞庭湖区总氮排放总量的 37.04%。

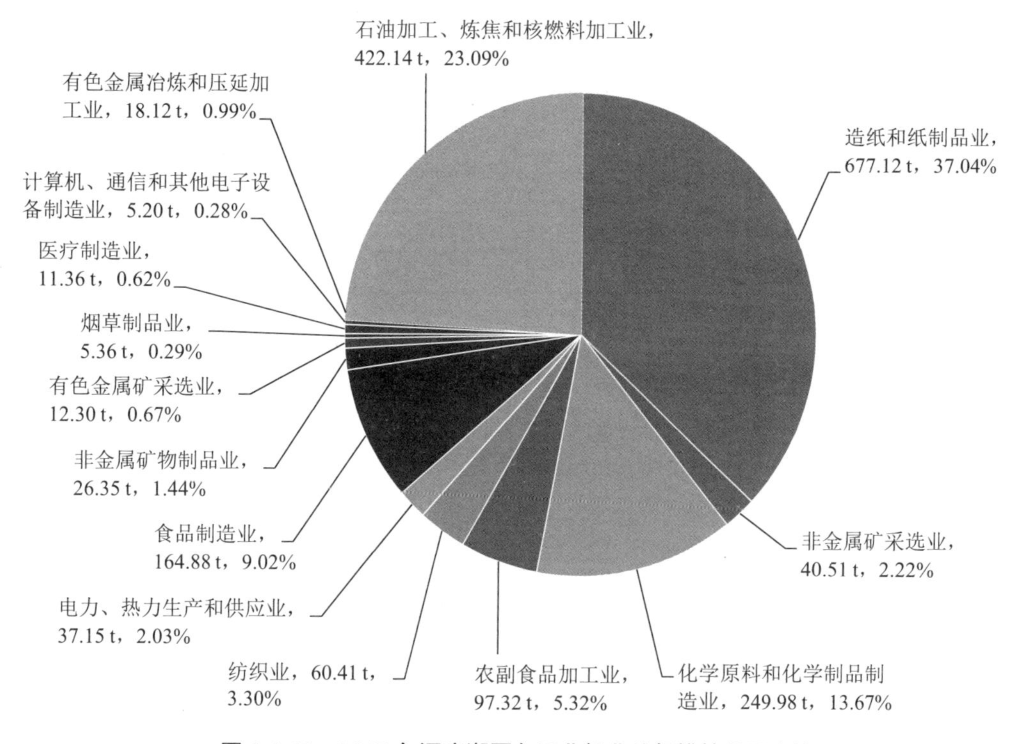

图 3.1.40　2017 年洞庭湖区各工业行业总氮排放量及占比

3.2　农业源

3.2.1　畜禽养殖业

3.2.1.1　洞庭湖区畜禽养殖业

（1）生猪

由表 3.2.1 和图 3.2.1 可知，2017 年洞庭湖区生猪总出栏量为 1 297.71 万头，其中生猪出栏量最大的为常德市，生猪出栏量为 482.95 万头，占总出栏量的 37.22%；其次是岳阳市，生猪出栏量为 418.08 万头，占比为 32.22%；益阳市的生猪出栏量约 389.00 万头，占比为 29.98%；长沙市望城区生猪出栏量最少，为 7.69 万头，仅占 0.59%。如图 3.2.2 所示，县（市、区）统计，养殖规模在 50 头以下的养殖场有 668 824 家，生猪出栏量约占总量的 36.04%；养殖规模在 50～499 头的养殖场有 20 241 家，生猪出栏量约占总量的 24.11%；养殖规模在 500 头以上的养殖场有 4 157 家，生猪出栏量约占总量的 39.85%。

表 3.2.1 2017 年洞庭湖区生猪养殖情况

地区	散养（<50 头）		小型（50～499 头）		大型（≥500 头）		合计	
	户数/家	总量/头	户数/家	总量/头	户数/家	总量/头	户数/家	总量/头
常德市	378 568	2 024 305	10 499	1 296 357	983	1 508 874	390 050	4 829 536
岳阳市	126 856	1 366 201	2 934	442 955	1 910	2 371 596	131 700	4 180 752
益阳市	162 919	1 236 360	6 748	1 375 006	1 248	1 278 616	170 915	3 889 982
望城区	481	50 000	60	14 391	16	12 467	557	76 858
总计	668 824	4 676 866	20 241	3 128 709	4 157	5 171 553	693 222	12 977 128

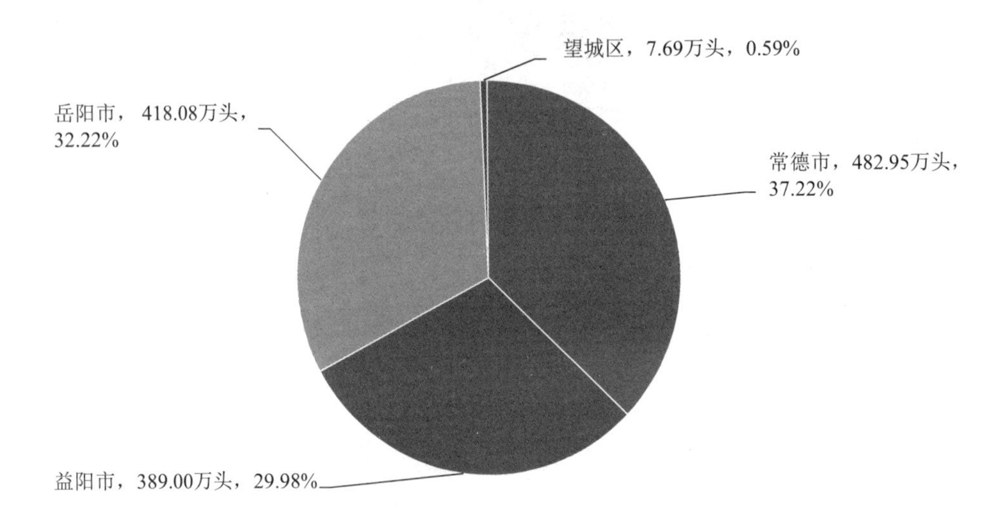

图 3.2.1 2017 年洞庭湖区三市一区生猪出栏量及占比

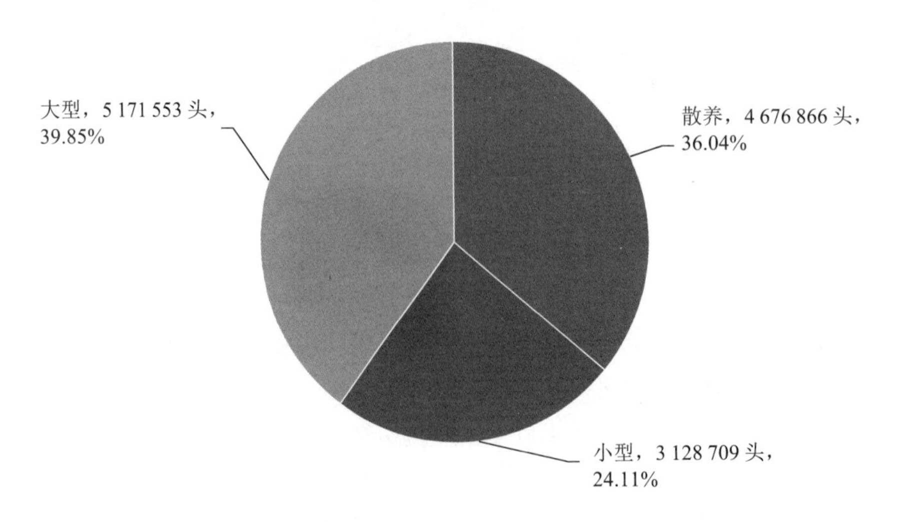

图 3.2.2 2017 年洞庭湖区各规模生猪养殖场生猪出栏量及占比

2017 年洞庭湖区各规模生猪养殖场所产生的 COD 排放情况如图 3.2.3 所示。从区域来看，其中，常德市生猪养殖场 COD 排放量最大，为 222 286.70 t，占洞庭湖区生猪养殖场 COD 排放总量的 39.38%；其次为益阳市，排放量为 185 251.13 t，占洞庭湖区生猪养殖场 COD 排放总量的 32.82%；望城区排放量最少，为 3 689.23 t，占比为 0.65%。从规模上来看，散户型排放的 COD 量最大，为 255 021.37 t，占比为 45.18%；其次为专业户养殖场，占比为 30.2%；最小为规模化养殖场，排放量为 138 836.11 t，占比为 24.60%。

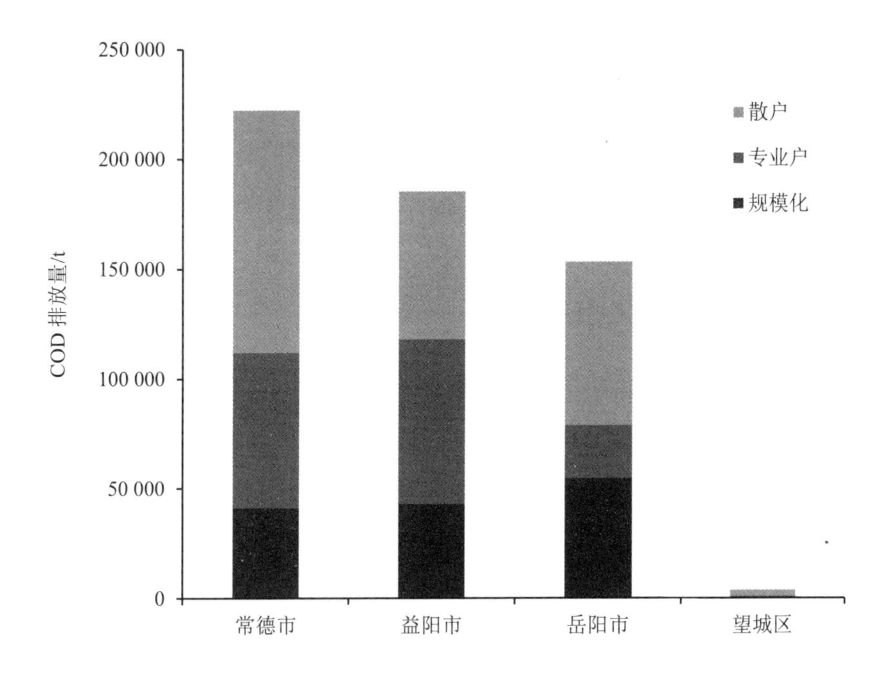

图 3.2.3 2017 年洞庭湖区三市一区各规模生猪养殖场 COD 排放量

2017 年洞庭湖区各规模生猪养殖场所产生的总氮排放情况如图 3.2.4 所示。从区域来看，其中，常德市生猪养殖场总氮排放量最大，为 29 385.25 t，占洞庭湖区生猪养殖场总氮排放总量的 38.09%；其次为益阳市，排放量为 23 888.74 t，占洞庭湖区生猪养殖场总氮排放总量的 30.97%；望城区排放量最少，为 479.82 t，占比为 0.62%。从规模上来看，散户型排放的总氮量最大，为 30 751.76 t，占排放总量的 39.86%；其次为规模化养殖场，占比为 33.47%；最小为专业户养殖场，排放量为 20 572.19 t，占比为 26.67%。

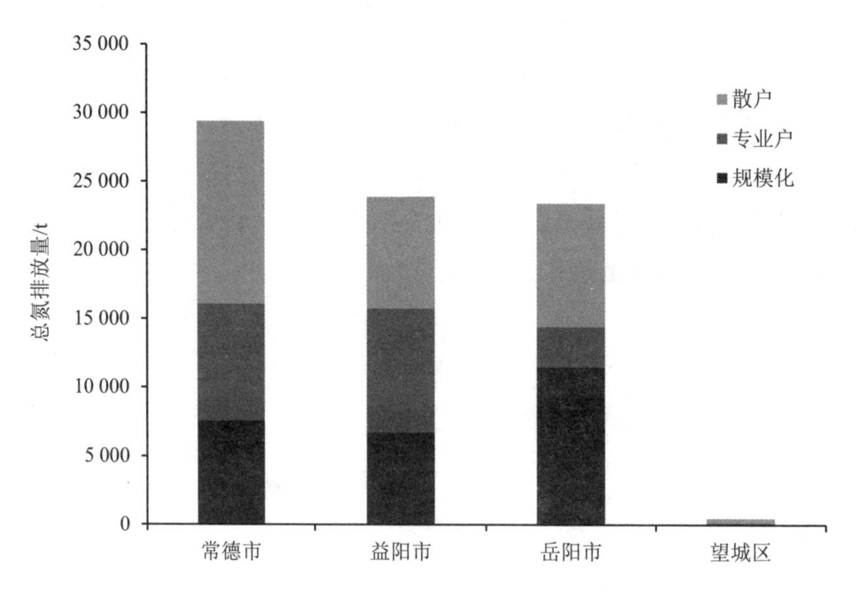

图 3.2.4　2017 年洞庭湖区三市一区各规模生猪养殖场总氮排放量

2017 年洞庭湖区生猪各规模养殖场所产生的总磷排放情况如图 3.2.5 所示。从区域来看，其中，常德市总磷排放量最大，为 2 197.06 t，占洞庭湖区总磷排放总量的 38.72%；其次为益阳市，排放量为 1 921.98 t，占洞庭湖区总磷排放量的 33.87%；望城区排放量最少，为 33.44 t，占比为 0.59%。从规模上来看，散户型排放的总磷量最大，为 2 359.15 t，占比为 41.57%；其次为规模化养殖场，占比为 30.61%；最小为专业户养殖场，排放量为 1 578.21 t，占比为 27.81%。

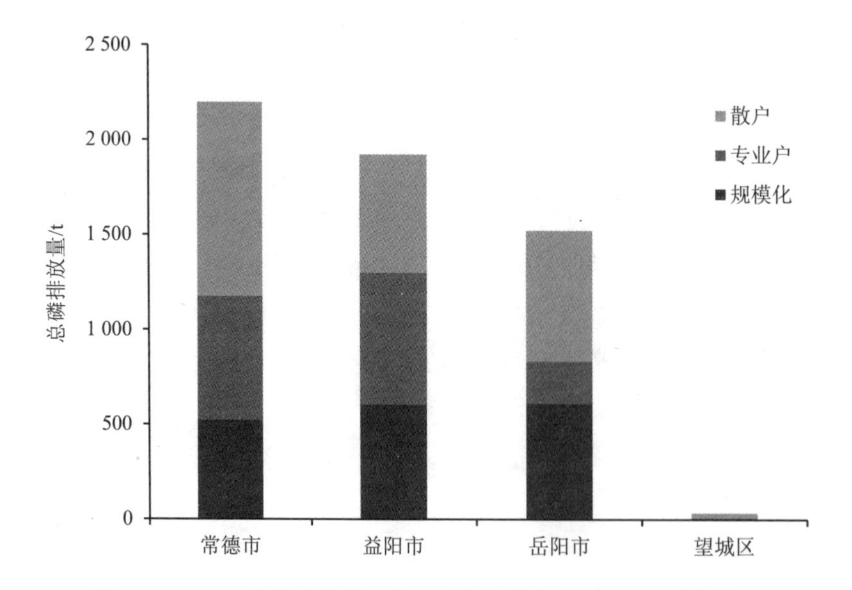

图 3.2.5　2017 年洞庭湖区三市一区各规模生猪养殖场总磷排放量

（2）奶牛

由表 3.2.2 和图 3.2.6 可知，2017 年洞庭湖区奶牛存栏量为 3 094 头，其中，奶牛存栏量最大的为常德市，奶牛存栏量为 2 816 头，占总存栏量的 91.01%；其次是岳阳市，奶牛存栏量为 256 头，占比为 8.27%；长沙望城区奶牛存栏量约 22 头，占比为 0.71%；益阳市无奶牛场。如图 3.2.7 所示，县（市、区）统计，养殖规模在 5 头以下的养殖场有 0 家，奶牛存栏量约占总存栏量的 0；养殖规模在 5～99 头的养殖场有 4 家，奶牛存栏量约占总存栏量的 5.56%；养殖规模在 100 头以上的养殖场有 5 家，奶牛存栏量约占总存栏量的 94.44%。

表 3.2.2　2017 年洞庭湖区三市一区奶牛养殖情况

地区	散养（<5 头）		小型（5～99 头）		规模化（≥100 头）		合计	
	户数/家	总量/头	户数/家	总量/头	户数/家	总量/头	户数/家	总量/头
常德市	0	0	0	0	4	2 816	4	2 816
岳阳市	0	0	3	150	1	106	4	256
益阳市	0	0	0	0	0	0	0	0
望城区	0	0	1	22	0	0	1	22
总计	0	0	4	172	5	2 922	9	3 094

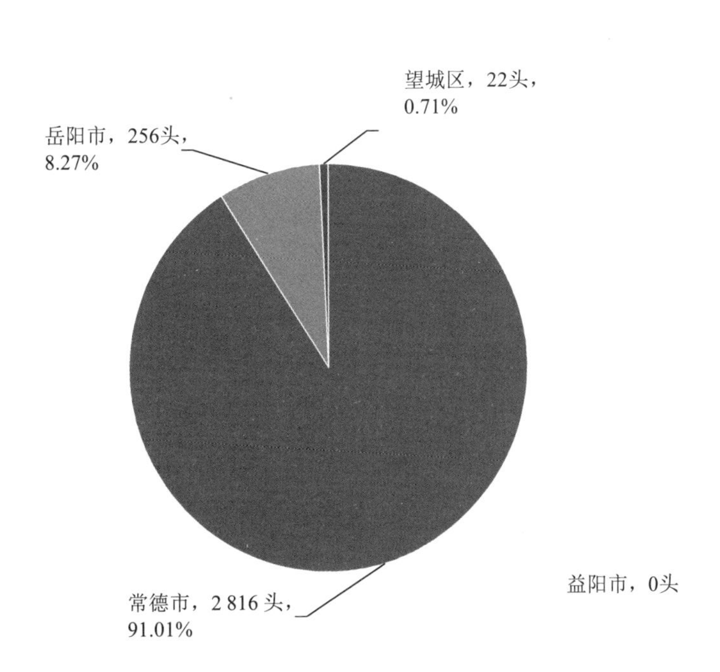

图 3.2.6　2017 年洞庭湖区三市一区奶牛存栏量及占比

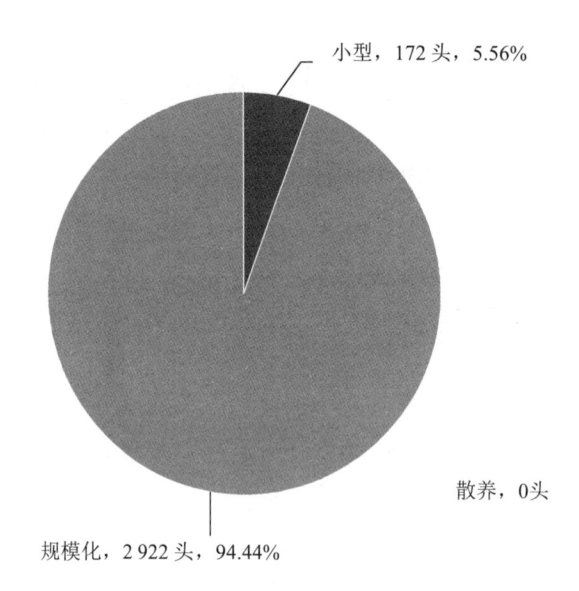

图 3.2.7　2017 年洞庭湖区各规模奶牛养殖场奶牛存栏量及占比

2017 年洞庭湖区各规模奶牛养殖场所产生的 COD 排放情况如图 3.2.8 所示。从区域来看，其中，常德市奶牛养殖场 COD 排放量最大，为 912.79 t，占洞庭湖区奶牛养殖场 COD 排放总量的 93.71%；其次为岳阳市，排放量为 57.85 t；益阳市排放量最少，为 0 t。从规模上来看，规模化奶牛养殖场排放的 COD 量最大，为 947.15 t，占比为 97.23%；散户型则无 COD 排放。

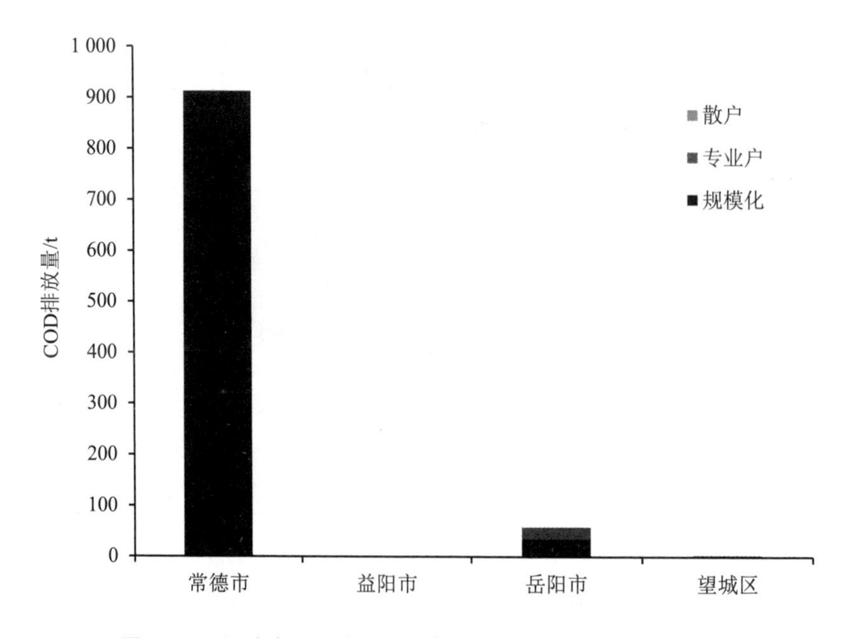

图 3.2.8　洞庭湖区三市一区各规模奶牛养殖场 COD 排放量

2017 年洞庭湖区各规模奶牛养殖场的总氮排放情况如图 3.2.9 所示。分区域来看，其中，常德市奶牛养殖场总氮排放量最大，为 152.54 t，占洞庭湖区奶牛养殖场总氮排放总量的 92.76%；其次为岳阳市，排放量为 11.11 t；益阳市排放量最少，为 0。从规模上来看，规模化奶牛养殖场排放的总氮量最大，为 158.28 t，占比为 96.25%；散户型则无总氮排放。

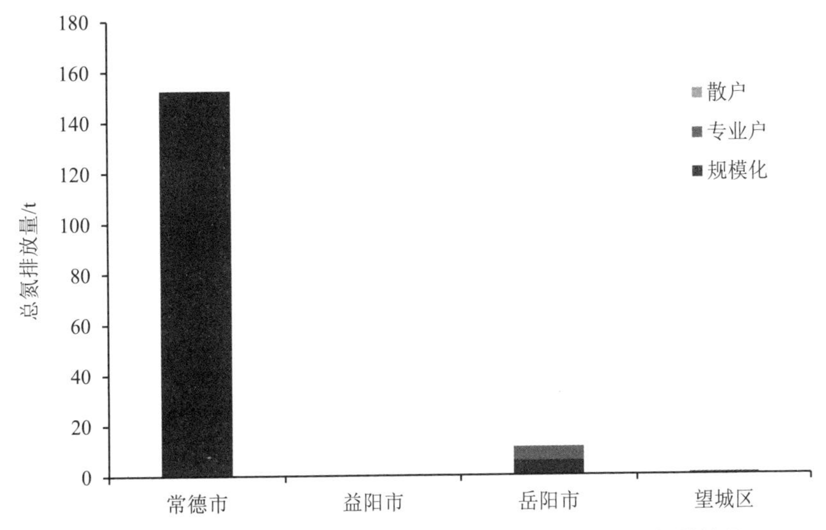

图 3.2.9　2017 年洞庭湖区三市一区各规模奶牛养殖场总氮排放量

2017 年洞庭湖区各规模奶牛养殖场总磷排放情况如图 3.2.10 所示。分区域来看，其中，常德市奶牛养殖场总磷排放量最大，为 7.05 t，占洞庭湖区奶牛养殖场总磷排放总量的 94%；其次为岳阳市，排放量为 0.43 t；益阳市排放量最少，为 0。从规模上来看，规模化奶牛养殖场排放的总磷量最大，为 7.32 t，占比为 97.6%；散户型则无总磷排放。

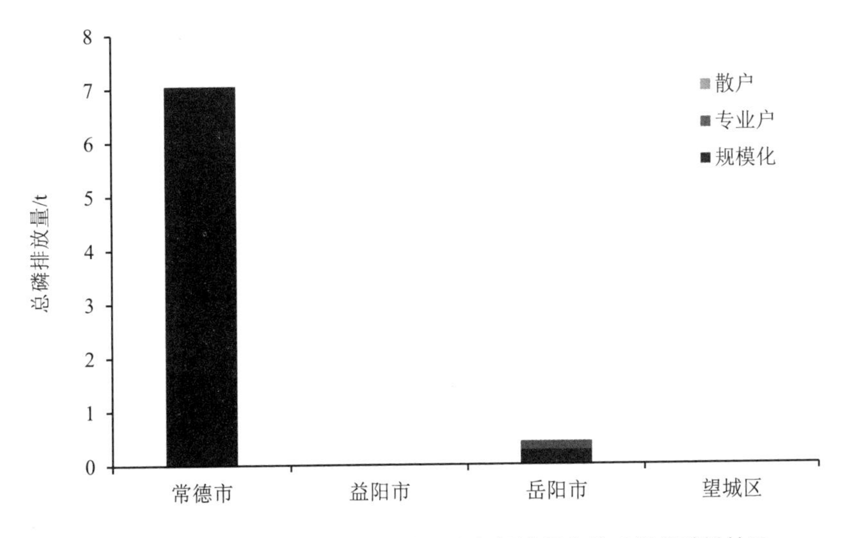

图 3.2.10　2017 年洞庭湖区三市一区各规模奶牛养殖场总磷排放量

（3）肉牛

由表 3.2.3 和图 3.2.11 可知，2017 年洞庭湖区肉牛出栏量约为 46.42 万头，其中，肉牛出栏量最大的为益阳市，肉牛出栏量为 18.43 万头，占总出栏量的 39.71%；其次是常德市，肉牛出栏量为 18.09 万头，占比为 38.97%；岳阳市肉牛出栏量约 9.89 万头，占比为 21.32%；长沙望城区无养肉牛场。如图 3.2.12 所示，洞庭湖区养殖规模在 10 头以下的养殖场有 140 610 家，肉牛出栏量约占总量的 59.10%；养殖规模在 10～199 头的养殖场有 5 501 家，肉牛出栏量约占总量的 39.44%；养殖规模在 200 头以上的养殖场有 16 家，肉牛出栏量约占总量的 1.46%。

表 3.2.3　2017 年洞庭湖区三市一区肉牛养殖情况

地区	散养（<10 头）		小型（10～199 头）		规模化（≥200 头）		合计	
	户数/家	总量/头	户数/家	总量/头	户数/家	总量/头	户数/家	总量/头
常德市	52 892	102 211	2 413	77 160	6	1 508	55 311	180 879
岳阳市	47 969	76 571	587	20 321	5	2 060	48 561	98 952
益阳市	39 749	95 535	2 501	85 596	5	3 200	42 255	184 331
望城区	0	0	0	0	0	0	0	0
总计	140 610	274 317	5 501	183 077	16	6 768	146 127	464 162

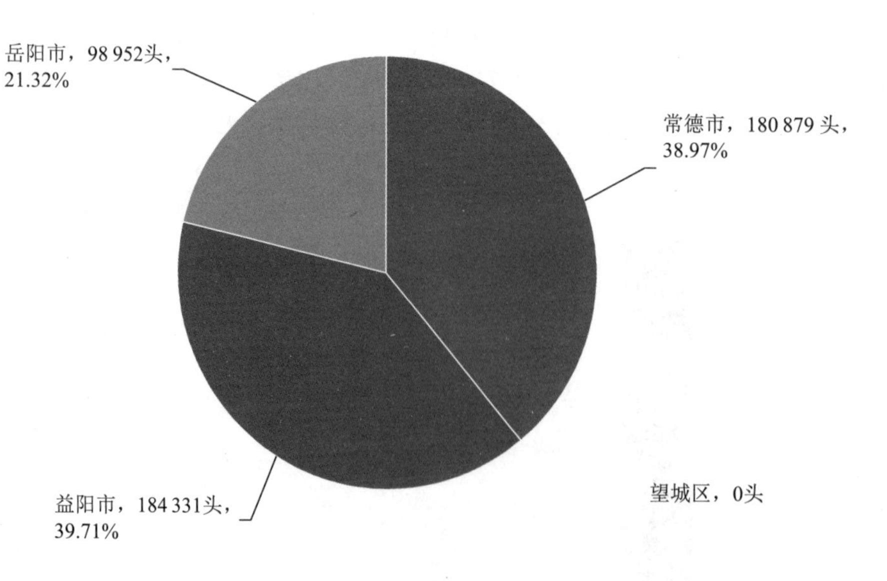

图 3.2.11　2017 年洞庭湖区三市一区肉牛出栏量及占比

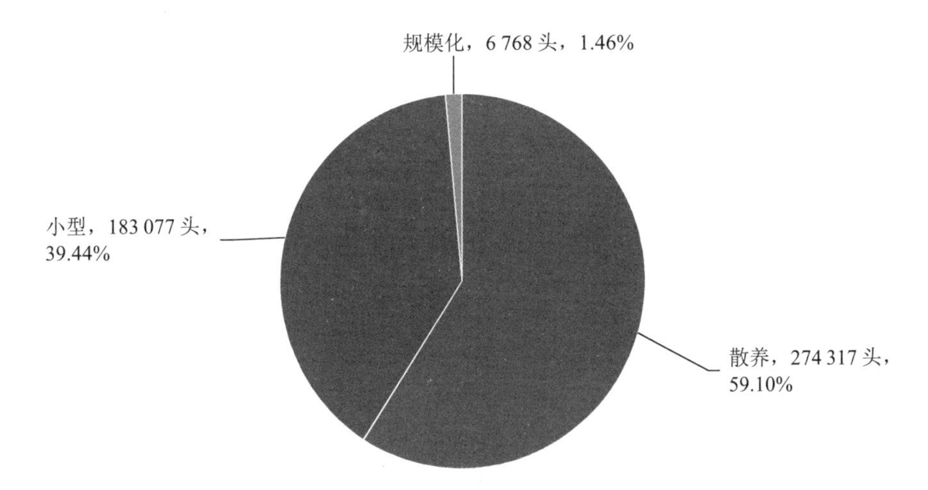

图 3.2.12　2017 年洞庭湖区各规模肉牛养殖场肉牛出栏量及占比

2017 年洞庭湖区各规模肉牛养殖场所产生的 COD、总氮、总磷排放情况分别如图 3.2.13～图 3.2.15 所示。对于 COD 而言，从区域来看，其中，益阳市 COD 排放量最大，为 27 081.08 t，占洞庭湖区 COD 排放总量的 39.85%；而望城区则无 COD 排放量。从养殖规模上来看，散户型养殖场排放的 COD 量最大，为 40 369.65 t，占比为 59.14%；规模化养殖场最少，占比为 0.95%。对于总氮而言，从区域来看，益阳市总氮排放量最大，为 2 594.67 t，占洞庭湖区总氮排放总量的 39.78%；而望城区则无总氮排放量。从养殖规模上来看，散户型养殖场排放的总氮量最大，为 3 868.61 t，占比为 59.31%；规模化养殖场最少，占比为 1.11%。对于总磷而言，从区域来看，益阳市总磷排放量最大，为 131.35 t，占洞庭湖区总磷排放总量的 39.83%；而望城区则无总磷排放量。从养殖规模上来看，散户型养殖场排放的总磷量最大，为 196.32 t，占比为 59.53%；规模化养殖场排放的总磷量最少，占比为 0.75%。

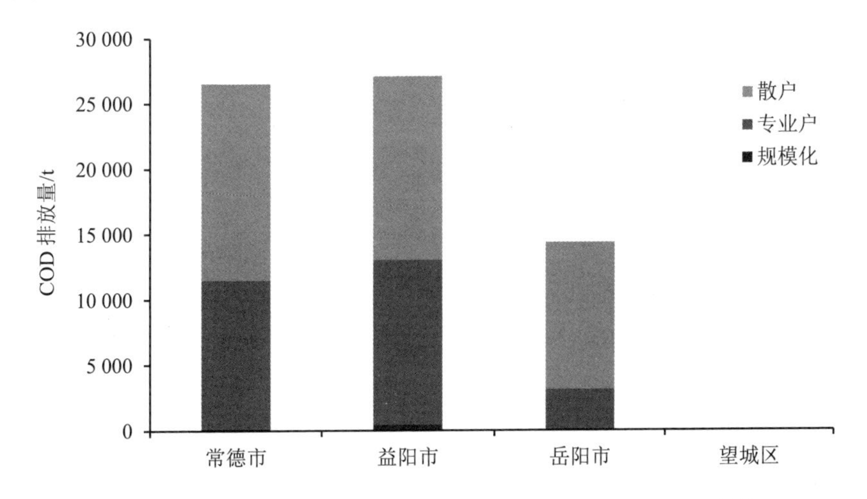

图 3.2.13　2017 年洞庭湖区三市一区各规模肉牛养殖场 COD 排放量

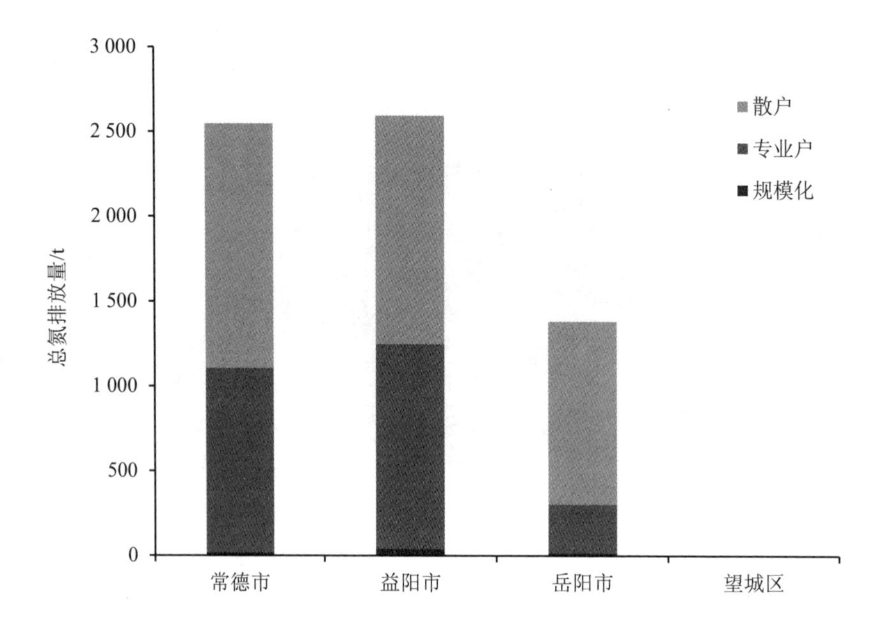

图 3.2.14 2017 年洞庭湖区三市一区各规模肉牛养殖场总氮排放量

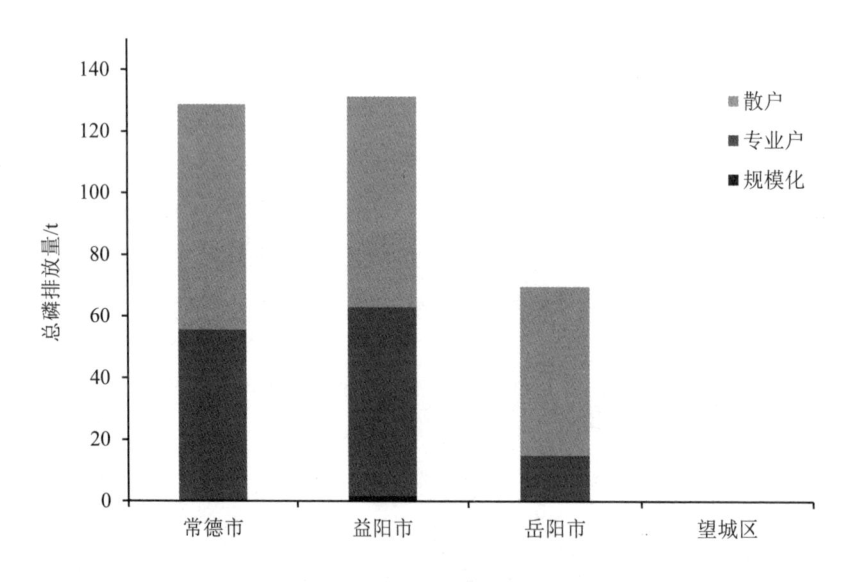

图 3.2.15 2017 年洞庭湖区三市一区各规模肉牛养殖场总磷排放量

（4）蛋鸡

由表 3.2.4 和图 3.2.16 可知，2017 年洞庭湖区蛋鸡存栏量为 3 609.17 万羽，其中，蛋鸡存栏量最大的为常德市，蛋鸡存栏量为 1 646.17 万羽，占总存栏量的 46.51%；其次是益阳市，蛋鸡存栏量为 1 004.79 万羽，占比为 27.84%；岳阳市蛋鸡存栏量约 943.60 万羽，占比为 26.14%；长沙市望城区蛋鸡存栏量最少，只有 14.60 万羽，仅占总量的 0.40%。如图 3.2.17 所示，养殖规模在 500 羽以下的养殖场有 287 291 家，蛋鸡存栏量约占总量的 33.07%；养殖规模在 500～19 999 羽的养殖场有 4 850 家，蛋鸡存栏量约占总量的 48.68%；养殖规模在 20 000 羽以上的养殖场有 159 家，蛋鸡存栏量约占总量的 18.25%。

表 3.2.4　2017 年洞庭湖区三市一区蛋鸡养殖情况

地区	散养（<500 羽）		小型（500～19 999 羽）		规模化（≥20 000 羽）		合计	
	户数/家	总量/羽	户数/家	总量/羽	户数/家	总量/羽	户数/家	总量/羽
常德市	75 211	2 065 735	3 128	10 728 415	91	3 667 538	78 430	16 461 688
岳阳市	142 480	6 429 139	268	2 251 902	25	755 000	142 773	9 436 041
益阳市	69 600	3 441 870	1 454	4 588 472	41	2 017 600	71 095	10 047 942
望城区	0	0	0	0	2	146 000	2	146 000
总计	287 291	11 936 744	4 850	17 568 789	159	6 586 138	292 300	36 091 671

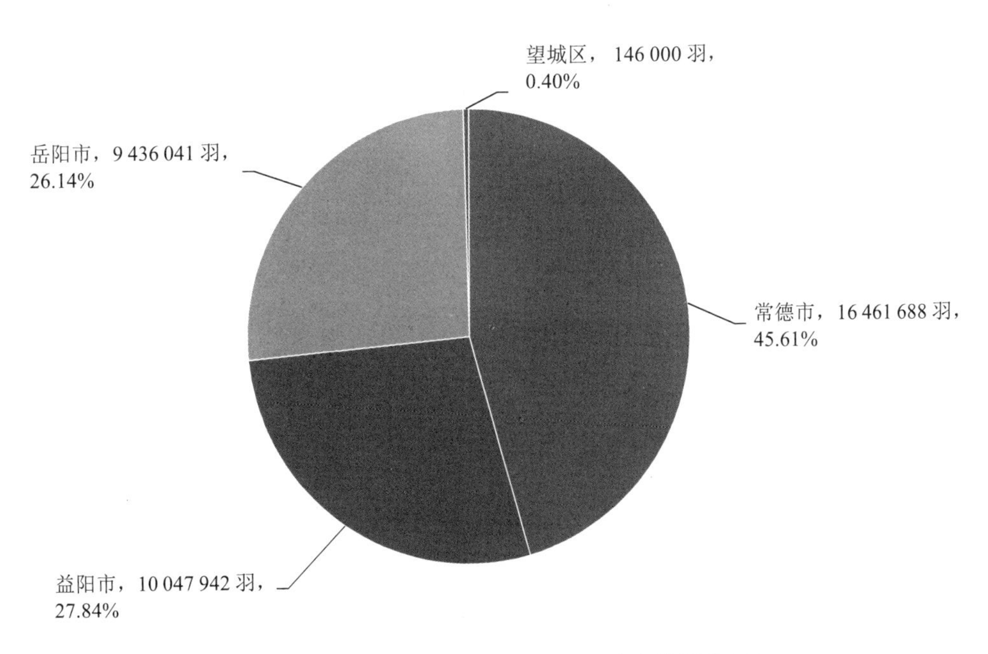

图 3.2.16　2017 年洞庭湖区三市一区蛋鸡存栏量及占比

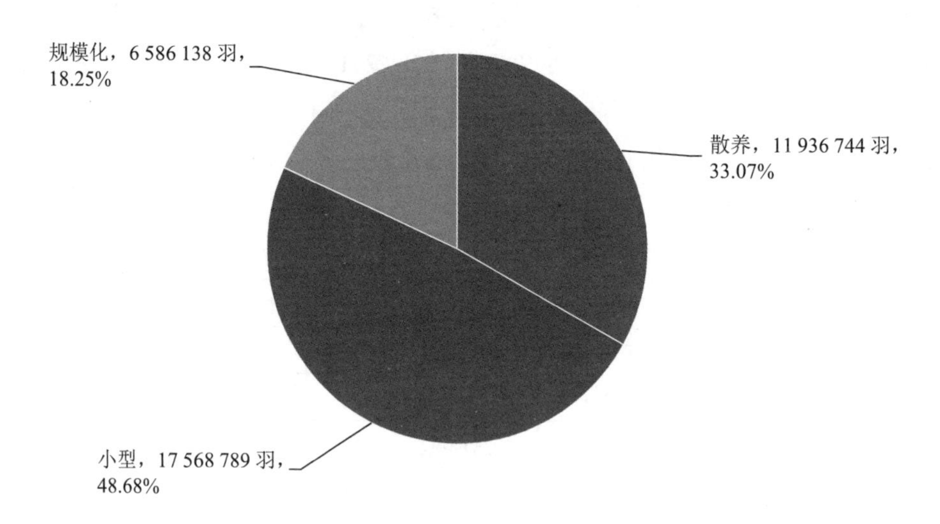

图 3.2.17 2017 年洞庭湖区各规模蛋鸡养殖场蛋鸡存栏量及占比

2017 年洞庭湖区各规模蛋鸡养殖场所产生的 COD、总氮、总磷排放情况分别如图 3.2.18～图 3.2.20 所示。从区域来看，其中，常德市三者的排放量均最大，分别为 2 421.34 t、176.49 t、523.00 t，分别占洞庭湖区 COD、总氮、总磷排放总量的 47.31%、46.80%、43.74%；而望城区三者的排放量最少，占比分别为 0.31%、0.28%、0.04%。从养殖规模上来看，专业户养殖场的排放量最大，分别为 2 509.26 t、189.18 t、696.4 t，占比分别为 49.02%、50.16%、58.24%；规模化蛋鸡养殖场的排放量最少，分别为 904.41 t、59.43 t、26.21 t，占比分别为 17.67%、15.76%、2.19%。

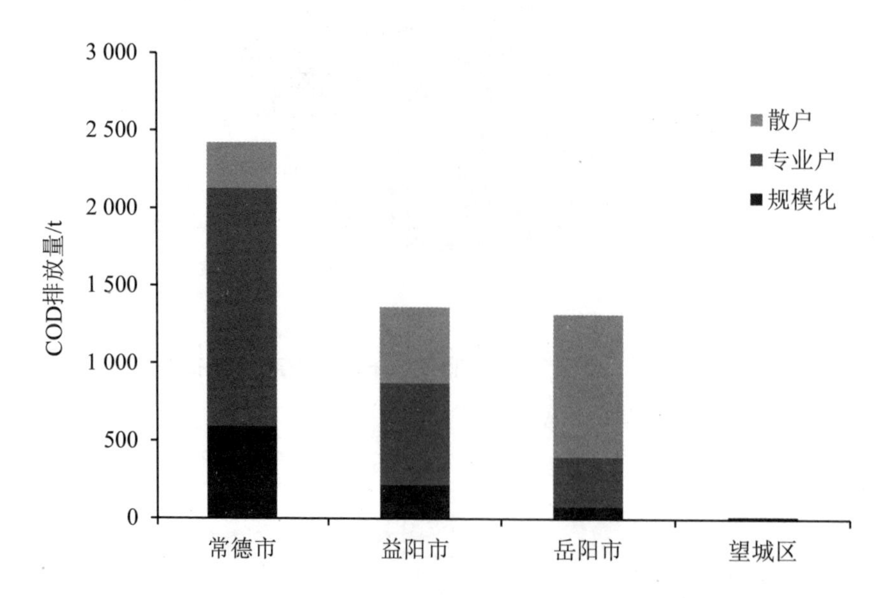

图 3.2.18 2017 年洞庭湖区三市一区各规模蛋鸡养殖场 COD 排放量

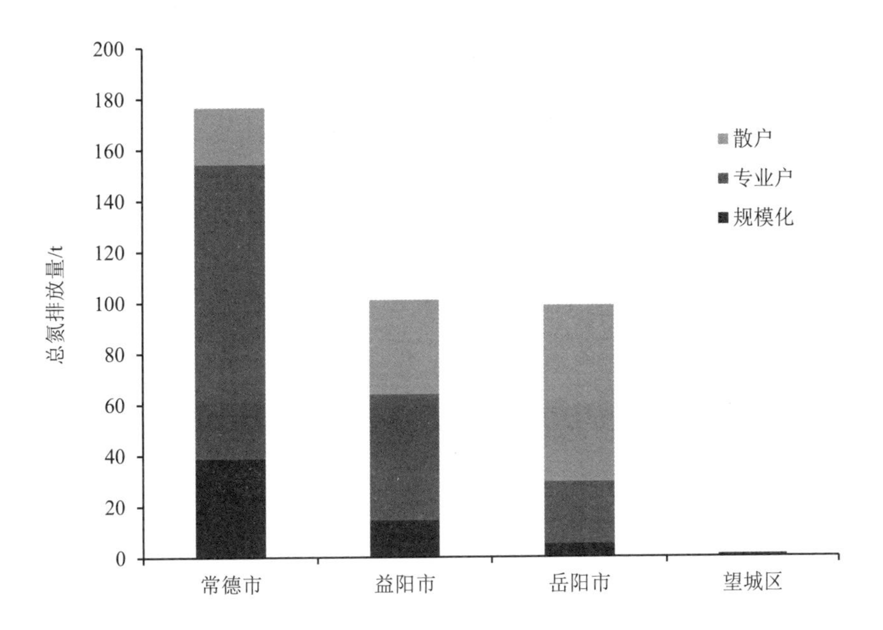

图 3.2.19　2017 年洞庭湖区三市一区各规模蛋鸡养殖场总氮排放量

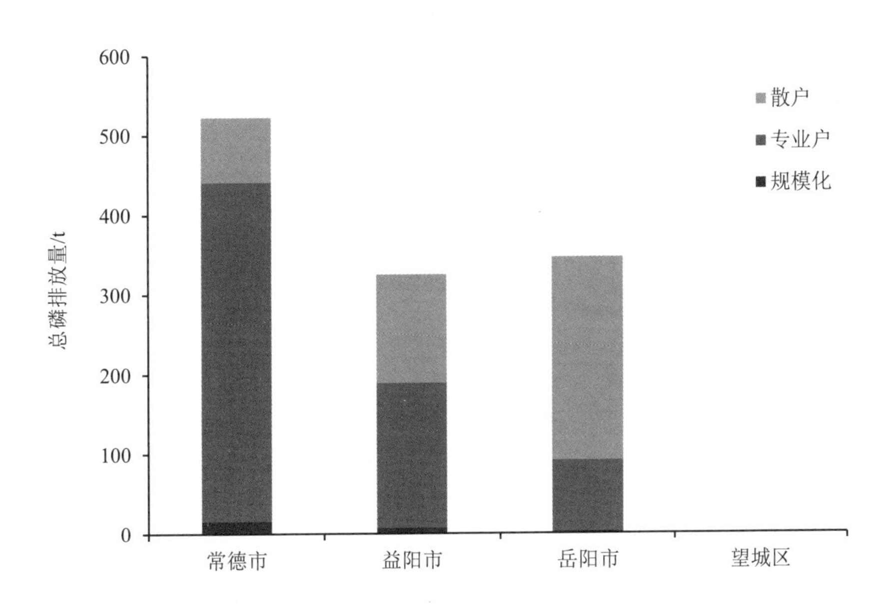

图 3.2.20　2017 年洞庭湖区三市一区各规模蛋鸡养殖场总磷排放量

（5）肉鸡

由表 3.2.5 和图 3.2.21 可知，2017 年洞庭湖区肉鸡出栏量为 5 864.44 万羽，其中，肉鸡出栏量最大的为常德市，肉鸡出栏量为 3 766.63 万羽，占总出栏量的 64.23%；其次是岳阳市，肉鸡出栏量为 1 064.86 万羽，占比为 18.16%；益阳市肉鸡出栏量约 1 032.29 万羽，占比为 17.60%；长沙市望城区肉鸡出栏量最少，为 0.66 万羽，仅占 0.01%。如图 3.2.22 所示，养殖规模在 2 000 羽以下的养殖场有 377 883 家，肉鸡出栏量约占总量的 35.37%；养殖规模在 2 000～49 999 羽的养殖场有 2 624 家，肉鸡出栏量约占总量的 35.05%；养殖规模在 50 000 羽以上的养殖场有 114 家，肉鸡出栏量约占总量的 29.58%。

表 3.2.5 2017 年洞庭湖区三市一区肉鸡养殖情况

地区	散养（<2 000 羽）		小型（2 000～49 999 羽）		规模化（≥50 000 羽）		合计	
	户数/家	总量/羽	户数/家	总量/羽	户数/家	总量/羽	户数/家	总量/羽
常德市	186 861	10 761 899	1 410	13 412 630	79	13 491 790	188 350	37 666 319
岳阳市	70 837	4 719 340	169	2 795 299	28	3 134 000	71 034	10 648 639
益阳市	120 108	5 256 780	1 045	4 346 100	7	720 000	121 160	10 322 880
望城区	77	6 600	0	0	0	0	77	6 600
总计	377 883	20 744 619	2 624	20 554 029	114	17 345 790	380 621	58 644 438

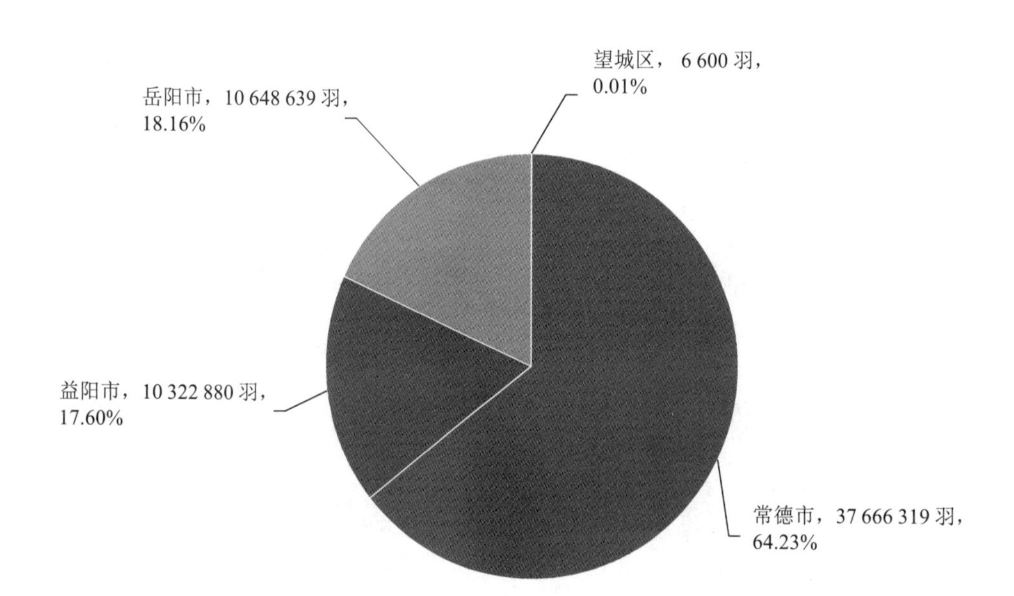

图 3.2.21 2017 年洞庭湖区三市一区肉鸡出栏量及占比

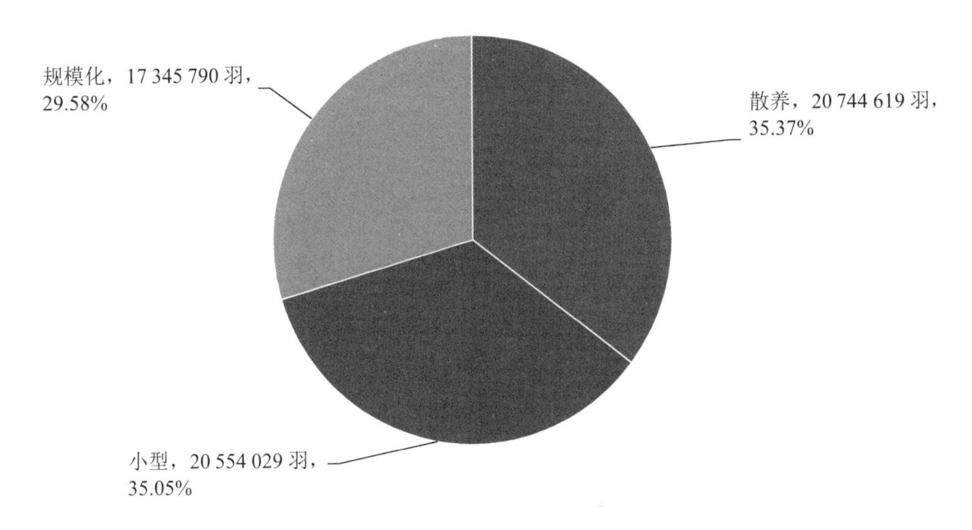

图 3.2.22　2017 年洞庭湖区各规模肉鸡养殖场肉鸡出栏量及占比

2017 年洞庭湖区三市一区各规模肉鸡养殖场所产生的 COD、总氮、总磷排放情况分别如图 3.2.23～图 3.2.25 所示。从区域来看，其中，常德市三者的排放量均最大，分别为 21 876.34 t、728.17 t、363.33 t，分别占洞庭湖区 COD、总氮、总磷排放总量的 56.73%、56.74%、57.84%；而望城区三者的排放量最少，占比分别为 0.05%、0.10%、0.10%。从养殖规模上来看，由数据分析可知，散户型排放量最大，分别为 513.36 t、189.18 t、291.51 t，占比分别为 40.00%、50.16%、46.40%；规模化养殖场排放量最小，分别为 7 966.74 t、261.37 t、47.86 t，占比分别为 20.66%、20.37%、7.62%。

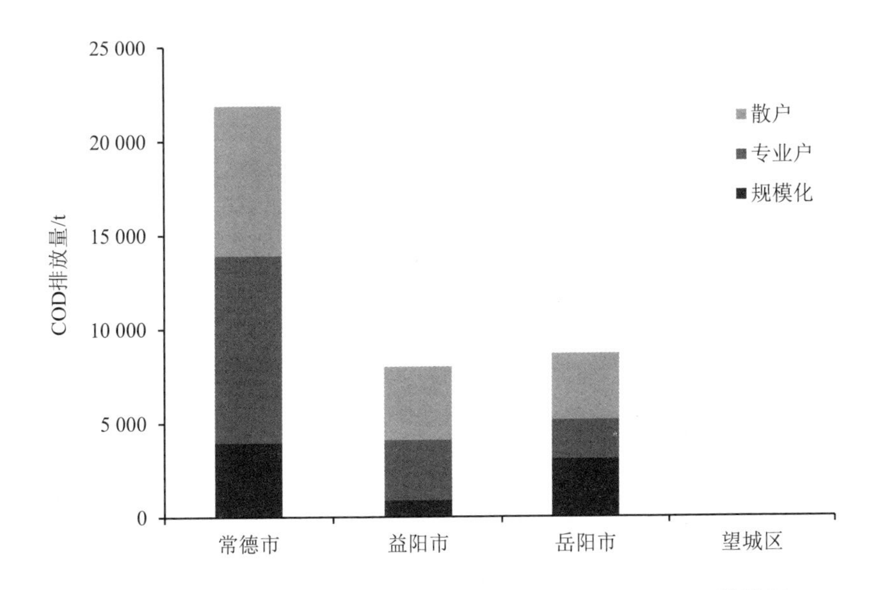

图 3.2.23　2017 年洞庭湖区三市一区各规模肉鸡养殖场 COD 排放量

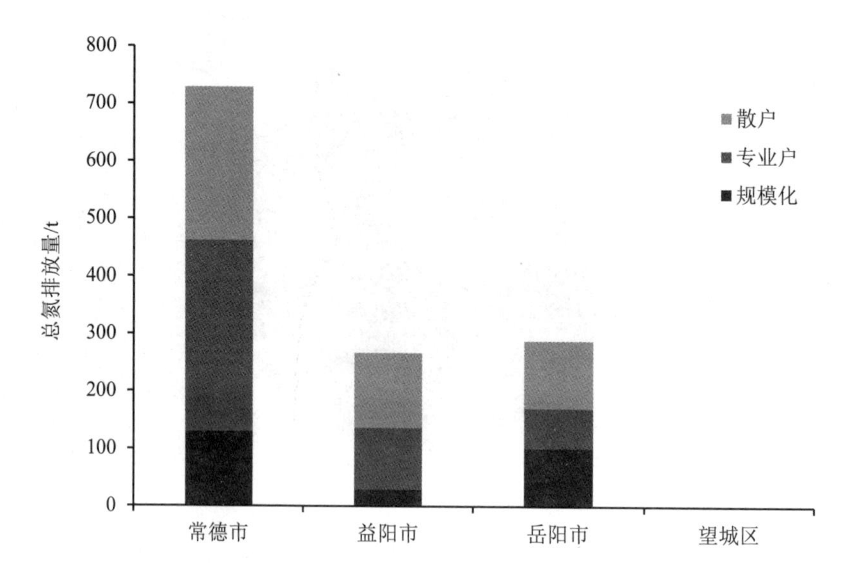

图 3.2.24　2017 年洞庭湖区三市一区各规模肉鸡养殖场总氮排放量

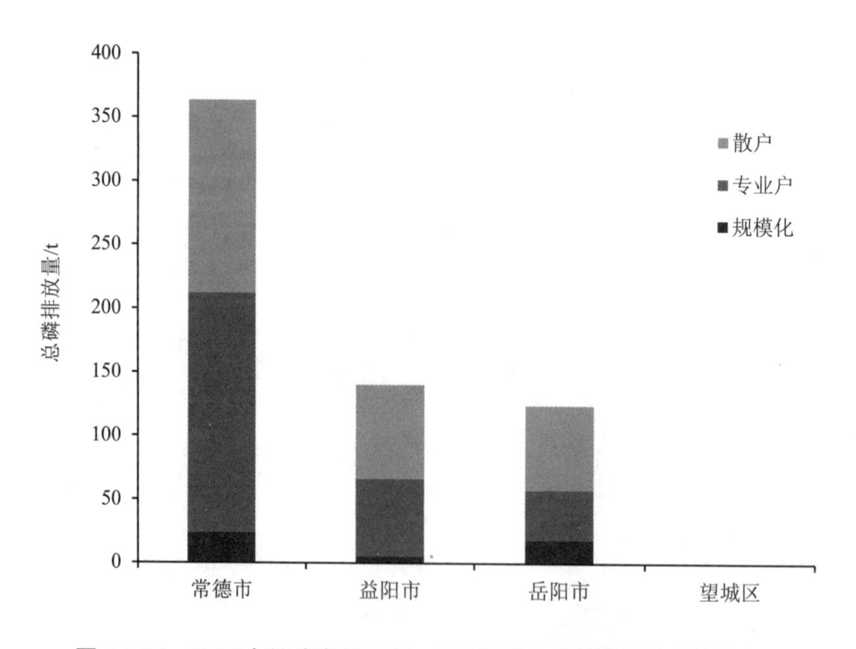

图 3.2.25　2017 年洞庭湖区三市一区各规模肉鸡养殖场总磷排放量

（6）污染物排放总量

1）COD

2017 年洞庭湖区所有畜禽养殖业所产生的 COD 排放情况见表 3.2.6 和图 3.2.26。从区域来看，其中，常德市 COD 排放量最大，为 274 012.63 t，占洞庭湖区 COD 排放总量的

40.47%；其次为益阳市，排放量为 221 692.19 t，占洞庭湖区 COD 排放总量的 32.74%；望城区排放量最少，为 3 713.56 t，占比为 0.55%。从规模上来看，散户型排放的 COD 量最大，为 312 462.83 t，占排放总量的 46.15%；其次为专业户，排放量为 215 307.40 t，占比为 31.80%；最小为规模化，排放量为 149 280.93 t，占比为 22.05%。

表 3.2.6 2017 年洞庭湖区三市一区畜禽养殖业 COD 排放量

地区		COD 排放量/t			合计	
		规模化	专业户	散户	总量/t	占比/%
常德市		46 810.68	93 511.21	133 690.74	274 012.63	40.47
益阳市		44 382.50	91 448.15	85 861.53	221 692.19	32.74
岳阳市		57 893.66	29 559.87	90 179.25	177 632.78	26.24
望城区		194.09	788.16	2 731.30	3 713.56	0.55
合计	总量/t	149 280.93	215 307.40	312 462.83	677 051.16	100
	占比/%	22.05	31.80	46.15	100	—

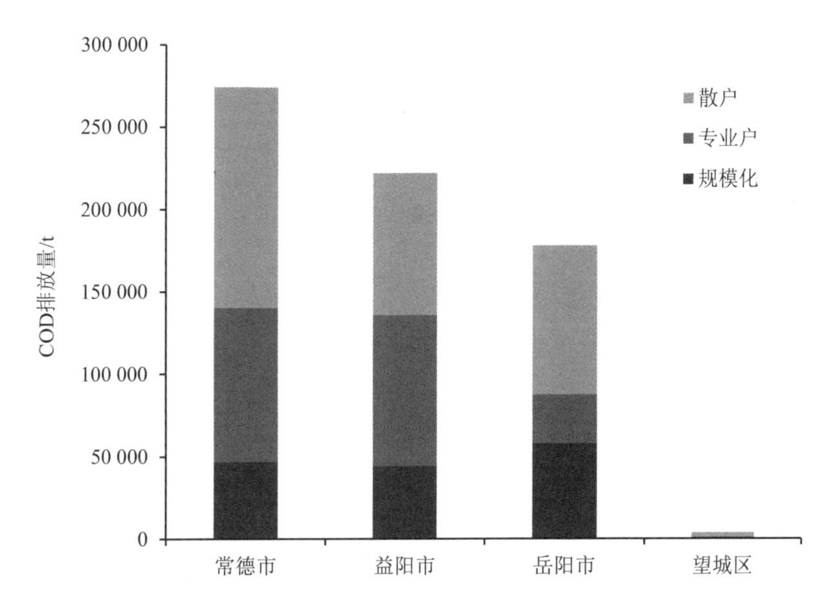

图 3.2.26 2017 年洞庭湖区三市一区各规模养殖场畜禽 COD 排放量

2）总氮

2017 年洞庭湖区所有畜禽养殖业所产生的总氮排放情况见表 3.2.7 和图 3.2.27。从区域来看，其中，常德市总氮排放量最大，为 32 989.77 t，占洞庭湖区总氮排放总量的 38.59%；其次为益阳市，排放量为 26 850.86 t，占洞庭湖区总氮排放总量的 31.41%；望城区排放量最少，为 481.83 t，占比为 0.56%。从规模上来看，散户型排放的总氮量最大，为 35 262.27 t，占排放总量的 41.24%；其次为规模化养殖场，排放量为 26 373.69 t，占比为 30.85%；最小为专业户养殖场，排放量为 23 858.03 t，占比为 27.91%。

表 3.2.7 2017 年洞庭湖区三市一区畜禽养殖业总氮排放量

地区		总氮排放量/t			合计	
		规模化	专业户	散户	总量/t	占比/%
常德市		7 889.82	10 059.53	15 040.42	32 989.77	38.59
益阳市		6 801.82	10 405.16	9 643.88	26 850.86	31.41
岳阳市		11 624.56	3 297.93	10 249.05	25 171.53	29.44
望城区		57.49	95.41	328.93	481.83	0.56
合计	总量/t	26 373.69	23 858.03	35 262.27	85 493.99	100
	占比/%	30.85	27.91	41.24	100	—

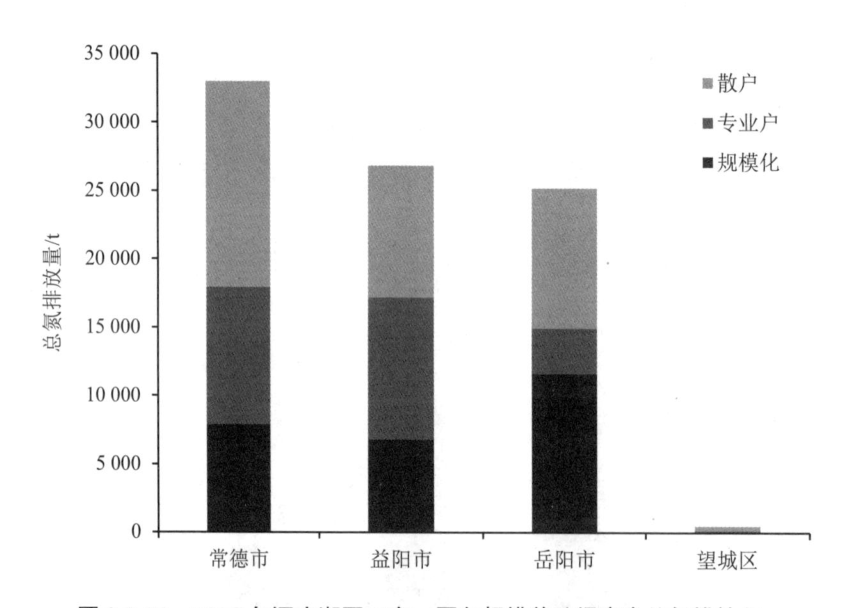

图 3.2.27 2017 年洞庭湖区三市一区各规模养殖场畜禽总氮排放量

3）总磷

2017 年洞庭湖区所有畜禽养殖业所产生的总磷排放情况见表 3.2.8 和图 3.2.28。从区域来看，其中，常德市总磷排放量最大，为 3 219.23 t，占洞庭湖区总磷排放总量的 41.09%；其次为益阳市，排放量为 2 519.06 t，占洞庭湖区总磷排放总量的 32.15%；望城区排放量最少，为 34.09 t，占比为 0.44%。从规模上来看，散户型排放的总磷量最大，为 3 320.14 t，占总量的 42.37%；其次为专业户养殖场，排放量为 2 694.66 t，占比为 34.39%；最小为规模化养殖场，排放量为 1 820.49 t，占比为 23.23%。

表 3.2.8 2017 年洞庭湖区三市一区畜禽养殖业总磷排放量

地区		总磷排放量/t			合计	
		规模化	专业户	散户	总量/t	占比/%
常德市		568.96	1 322.89	1 327.38	3 219.23	41.09
益阳市		618.92	997.81	902.33	2 519.06	32.15
岳阳市		631.13	366.68	1 065.11	2 062.93	26.33
望城区		1.49	7.28	25.31	34.09	0.44
合计	总量/t	1 820.49	2 694.66	3 320.14	7 835.30	100
	占比/%	23.23	34.39	42.37	100	—

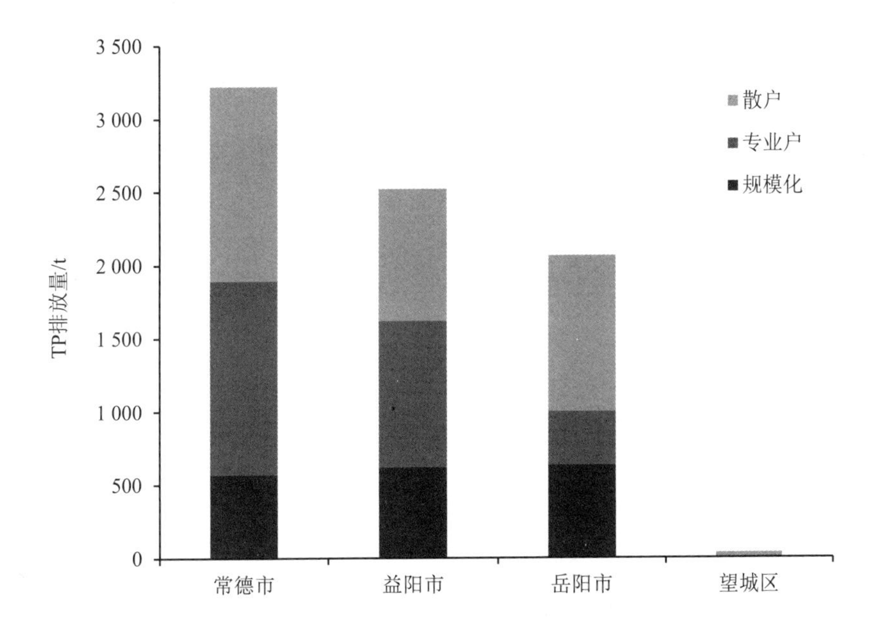

图 3.2.28 2017 年洞庭湖区三市一区各规模养殖场畜禽总磷排放量

3.2.1.2 常德市畜禽养殖业情况

（1）生猪

由表 3.2.9 和图 3.2.29 可知，2017 年常德市生猪出栏量为 482.95 万头，其中，澧县生猪出栏量最大，为 99.23 万头，占常德市生猪出栏量的 20.55%；其次是桃源县，生猪出栏量为 85.47 万头，占常德市生猪出栏量的 17.70%；市辖区与武陵区生猪出栏量少，生猪出栏量分别仅有 0.23 万头及 0.25 万头。如图 3.2.30 所示，县（市、区）统计，养殖规模在 50～499 头的养殖场有 10 499 家，生猪出栏量约占总量的 26.84%；养殖规模在 50 头以下的养殖场有 378 568 家，生猪出栏量约占总量的 41.92%；养殖规模在 500 头以上的养殖场有 983 家，生猪出栏量约占总量的 31.24%。

表 3.2.9 2017 年常德市生猪养殖情况

地区	散养（<50 头）		小型（50～499 头）		规模化（≥500 头）		合计	
	户数/家	总量/头	户数/家	总量/头	户数/家	总量/头	户数/家	总量/头
市辖区	0	0	9	2 265	0	0	9	2 265
武陵区	600	2 500	0	0	0	0	600	2 500
鼎城区	50 609	291 357	1 477	188 702	162	186 767	52 248	666 826
安乡县	10 915	152 410	1 424	135 290	75	51 788	12 414	339 488
汉寿县	22 974	387 785	573	131 371	65	116 844	23 612	636 000
澧县	19 250	335 700	3 915	399 000	159	257 627	23 324	992 327
临澧县	3 650	54 125	488	83 323	104	148 550	4 242	285 998
桃源县	131 006	437 822	1 141	116 564	242	300 363	132 389	854 749
石门县	121 052	240 059	1 012	165 027	124	157 975	122 188	563 061
津市市	18 000	103 500	392	64 590	46	244 060	18 438	412 150
经开区	162	7 012	3	1 320	0	0	165	8 332
西洞庭湖	350	12 035	65	8 905	6	44 900	421	65 840
总计	378 568	2 024 305	10 499	1 296 357	983	1 508 874	390 050	4 829 536

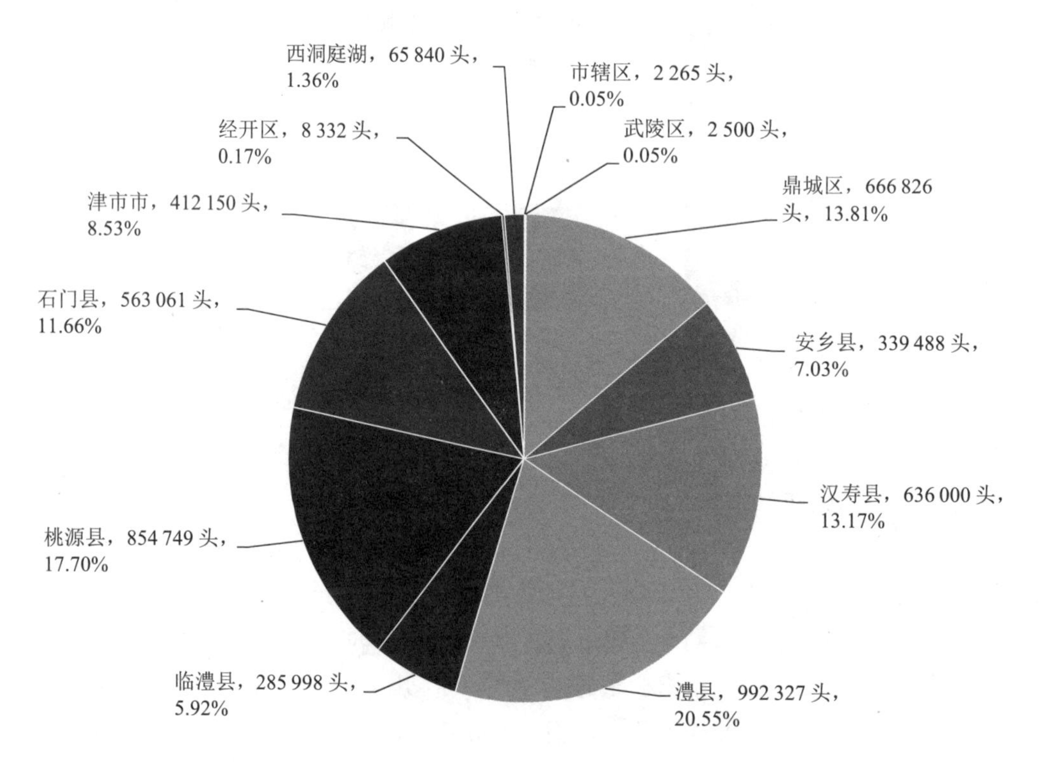

图 3.2.29 2017 年常德市各县（市、区）生猪出栏量及占比

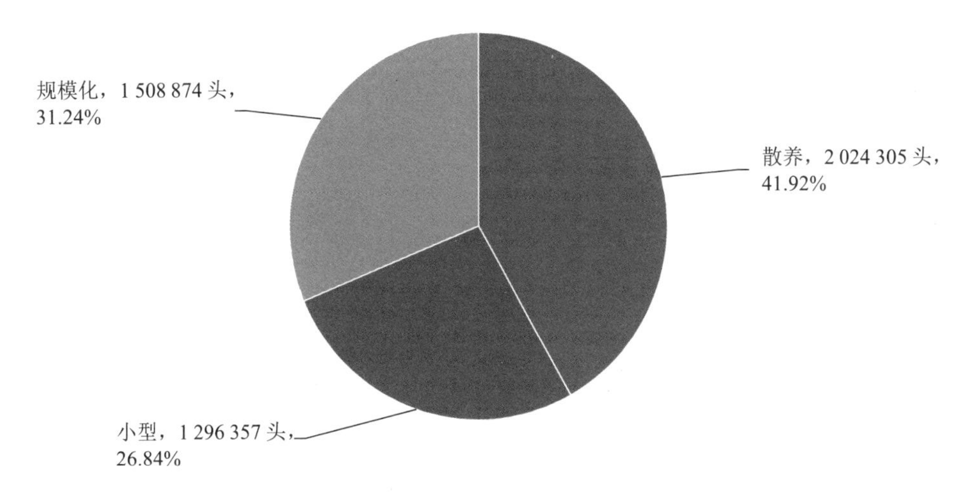

图 3.2.30　2017 年常德市各规模生猪养殖场生猪出栏量及占比

2017 年常德市各规模生猪养殖场所产生的 COD 排放情况如图 3.2.31 所示。从区域来看，其中，澧县 COD 排放量最大，为 49 297.35 t，占常德市 COD 排放总量的 22.18%；其次为桃源县，排放量为 37 266.41 t，占常德市 COD 排放总量的 16.77%；市辖区排放量最少，为 123.51 t，占比为 0.06%。从规模上来看，散户型排放的 COD 量最大，为 110 381.83 t，占排放总量的 49.66%；其次为专业户，占比为 31.80%；最小为规模化，排放量为 41 216.78 t，占比为 18.54%。

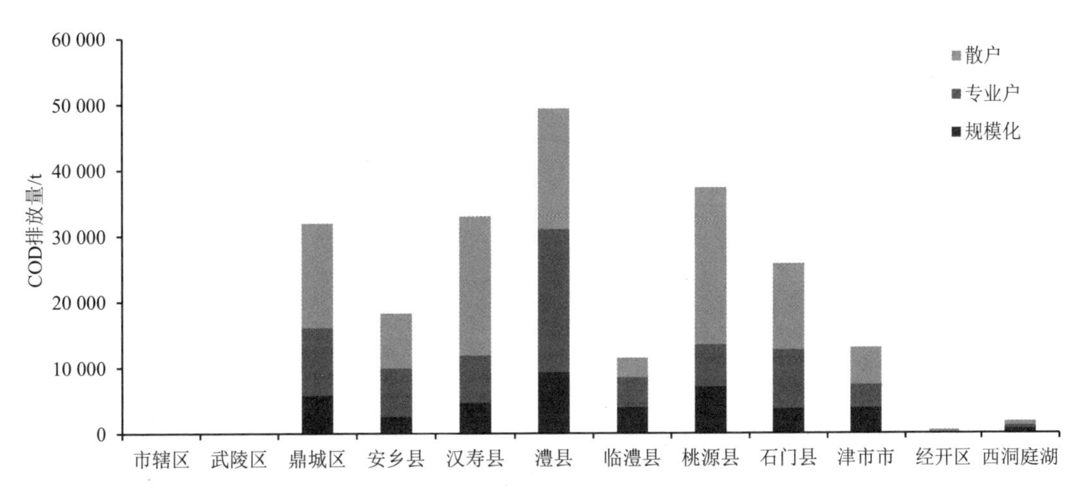

图 3.2.31　2017 年常德市各县（市、区）各规模生猪养殖场 COD 排放量

2017 年常德市生猪各规模养殖场所产生的总氮排放情况如图 3.2.32 所示。从区域来看，其中，澧县总氮排放量最大，为 6 178.56 t，占常德市总氮排放总量的 21.03%；其次为桃源县，排放量为 5 109.38 t，占常德市总氮排放总量的 17.39%；市辖区排放量最少，为 14.89 t，

占比为 0.05%。从规模上来看，散户型排放的总氮量最大，为 13 310.41 t，占排放总量的 45.30%；其次为专业户养殖场，排放量占比为 29.01%；最小为规模化养殖场，排放量为 7 550.93 t，占比为 25.70%。

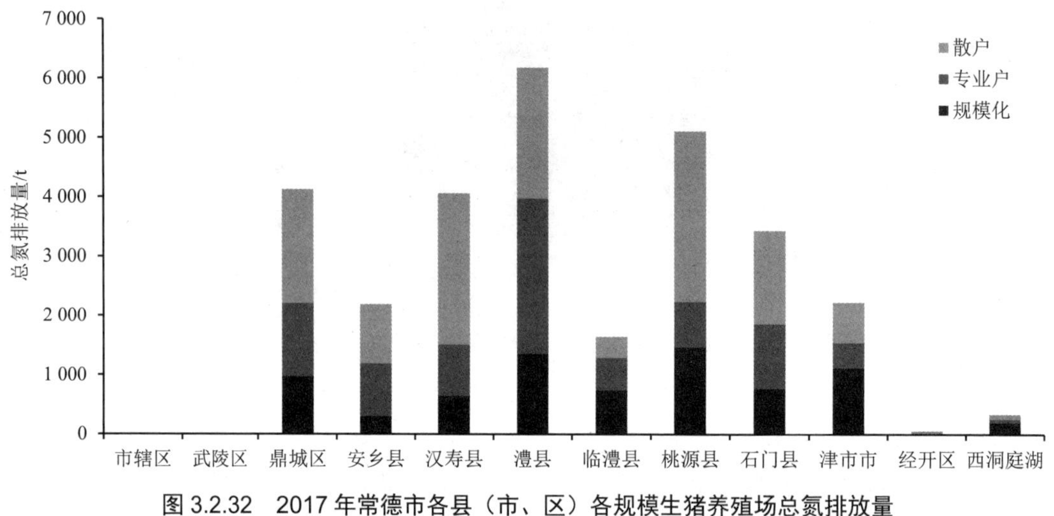

图 3.2.32 2017 年常德市各县（市、区）各规模生猪养殖场总氮排放量

2017 年常德市生猪各规模养殖场所产生的总磷排放情况如图 3.2.33 所示。从区域来看，其中，澧县总磷排放量最大，为 506.39 t，占常德市总磷排放总量的 23.05%；其次为桃源县，排放量为 359.21 t，占常德市总磷排放总量的 16.35%；市辖区排放最少，为 1.14 t，占比为 0.05%。从规模上来看，散户型排放的总磷量最大，为 1 021.12 t，占排放总量的 46.48%；其次为专业户养殖场，排放量为 653.80 t，占比为 29.76%；最小为规模化养殖场，排放量为 522.03 t，占比为 23.76%。

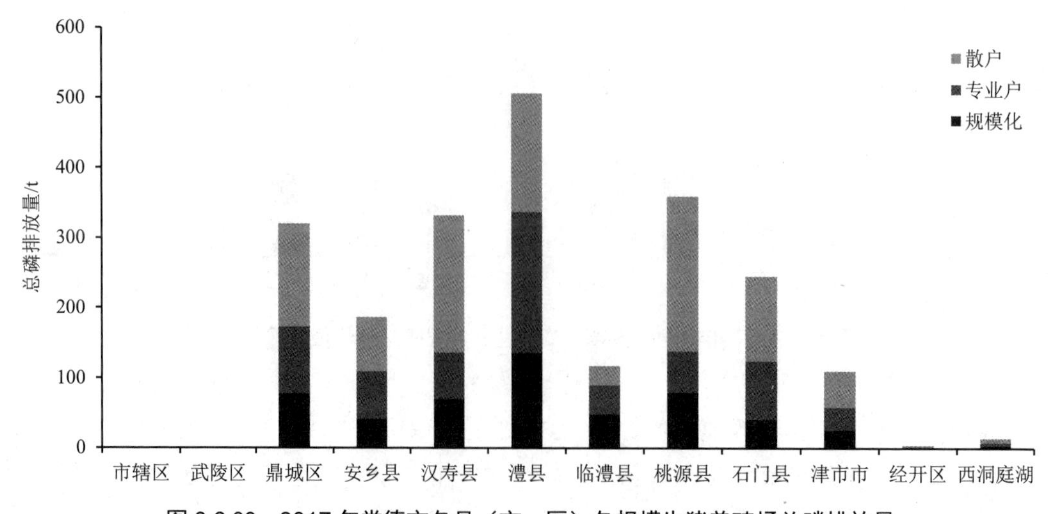

图 3.2.33 2017 年常德市各县（市、区）各规模生猪养殖场总磷排放量

（2）奶牛

由表 3.2.10 和图 3.2.34 可知，2017 年常德市奶牛存栏量为 2 816 头，有 3 个区（县）养殖，牛存栏量从大到小分别为汉寿县 1 175 头，占比为 41.73%；临澧县 900 头，占比为 31.96%；鼎城区 741 头，占比为 26.31%。如图 3.2.35 所示，县（市、区）统计，养殖规模全在 100 头以上的养殖场共有 4 家，牛存栏量占总量的 100%。

表 3.2.10　2017 年常德市奶牛养殖情况

地区	散养（<5 头）		小型（5～99 头）		规模化（≥100 头）		合计	
	户数/家	总量/头	户数/家	总量/头	户数/家	总量/头	户数/家	总量/头
市辖区	0	0	0	0	0	0	0	0
武陵区	0	0	0	0	0	0	0	0
鼎城区	0	0	0	0	1	741	1	741
安乡县	0	0	0	0	0	0	0	0
汉寿县	0	0	0	0	2	1 175	2	1 175
澧县	0	0	0	0	0	0	0	0
临澧县	0	0	0	0	1	900	1	900
桃源县	0	0	0	0	0	0	0	0
石门县	0	0	0	0	0	0	0	0
津市市	0	0	0	0	0	0	0	0
经开区	0	0	0	0	0	0	0	0
西洞庭湖	0	0	0	0	0	0	0	0
总计	0	0	0	0	4	2 816	4	2 816

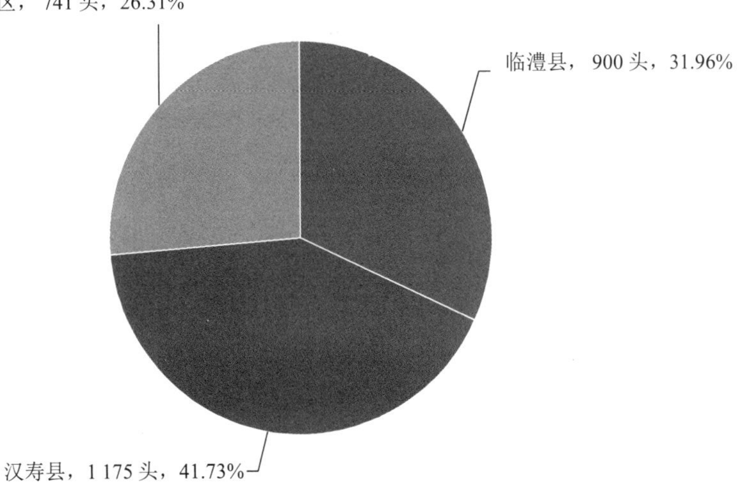

图 3.2.34　2017 年常德市各县（市、区）奶牛存栏量及占比

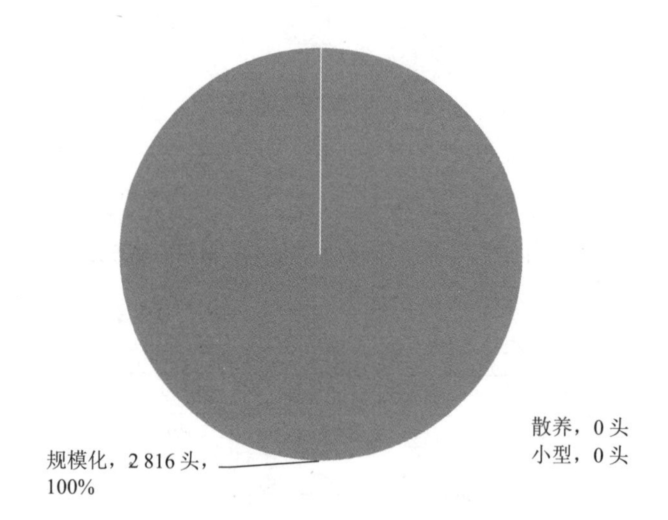

图 3.2.35 2017 年常德市各规模奶牛养殖场奶牛存栏量及占比

2017 年常德市奶牛各规模养殖场所产生的 COD 排放情况如图 3.2.36 所示。从区域来看，其中，汉寿县 COD 排放量最大，为 380.87 t，占常德市 COD 排放总量的 41.73%；其次为临澧县，排放量为 291.73 t，占常德市 COD 排放总量的 31.96%。从规模上来看，规模化养殖场排放的 COD 量最大，为 912.79 t，占排放总量的 100%；散户和专业户养殖场则无 COD 排放。

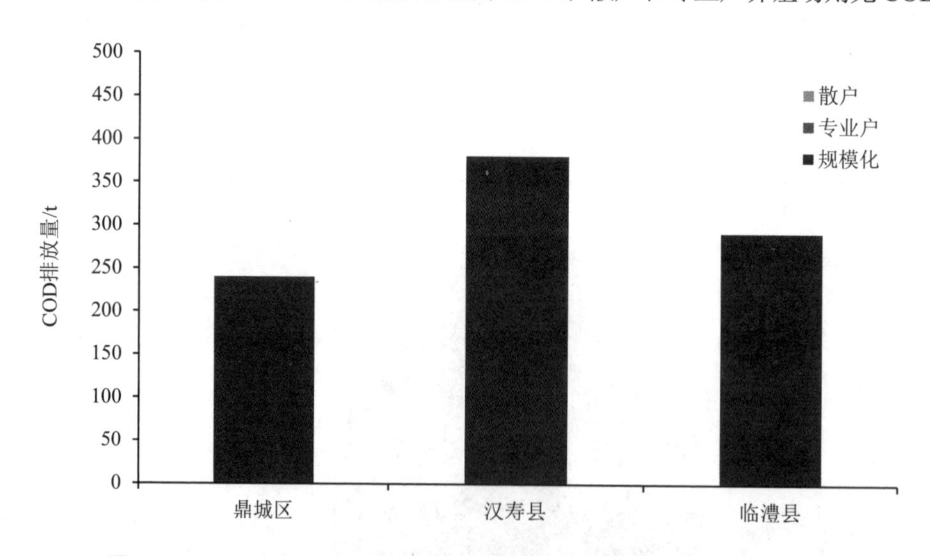

图 3.2.36 2017 年常德市各县（市、区）各规模奶牛养殖场 COD 排放量

2017 年常德市奶牛各规模养殖场所产生的总氮排放情况如图 3.2.37 所示。从区域来看，其中，汉寿县总氮排放量最大，为 63.65 t，占常德市总氮排放总量的 41.73%；其次为临澧县，排放量为 48.75 t，占常德市总氮排放总量的 31.96%。从规模上来看，规模化养殖场排放的总氮量最大，为 152.54 t，占排放总量的 100%；散户和专业户养殖场则无总氮排放。

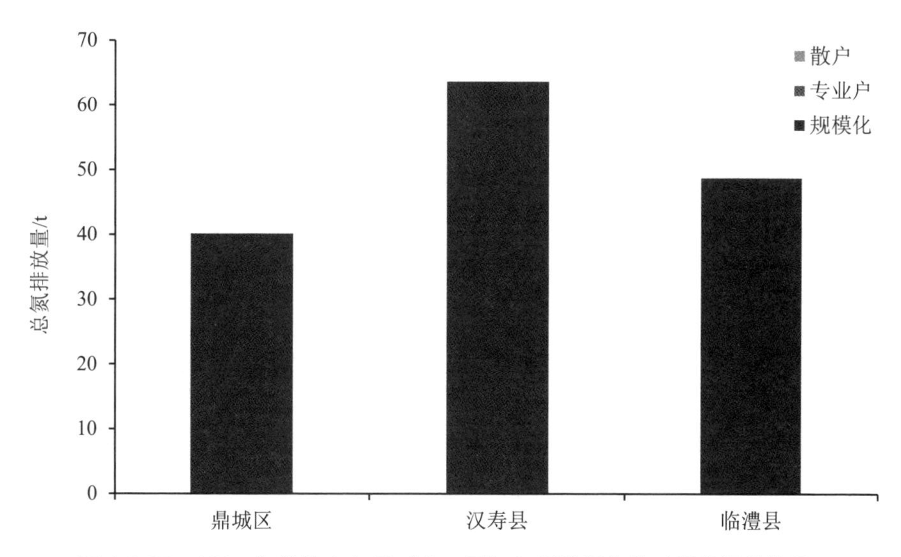

图 3.2.37　2017 年常德市各县（市、区）各规模奶牛养殖场总氮排放量

2017 年常德市奶牛各规模养殖场所产生的总磷排放情况如图 3.2.38 所示。从区域来看，其中，汉寿县总磷排放量最大，为 2.94 t，占常德市总磷排放总量的 41.70%；其次为临澧县，排放量为 2.25 t，占常德市总磷排放总量的 31.91%。从规模上来看，规模化养殖场排放的总磷量最大，为 7.05 t，占排放总量的 100%；散户和专业户养殖场则无总磷排放。

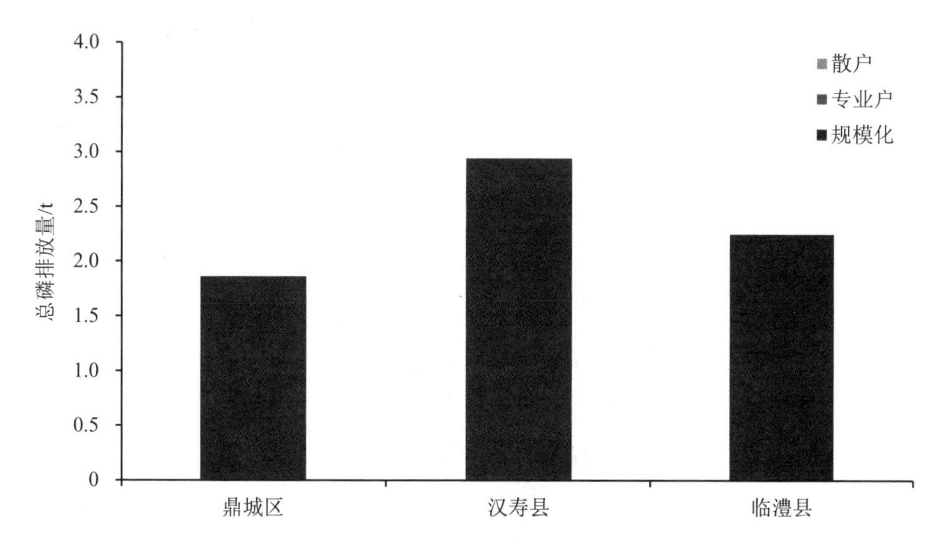

图 3.2.38　2017 年常德市各县（市、区）各规模奶牛养殖场总磷排放量

（3）肉牛

由表 3.2.11 和图 3.2.39 可知，2017 年常德市肉牛出栏量为 18.09 万头，其中，肉牛出栏量最大的区（县）为桃源县，肉牛出栏量为 4.31 万头，占总出栏量的 23.83%；其次是

石门县，肉牛出栏量为3.66万头，占比为20.23%；市辖区与经开区无养牛场。如图3.2.40所示，县（市、区）统计，养殖规模在5～99头的养殖场有2 413家，肉牛出栏量约占总量的42.66%；养殖规模在5头以下的养殖场有52 892家，肉牛出栏量约占总量的56.51%；养殖规模在100头以上的养殖场有6家，肉牛出栏量约占总量的0.83%。

表3.2.11　2017年常德市肉牛养殖情况

地区	散养（<5头）		小型（5～99头）		规模化（≥100头）		合计	
	户数/家	总量/头	户数/家	总量/头	户数/家	总量/头	户数/家	总量/头
市辖区	0	0	0	0	0	0	0	0
武陵区	30	40	0	0	0	0	30	40
鼎城区	8 963	16 519	264	8 879	0	0	9 227	25 398
安乡县	807	3 868	183	5 723	0	0	990	9 591
汉寿县	815	1 817	204	7 674	1	220	1 020	9 711
澧县	2 106	13 033	455	17 035	2	400	2 563	30 468
临澧县	0	0	385	19 172	0	0	385	19 172
桃源县	20 501	36 716	250	6 028	1	368	20 752	43 112
石门县	18 262	25 801	608	10 486	1	300	18 871	36 587
津市市	1 400	4 385	45	1 755	0	0	1 445	6 140
经开区	0	0	0	0	0	0	0	0
西洞庭湖	8	32	19	408	1	220	28	660
总计	52 892	102 211	2 413	77 160	6	1 508	55 311	180 879

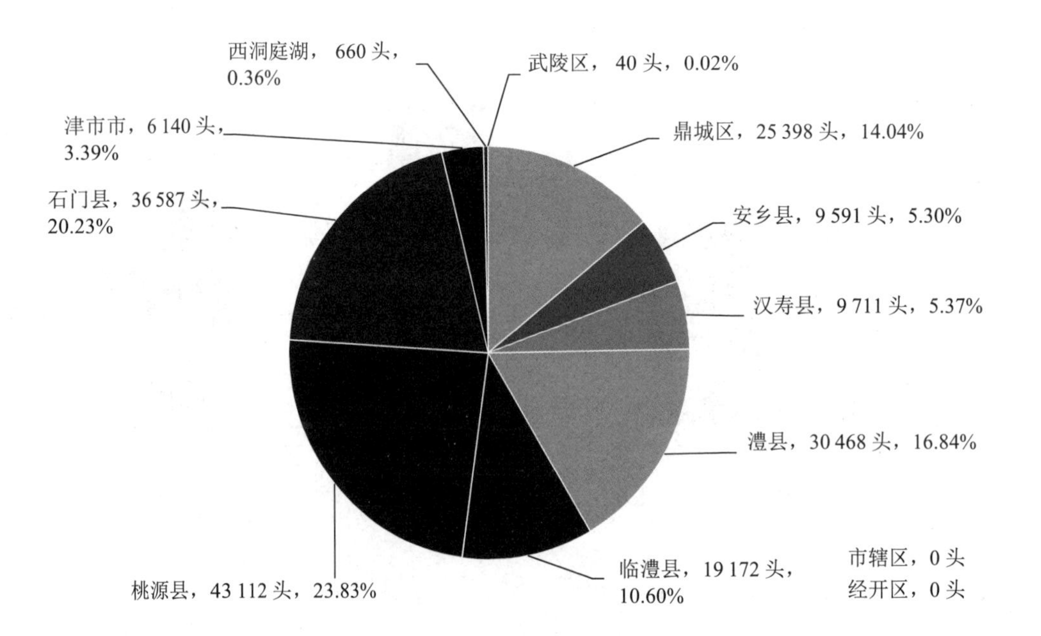

图3.2.39　2017年常德市各县（市、区）肉牛出栏量及占比

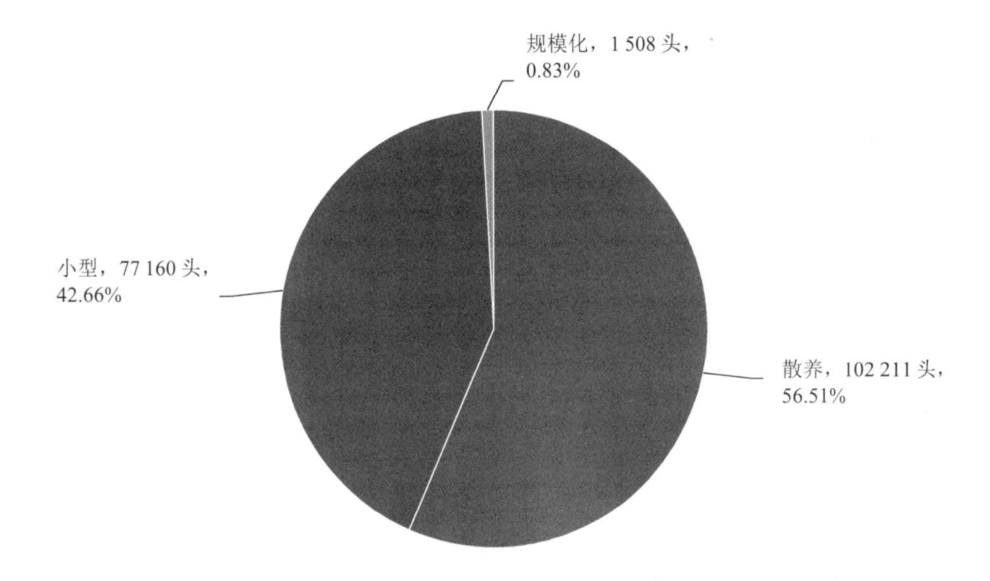

图 3.2.40　2017 年常德市各规模肉牛养殖场肉牛出栏量及占比

2017 年常德市肉牛各规模养殖场所产生的 COD、总氮、总磷排放情况分别如图 3.2.41～图 3.2.43 所示。

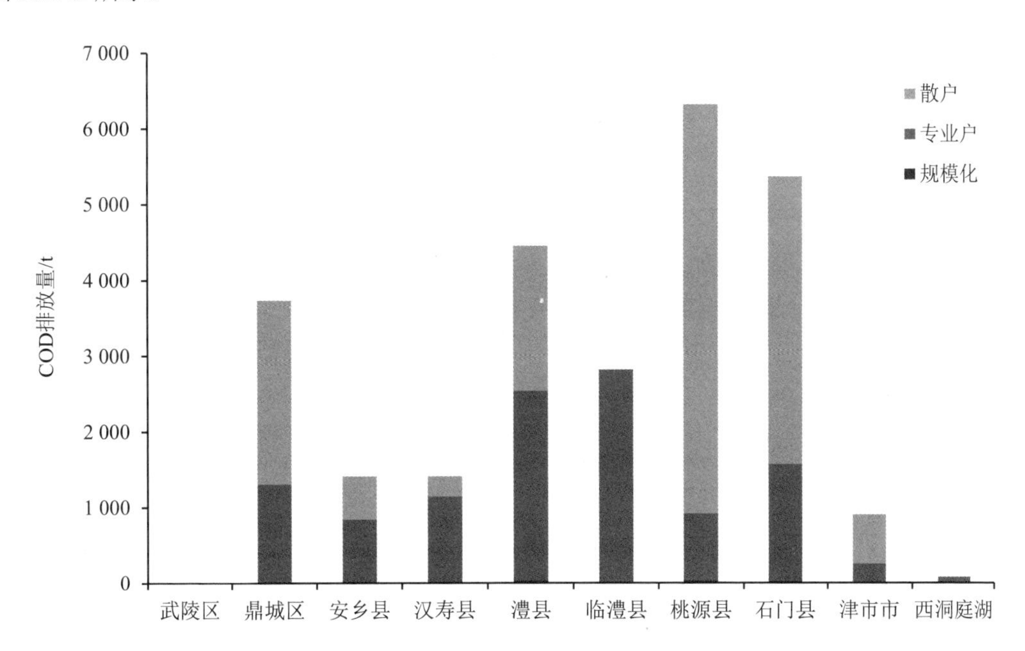

图 3.2.41　2017 年常德市各县（市、区）各规模肉牛养殖场 COD 排放量

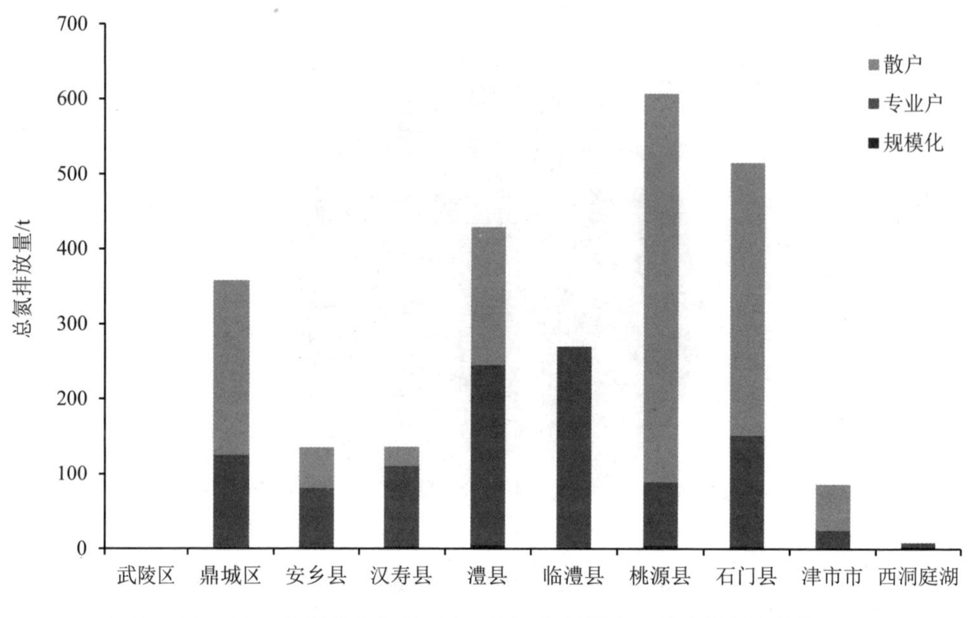

图 3.2.42 2017 年常德市各县（市、区）各规模肉牛养殖场总氮排放量

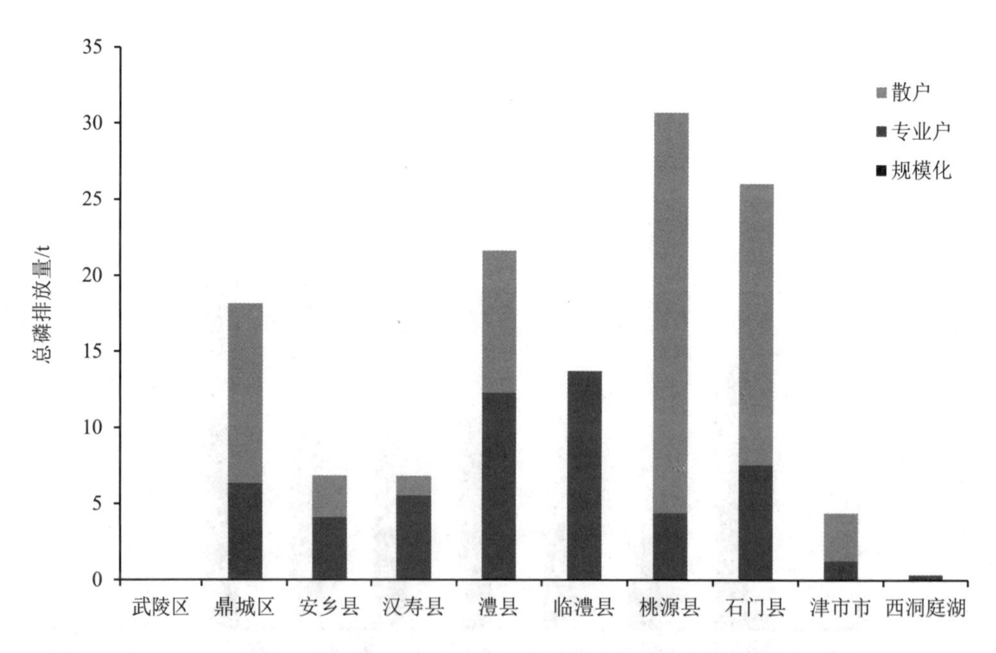

图 3.2.43 2017 年常德市各县（市、区）各规模肉牛养殖场总磷排放量

对于 COD 而言，从区域来看，桃源县 COD 排放量最大，为 6 319.30 t，占常德市 COD 排放总量的 23.83%；其次为石门县，排放量为 5 363.71 t，占比为 20.23%。从养殖规模上来看，散户型排放的 COD 量最大，为 15 041.81 t，占排放总量的 56.73%；规模化养殖场

最少，排放量为 118.46 t，占比为 0.45%。

对于总氮而言，从区域来看，其中，桃源县总氮排放量最大，为 607.13 t，占常德市总氮排放总量的 23.83%；其次为石门县，排放量为 515.26 t，占比为 20.23%。从养殖规模来看，散户型排放量最大，为 1 441.44 t，占排放总量的 56.59%；规模化养殖场最少，排放量为 17.69 t，占比为 0.69%。

对于总磷而言，从区域来看，其中，桃源县总磷排放量最大，为 30.69 t，占常德市总磷排放总量的 23.83%；其次为石门县，排放量为 26.04 t，占比为 20.22%。从养殖规模上来看，散户型排放的总磷量最大，为 73.15 t，占排放总量的 56.81%；规模化养殖场最少，排放量为 0.41 t，占比为 0.32%。

（4）蛋鸡

由表 3.2.12 和图 3.2.44 可知，2017 年常德市蛋鸡存栏量为 1 646.17 万羽，其中，蛋鸡存栏量最大的区（县）是桃源县，存栏量为 744.29 万羽，占总存栏量的 47.05%；其次是鼎城区，存栏量为 258.69 万羽，占比为 16.35%；武陵区与经开区没有蛋鸡养殖场。如图 3.2.45 所示，县（市、区）统计，养殖规模在 500～19 999 羽的养殖场有 3 128 家，蛋鸡存栏量约占总量的 65.17%；养殖规模在 500 羽以下的养殖场有 75 211 家，存栏量约占总量的 12.55%；养殖规模在 20 000 羽以上的养殖场有 91 家，存栏量约占总量的 22.28%。

表 3.2.12　2017 年常德市蛋鸡养殖情况

地区	散养（<500 羽）		小型（500～19 999 羽）		规模化（≥20 000 羽）		合计	
	户数/家	总量/羽	户数/家	总量/羽	户数/家	总量/羽	户数/家	总量/羽
市辖区	0	0	2	10 800	0	0	2	10 800
武陵区	0	0	0	0	0	0	0	0
鼎城区	43 595	815 740	494	1 566 140	6	205 000	44 095	2 586 880
安乡县	24 516	487 860	593	629 100	21	625 500	25 130	1 742 460
汉寿县	5 512	248 040	178	71 300	19	600 538	5 709	919 878
澧县	0	0	55	311 000	11	302 000	66	613 000
临澧县	53	22 520	268	1 072 300	1	80 000	322	1 174 820
桃源县	10	2 000	1 441	6 019 400	23	1 421 500	1 474	7 442 900
石门县	0	0	1	5 120	8	368 000	9	373 120
津市市	1 500	484 000	80	370 000	1	40 000	1 581	894 000
经开区	0	0	0	0	0	0	0	0
西洞庭湖	25	5 575	16	31 255	1	25 000	42	61 830
总计	75 211	2 065 735	3 128	10 728 415	91	3 667 538	78 430	16 461 688

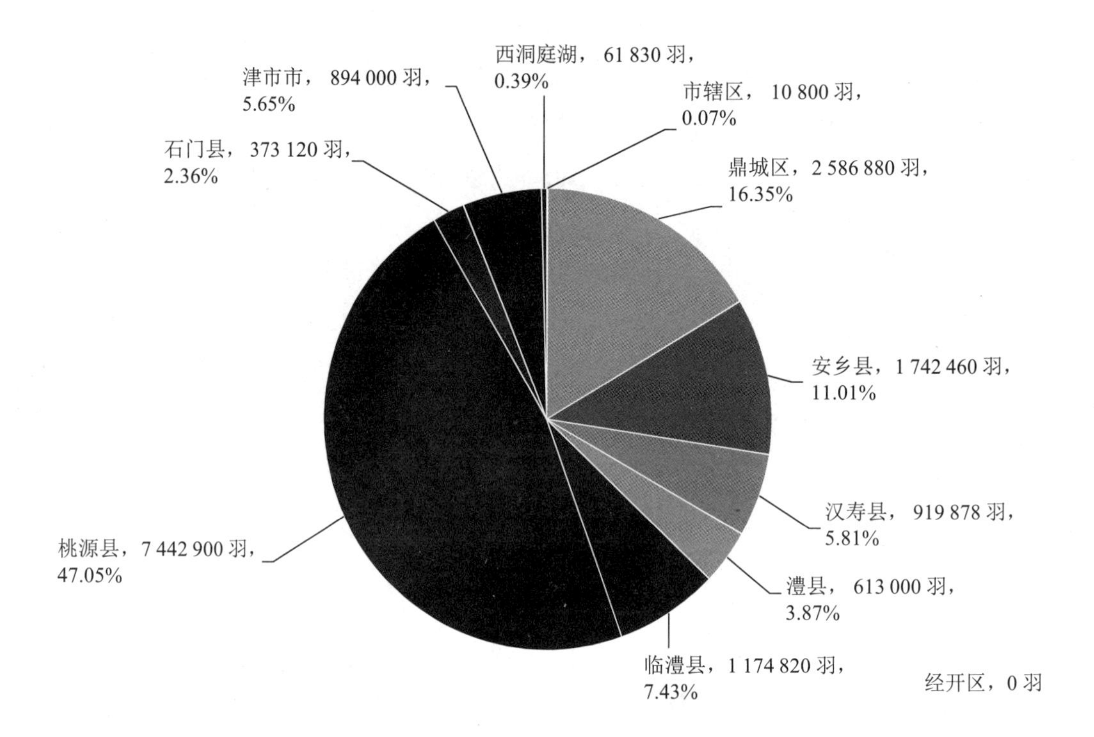

图 3.2.44 2017 年常德市各县（市、区）蛋鸡存栏量及占比

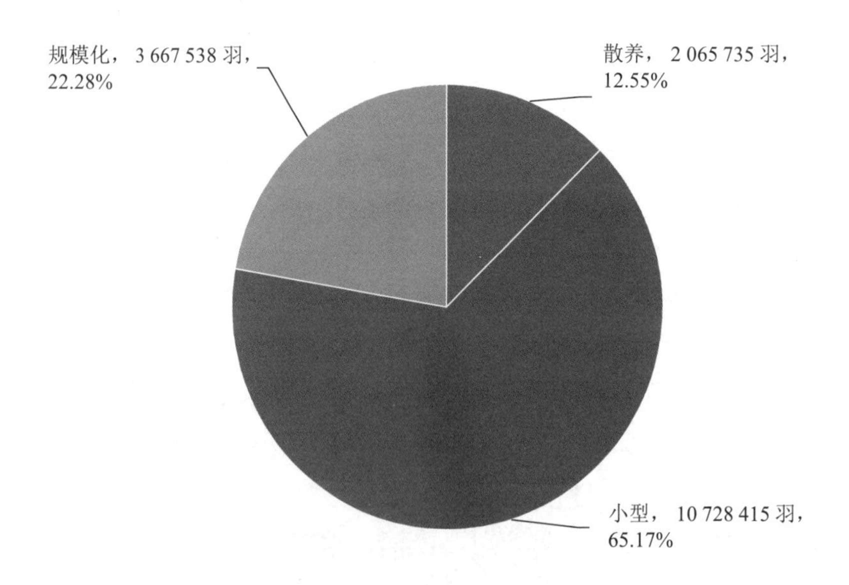

图 3.2.45 2017 年常德市各规模蛋鸡养殖场蛋鸡存栏量及占比

2017 年常德市蛋鸡各规模养殖场所产生的 COD、总氮、总磷排放情况分别如图 3.2.46～图 3.2.48 所示。从区域来看，其中，桃源县三者的排放量均最大，分别为 1 015.66 t、75.21 t、

243.87 t，分别占常德市 COD、总氮、总磷排放总量的 41.95%、42.62%、46.63%。COD 排放量第二的为汉寿县，排放量为 400.96 t，占比为 16.56%；总氮排放量第二的为鼎城区，排放量为 27.14 t，占比为 15.38%；总磷排放量第二的为鼎城区，排放量为 95.17 t，占比为 18.20%。从养殖规模上来看，专业户养殖场排放量最大，分别为 1 532.28 t、115.52 t、425.26 t，占比分别为 63.28%、65.46%、81.31%。散户型的 COD 和总氮排放量最少，分别为 295.06 t 和 22.23 t，占比分别为 12.19%和 12.60%，总磷的排放量最少的是规模化养殖场，占比为 3.03%。

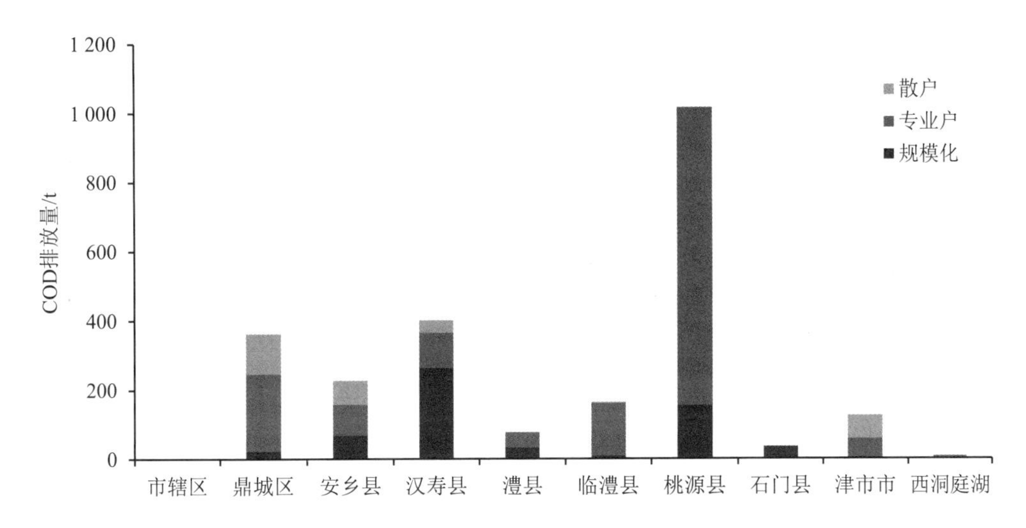

图 3.2.46　2017 年常德市各县（市、区）各规模蛋鸡养殖场 COD 排放量

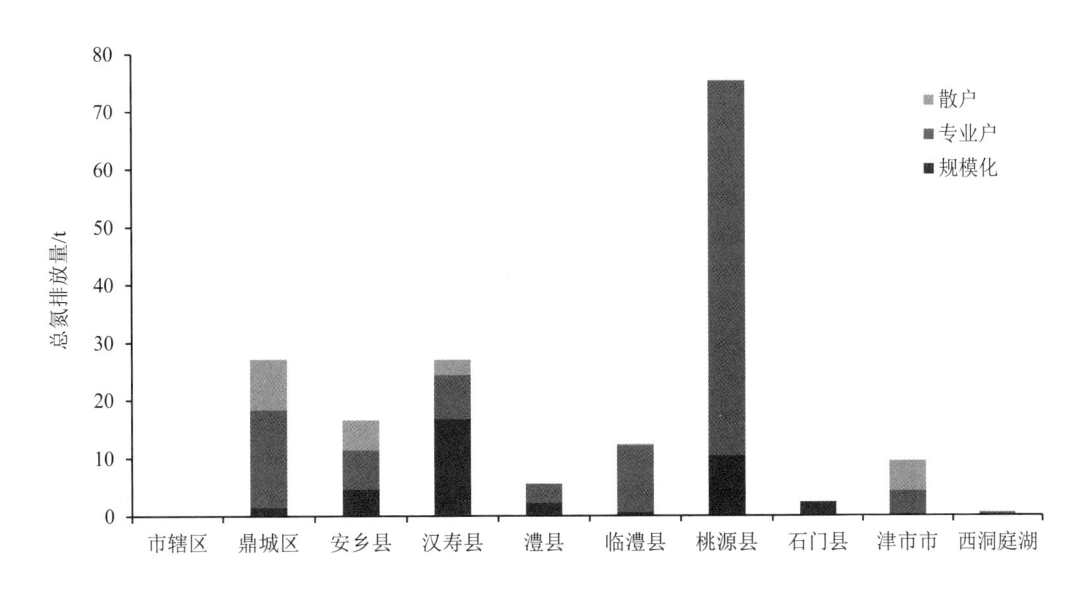

图 3.2.47　2017 年常德市各县（市、区）各规模蛋鸡养殖场总氮排放量

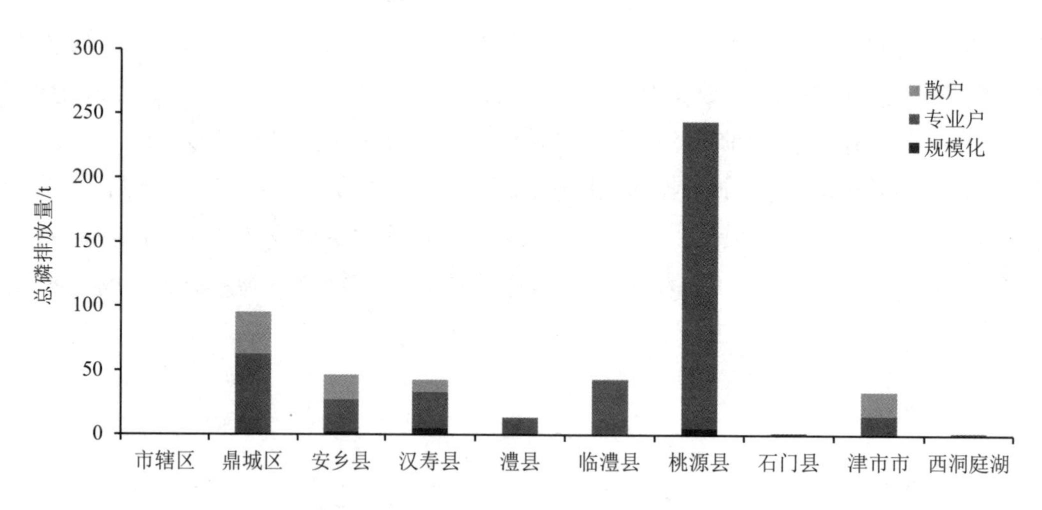

图 3.2.48 2017 年常德市各县（市、区）各规模蛋鸡养殖场总磷排放量

（5）肉鸡

由表 3.2.13 和图 3.2.49 可知，2017 年常德市肉鸡出栏量为 3 766.63 万羽，其中肉鸡出栏量最大的区（县）是临澧县，出栏量为 1 939.83 万羽，占总出栏量的 51.50%；其次是鼎城区，肉鸡出栏量为 395.82 万羽，占比为 10.51%；经开区没有肉鸡养殖场。如图 3.2.50 所示，县（市、区）统计，养殖规模在 2 000～49 999 羽的养殖场有 1 410 家，肉鸡出栏量约占总量的 35.61%；养殖规模在 2 000 羽以下的养殖场有 186 861 家，肉鸡出栏量约占总量的 28.57%；养殖规模在 50 000 羽以上的养殖场有 79 家，肉鸡出栏量约占总量的 35.82%。

表 3.2.13 2017 年常德市肉鸡养殖情况

地区		散养（<2 000 羽）		小型（2 000～49 999 羽）		规模化（≥50 000 羽）		合计	
		户数/家	总量/羽	户数/家	总量/羽	户数/家	总量/羽	户数/家	总量/羽
常德市	市辖区	0	0	2	11 600	0	0	2	11 600
	武陵区	50	12 000	0	0	0	0	50	12 000
	鼎城区	4 806	3 284 641	66	673 594	0	0	4 872	3 958 235
	安乡县	34 500	1 278 560	346	2 100 850	0	0	34 846	3 379 410
	汉寿县	85 640	602 750	13	52 100	0	0	85 653	654 850
	澧县	0	0	234	3 382 890	2	140 000	236	3 522 890
	临澧县	9 850	3 949 500	399	4 765 000	40	10 683 790	10 289	19 398 290
	桃源县	51 818	1 432 138	169	756 600	0	0	51 987	2 188 738
	石门县	0	0	90	1 283 206	36	2 598 000	126	3 881 206
	津市市	152	177 860	89	380 940	1	70 000	242	628 800
	经开区	0	0	0	0	0	0	0	0
	西洞庭湖	45	24 450	2	5 850	0	0	47	30 300
总计		186 861	10 761 899	1 410	13 412 630	79	13 491 790	188 350	37 666 319

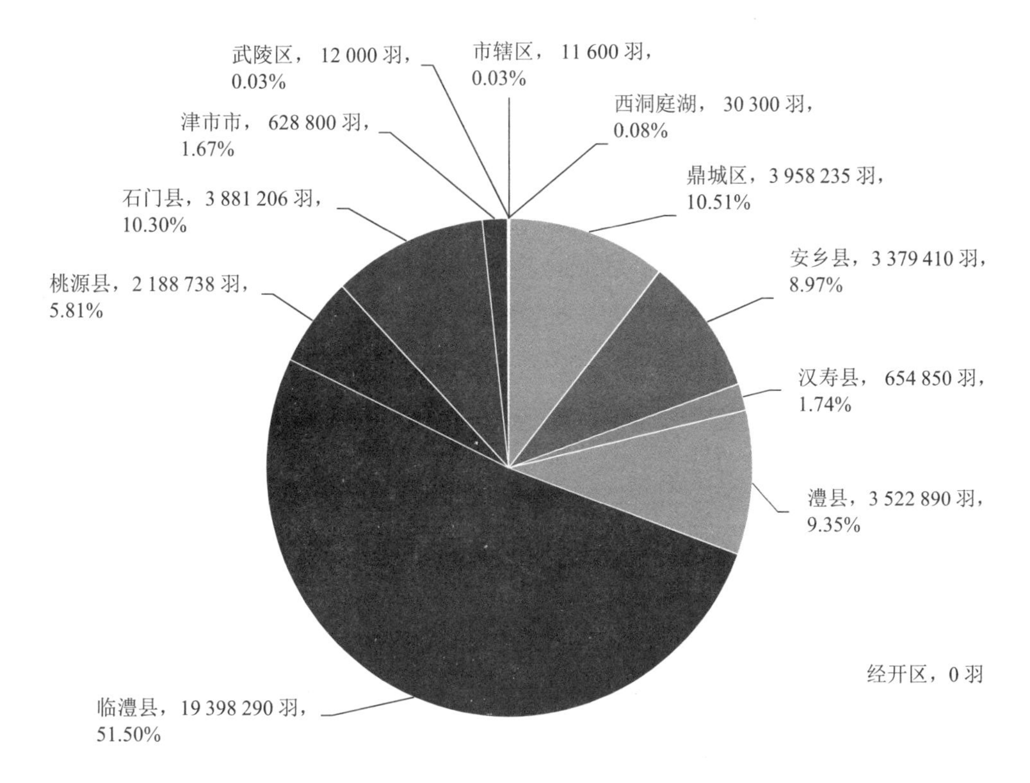

图 3.2.49　2017 年常德市各县（市、区）肉鸡出栏量及占比

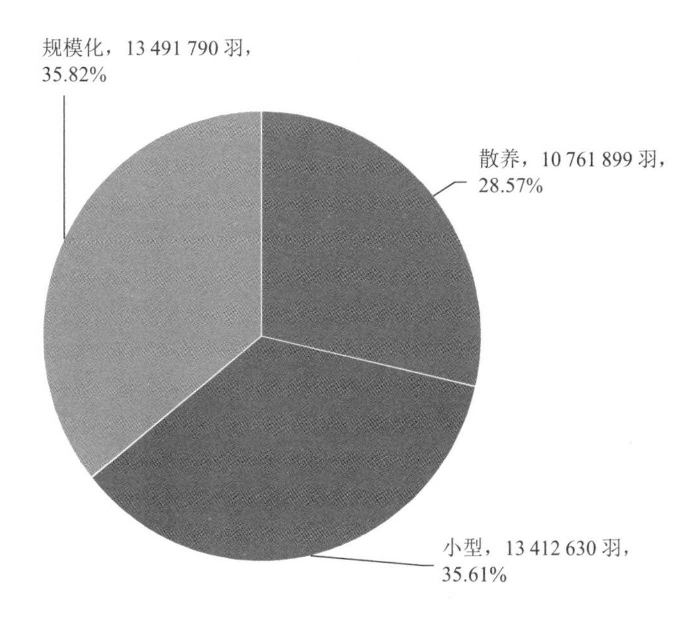

图 3.2.50　2017 年常德市各规模肉鸡养殖场肉鸡出栏量及占比

2017 年常德市肉鸡各规模养殖场所产生的 COD、总氮、总磷排放情况分别如图 3.2.51～图 3.2.53 所示。从区域来看，其中，临澧县三者的排放量均最大，分别为 9 104.44 t、302.38 t 和 138.23 t，分别占常德市 COD、总氮、总磷排放总量的 41.62%、41.52%、38.05%；其次为鼎城区，排放量分别为 2 932.14 t、97.96 t、55.63 t，占比分别为 13.40%、13.45%、15.31%。从养殖规模上看，专业户养殖场排放量最大，分别为 9 935.63 t、331.93 t、188.47 t，占比分别为 45.42%、45.58%、51.87%；规模化养殖场排放量最少，分别为 3 968.63 t、129.92 t、23.62 t，各自占比为 18.14%、17.84%、6.50%。

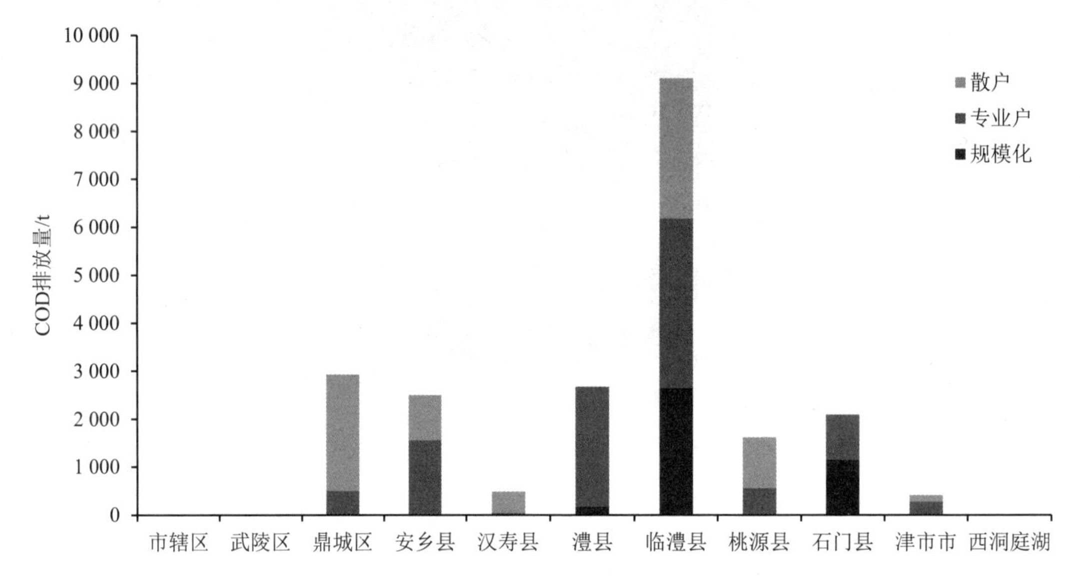

图 3.2.51 2017 年常德市各县（市、区）各规模肉鸡养殖场 COD 排放量

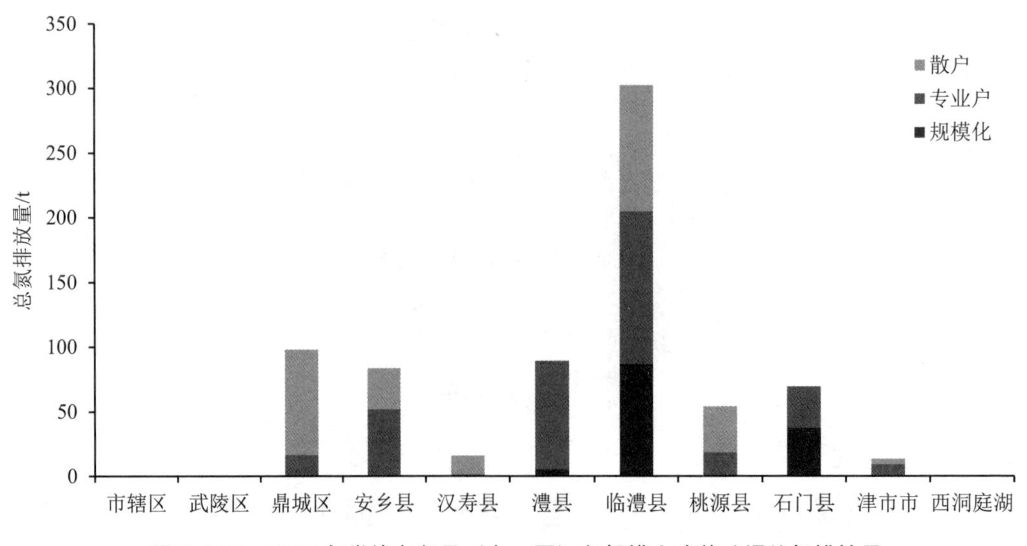

图 3.2.52 2017 年常德市各县（市、区）各规模肉鸡养殖场总氮排放量

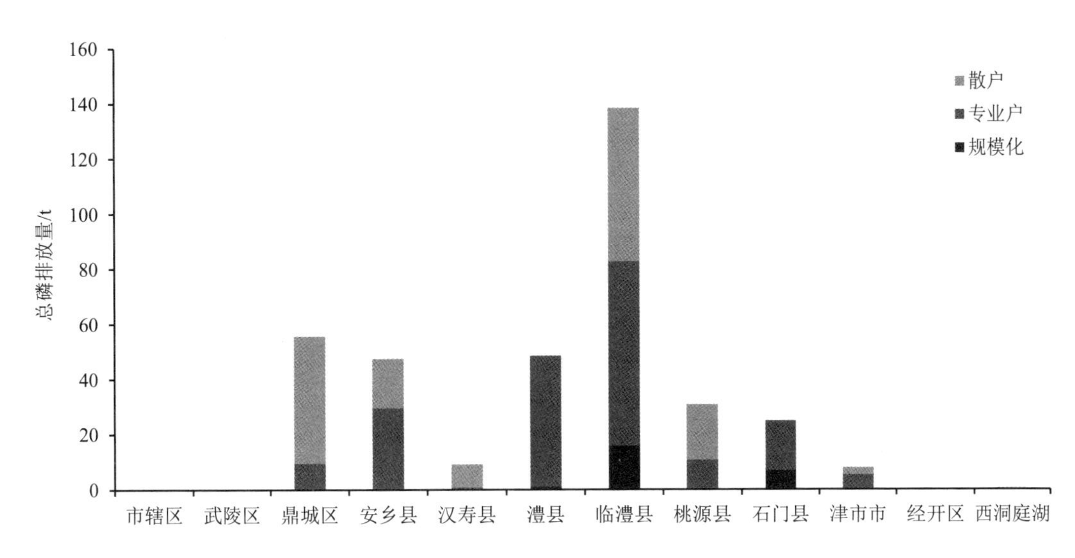

图 3.2.53　2017 年常德市各县（市、区）各规模肉鸡养殖场总磷排放量

（6）污染物排放总量

1）COD

2017 年常德市所有畜禽养殖业所产生的 COD 排放情况见表 3.2.14 和图 3.2.54。从区域来看，其中，澧县 COD 排放量最大，为 56 508.82 t，占常德市 COD 排放总量的 20.62%；其次为桃源县，排放量为 46 222.72 t，占常德市 COD 排放总量的 16.87%；市辖区排放量最少，为 133.64 t，占比为 0.05%。从规模上来看，散户型排放的 COD 量最大，为 133 690.73 t，占排放总量的 48.79%；其次为专业户养殖场，排放量为 93 511.20 t，占比为 34.13%；最小为规模化养殖场，排放量为 46 810.69 t，占比为 17.08%。

表 3.2.14　2017 年常德市畜禽养殖业 COD 排放量

地区	COD 排放量/t			合计	
	规模化	专业户	散户	总量/t	占比/%
市辖区	0.00	133.64	0.00	133.64	0.05
武陵区	0.00	0.00	151.10	151.10	0.06
鼎城区	6 019.29	12 318.92	20 867.86	39 206.07	14.31
安乡县	2 605.91	9 865.44	9 896.68	22 368.03	8.16
汉寿县	5 303.52	8 433.24	21 894.56	35 631.32	13.00
澧县	9 471.62	26 814.07	20 223.13	56 508.82	20.62
临澧县	6 844.90	11 047.80	5 880.22	23 772.92	8.68
桃源县	7 221.28	8 663.32	30 338.12	46 222.72	16.87
石门县	4 859.76	11 493.09	16 886.98	33 239.83	12.13
津市市	3 822.94	4 115.29	6 489.87	14 428.10	5.27

地区		COD 排放量/t			合计	
		规模化	专业户	散户	总量/t	占比/%
经开区		0.00	71.98	382.35	454.33	0.17
西洞庭湖		661.47	554.41	679.86	1 895.74	0.69
合计	总量/t	46 810.69	93 511.20	133 690.73	274 012.62	100
	占比/%	17.08	34.13	48.79	100	—

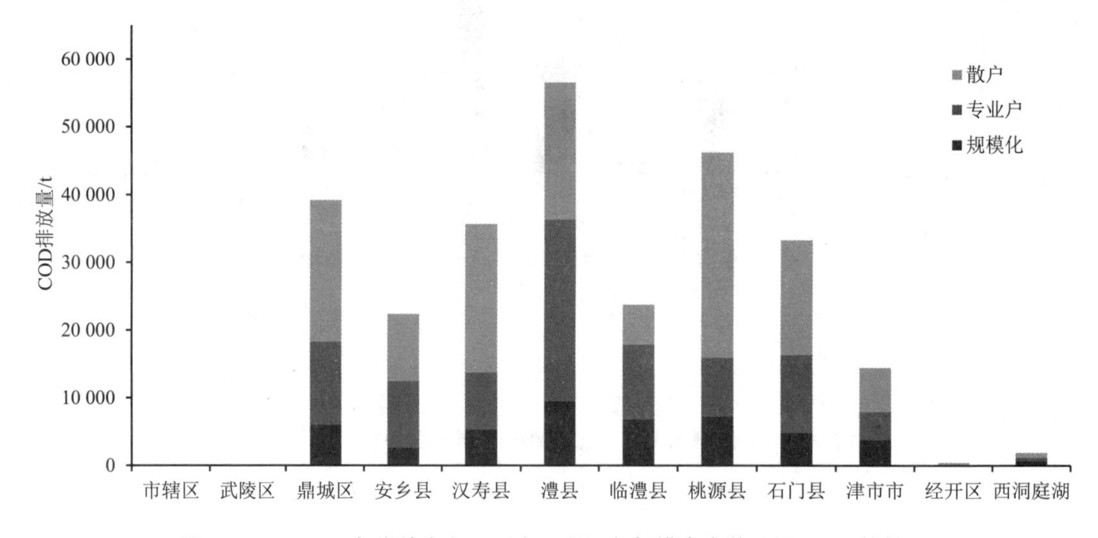

图 3.2.54 2017 年常德市各县（市、区）各规模畜禽养殖场 COD 排放量

2）总氮

2017 年常德市所有畜禽养殖业所产生的总氮排放情况见表 3.2.15 和图 3.2.55。从区域来看，其中，澧县总氮排放量最大，为 6 702.19 t，占常德市总氮排放总量的 21.31%；其次为桃源县，排放量为 5 845.89 t，占常德市总氮排放总量的 18.59%；市辖区排放量最少，为 15.30 t，占比为 0.05%。从规模上来看，散户型排放的总氮量最大，为 14 359.88 t，占比为 45.67%；其次为专业户养殖场，排放量为 9 195.73 t，占比为 29.24%；最小为规模化养殖场，排放量为 7 889.83 t，占比为 25.09%。

表 3.2.15 2017 年常德市畜禽养殖业总氮排放量

地区	总氮排放量/t			合计	
	规模化	专业户	散户	总量/t	占比/%
市辖区	0.00	15.30	0.00	15.30	0.05
武陵区	0.00	0.00	17.30	17.30	0.06
鼎城区	1 006.94	1 399.52	2 238.79	4 645.25	14.77
安乡县	304.83	1 029.04	1 093.58	2 427.45	7.72

地区		总氮排放量/t			合计	
		规模化	专业户	散户	总量/t	占比/%
汉寿县		727.26	117.19	2 593.01	3 437.46	10.93
澧县		1 360.21	2 950.85	2 391.13	6 702.19	21.31
临澧县		875.30	947.72	453.87	2 276.89	7.24
桃源县		1 478.83	934.99	3 432.07	5 845.89	18.59
石门县		812.68	1 264.79	1 942.32	4 019.79	12.78
津市市		1 117.80	462.86	71.45	1 652.11	5.25
经开区		0.00	8.68	46.11	54.79	0.17
西洞庭湖		205.98	64.79	80.25	351.02	1.12
合计	总量/t	7 889.83	9 195.73	14 359.88	31 445.44	100
	占比/%	25.09	29.24	45.67	100	—

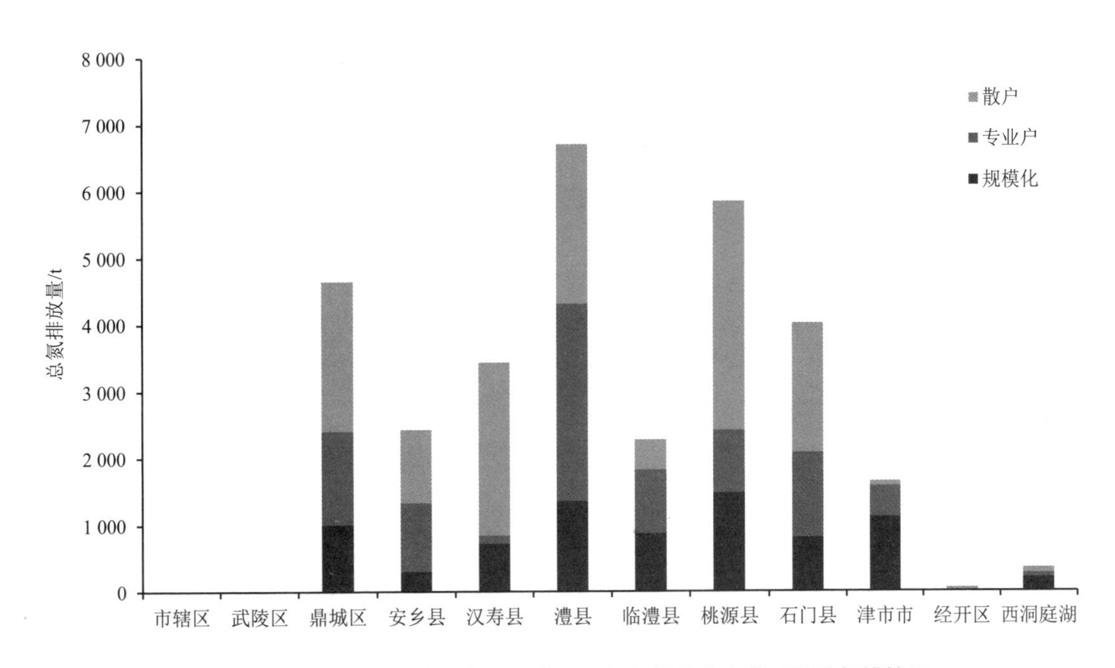

图 3.2.55　2017 年常德市各县（市、区）各规模畜禽养殖场总氮排放量

3）总磷

2017 年常德市所有畜禽养殖业所产生的总磷排放情况见表 3.2.16 和图 3.2.56。从区域来看，其中，桃源县总磷排放量最大，为 664.53 t，占常德市总磷排放总量的 20.64%；其次为澧县，排放量为 589.99 t，占常德市总磷排放总量的 18.33%；市辖区排放量最少，为 1.73 t，占比为 0.05%。从规模上来看，散户型排放的总磷量最大，为 1 327.38 t，占排放总量的 41.23%；其次为专业户养殖场，排放量为 1 322.90 t，占比为 41.09%；最小为规模化养殖场，排放量为 568.96 t，占比为 17.67%。

表 3.2.16 2017 年常德市畜禽养殖业总磷排放量

地区		总磷排放量/t			合计	
		规模化	专业户	散户	总量/t	占比/%
市辖区		0.00	1.73	0.00	1.73	0.05
武陵区		0.00	0.00	1.46	1.46	0.05
鼎城区		80.39	173.09	237.28	490.76	15.24
安乡县		43.41	126.80	116.95	287.16	8.92
汉寿县		77.90	100.77	215.21	393.88	12.24
澧县		138.01	273.32	178.66	589.99	18.33
临澧县		66.25	165.22	83.70	315.17	9.79
桃源县		84.85	312.35	267.33	664.53	20.64
石门县		48.89	108.98	139.56	297.43	9.24
津市市		25.67	53.86	77.03	156.56	4.86
经开区		0.00	0.67	3.54	4.21	0.13
西洞庭湖		3.59	6.11	6.66	16.36	0.51
合计	总量/t	568.96	1 322.90	1 327.38	3 219.24	100
	占比/%	17.67	41.09	41.23	100	—

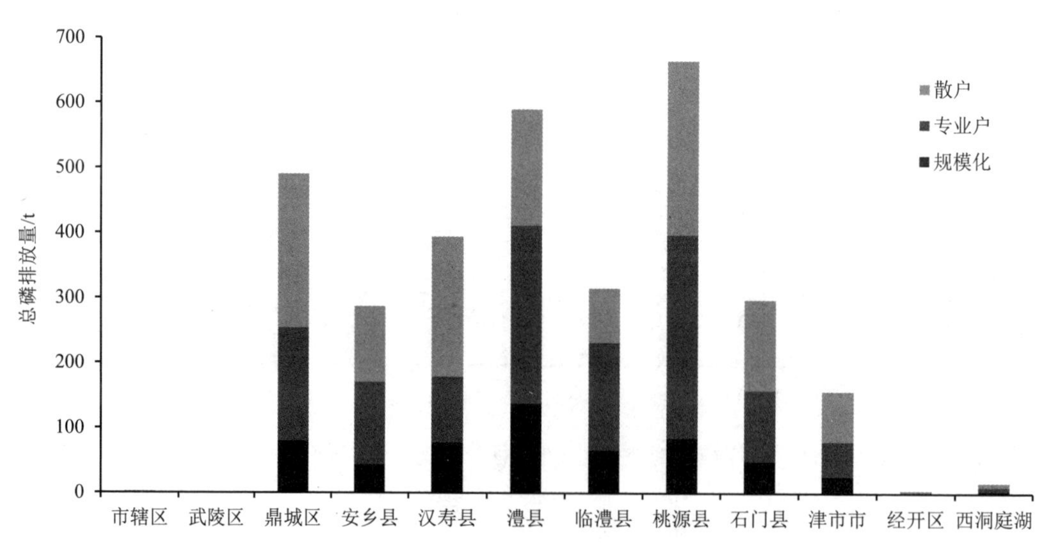

图 3.2.56 2017 年常德市各县（市、区）各规模畜禽养殖场总磷排放量

3.2.1.3 岳阳市畜禽养殖情况

（1）生猪

由表 3.2.17 和图 3.2.57 可知，2017 年岳阳市生猪出栏量为 418.08 万头，其中，汨罗市生猪出栏量最大，为 76.82 万头，占生猪出栏量的 18.37%；其次是岳阳县，生猪出栏量

为 73.95 万头；经开区生猪出栏量最少，仅有 0.19 万头。如图 3.2.58 所示，县（市、区）统计，养殖规模在 50～499 头的养殖场有 2 934 家，生猪出栏量约占总量的 10.60%；养殖规模在 50 头以下的养殖场有 126 856 家，生猪出栏量约占总量的 32.68%；养殖规模在 500 头以上的养殖场有 1 910 家，生猪出栏量约占总量的 56.73%。

表 3.2.17 2017 年岳阳市生猪养殖情况

地区		散养（<50 头）		小型（50～499 头）		大型（≥500 头）		合计	
		户数/家	总量/头	户数/家	总量/头	户数/家	总量/头	户数/家	总量/头
岳阳市	君山区	499	6 442	13	2 655	10	29 100	522	38 197
	经开区	0	0	1	1 897	0	0	1	1 897
	岳阳楼区	47	60 175	0	0	69	89 057	116	149 232
	临湘市	9 226	227 679	328	63 495	315	225 363	9 869	516 537
	汨罗市	36 753	318 550	637	56 344	288	393 258	37 678	768 152
	平江县	31 240	203 210	900	122 787	303	326 660	32 443	652 657
	湘阴县	26 430	124 100	406	111 774	256	336 859	27 092	572 733
	岳阳县	14 614	63 511	517	58 592	459	617 385	15 590	739 488
	云溪区	1 087	86 034	1	5 000	49	53 640	1 137	144 674
	屈原区	210	7 500	13	3 696	116	232 424	339	243 620
	华容县	6 750	269 000	118	16 715	45	67 850	6 913	353 565
总计		126 856	1 366 201	2 934	442 955	1 910	2 371 596	131 700	4 180 752

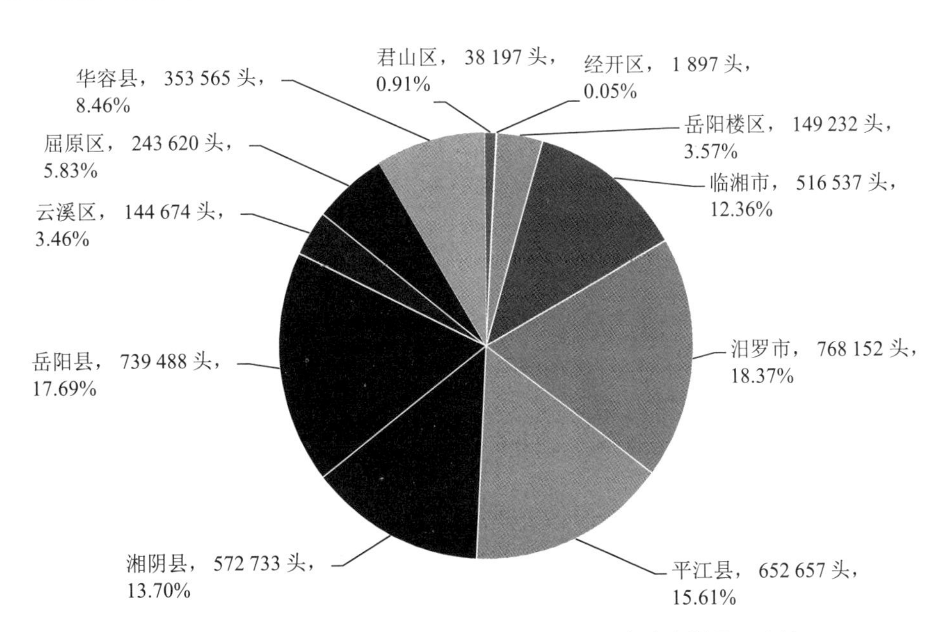

图 3.2.57 2017 年岳阳市各县（市、区）生猪出栏量及占比

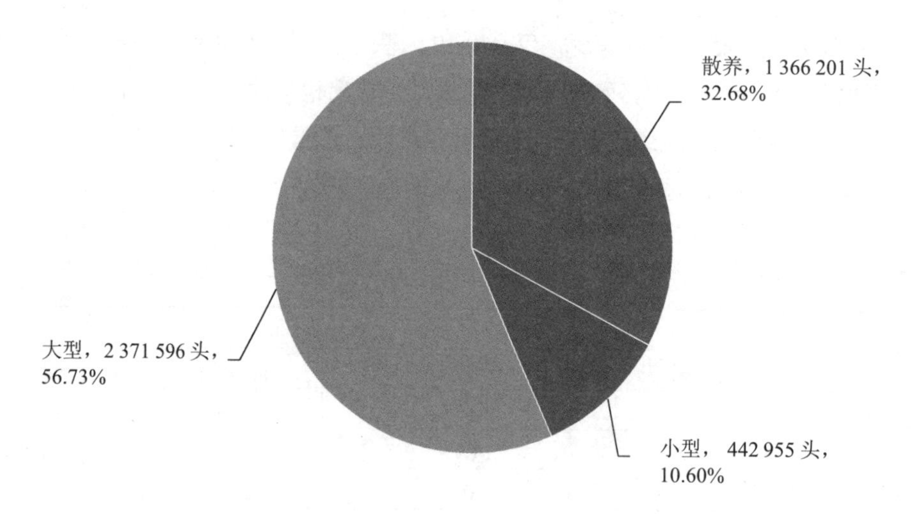

图 3.2.58 2017 年岳阳市各规模生猪养殖场生猪出栏量及占比

2017 年岳阳市生猪各规模养殖场所产生的 COD 排放情况如图 3.2.59 所示。从区域来看，其中，汨罗市 COD 排放量最大，为 28 932.60 t，占岳阳市 COD 排放总量的 18.88%；其次为平江县，排放量为 27 982.86 t，占岳阳市 COD 排放总量的 18.26%；经开区排放量最少，为 103.44 t，占比为 0.07%。从规模上来看，散户型排放的 COD 量最大，为 74 496.56 t，占排放总量的 48.62%；其次为规模化养殖场，占比为 35.62%；最小为专业户养殖场，排放量为 24 153.56 t，占比为 15.76%。

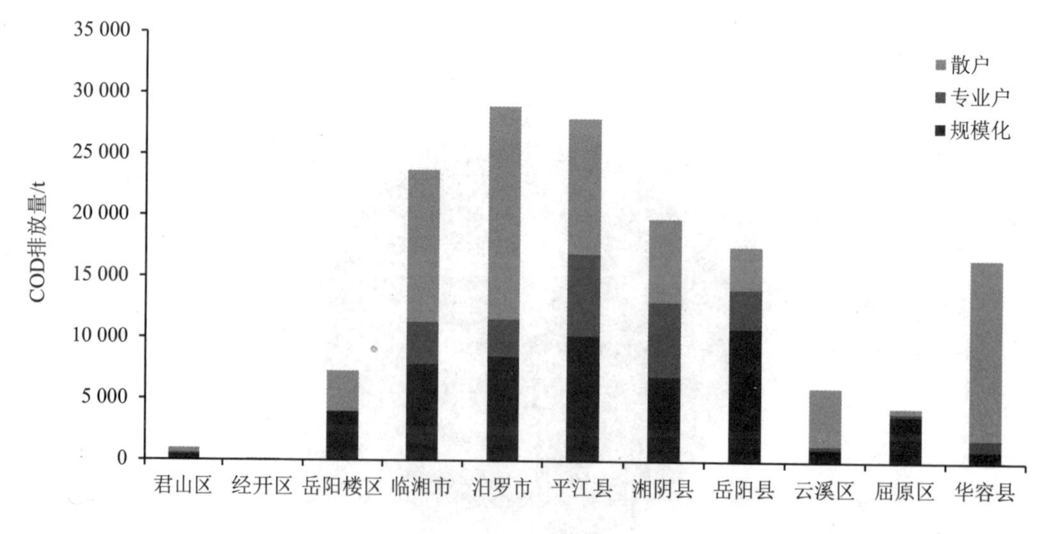

图 3.2.59 2017 年岳阳市各县（市、区）各规模生猪养殖场 COD 排放量

2017 年岳阳市生猪各规模养殖场所产生的总氮排放情况如图 3.2.60 所示。从区域来看，其中，汨罗市总氮排放量最大，为 4 346.19 t，占岳阳市总氮排放总量的 18.58%；其次为

平江县，排放量为 3 811.03 t，占岳阳市总氮排放总量的 16.29%；经开区排放量最少，为 12.47 t，占比为 0.05%。从规模上来看，规模化养殖场排放的总氮量最大，为 11 497.4 t，占排放总量的 49.15%；其次为散户型，占比为 38.40%；最小为专业户养殖场，排放量为 2 912.57 t，占比为 12.45%。

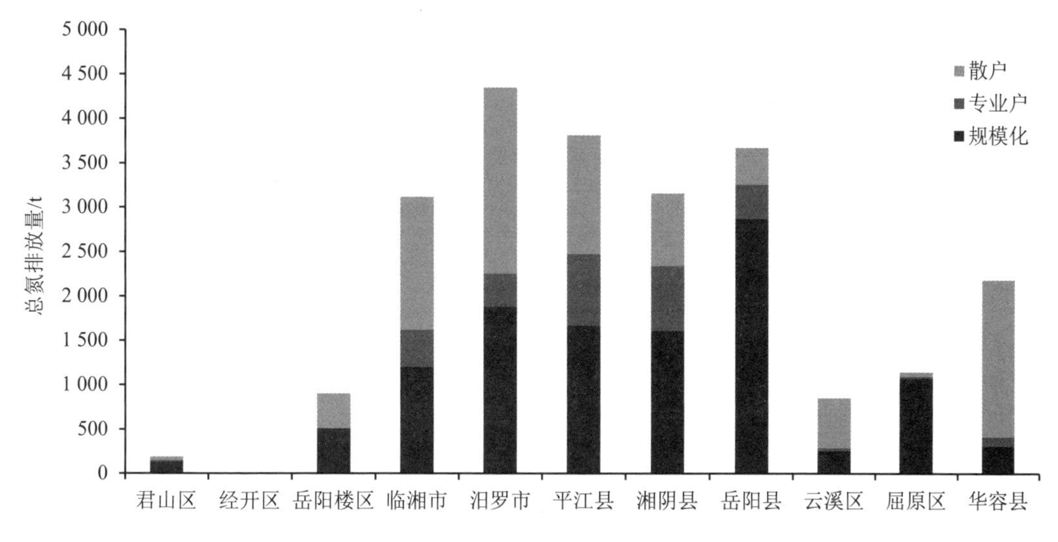

图 3.2.60　2017 年岳阳市各县（市、区）各规模生猪养殖场总氮排放量

2017 年岳阳市生猪各规模养殖场所产生的总磷排放情况如图 3.2.61 所示。从区域来看，其中，平江县总磷排放量最大，为 304.78 t，占岳阳市总磷排放总量的 20.02%；其次为汨罗市，排放量为 278.85 t，占岳阳市总磷排放总量的 18.32%；经开区排放量最少，为 0.96 t，占比为 0.06%。从规模上来看，散户型排放的总磷量最大，为 689.16 t，占排放总量的 45.28%；其次为规模化养殖场，占比为 40.04%；最小为专业户养殖场，排放量为 223.44 t，占比为 14.68%。

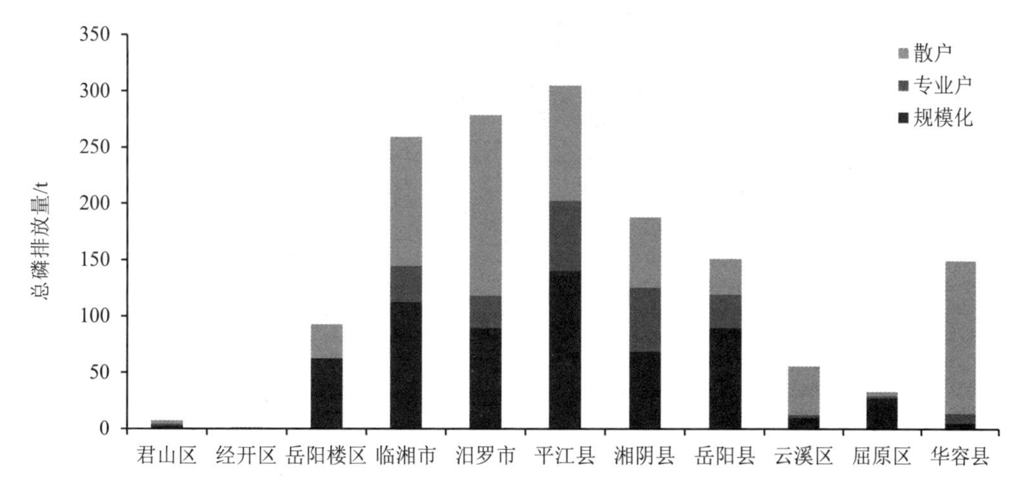

图 3.2.61　2017 年岳阳市各县（市、区）各规模生猪养殖场总磷排放量

（2）奶牛

由表 3.2.18 和图 3.2.62 可知，2017 年岳阳市奶牛存栏量为 256 头，分别养殖在汨罗市和云溪区，奶牛存栏量分别为 150 头和 106 头，各自占总存栏量的 58.59%和 41.41%；其他县（区）无养牛场。如图 3.2.63 所示，县（市、区）统计，养殖规模在 5～99 头的养殖场有 3 家，奶牛存栏量约占总量的 58.59%；无养殖规模在 5 头以下的养殖场；养殖规模在 100 头以上的养殖场有 1 家，奶牛存栏量约占总量的 41.41%。

表 3.2.18 2017 年岳阳市奶牛养殖情况

地区	散养（<5 头）		小型（5～99 头）		规模化（≥100 头）		合计	
	户数/家	总量/头	户数/家	总量/头	户数/家	总量/头	户数/家	总量/头
君山区	0	0	0	0	0	0	0	0
经开区	0	0	0	0	0	0	0	0
临湘市	0	0	0	0	0	0	0	0
汨罗市	0	0	3	150	0	0	3	150
平江县	0	0	0	0	0	0	0	0
湘阴县	0	0	0	0	0	0	0	0
岳阳县	0	0	0	0	0	0	0	0
云溪区	0	0	0	0	1	106	1	106
屈原区	0	0	0	0	0	0	0	0
华容县	0	0	0	0	0	0	0	0
总计	0	0	3	150	1	106	4	256

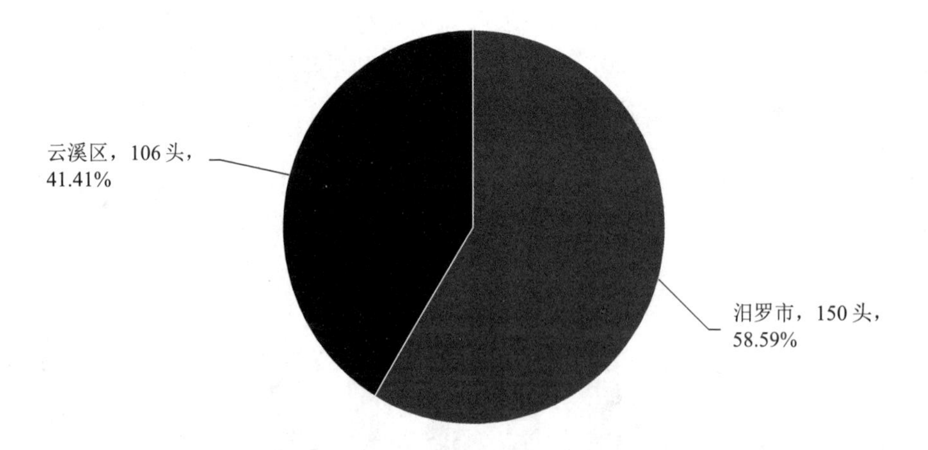

图 3.2.62 2017 年岳阳市各县（市、区）奶牛存栏量及占比

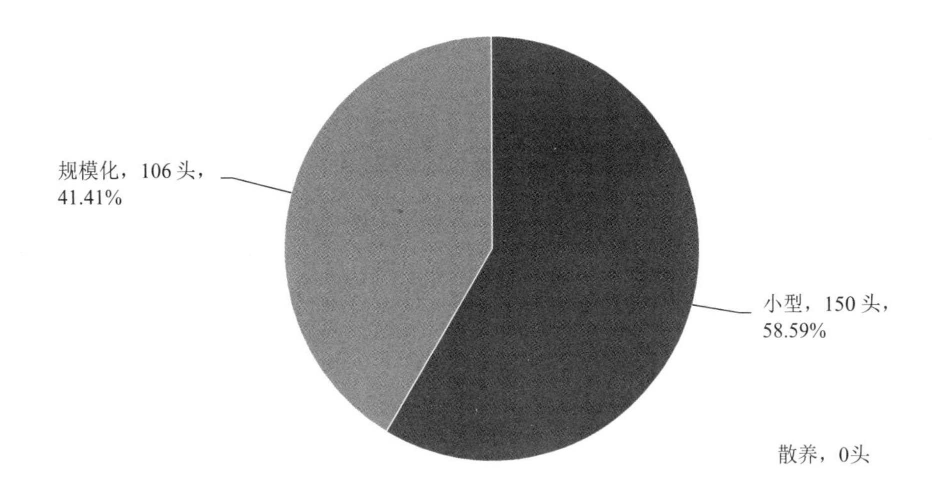

图 3.2.63　2017 年岳阳市各规模奶牛养殖场奶牛存栏量及占比

2017 年岳阳市奶牛各规模养殖场所产生的 COD 排放情况如图 3.2.64 所示。从区域来看，其中，云溪区 COD 排放量最大，为 34.36 t，占岳阳市 COD 排放总量的 59.40%；其次为汨罗市，排放量为 23.49 t，占岳阳市 COD 排放总量的 40.60%；其余县（区）排放量为 0。从规模上来看，规模化养殖场排放的 COD 量最大，为 34.36 t，占排放总量的 59.40%；其次为专业户养殖场，排放量为 23.49 t，占比为 40.60%；散户型则无 COD 排放。

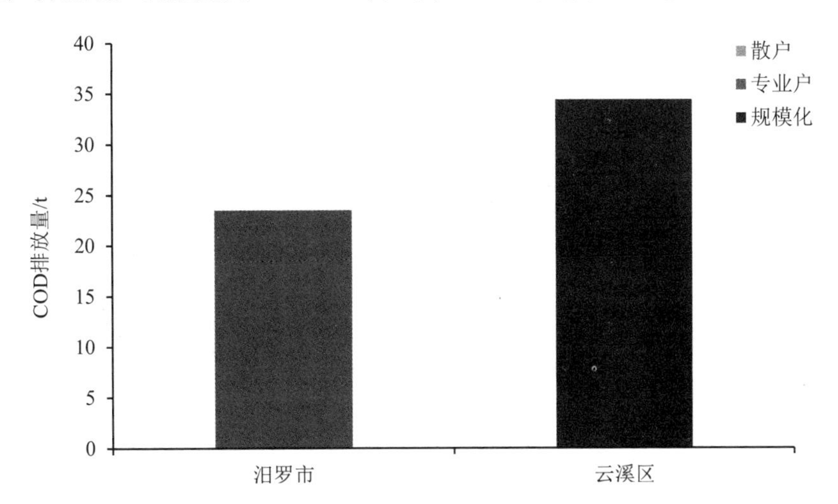

图 3.2.64　2017 年岳阳市各县（市、区）各规模奶牛养殖场 COD 排放量

2017 年岳阳市奶牛各规模养殖场所产生的总氮排放情况如图 3.2.65 所示。从区域来看，其中，云溪区总氮排放量最大，为 5.74 t，占岳阳市总氮排放总量的 51.67%；其次为汨罗市，排放量为 5.37 t，占岳阳市总氮排放总量的 48.33%；其余县（区）排放量为 0。从规

模上来看，规模化养殖场排放的总氮量最大，为 5.74 t，占排放总量的 51.67%；其次为专业户养殖场，排放量为 5.37 t，占比为 48.33%；散户型则无总氮排放。

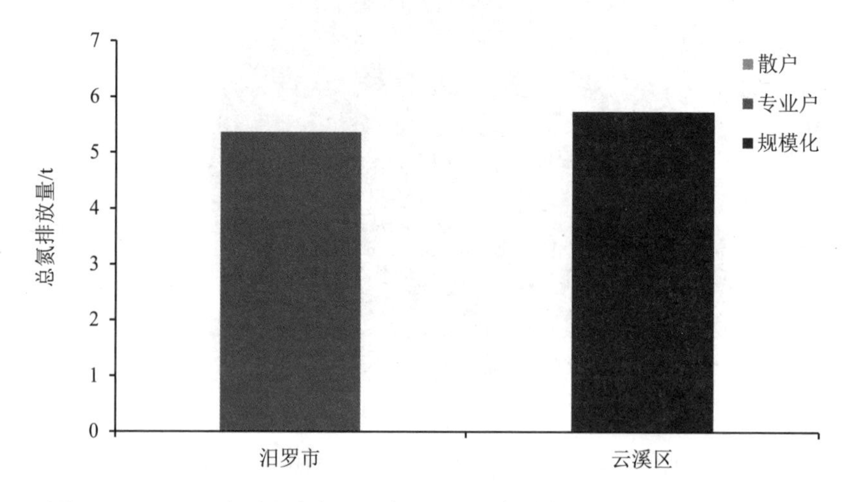

图 3.2.65　2017 年岳阳市各县（市、区）各规模奶牛养殖场总氮排放量

2017 年岳阳市奶牛各规模养殖场所产生的总磷排放情况如图 3.2.66 所示。从区域来看，其中，云溪区总磷排放量最大，为 0.27 t，占岳阳市总磷排放总量的 62.79%；其次为汨罗市，排放量为 0.16 t，占岳阳市总磷排放总量的 37.21%；其余县（区）排放量为 0。从规模上来看，规模化养殖场排放的总磷量最大，为 0.27 t，占排放总量的 62.79%；其次为专业户养殖场，排放量为 0.16 t，占比为 37.21%；散户型则无总磷排放。

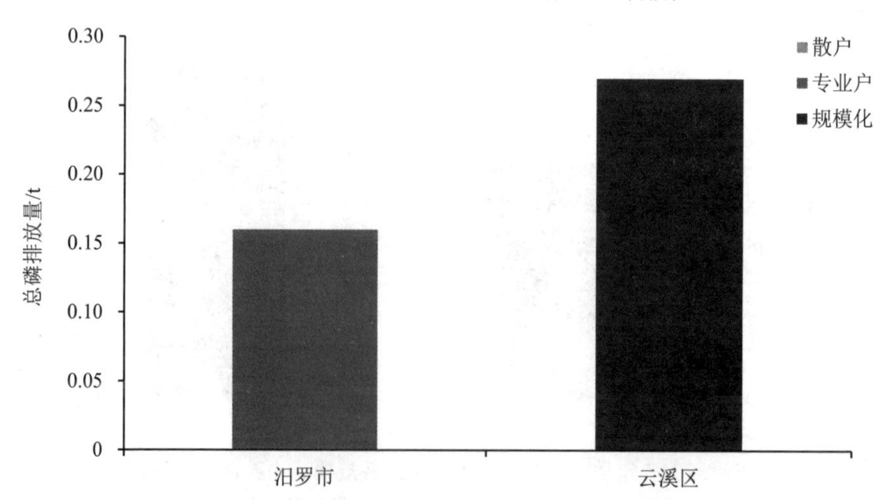

图 3.2.66　2017 年岳阳市各县（市、区）各规模奶牛养殖场总磷排放量

（3）肉牛

由表 3.2.19 和图 3.2.67 可知，2017 年岳阳市肉牛出栏量为 9.90 万头，其中，肉牛出

栏量最大的是平江县，为 3.23 万头，占总出栏量的 32.64%；其次是湘阴县，出栏量为 2.18 万头，占比为 22.00%；君山区没有肉牛养殖场。如图 3.2.68 所示，县（市、区）统计，养殖规模在 10～199 头的养殖场有 587 家，肉牛出栏量约占总量的 20.54%；养殖规模在 10 头以下的养殖场有 47 969 家，肉牛出栏量约占总量的 77.38%；养殖规模在 200 头以上的养殖场有 5 家，肉牛出栏量约占总量的 2.08%。

表 3.2.19 2017 年岳阳市肉牛养殖情况

地区	散养（<10 头）		小型（10～199 头）		规模化（≥200 头）		合计	
	户数/家	总量/头	户数/家	总量/头	户数/家	总量/头	户数/家	总量/头
君山区	0	0	0	0	0	0	0	0
经开区	0	0	5	583	0	0	5	583
岳阳楼区	4	295	0	0	1	220	5	515
临湘市	7 175	7 861	68	2 465	0	0	7 243	10 326
汨罗市	9 647	7 900	62	1 475	0	0	9 709	9 375
平江县	20 490	29 820	85	2 177	1	300	20 576	32 297
湘阴县	4 960	18 850	68	2 482	1	440	5 029	21 772
岳阳县	3 554	4 080	202	7 381	0	0	3 756	11 461
云溪区	743	1 645	0	0	0	0	743	1 645
屈原区	24	120	36	1 349	0	0	60	1 469
华容县	1 372	6 000	61	2 409	2	1 100	1 435	9 509
总计	47 969	76 571	587	20 321	5	2 060	48 561	98 952

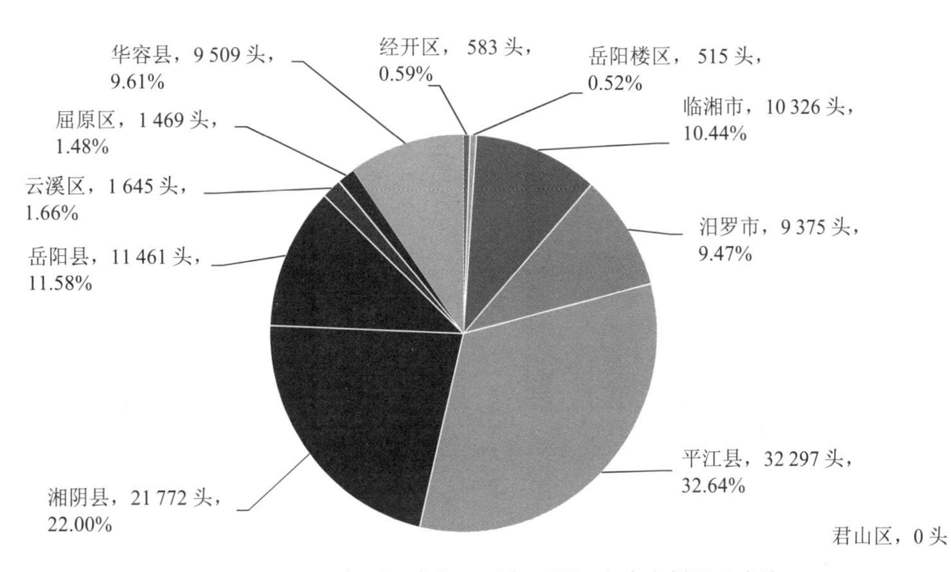

图 3.2.67 2017 年岳阳市各县（市、区）肉牛出栏量及占比

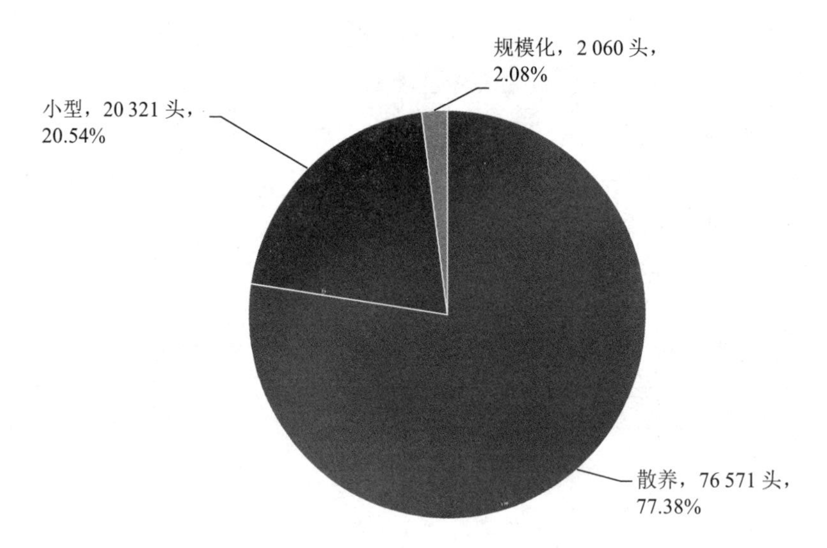

图 3.2.68　2017 年岳阳市各规模肉牛养殖场肉牛出栏量及占比

2017 年岳阳市肉牛各规模养殖场所产生的 COD、总氮、总磷排放情况分别如图 3.2.69～图 3.2.71 所示。

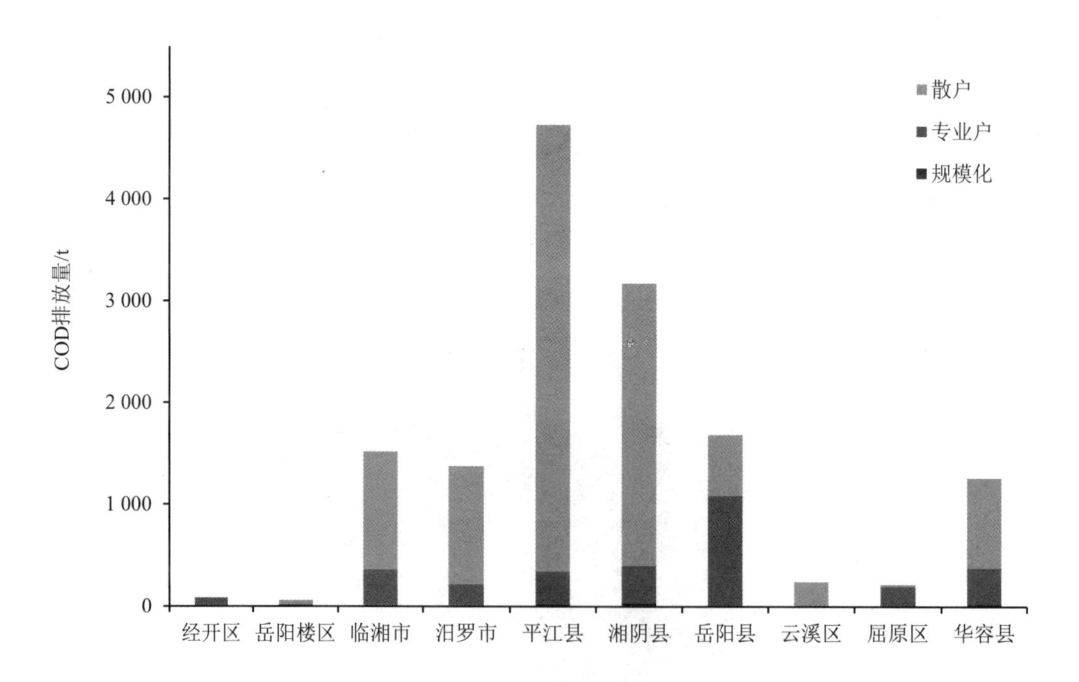

图 3.2.69　2017 年岳阳市各县（市、区）各规模肉牛养殖场 COD 排放量

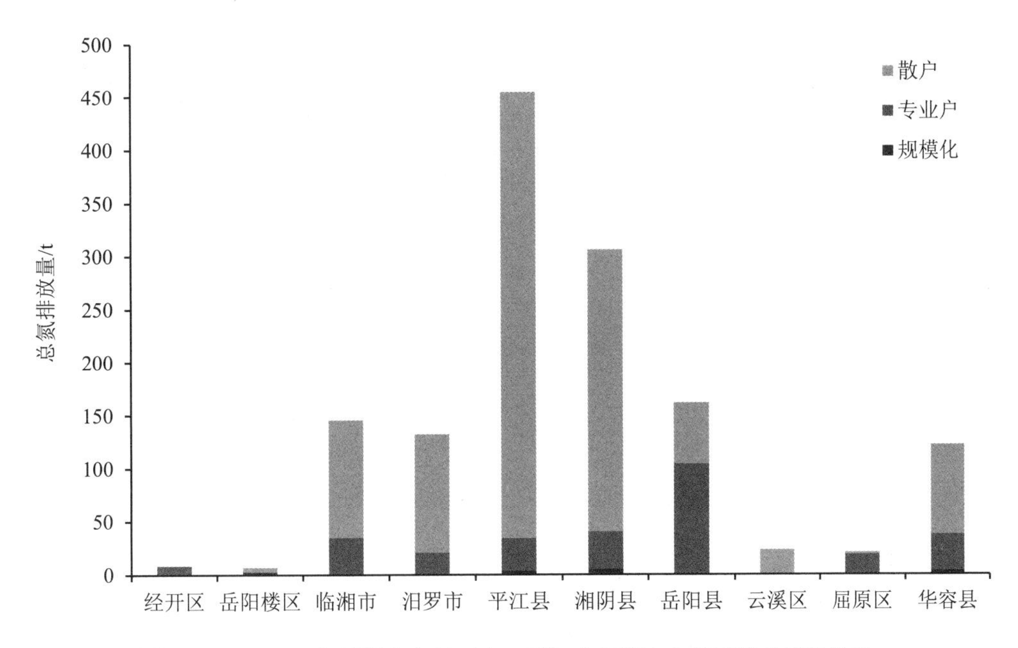

图 3.2.70　2017 年岳阳市各县（市、区）各规模肉牛养殖场总氮排放量

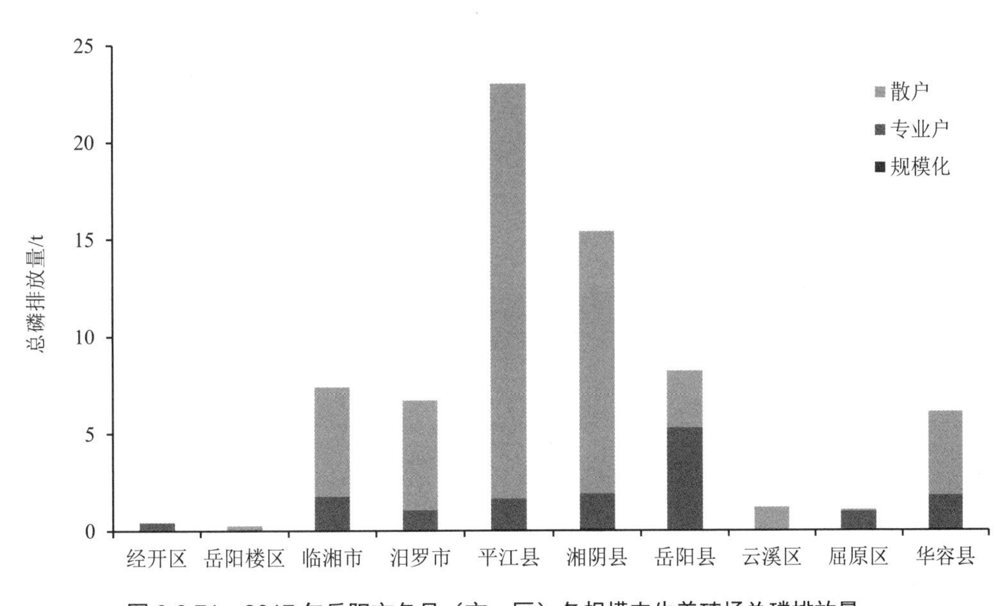

图 3.2.71　2017 年岳阳市各县（市、区）各规模肉牛养殖场总磷排放量

对于 COD 而言，从区域来看，其中，平江县 COD 排放量最大，为 4 732.39 t，占岳阳市 COD 排放总量的 32.96%；其次为湘阴县，排放量为 3 173.87 t，占比为 22.11%。从养殖规模上来看，散户型排放的 COD 量最大，为 11 268.53 t，占排放总量的 78.48%；规模化养殖场排放的 COD 量最少，为 98.98 t，占比为 0.69%。

对于总氮而言，从区域来看，其中，平江县总氮排放量最大，为 454.76 t，占岳阳市总氮排放总量的 32.92%；其次为湘阴县，排放量为 306.00 t，占比为 22.15%。从养殖规模来看，散户型排放的总氮量最大，为 1 079.86 t，占排放总量的 78.18%；规模化养殖场最少，排放量为 14.78 t，占比为 1.07%。

对于总磷而言，从区域来看，其中，平江县总磷排放量最大，为 22.98 t，占岳阳市总磷排放总量的 32.97%；其次为湘阴县，排放量为 15.39 t，占比为 22.08%。从养殖规模上来看，散户型排放的总磷量最大，为 54.80 t，占排放总量的 78.63%；规模化养殖场最少，排放量为 0.34 t，占比为 0.49%。

（4）蛋鸡

由表 3.2.20 和图 3.2.72 可知，2017 年岳阳市蛋鸡存栏量为 943.60 万羽，其中，蛋鸡存栏量最大的是华容县，为 328.71 万羽，占总存栏量的 34.84%；其次是湘阴县，蛋鸡存栏量为 206.04 万羽，占比为 21.84%；经开区和云溪区蛋鸡存栏量最少，占比分别为 0.28% 和 1.57%。如图 3.2.73 所示，县（市、区）统计，养殖规模在 500～19 999 羽的养殖场有 268 家，蛋鸡存栏量约占总量的 23.86%；养殖规模在 500 羽以下的养殖场有 142 480 家，蛋鸡存栏量约占总量的 68.13%；养殖规模在 20 000 羽以上的养殖场有 25 家，蛋鸡存栏量约占总量的 8.00%。

表 3.2.20 2017 年岳阳市蛋鸡养殖情况

地区	散养（<500 羽）		小型（500～19 999 羽）		规模化（≥20 000 羽）		合计	
	户数/家	总量/羽	户数/家	总量/羽	户数/家	总量/羽	户数/家	总量/羽
君山区	31 045	623 700	13	81 300	0	0	31 058	705 000
经开区	0	0	2	26 500	0	0	2	26 500
临湘市	2 870	580 800	52	444 000	6	187 000	2 928	1 211 800
汨罗市	2 098	37 930	13	159 600	2	60 000	2 113	257 530
平江县	15 870	790 400	17	229 320	2	50 000	15 889	1 069 720
湘阴县	12 380	1 905 500	15	96 900	2	58 000	12 397	2 060 400
岳阳县	3 000	90 000	37	194 032	4	157 000	3 041	441 032
云溪区	725	121 809	4	26 500	0	0	729	148 309
屈原区	4 492	179 000	10	29 700	1	20 000	4 503	228 700
华容县	70 000	2 100 000	105	964 050	8	223 000	70 113	3 287 050
总计	142 480	6 429 139	268	2 251 902	25	755 000	142 773	9 436 041

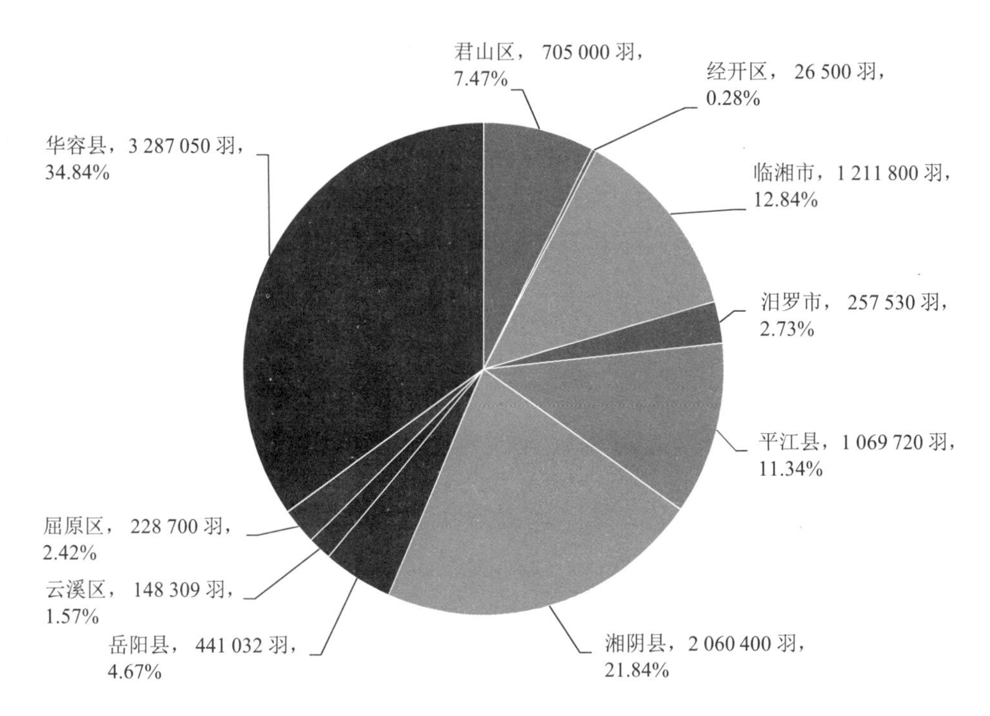

图 3.2.72　2017 年岳阳市各县（市、区）蛋鸡存栏量及占比

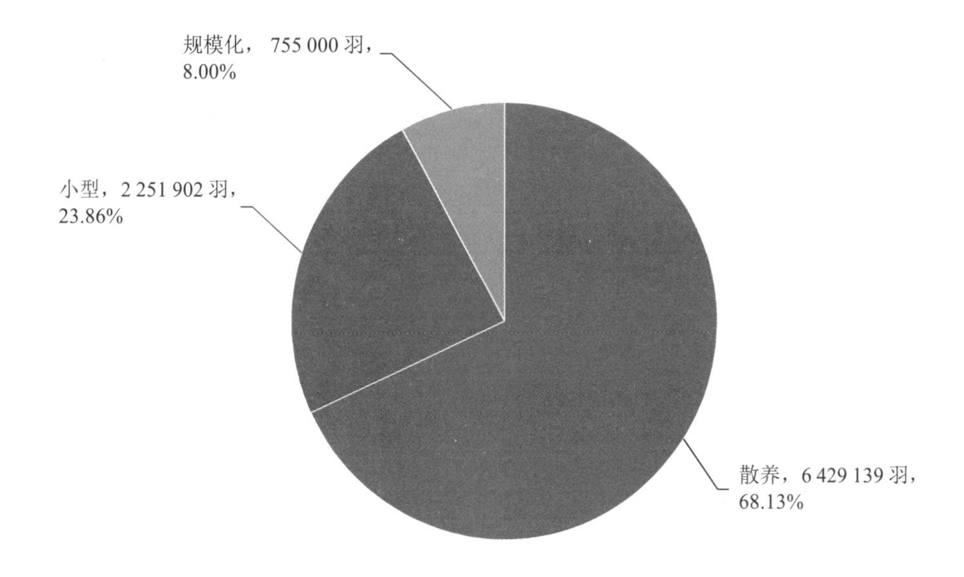

图 3.2.73　2017 年岳阳市各规模蛋鸡养殖场蛋鸡存栏量及占比

2017 年岳阳市蛋鸡各规模养殖场所产生的 COD、总氮、总磷排放情况分别如图 3.2.74～图 3.2.76 所示。从区域来看，其中，华容县三者的排放量均最大，分别为 462.04 t、34.62 t、122.26 t，分别占岳阳市 COD、总氮、总磷排放总量的 35.06%、35.08%、35.27%；其次是

湘阴县，三者排放量分别为 292.34 t、21.98 t、79.58 t，占比分别为 22.19%、22.27%、22.95%。从养殖规模上来看，散户型排放量最大，分别为 918.24 t、69.23 t、254.84 t，各自占比为 69.69%、70.15%、73.51%；规模化养殖场排放量最少，分别为 77.86 t、5.2 t、2.58 t，各自占比为 5.91%、5.27%、0.74%。

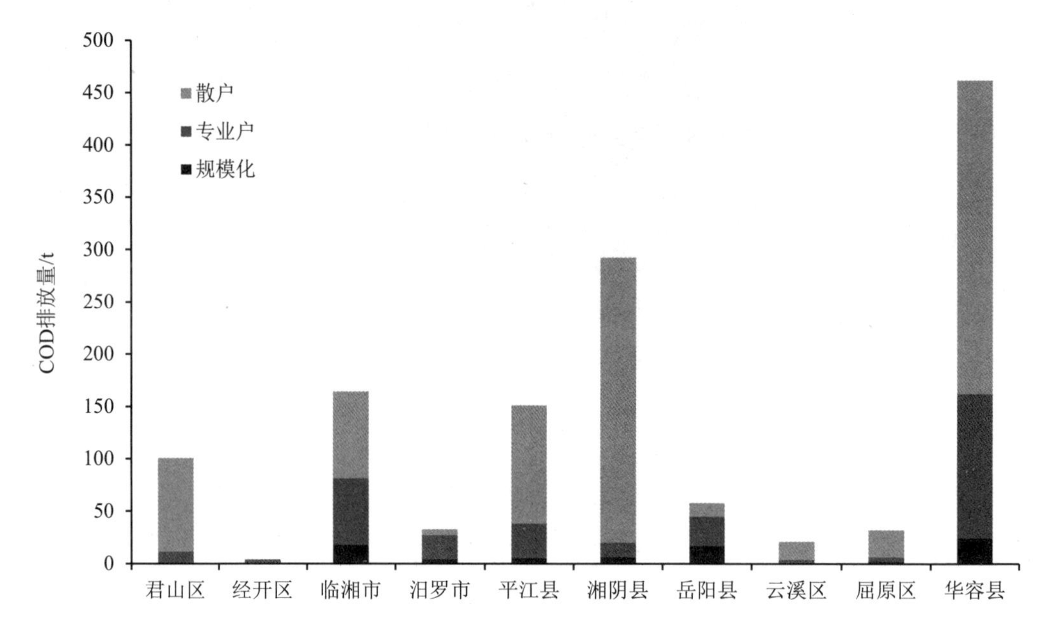

图 3.2.74　2017 年岳阳市各县（市、区）各规模蛋鸡养殖场 COD 排放量

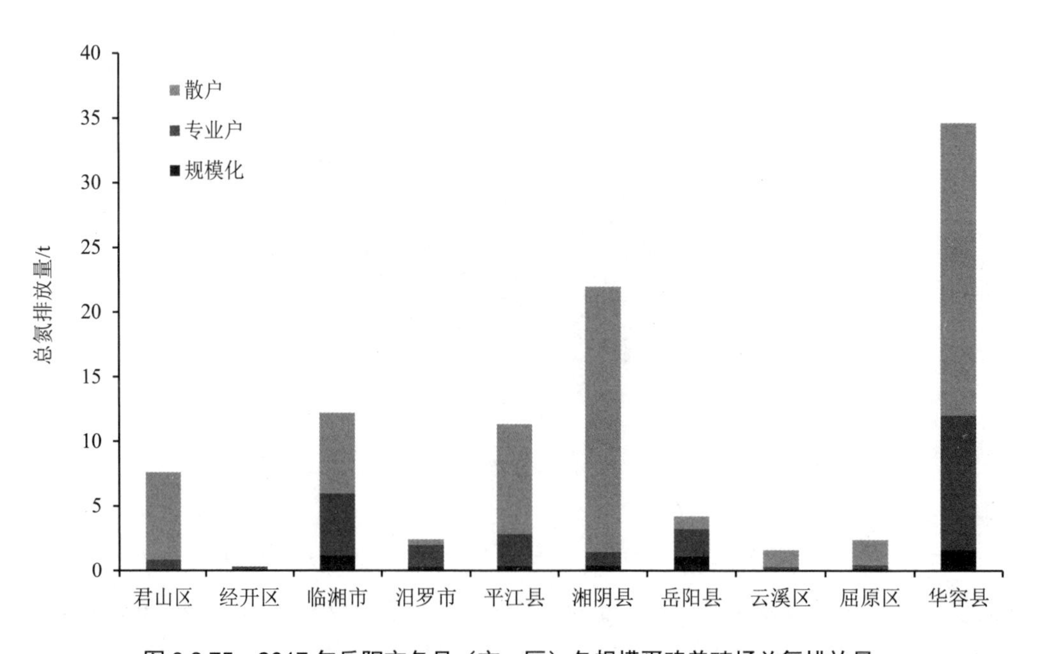

图 3.2.75　2017 年岳阳市各县（市、区）各规模蛋鸡养殖场总氮排放量

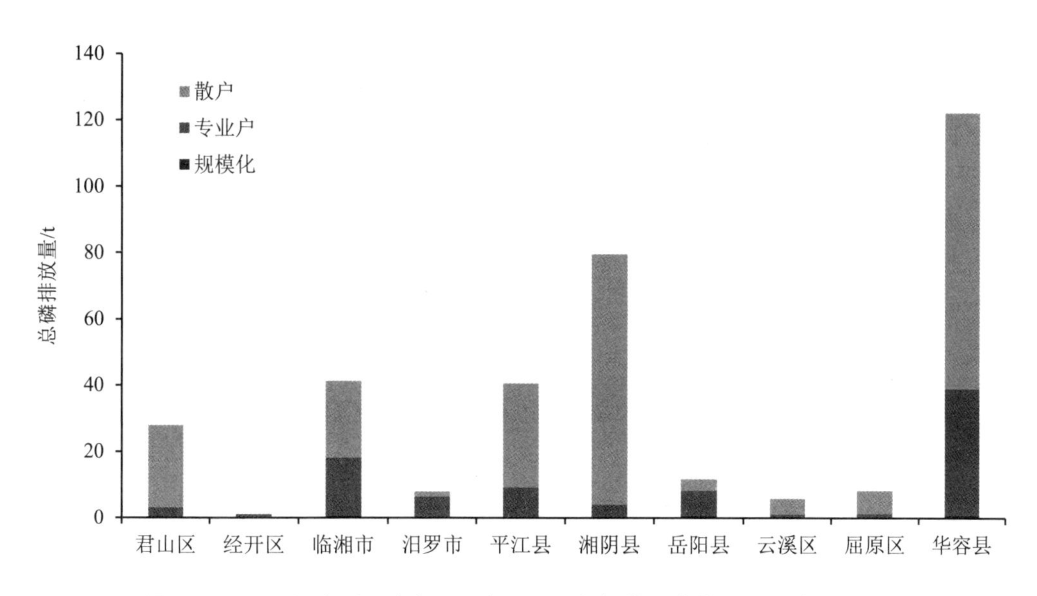

图 3.2.76　2017 年岳阳市各县（市、区）各规模蛋鸡养殖场总磷排放量

（5）肉鸡

由表 3.2.21 和图 3.2.77 可知，2017 年岳阳市肉鸡出栏量为 1 064.86 万羽，其中，肉鸡出栏量最大的是湘阴县，为 387.90 万羽，占总出栏量的 36.43%；其次是云溪区，肉鸡出栏量为 232.76 万羽，占比为 21.86%；君山区肉鸡出栏量最少，为 0.09 万羽，占比为 0.01%。如图 3.2.78 所示，县（市、区）统计，养殖规模在 2 000～49 999 羽的养殖场有 169 家，肉鸡出栏量约占总量的 26.25%；养殖规模在 2 000 羽以下的养殖场有 70 837 家，肉鸡出栏量约占总量的 44.32%；养殖规模在 50 000 羽以上的养殖场有 28 家，肉鸡出栏量约占总量的 29.43%。

表 3.2.21　2017 年岳阳市肉鸡养殖情况

地区	散养（<2 000 羽）		小型（2 000～49 999 羽）		规模化（≥50 000 羽）		合计	
	户数/家	总量/羽	户数/家	总量/羽	户数/家	总量/羽	户数/家	总量/羽
君山区	0	0	3	900	0	0	3	900
经开区	0	0	8	92 578	0	0	8	92 578
岳阳楼区	5	1 500	0	0	0	0	5	1 500
临湘市	323	415 600	38	683 500	3	176 000	364	1 275 100
汨罗市	7 105	408 150	14	127 900	4	252 000	7 123	788 050
平江县	20 340	71 300	30	280 000	2	210 000	20 372	561 300
湘阴县	11 668	2 202 200	10	321 800	4	1 355 000	11 682	3 879 000
岳阳县	5 787	101 880	27	368 500	12	755 000	5 826	1 225 380
云溪区	13 447	1 153 710	29	845 921	2	328 000	13 478	2 327 631

地区	散养（＜2 000 羽）		小型（2 000～49 999 羽）		规模化（≥50 000 羽）		合计	
	户数/家	总量/羽	户数/家	总量/羽	户数/家	总量/羽	户数/家	总量/羽
屈原区	0	0	10	74 200	1	58 000	11	132 200
华容县	12 162	365 000	0	0	0	0	12 162	365 000
总计	70 837	4 719 340	169	2 795 299	28	3 134 000	71 034	10 648 639

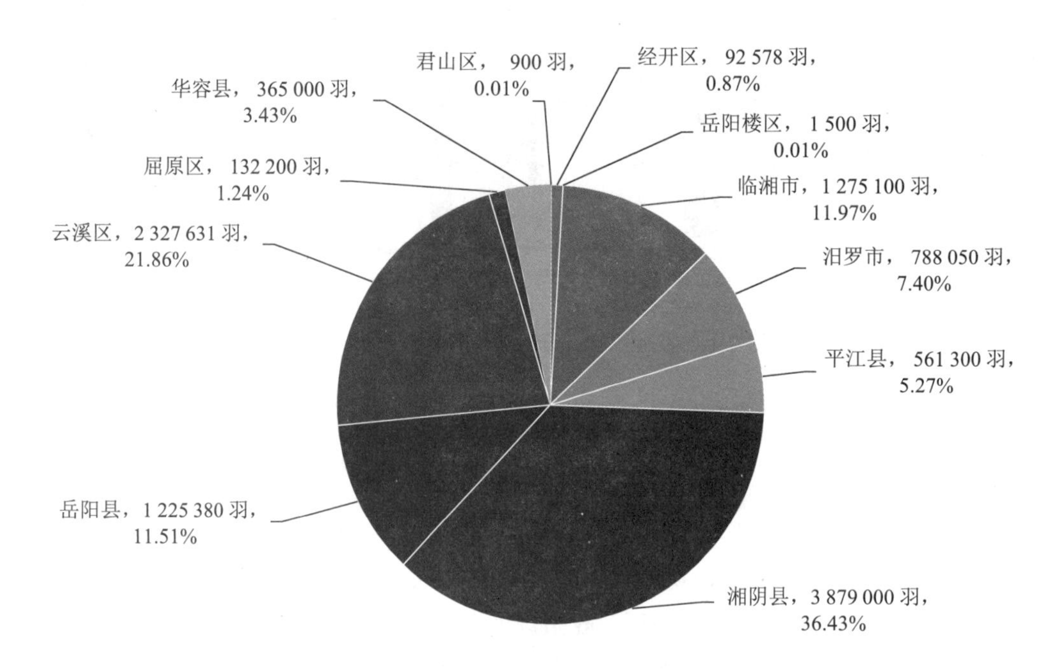

图 3.2.77　2017 年岳阳市各县（市、区）肉鸡出栏量及占比

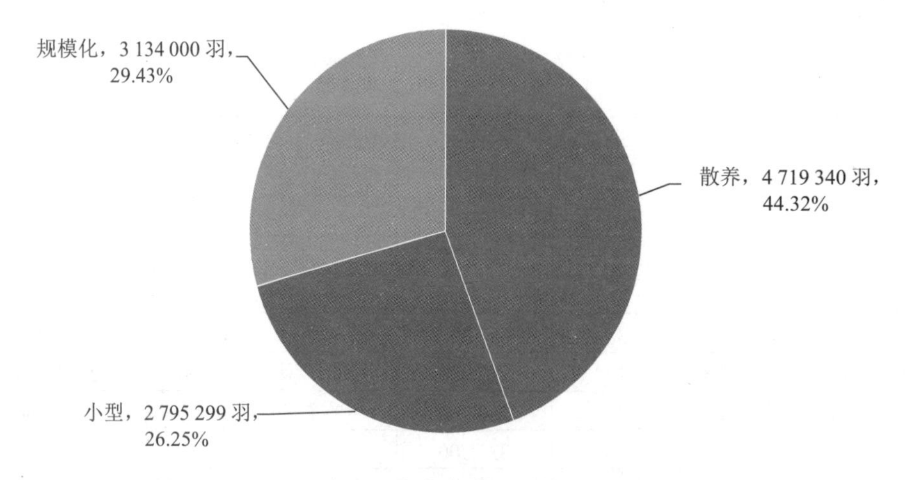

图 3.2.78　2017 年岳阳市各规模肉鸡养殖场肉鸡出栏量及占比

2017 年岳阳市肉鸡各规模养殖场所产生的 COD、总氮、总磷排放情况分别如图 3.2.79～图 3.2.81 所示。从区域来看，其中，湘阴县三者的排放量均最大，分别为 3 531.47 t、116.86 t、45.36 t，分别占岳阳市 COD、总氮、总磷排放总量的 40.75%、40.66%、36.57%；其次均为云溪县，COD、总氮、总磷的排放量分别为 1 883.52 t、62.65 t、30.49 t，占比分别为 21.74%、21.80%、24.58%。从养殖规模上来看，散户型排放量最大，分别为 3 495.93 t、116.78 t、66.32 t，各自占比为 40.34%、40.63%、53.47%。对于 COD 和总氮的排放量而言，专业户养殖场排放量最少，分别为 2 070.65 t、69.17 t，占比分别为 23.89%、24.07%；对于总磷排放量而言，则是规模化养殖场的排放量最少，为 18.44 t，占比为 14.87%。

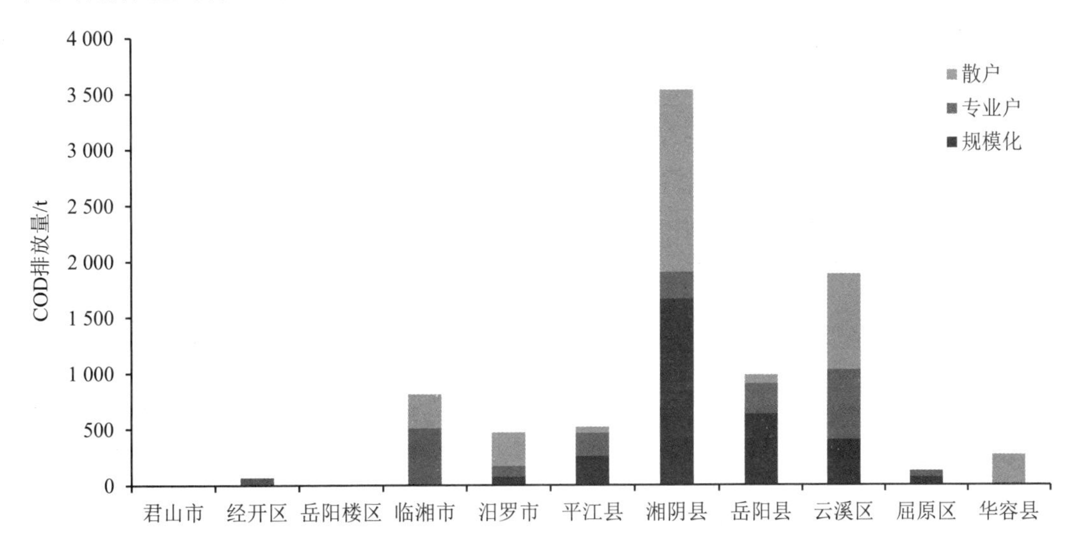

图 3.2.79　2017 年岳阳市各县（市、区）各规模肉鸡养殖场 COD 排放量

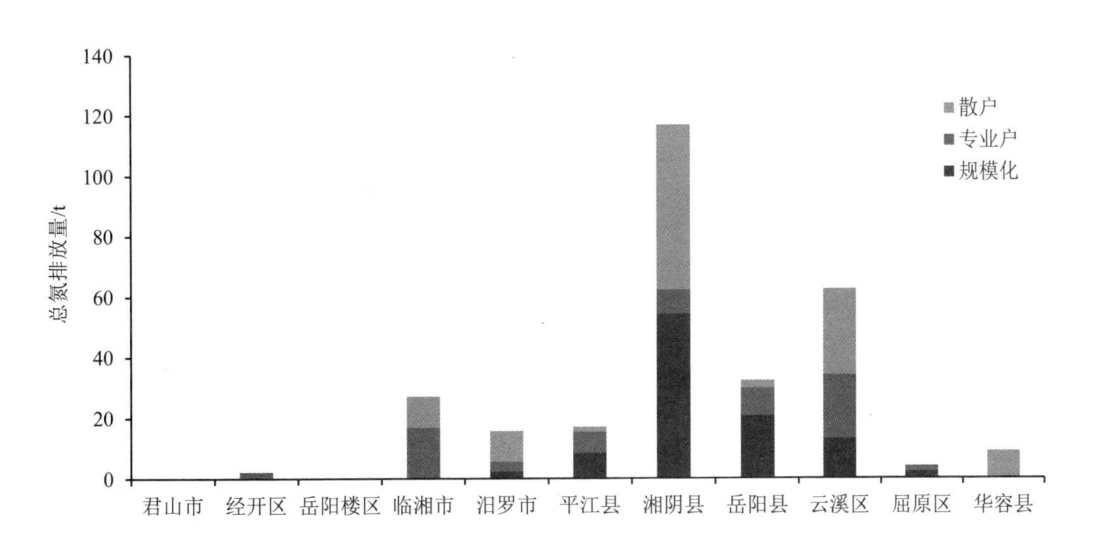

图 3.2.80　2017 年岳阳市各县（市、区）各规模肉鸡养殖场总氮排放量

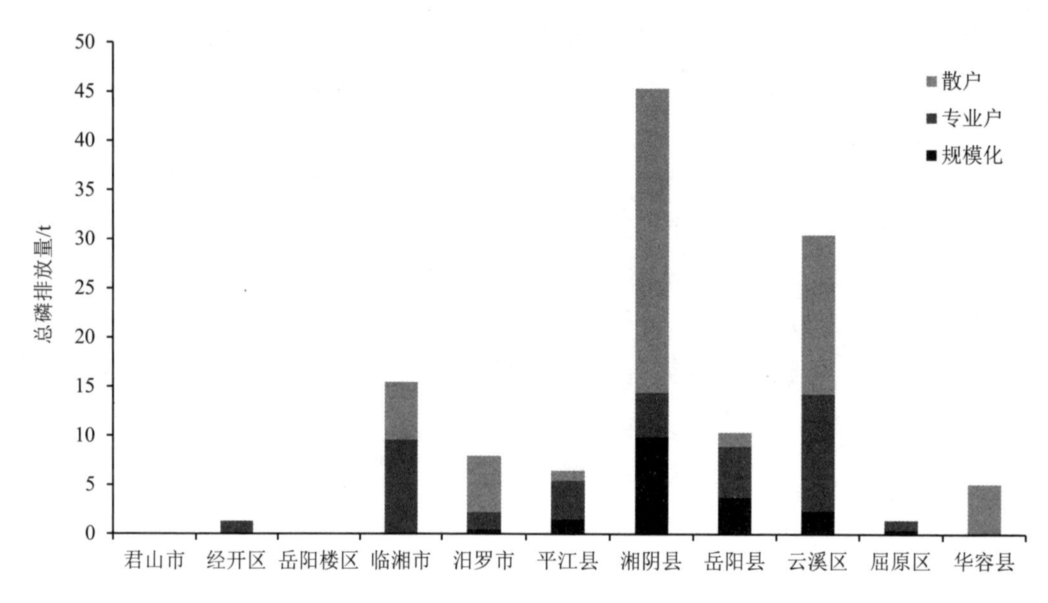

图 3.2.81 2017 年岳阳市各县（市、区）各规模肉鸡养殖场总磷排放量

（6）污染物排放总量

1）COD

2017 年岳阳市所有畜禽养殖业所产生的 COD 排放情况见表 3.2.22 和图 3.2.82。从区域来看，其中，平江县 COD 排放量最大，为 33 384.13 t，占岳阳市 COD 排放总量的 18.79%；其次为汨罗市，排放量为 30 839.02 t，占岳阳市 COD 排放总量的 17.36%；经开区排放量最少，为 261.60 t，占比为 0.15%。从规模上来看，散户型排放的 COD 量最大，为 90 179.25 t，占排放总量的 50.77%；其次为规模化养殖场，排放量为 57 893.65 t，占比为 32.59%；最小为专业户养殖场，排放量为 29 559.88 t，占比为 16.64%。

表 3.2.22 2017 年岳阳市畜禽养殖业 COD 排放量

地区	COD 排放量/t			合计	
	规模化	专业户	散户	总量/t	占比/%
君山区	457.21	157.05	440.35	1 054.61	0.59
经开区	0.00	261.60	0.00	261.60	0.15
岳阳楼区	4 001.64	0.00	3 325.76	7 327.40	4.13
临湘市	7 869.32	4 394.76	13 962.61	26 226.69	14.76
汨罗市	8 568.24	3 430.44	18 840.34	30 839.02	17.36
平江县	10 493.39	7 255.91	15 634.83	33 384.13	18.79
湘阴县	8 610.82	6 712.32	11 444.47	26 767.61	15.07

地区		COD 排放量/t			合计	
		规模化	专业户	散户	总量/t	占比/%
岳阳县		11 513.77	4 581.82	4 151.90	20 247.49	11.40
云溪区		1 487.63	903.06	5 805.40	8 196.09	4.61
屈原区		3 874.33	459.27	452.19	4 785.79	2.69
华容县		1 017.30	1 403.65	16 121.40	18 542.35	10.44
合计	总量/t	57 893.65	29 559.88	90 179.25	177 632.78	100
	占比/%	32.59	16.64	50.77	100	—

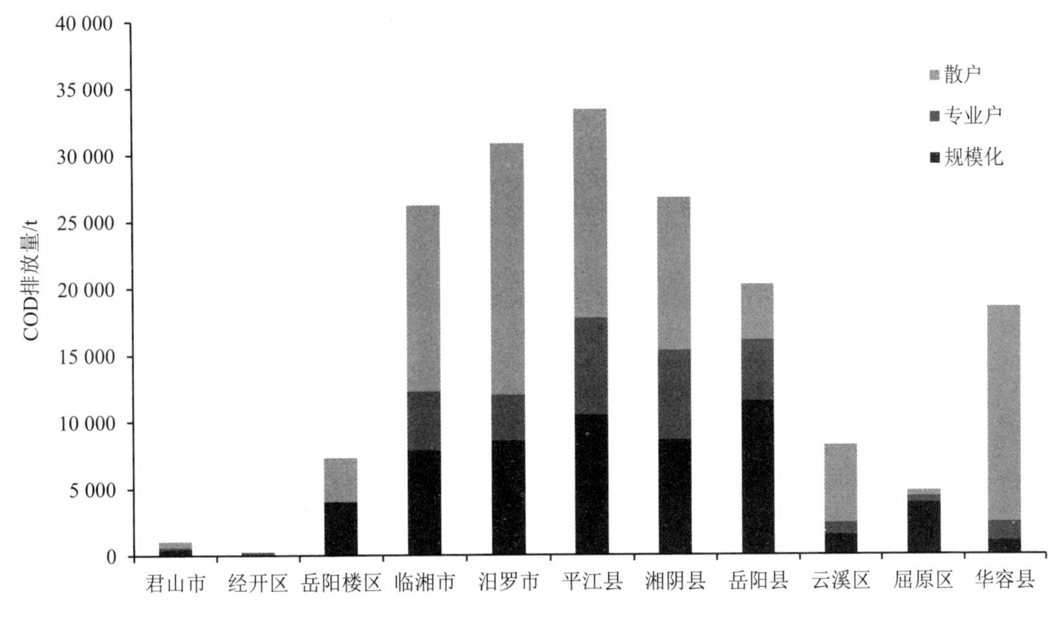

图 3.2.82　2017 年岳阳市各县（市、区）各规模畜禽养殖场 COD 排放量

2）总氮

2017 年岳阳市所有畜禽养殖业所产生的总氮排放情况见表 3.2.23 和图 3.2.83。从区域来看，其中，汨罗市总氮排放量最大，为 4 501.86 t，占岳阳市总氮排放总量的 17.88%；其次为平江县，排放量为 4 294.25 t，占岳阳市总氮排放总量的 17.06%；经开区排放量最少，为 23.27 t，占比为 0.09%。从规模上来看，规模化养殖场排放的总氮量最大，为 11 624.57 t，占排放总量的 46.18%；其次为散户型，排放量为 10 249.04 t，占比为 40.72%；最小为专业户养殖场，排放量为 3 297.94 t，占比为 13.10%。

表 3.2.23　2017 年岳阳市畜禽养殖业总氮排放量

地区		总氮排放量/t			合计	
		规模化	专业户	散户	总量/t	占比/%
君山区		133.32	18.36	49.07	200.75	0.80
经开区		0.00	23.27	0.00	23.27	0.09
岳阳楼区		511.02	0.00	399.87	910.89	3.62
临湘市		1 201.14	473.96	1 624.46	3 299.56	13.11
汨罗市		1 883.85	401.53	2 216.48	4 501.86	17.88
平江县		1 679.81	847.46	1 766.98	4 294.25	17.06
湘阴县		1 666.04	778.96	1 156.85	3 601.85	14.31
岳阳县		2 891.30	500.56	478.63	3 870.49	15.38
云溪区		272.75	54.10	618.76	945.61	3.76
屈原区		1 073.10	45.48	52.93	1 171.51	4.65
华容县		312.24	154.26	1 885.01	2 351.51	9.34
合计	总量/t	11 624.57	3 297.94	10 249.04	25 171.55	100
	占比/%	46.18	13.10	40.72	100	—

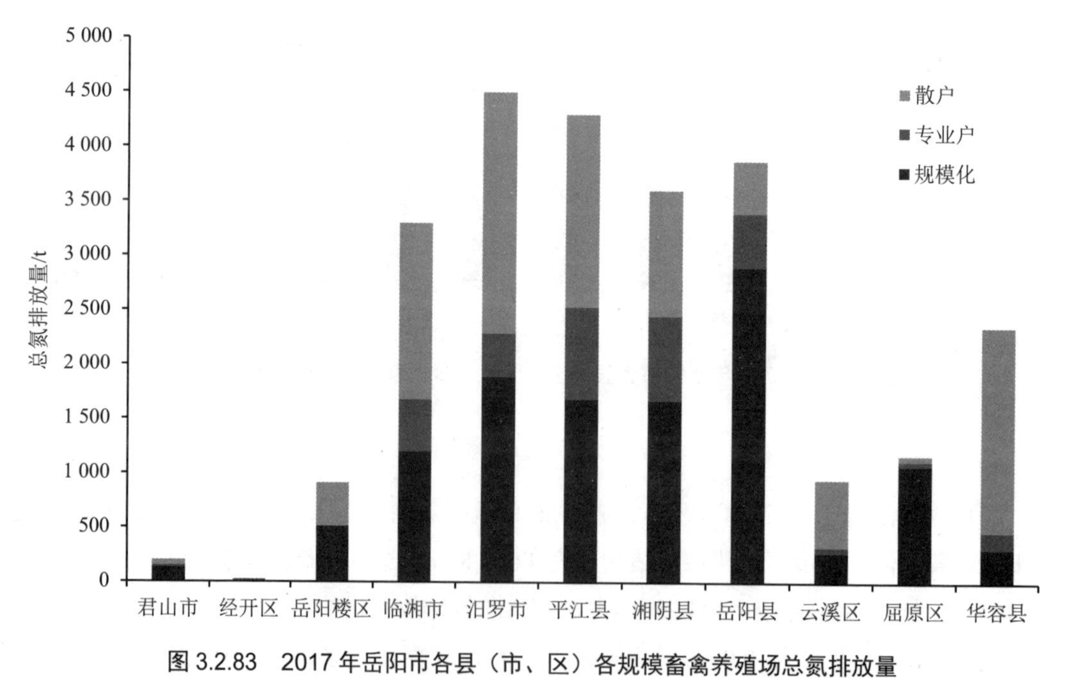

图 3.2.83　2017 年岳阳市各县（市、区）各规模畜禽养殖场总氮排放量

3）总磷

2017 年岳阳市所有畜禽养殖业所产生的总磷排放情况见表 3.2.24 和图 3.2.84。从区域来看，其中，平江县总磷排放量最大，为 374.83 t，占岳阳市总磷排放总量的 18.17%；

其次为湘阴县，排放量为 328.20 t，占岳阳市总磷排放总量的 15.91%；经开区排放量最少，为 3.73 t，占比为 0.18%。从规模上来看，散户型排放的总磷量最大，为 1 065.13 t，占排放总量的 51.63%；其次为规模化养殖场，排放量为 631.12 t，占比为 30.59%；最小为专业户养殖场，排放量为 366.69 t，占比为 17.78%。

表 3.2.24　2017 年岳阳市畜禽养殖业总磷排放量

地区		总磷排放量/t			合计	
		规模化	专业户	散户	总量/t	占比/%
君山市		3.08	4.57	27.97	35.62	1.73
经开区		0.00	3.73	0.00	3.73	0.18
岳阳楼区		62.62	0.00	30.59	93.21	4.52
临湘市		113.06	61.00	149.34	323.40	15.68
汨罗市		90.32	37.76	173.58	301.66	14.62
平江县		142.13	76.52	156.18	374.83	18.17
湘阴县		79.11	66.52	182.57	328.20	15.91
岳阳县		93.90	47.71	39.96	181.57	8.80
云溪区		12.62	15.46	65.62	93.70	4.54
屈原区		28.19	5.05	10.96	44.20	2.14
华容县		6.09	48.37	228.36	282.82	13.71
合计	总量/t	631.12	366.69	1 065.13	2 062.94	100
	占比/%	30.59	17.78	51.63	100	—

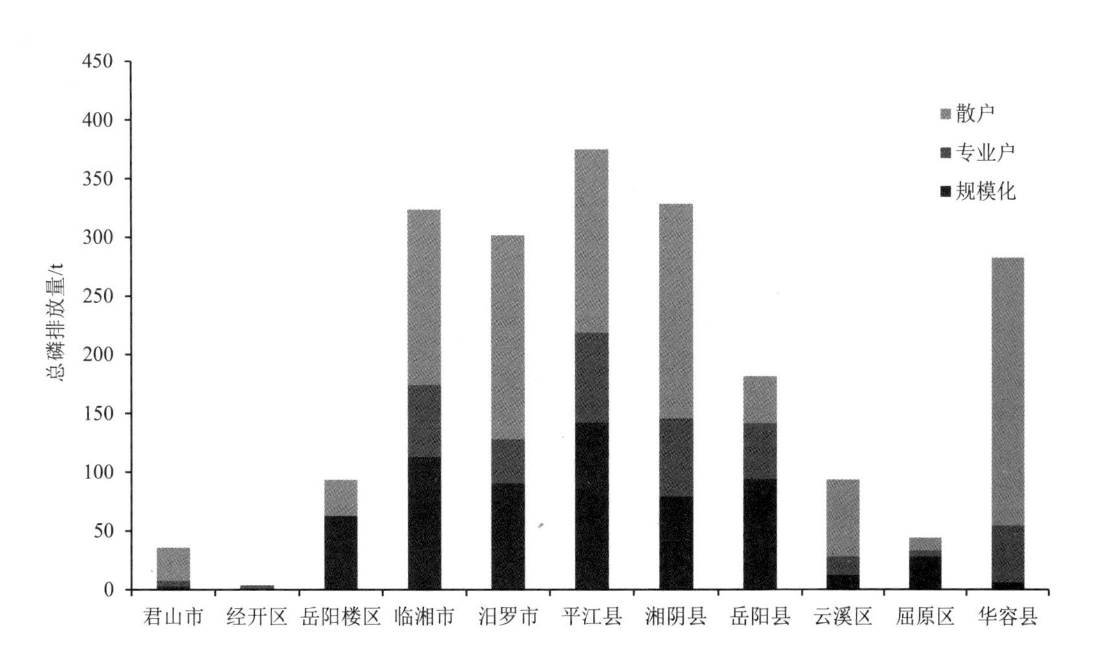

图 3.2.84　2017 年岳阳市各县（市、区）各规模畜禽养殖场总磷排放量

3.2.1.4 益阳市畜禽养殖业情况

（1）生猪

由表 3.2.25 和图 3.2.85 可知，2017 年益阳市生猪出栏量为 389.00 万头，其中，出栏量最大的是赫山区，生猪出栏量为 105.11 万头，占总出栏量的 27.02%；其次是安化县，生猪出栏量为 80.50 万头，占总出栏量的 20.69%；高新技术产业园区生猪出栏量最少，仅有 3.88 万头，占总出栏量的 1.00%。如图 3.2.86 所示，县（市、区）统计，养殖规模在 50～499 头的养殖场有 6 748 家，生猪出栏量约占总量的 35.35%；养殖规模在 50 头以下的养殖场有 162 919 家，生猪出栏量约占总量的 31.78%；养殖规模在 500 头以上的养殖场有 1 248 家，生猪出栏量约占总量的 32.87%。

表 3.2.25 2017 年益阳市生猪养殖情况

地区	散养（＜50 头）		小型（50～499 头）		大型（≥500 头）		合计	
	户数/家	总量/头	户数/家	总量/头	户数/家	总量/头	户数/家	总量/头
安化县	83 500	182 638	2 006	267 633	383	354 720	85 889	804 991
桃江县	42 621	105 200	1 230	225 680	255	190 616	44 106	521 496
赫山区	16 780	631 174	841	192 621	160	227 347	17 781	1 051 142
资阳区	6 072	137 634	879	164 600	118	121 374	7 069	423 608
沅江市	1 362	68 096	820	292 346	116	133 517	2 298	493 959
南县	11 472	106 470	928	224 989	169	155 072	12 569	486 531
高新技术产业园区	0	0	0	0	38	38 813	38	38 813
大通湖区	1 112	5 148	44	7 137	9	57 157	1 165	69 442
总计	162 919	1 236 360	6 748	1 375 006	1 248	1 278 616	170 915	3 889 982

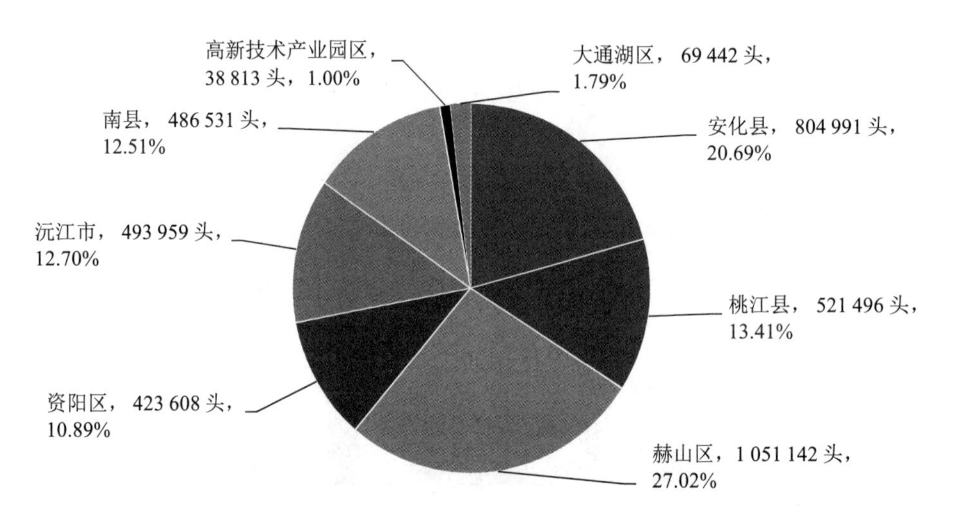

图 3.2.85 2017 年益阳市各县（市、区）生猪出栏量及占比

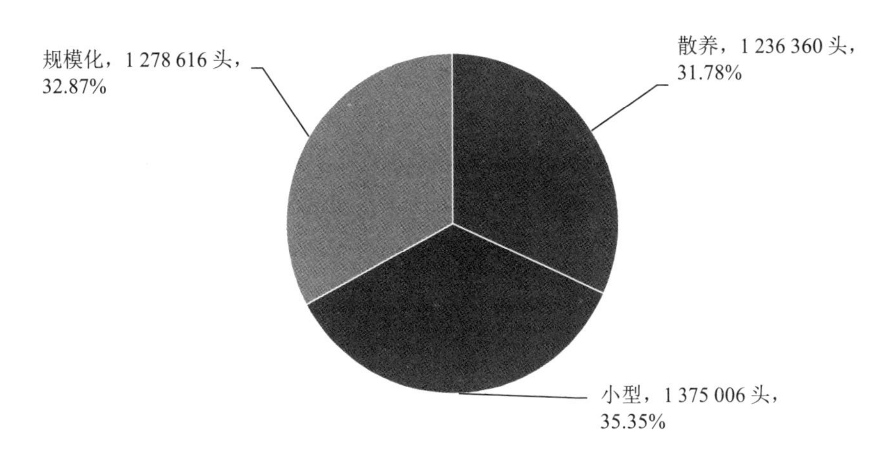

图 3.2.86 2017 年益阳市各规模生猪养殖场生猪出栏量及占比

2017年益阳市生猪各规模养殖场所产生的COD排放情况如图3.2.87所示。从区域来看，其中，赫山区COD排放量最大，为49 025.24 t，占益阳市COD排放总量的26.46%；其次为安化县，排放量为34 840.31 t，占益阳市COD排放总量的18.81%。从规模上来看，专业户养殖场排放的COD量最大，为74 976.69 t，占排放总量的40.47%；其次为散户型，占比为36.39%；最小为规模化养殖场，排放量为42 857.88 t，占比为23.14%。

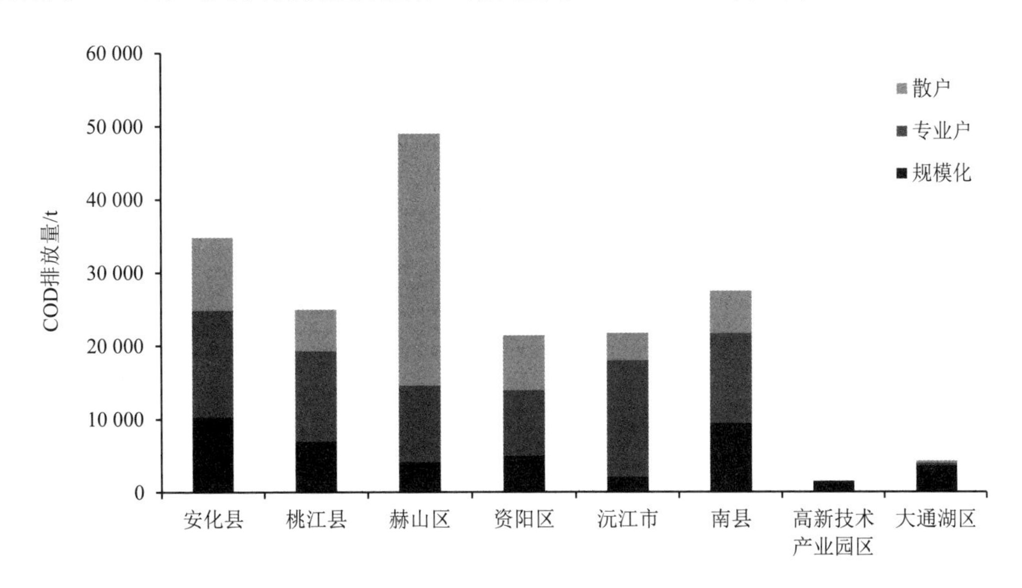

图 3.2.87 2017 年益阳市各县（市、区）各规模生猪养殖场 COD 排放量

2017年益阳市各规模生猪养殖场所产生的总氮排放情况如图3.2.88所示。从区域来看，其中，赫山区总氮排放量最大，为6 478.97 t，占益阳市总氮排放总量的27.12%；其次为安化县，排放量为4 768.95 t，占益阳市总氮排放总量的19.96%。从规模上来看，专业户

养殖场排放的总氮量最大，为 9 041.07 t，占排放总量的 37.85%；其次为散户型，占比为 34.03%；最小为规模化养殖场，排放量为 6 718.24 t，占比为 28.12%。

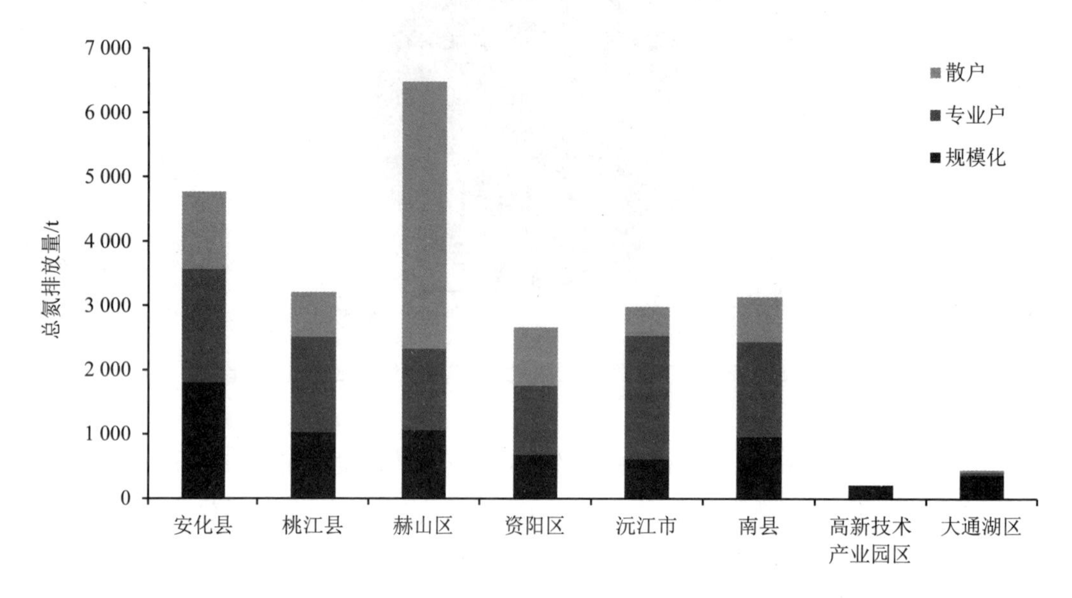

图 3.2.88　2017 年益阳市各县（市、区）各规模生猪养殖场总氮排放量

2017 年益阳市各规模生猪养殖场所产生的总磷排放情况如图 3.2.89 所示。从区域来看，其中，赫山区总磷排放量最大，为 450.58 t，占益阳市总磷排放总量的 23.44%；其次为安化县，排放量为 361.6 t，占益阳市总磷排放总量的 18.81%。从规模上来看，专业户养殖场排放的总磷量最大，为 693.59 t，占排放总量的 36.09%；其次为散户型，占比为 32.45%；最小为规模化养殖场，排放量为 604.72 t，占比为 31.46%。

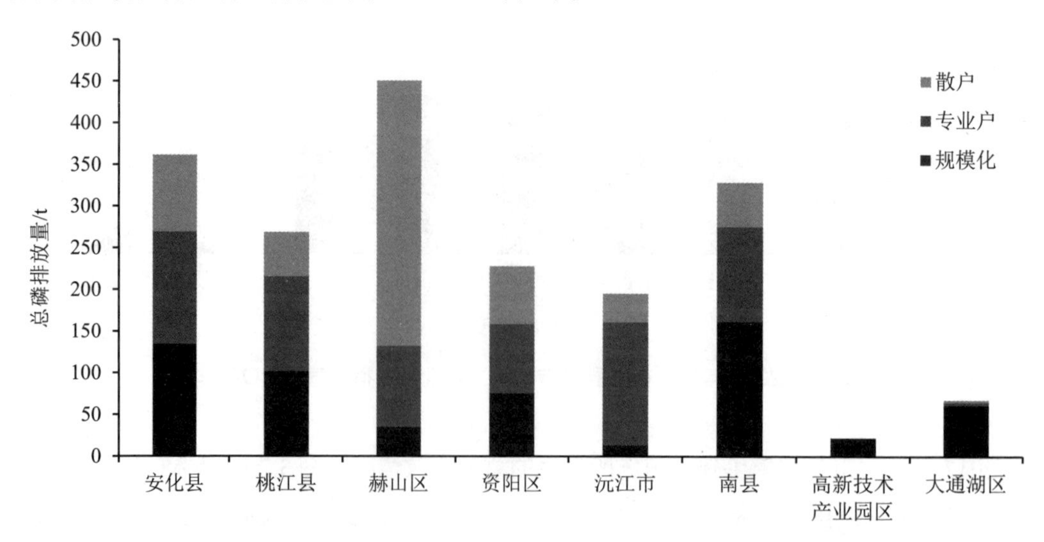

图 3.2.89　2017 年益阳市各县（市、区）各规模生猪养殖场总磷排放量

（2）肉牛

由表 3.2.26 和图 3.2.90 可知，2017 年益阳市肉牛出栏量为 18.15 万头，其中，安化县肉牛出栏量最大，为 11.20 万头，占总出栏量的 60.77%；其次是桃江县，肉牛出栏量为 3.29 万头，占比为 17.86%；大通湖区肉牛出栏量最少，仅为 313 头。如图 3.2.91 所示，县（市、区）统计，养殖规模在 10～199 头的养殖场有 2 501 家，肉牛出栏量约占总量的 47.17%；养殖规模在 10 头以下的养殖场有 39 749 家，肉牛出栏量约占总量的 52.65%；养殖规模在 200 头以上的养殖场有 5 家，肉牛出栏量约占总量的 0.18%。

表 3.2.26　2017 年益阳市肉牛养殖情况

地区	散养（<10 头）		小型（10～199 头）		规模化（≥200 头）		合计	
	户数/家	总量/头	户数/家	总量/头	户数/家	总量/头	户数/家	总量/头
安化县	28 500	68 392	1 866	43 158	2	460	30 368	112 010
桃江县	4 916	8 924	117	24 000	0	0	5 033	32 924
赫山区	1 598	12 788	80	2 312	0	0	1 678	15 100
资阳区	280	643	70	1 043	2	2 540	352	4 226
沅江市	3 317	634	185	2 536	0	0	3 502	3 170
南县	1 138	4 154	172	12 234	1	200	1 311	16 588
大通湖区	0	0	11	313	0	0	11	313
总计	39 749	95 535	2 501	85 596	5	320	42 255	181 451

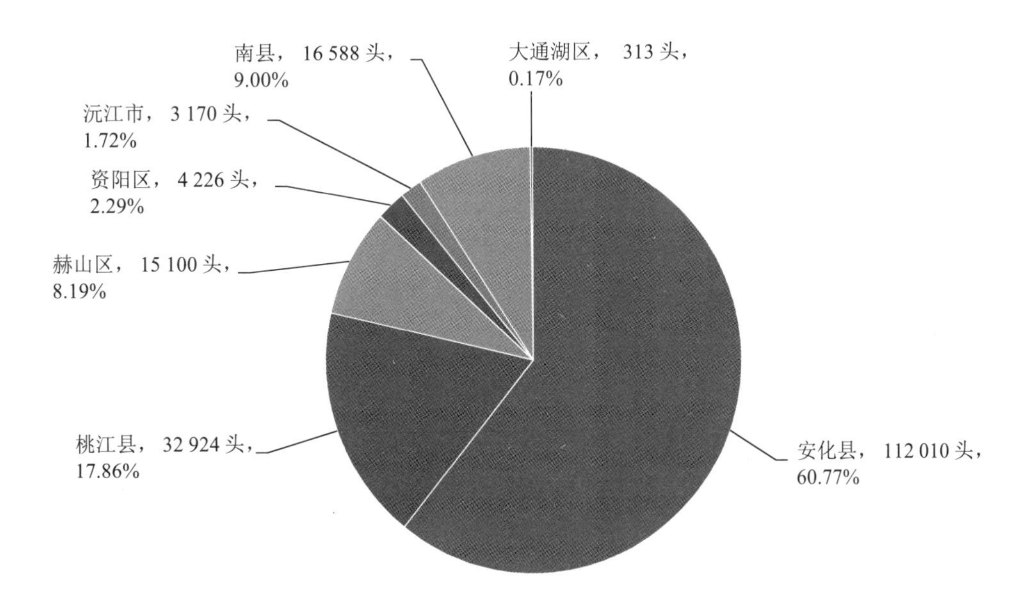

图 3.2.90　2017 年益阳市各县（市、区）肉牛出栏量及占比

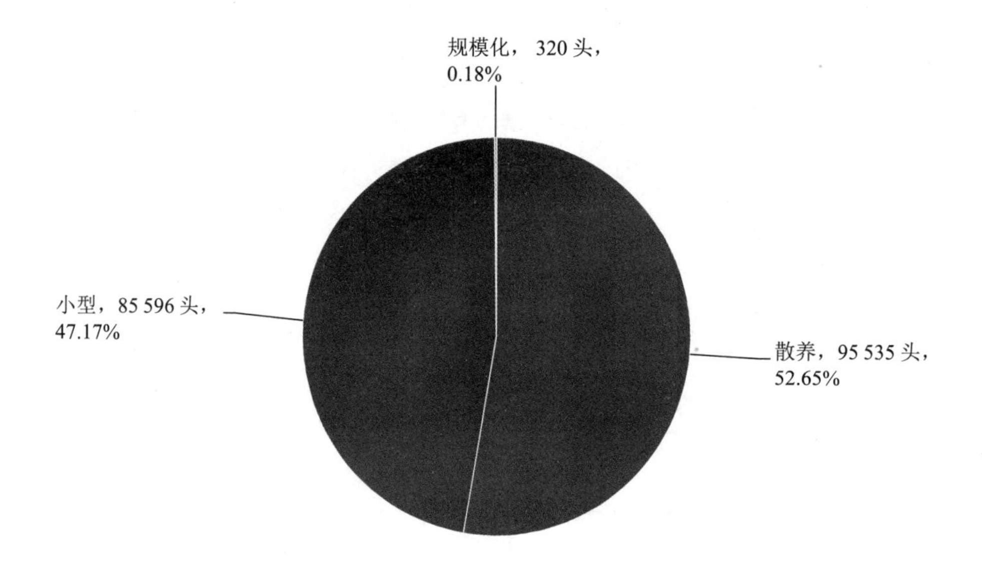

图 3.2.91　2017 年益阳市各规模肉牛养殖场肉牛出栏量及占比

2017 年益阳市肉牛不同规模养殖场所产生的 COD、总氮、总磷排放情况分别如图 3.2.92～图 3.2.94 所示。

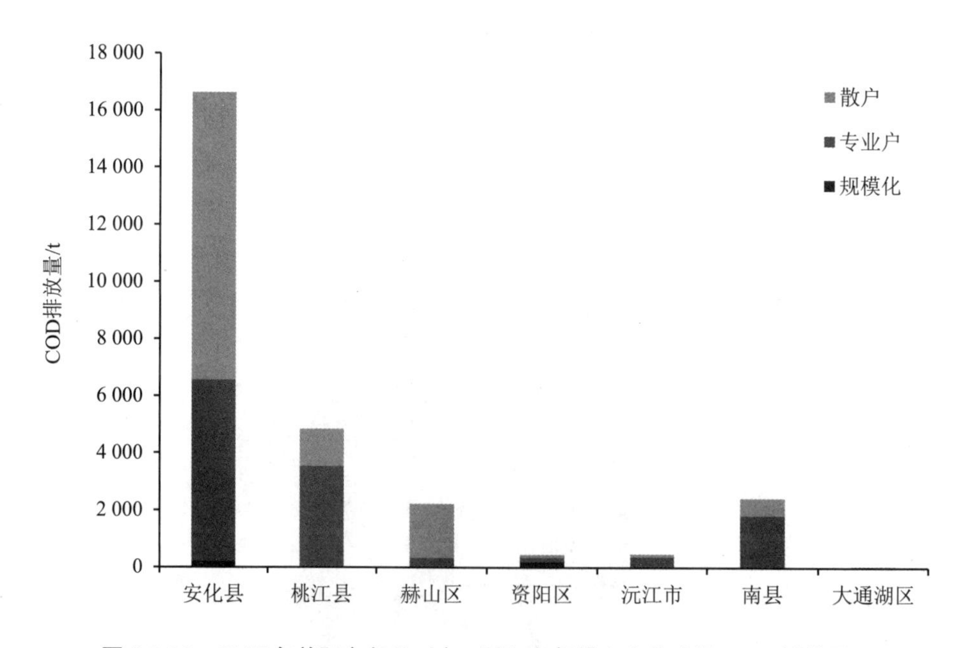

图 3.2.92　2017 年益阳市各县（市、区）各规模肉牛养殖场 COD 排放量

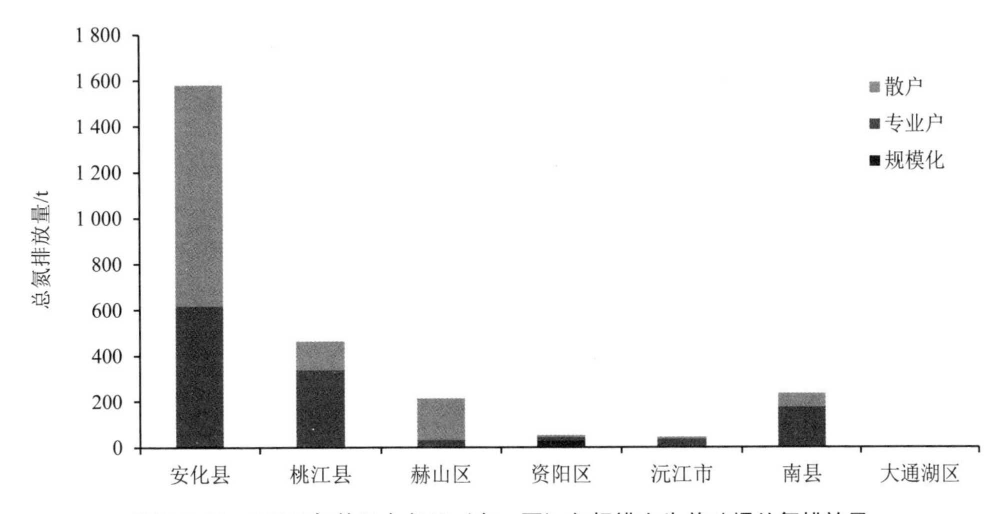

图 3.2.93 2017 年益阳市各县（市、区）各规模肉牛养殖场总氮排放量

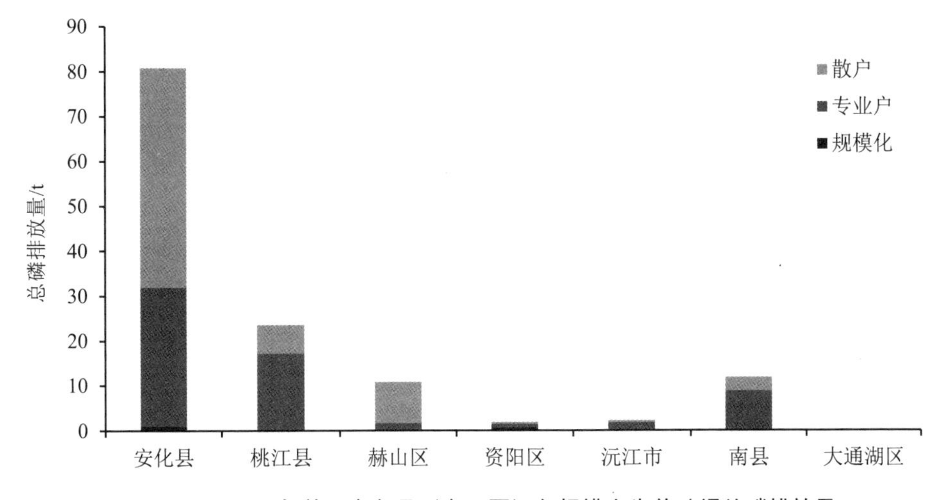

图 3.2.94 2017 年益阳市各县（市、区）各规模肉牛养殖场总磷排放量

对于 COD 而言，从区域来看，其中，安化县 COD 排放量最大，为 16 626 t，占益阳市 COD 排放总量的 61.39%；其次为桃江县，排放量为 4 845.23 t，占比为 17.89%。从养殖规模上来看，散户型排放的 COD 量最大，为 14 059.34 t，占排放总量的 51.92%；规模化养殖场最少，为 425.07 t，占比为 1.57%。

对于总氮而言，从区域来看，其中，安化县总氮排放量最大，为 1 581.24 t，占益阳市总氮排放总量的 60.94%；其次为桃江县，排放量为 464.32 t，占比为 17.90%。从养殖规模上来看，散户型排放的总氮量最大，为 1 347.3 t，占排放总量的 51.93%；规模化养殖场最少，为 40.24 t，占比为 1.55%。

对于总磷而言，分区域来看，其中，安化县总磷排放量最大，为 80.83 t，占益阳市总磷排放总量的 61.54%；其次为桃江县，排放量为 23.57 t，占比为 17.94%。从养殖规模上来看，散户型排放的总磷量最大，为 68.37 t，占排放总量的 52.05%；规模化养殖场最少，排放量为 1.72 t，占比为 1.31%。

（3）蛋鸡

由表 3.2.27 和图 3.2.95 可知，2017 年益阳市蛋鸡存栏量为 1 004.79 万羽，其中，蛋鸡存栏量最大的是赫山区，为 323.98 万羽，占总存栏量的 32.24%；其次是南县，蛋鸡存栏量为 219.62 万羽，占比为 21.86%；大通湖区的蛋鸡存栏量最少，仅为 2.5 万羽。如图 3.2.96 所示，县（市、区）统计，养殖规模在 500～19 999 羽的养殖场有 1 454 家，蛋鸡存栏量约占总量的 45.67%；养殖规模在 500 羽以下的养殖场有 69 600 家，蛋鸡存栏量约占总量的 34.25%；养殖规模在 20 000 羽以上的养殖场有 41 家，蛋鸡存栏量约占总量的 20.08%。

表 3.2.27　2017 年益阳市蛋鸡养殖情况

地区	散养（<500 羽）		小型（500～19 999 羽）		规模化（≥20 000 羽）		合计	
	户数/家	总量/羽	户数/家	总量/羽	户数/家	总量/羽	户数/家	总量/羽
安化县	15 443	46 712	114	387 400	5	402 000	15 562	836 112
桃江县	93	32 160	167	1 040 000	13	850 000	273	1 922 160
赫山区	14 810	1 895 878	367	1 147 872	4	196 000	15 181	3 239 750
资阳区	529	93 200	235	604 400	13	387 600	777	1 085 200
沅江市	20 065	200 920	462	384 600	3	82 000	20 530	667 520
南县	18 560	1 158 000	108	1 014 200	1	24 000	18 669	2 196 200
高新技术产业园区	0	0	0	0	2	76 000	2	76 000
大通湖区	100	15 000	1	10 000	0	0	101	25 000
总计	69 600	3 441 870	1 454	4 588 472	41	2 017 600	71 095	10 047 942

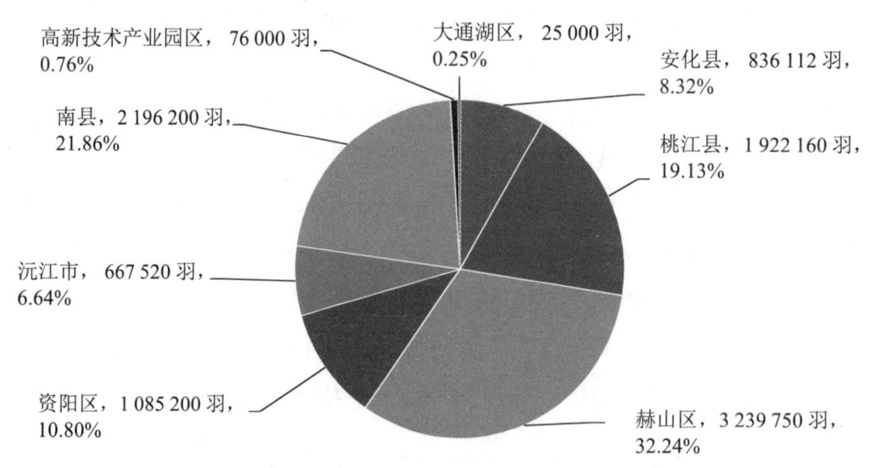

图 3.2.95　2017 年益阳市各县（市、区）蛋鸡存栏量及占比

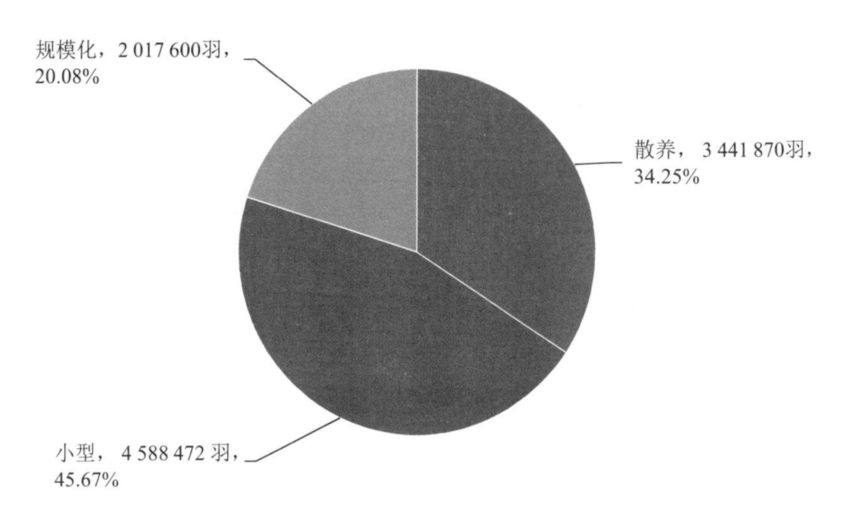

图 3.2.96 2017 年益阳市各规模蛋鸡养殖场蛋鸡存栏量及占比

2017 年益阳市蛋鸡各规模养殖场所产生的 COD、总氮、总磷排放情况分别如图 3.2.97～图 3.2.99 所示。从区域来看，其中，赫山区三者的排放量均最大，分别为 456.18 t、34.2 t、121.37 t，分别占益阳市 COD、总氮、总磷排放总量的 33.46%、33.89%、37.28%；其次是南县，三者排放量分别为 312.87 t、23.57 t、86.19 t，各自占比为 22.95%、23.36%、26.48%。从养殖规模上来看，专业户养殖场排放量最大，分别为 655.34 t、49.41 t、181.89 t，各自占比为 48.06%、48.97%、55.88%；规模化养殖场排放量最少，分别为 216.55 t、14.44 t、7.22 t，各自占比为 15.88%、14.31%、2.22%。

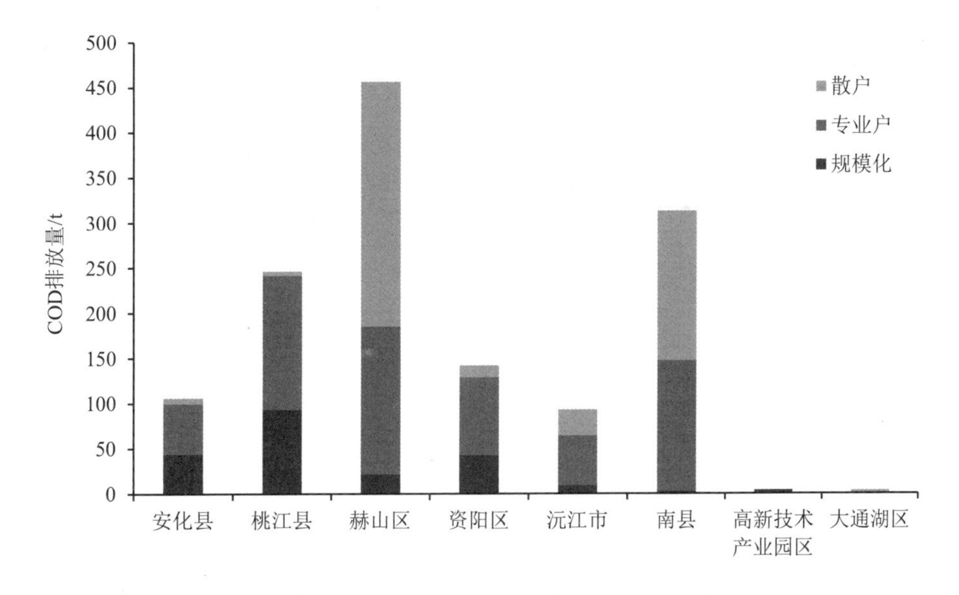

图 3.2.97 2017 年益阳市各县（市、区）各规模蛋鸡养殖场 COD 排放量

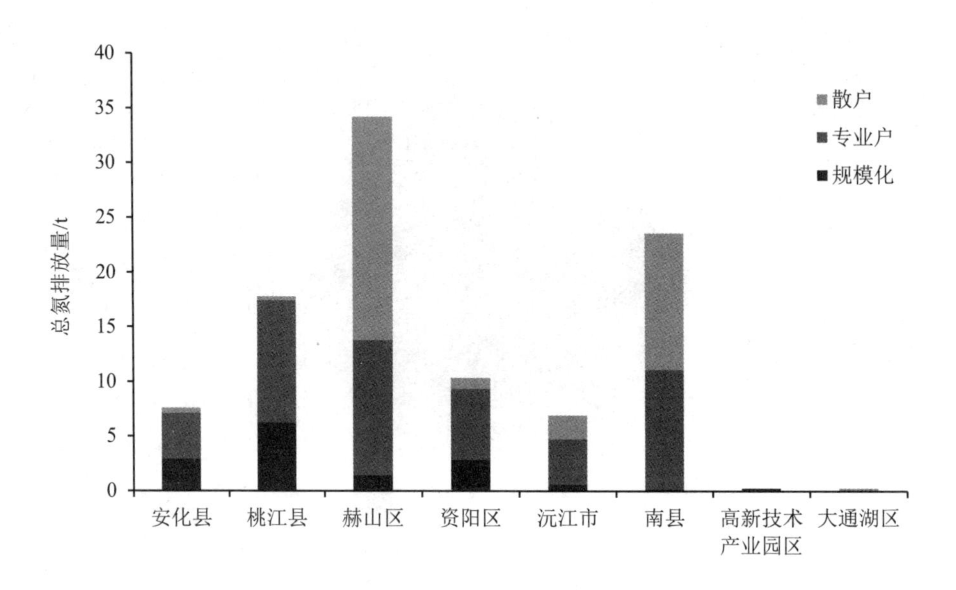

图 3.2.98 2017 年益阳市各县（市、区）各规模蛋鸡养殖场总氮排放量

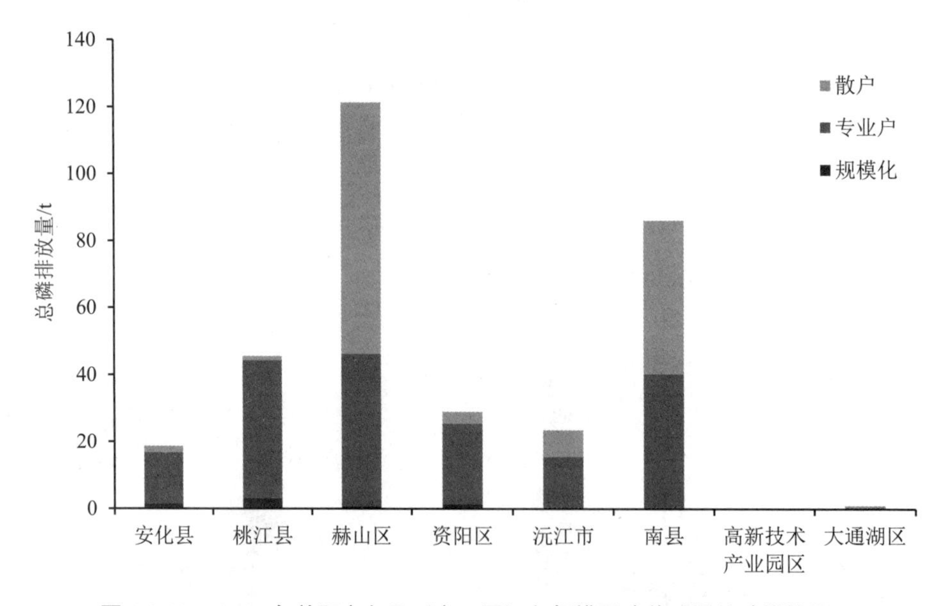

图 3.2.99 2017 年益阳市各县（市、区）各规模蛋鸡养殖场总磷排放量

（4）肉鸡

由表 3.2.28 和图 3.2.100 可知，2017 年益阳市肉鸡出栏量为 1 032.29 万羽，其中，肉鸡出栏量最大的是安化县，为 428.21 万羽，占总出栏量的 41.48%；其次是南县，肉鸡出栏量为 279.36 万羽，占比为 27.06%；桃江县的肉鸡出栏量最少，仅为 14.54 万羽。如图 3.2.101 所示，县（市、区）统计，养殖规模在 2 000～49 999 羽的养殖场有 1 045 家，肉鸡

出栏量约占总量的 42.10%；养殖规模在 2 000 羽以下的养殖场有 120 108 家，肉鸡出栏量约占总量的 50.92%；养殖规模在 50 000 羽以上的养殖场有 7 家，肉鸡出栏量约占总量的 6.97%。

表 3.2.28　2017 年益阳市肉鸡养殖情况

地区	散养（<2 000 羽）		小型（2 000～49 999 羽）		规模化（≥50 000 羽）		合计	
	户数/家	总量/羽	户数/家	总量/羽	户数/家	总量/羽	户数/家	总量/羽
安化县	67 029	1 218 300	290	2 343 800	7	720 000	67 326	4 282 100
桃江县	124	56 400	26	89 000	0	0	150	145 400
赫山区	885	1 127 600	76	313 880	0	0	961	1 441 480
资阳区	1 550	421 980	28	160 620	0	0	1 578	582 600
沅江市	24 500	276 500	563	501 200	0	0	25 063	777 700
南县	13 620	1 856 000	62	937 600	0	0	13 682	2 793 600
大通湖区	12 400	300 000	0	0	0	0	12 400	300 000
总计	120 108	5 256 780	1 045	4 346 100	7	720 000	121 160	10 322 880

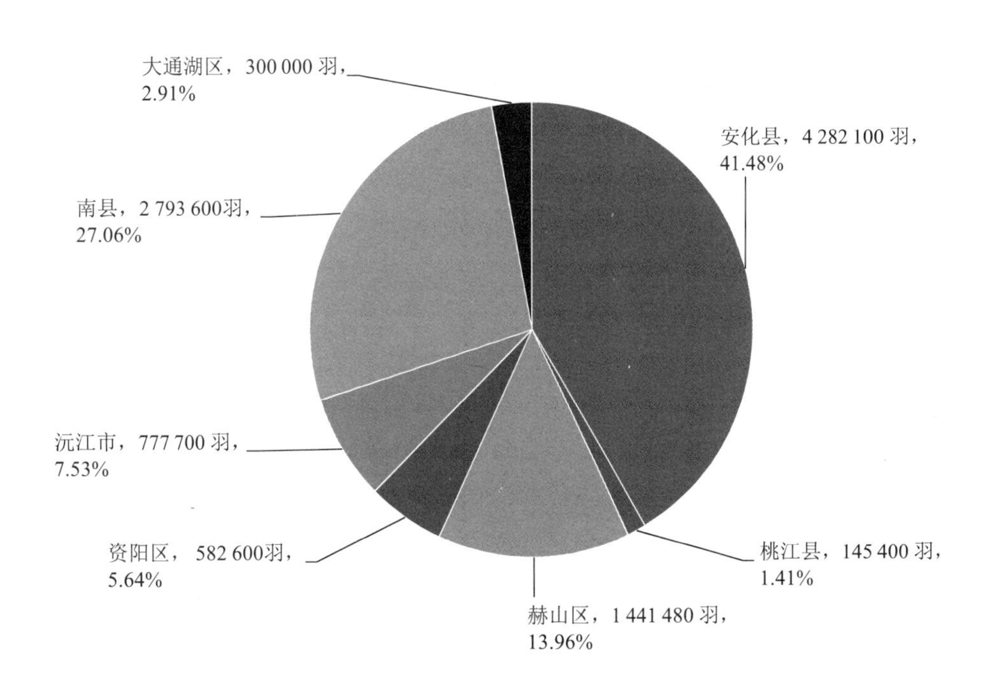

图 3.2.100　2017 年益阳市各县（市、区）肉鸡出栏量及占比

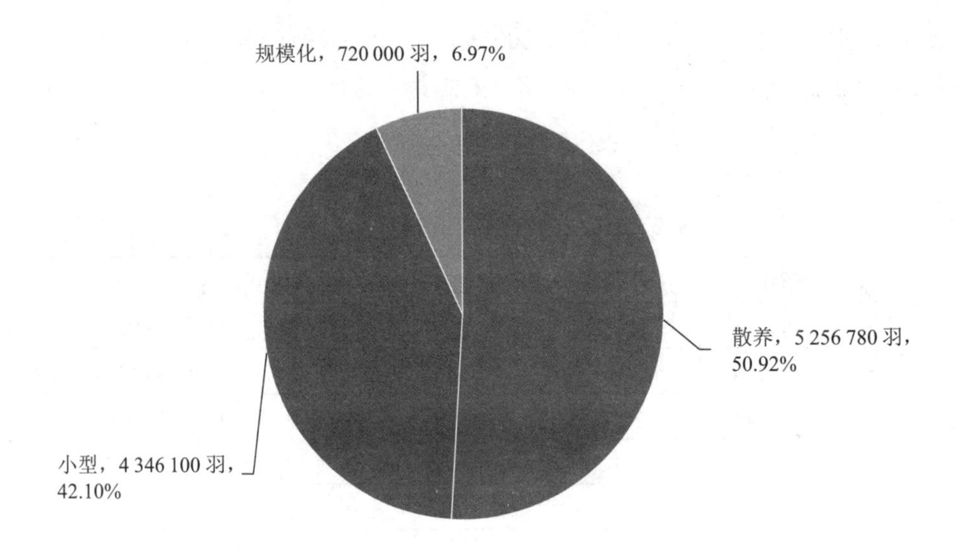

图 3.2.101　2017 年益阳市各规模肉鸡养殖场肉鸡出栏量及占比

2017 年益阳市肉鸡各规模养殖场所产生的 COD、总氮、总磷排放情况分别如图 3.2.102～图 3.2.104 所示。从区域来看，其中，安化县三者的排放量均最大，分别为 3 521.7 t、117.06 t、55.32 t，分别占益阳市 COD、总氮、总磷排放总量的 44.04%、43.92%、39.45%；其次为南县，排放量分别为 2 069.4 t、69.13 t、39.26 t，占比分别为 25.88%、25.94%、28.00%。从养殖规模上来看，散户型排放量最大，分别为 3 894.05 t、130.08 t、73.88 t，各自占比为 48.70%、48.81%、52.69%；规模化养殖场排放量最少，分别为 883.01 t、28.91 t、5.26 t，占比分别为 11.04%、10.85%、3.75%。

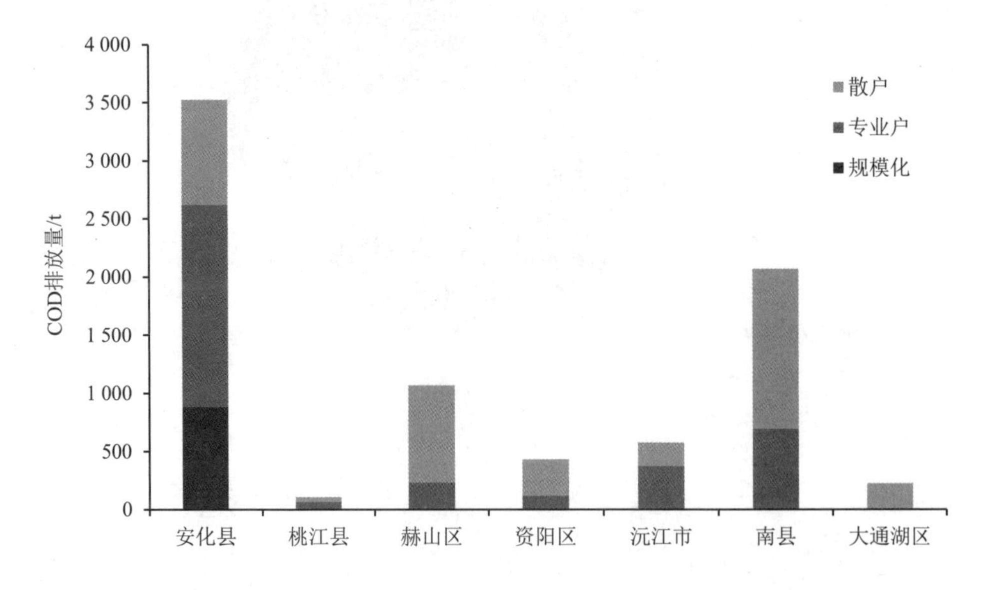

图 3.2.102　2017 年益阳市各县（市、区）各规模肉鸡养殖场 COD 排放量

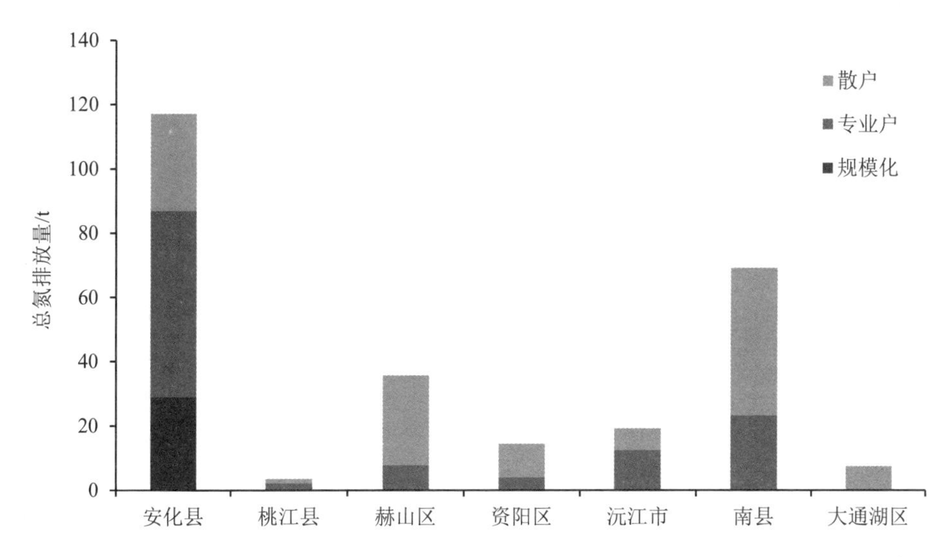

图 3.2.103　2017 年益阳市各县（市、区）各规模肉鸡养殖场总氮排放量

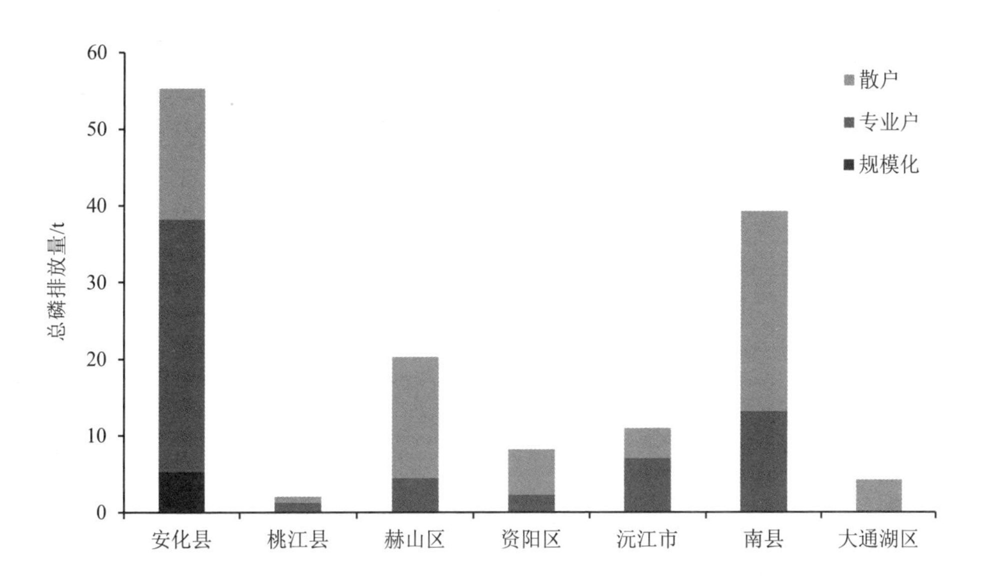

图 3.2.104　2017 年益阳市各县（市、区）各规模肉鸡养殖场总磷排放量

（5）污染物排放总量

1）COD

2017 年益阳市所有畜禽养殖业所产生的 COD 排放情况见表 3.2.29 和图 3.2.105。从区域来看，其中，安化县 COD 排放量最大，为 55 094.03 t，占益阳市 COD 排放总量的 24.85%；其次为赫山区，排放量为 52 771.42 t，占益阳市 COD 排放总量的 23.80%；高新技术产业园区排放量最少，为 1 487.23 t，占比为 0.67%。从规模上来看，专业户养殖场排放的 COD

量最大，为 91 448.16 t，占排放总量的 41.25%；其次为散户型，排放量为 85 861.54 t，占比为 38.73%；最少为规模化养殖场，排放量为 44 382.51 t，占比为 20.02%。

表 3.2.29　2017 年益阳市畜禽养殖业 COD 排放量

地区		COD 排放量/t			合计	
		规模化	专业户	散户	总量/t	占比/%
安化县		11 424.67	22 736.42	20 932.94	55 094.03	24.85
桃江县		7 047.89	16 052.35	7 096.04	30 196.28	13.62
赫山区		4 126.60	11 239.99	37 404.83	52 771.42	23.80
资阳区		5 192.45	9 334.15	7 925.47	22 452.07	10.13
沅江市		2 071.48	16 740.53	4 039.98	22 851.99	10.31
南县		9 451.70	14 908.06	7 957.20	32 316.96	14.58
高新技术产业园区		1 487.23	0.00	0.00	1 487.23	0.67
大通湖区		3 580.49	436.66	505.08	4 522.23	2.04
合计	总量/t	44 382.51	91 448.16	85 861.54	221 692.21	100
	占比/%	20.02	41.25	38.73	100	—

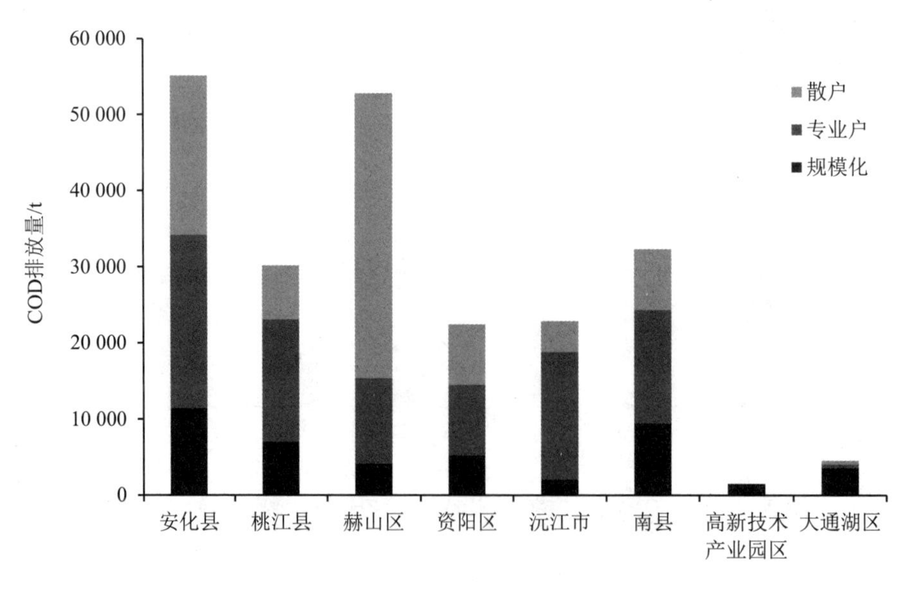

图 3.2.105　2017 年益阳市各规模畜禽养殖场 COD 排放量

2）总氮

2017 年益阳市所有畜禽养殖业所产生的总氮排放情况见表 3.2.30 和图 3.2.106。从区域来看，其中，赫山区总氮排放量最大，为 6 761.80 t，占益阳市总氮排放总量的 25.18%；其次为安化县，排放量为 6 474.84 t，占益阳市总氮排放总量的 24.11%；高新技术产业园区排放量最少，为 212.02 t，占比为 0.79%。从规模上来看，专业户养殖场排放的总氮量最大，为 10 405.16 t，占排放总量的 38.75%；其次为散户型，排放量为 9 643.89 t，占比为 35.92%；最小为规模化养殖场，排放量为 6 801.83 t，占比为 25.33%。

表 3.2.30　2017 年益阳市畜禽养殖业总氮排放量

地区		总氮排放量/t			合计	
		规模化	专业户	散户	总量/t	占比/%
安化县		1 848.20	2 430.58	2 196.06	6 474.84	24.11
桃江县		1 033.34	1 835.78	819.32	3 688.44	13.74
赫山区		1 063.71	1 319.27	4 378.82	6 761.80	25.18
资阳区		706.94	1 107.49	925.50	2 739.93	10.20
沅江市		610.92	1 974.57	465.70	3 051.19	11.36
南县		960.62	1 686.02	817.05	3 463.69	12.90
高新技术产业园区		212.02	0.00	0.00	212.02	0.79
大通湖区		366.08	51.45	41.44	458.97	1.71
合计	总量/t	6 801.83	10 405.16	9 643.89	26 850.88	100
	占比/%	25.33	38.75	35.92	100	—

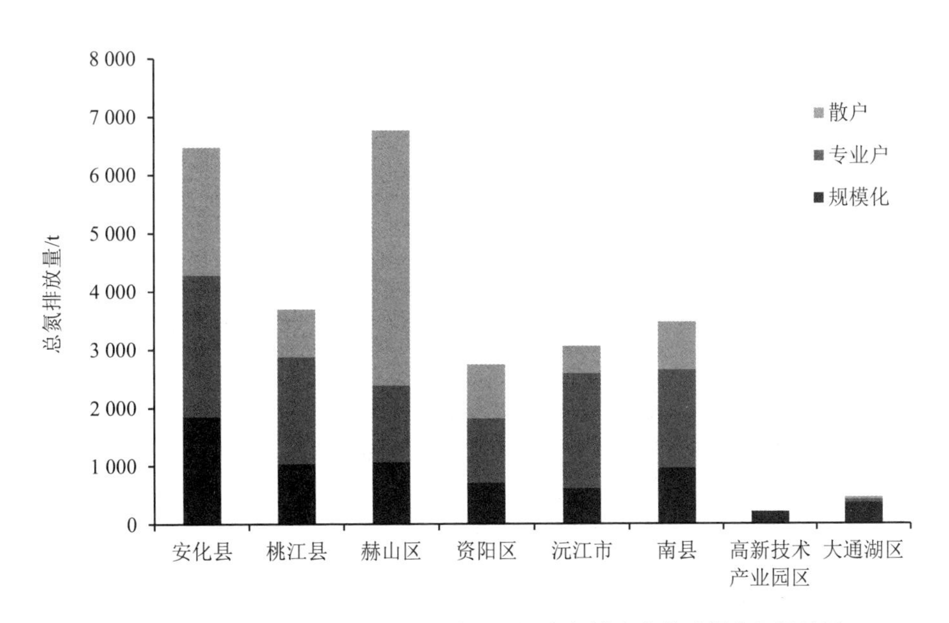

图 3.2.106　2017 年益阳市各县（市、区）各规模畜禽养殖场总氮排放量

3）总磷

2017 年益阳市所有畜禽养殖业所产生的总磷排放情况见表 3.2.31 和图 3.2.107。从区域来看，其中，赫山区总磷排放量最大，为 603.02 t，占益阳市总磷排放总量的 23.94%；

其次为安化县，排放量为 516.41 t，占益阳市总磷排放总量的 20.50%；高新区技术产业园排放量最少，为 22.19 t，占比为 0.88%。从规模上来看，专业户养殖场排放的总磷量最大，为 997.80 t，占排放总量的 39.61%；其次为散户型，排放量为 902.32 t，占比为 35.82%；最少为规模化养殖场，排放量为 618.92 t，占比为 24.57%。

表 3.2.31　益阳市畜禽养殖业总磷排放量

地区		总磷排放量/t			合计	
		规模化	专业户	散户	总量/t	占比/%
安化县		142.19	214.18	160.04	516.41	20.50
桃江县		104.68	173.49	61.52	339.69	13.48
赫山区		35.76	148.73	418.53	603.02	23.94
资阳区		77.50	109.99	79.51	267.00	10.60
沅江市		13.72	171.57	46.65	231.94	9.21
南县		161.69	175.62	128.66	465.97	18.50
高新技术产业园区		22.19	0.00	0.00	22.19	0.88
大通湖区		61.19	4.22	7.41	72.82	2.89
合计	总量/t	618.92	997.80	902.32	2 519.04	100
	占比/%	24.57	39.61	35.82	100	—

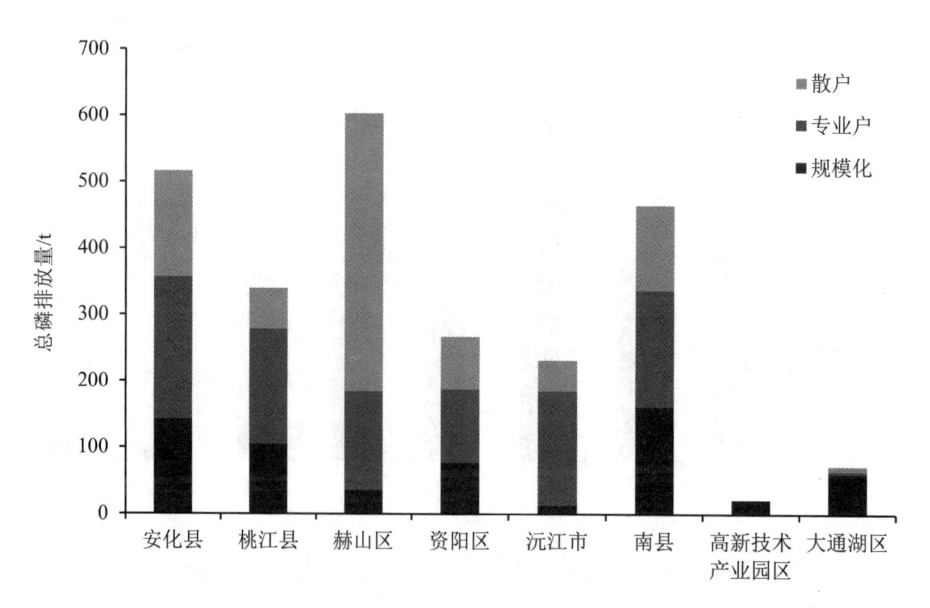

图 3.2.107　2017 年益阳市各县（市、区）各规模畜禽养殖场总磷排放量

3.2.1.5　望城区畜禽养殖业情况

（1）生猪

由表 3.2.32 和图 3.2.108 可知，2017 年望城区生猪出栏量为 7.69 万头，其中，养殖规模在 50～499 头的养殖场有 60 家，生猪出栏量约占总量的 18.72%；养殖规模在 50 头以下的养殖场有 481 家，生猪出栏量约占总量的 65.06%；养殖规模在 500 头以上的养殖场有 16 家，生猪出栏量约占总量的 16.22%。

表 3.2.32　2017 年望城区生猪养殖情况

地区	散养（<50 头）		小型（50～499 头）		大型（≥500 头）		合计	
	户数/家	总量/头	户数/家	总量/头	户数/家	总量/头	户数/家	总量/头
望城区	481	50 000	60	14 391	16	12 467	557	76 858

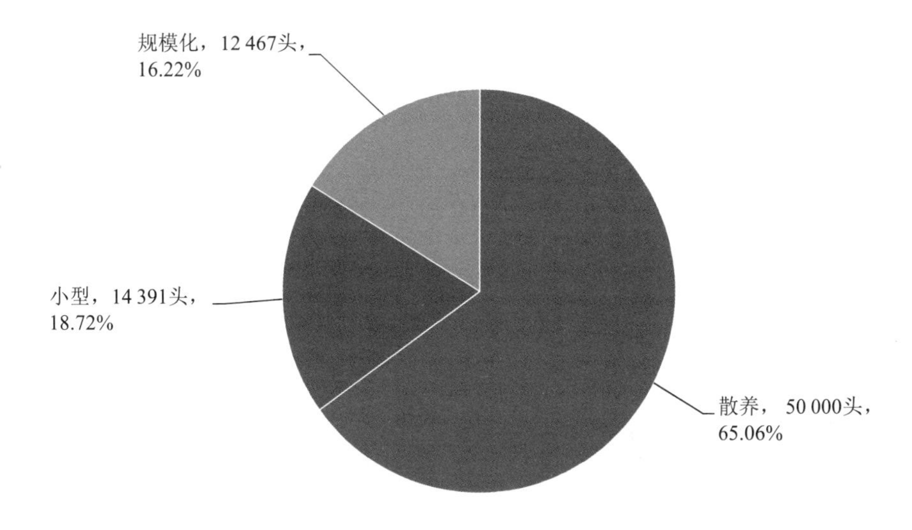

图 3.2.108　2017 年望城区各规模生猪养殖场生猪出栏量及占比

2017 年望城区各规模生猪养殖场所产生的 COD、总氮、总磷排放情况如图 3.2.109 所示。COD、总氮、总磷排放总量分别为 3 689.23 t、479.82 t、33.44 t。对于 COD 排放量而言，从养殖规模上来看，散户型排放量最大，为 2 726.41 t，占比为 73.90%；规模化养殖场占比最少，为 4.83%。对于总氮排放量而言，从养殖规模上来看，散户型排放量最大，为 479.82 t，占比为 68.52%；规模化养殖场占比最少，为 11.76%。对于总磷排放量而言，从养殖规模上来看，散户型排放量最大，为 25.22 t，占比为 75.42%；规模化养殖场占比最少，为 2.87%。

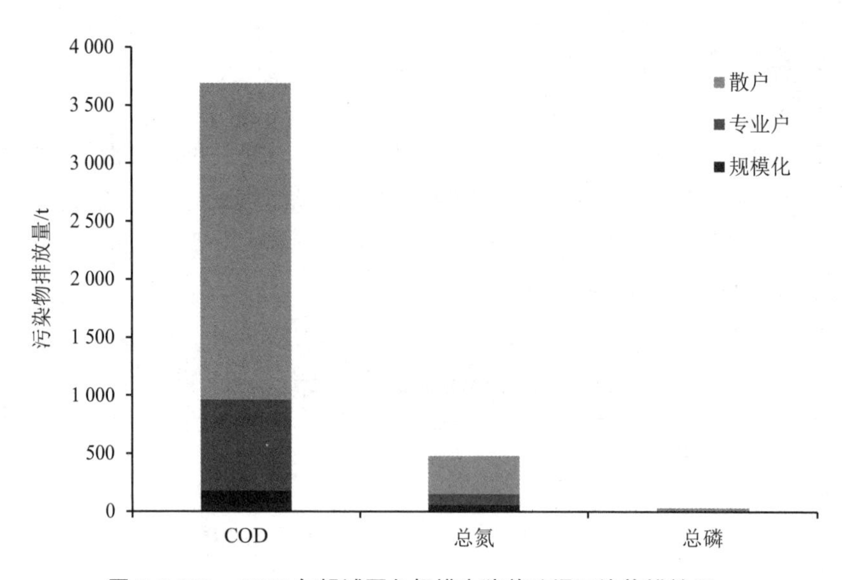

图 3.2.109 2017 年望城区各规模生猪养殖场污染物排放量

（2）奶牛

2017 年望城区奶牛存栏量 22 头，仅 1 家规模属于小型的养殖场。整个望城区内无肉牛养殖场。

2017 年望城区各规模奶牛养殖场所产生的 COD、总氮、总磷排放情况如图 3.2.110 所示。COD、总氮、总磷排放总量分别为 3.45 t、0.79 t、0.02 t，对应的养殖规模均为专业户，散户型和规模化养殖场的排放量为 0。

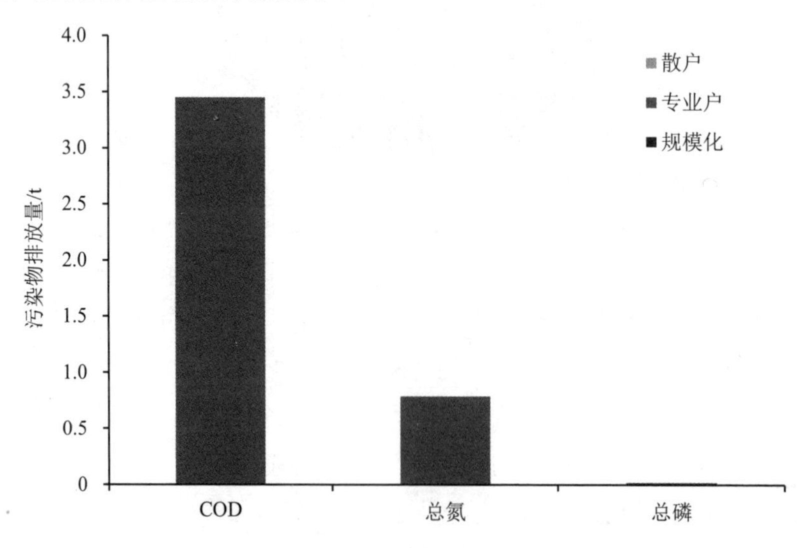

图 3.2.110 2017 年望城区各规模奶牛养殖场污染物排放量

（3）鸡

2017 年望城区鸡存栏总量为 152 600 羽。其中，有 2 家属于规模化蛋鸡养殖场，蛋鸡出栏量为 146 000 羽；有 77 家分散式肉鸡养殖场，肉鸡出栏量为 6 600 羽。

2017 年望城区各规模蛋鸡与肉鸡养殖场所产生的 COD、总氮、总磷排放情况如图 3.2.111 所示。蛋鸡与肉鸡的 COD、总氮、总磷排放总量分别为 15.99 t、1.07 t、0.53 t 和 4.89 t、0.06 t、0.09 t。蛋鸡对应的养殖规模均为规模化，散户型和专业户养殖场的排放量为 0；肉鸡对应的养殖规模均为散户，专业户养殖场和规模化的排放量为 0。

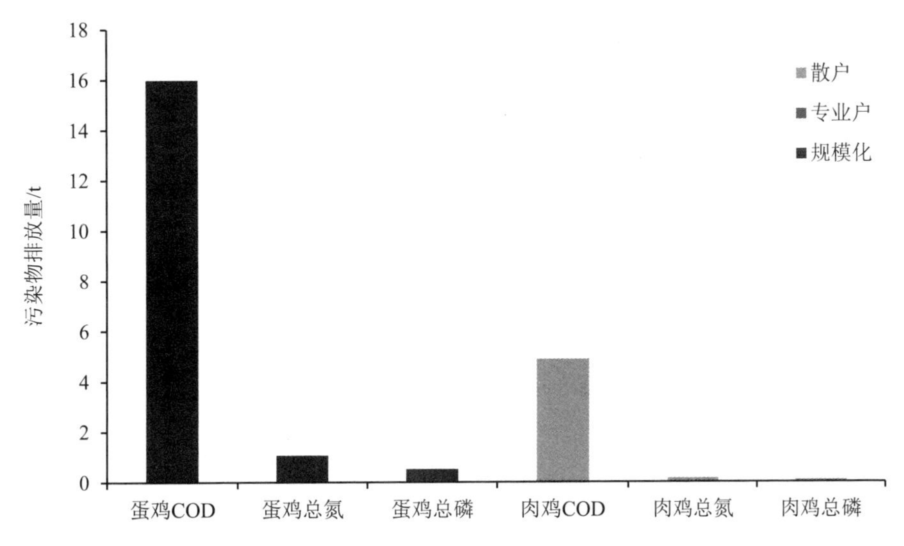

图 3.2.111　2017 年望城区各规模蛋鸡、肉鸡养殖场污染物排放量

（4）污染物排放总量

2017 年望城区所有畜禽养殖业所产生的 COD、总氮、总磷排放情况见表 3.2.33 和图 3.2.112。从 COD 排放量分布情况来看，散户型的排放量最大，为 2 731.30 t，占全区 COD 排放总量的 73.55%；规模化养殖场排放量最少，仅占比为 5.22%。从总氮排放量分布情况来看，散户型的排放量最大，为 328.93 t，占全区总氮排放总量的 68.27%；规模化养殖场排放量最少，占比仅为 11.93%。从总磷排放量分布情况来看，散户型的排放量最大，为 25.31 t，占全区总磷排放总量的 74.27%；规模化养殖场排放量最少，占比仅为 4.37%。

表 3.2.33　2017 年望城区畜禽养殖业污染物排放量　　单位：t

污染物	规模化	专业户	散户	合计
COD	194.09	788.16	2 731.30	3 713.55
总氮	57.49	95.41	328.93	481.83
总磷	1.49	7.28	25.31	34.08

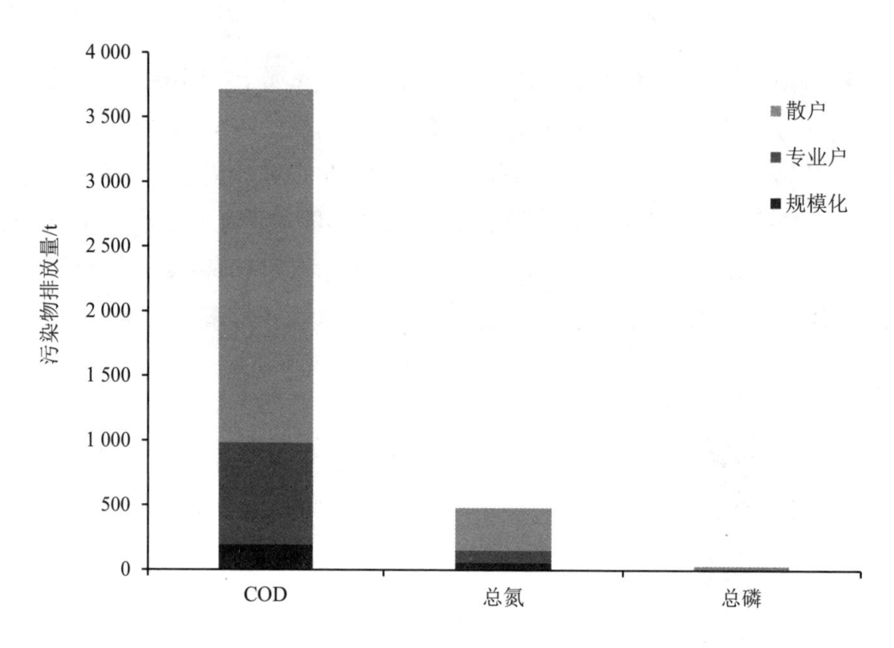

图 3.2.112 2017 年望城区畜禽养殖污染物排放量

3.2.2 种植业

根据洞庭湖区三市一区上报的农业用地面积以及化肥施用强度相关资料，结合《第一次全国污染源普查—农业污染源肥料流失系数手册》（以下简称《手册》），综合考虑区域种植方式、作物种类、耕作方式、农田类型、土壤类型、地形地貌和主要作物特征、化肥施用强度以及氮、磷总流失量，对洞庭湖区三市一区种植业的氮磷流失量进行核算解析。县（市、区）水田氮、磷流失系数按照《手册》中模式 62 地表径流-南方湿润平原区-平地-水田-稻油轮作系数核算，其中，总氮流失系数为 1.123%，总磷流失系数为 0.280%，再结合各地市级化肥施用强度进行系数修正，从而核算出总氮、总磷流失量。县（市、区）旱地氮、磷流失系数按照《手册》中模式 64 地表径流-南方湿润平原区-平地-旱地-大田-熟系数核算，取总氮流失系数为 0.959%，总磷流失系数为 0.867%，再结合各县（市、区）化肥施用强度进行系数修正，从而核算出总氮、总磷流失量。县（市、区）园地氮、磷流失系数按照《手册》中模式 66 地表径流-南方湿润平原区-平地-旱地-园地系数核算，取总氮流失系数为 0.855%，总磷流失系数为 0.514%，再结合各县（市、区）化肥施用强度进行系数修正，从而核算出总氮、总磷流失量。结合三市一区农业种植氮、磷流失量核算结果，进行汇总解析，并核算洞庭湖区域种植业总氮、总磷总流失量。

3.2.2.1　岳阳市种植业氮、磷流失量核算

（1）岳阳市种植业土地面积及化肥施用量统计

根据收集的相关资料，整理得出岳阳市种植业土地面积及化肥施用量，并统计于表 3.2.34 中。其中，2017 年岳阳市的种植业总土地面积为 5 566 409 亩，岳阳市化肥施用量合计为 276 451 t。由表 3.2.34 和图 3.2.113～图 3.2.118 可知，岳阳市各县（市、区）中，华容县种植面积最广，有 1 121 044 亩，占岳阳市总土地面积的 20.14%，占比最少的为君山区，仅有 43 亩；岳阳县化肥施用量最大，为 56 606 t，占总化肥用量的 20.48%，君山区施用化肥量最少，仅为 2 t。而从种植土地类型来看，水田的占地面积为 4 091 583 亩，占总面积的 73.50%；其次为旱地面积 857 789 亩，占比为 15.41%；最少为园地面积 617 037 亩，占比为 11.09%。水田的化肥施用量最大，为 216 619 t，占比为 78.36%；其次为旱地与园地，分别为 37 011 t 和 22 821 t，占比分别为 13.39%和 8.25%。

表 3.2.34　2017 年岳阳市种植业土地面积及化肥施用量

县（市、区）	水田面积/亩	旱地面积/亩	园地面积/亩	种植面积合计/亩	种植面积占比/%	旱地化肥施用强度/（kg/亩）	水田化肥施用强度/（kg/亩）	园地使用强度/（kg/亩）	水田化肥施用量/t	旱地化肥施用量/t	园地化肥施用量/t	化肥施用量合计/t
湘阴县	651 000	85 000	30 000	766 000	13.76	40.4	66.0	35.0	42 966	3 434	1 050	47 450
华容县	784 320	273 680	63 044	1 121 044	20.14	40.2	36.0	42.3	28 236	11 002	2 667	41 905
平江县	751 650	93 750	237 000	1 082 400	19.45	35.3	34.5	30.3	25 932	3 309	7 181	36 422
岳阳县	564 782	184 131	78 940	827 853	14.87	60.0	72.0	62.0	40 664	11 048	4 894	56 606
汨罗市	566 850	47 752	19 657	634 259	11.39	45.0	70.0	36.0	39 680	2 149	708	42 537
临湘市	461 000	113 000	142 000	716 000	12.86	32.0	45.0	33.5	20 745	3 616	4 757	29 118
君山区	22	19	2	43	0.00	45.0	60.0	40.0	1	1	0	2
云溪区	84 310	47 038	21 391	152 739	2.75	41.8	54.3	37.4	4 578	1 966	800	7 344
屈原区	148 029	4 000	4 020	156 049	2.80	40.0	77.8	35.0	11 517	160	141	11 818
大楼区	79 620	9 420	20 983	110 023	1.98	34.6	28.9	29.7	2 301	326	623	3 250
共计	4 091 583	857 789	617 037	5 566 409	100	—	—	—	216 619	37 011	22 821	276 451

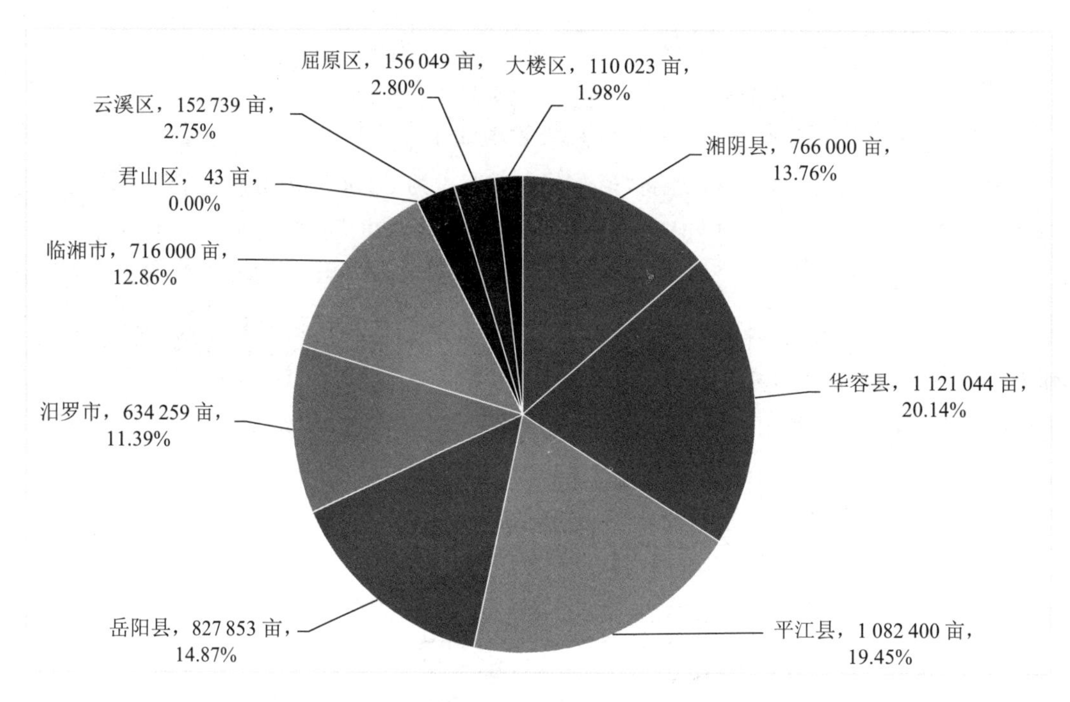

图 3.2.113 2017 年岳阳市各县（市、区）种植业土地面积及占比

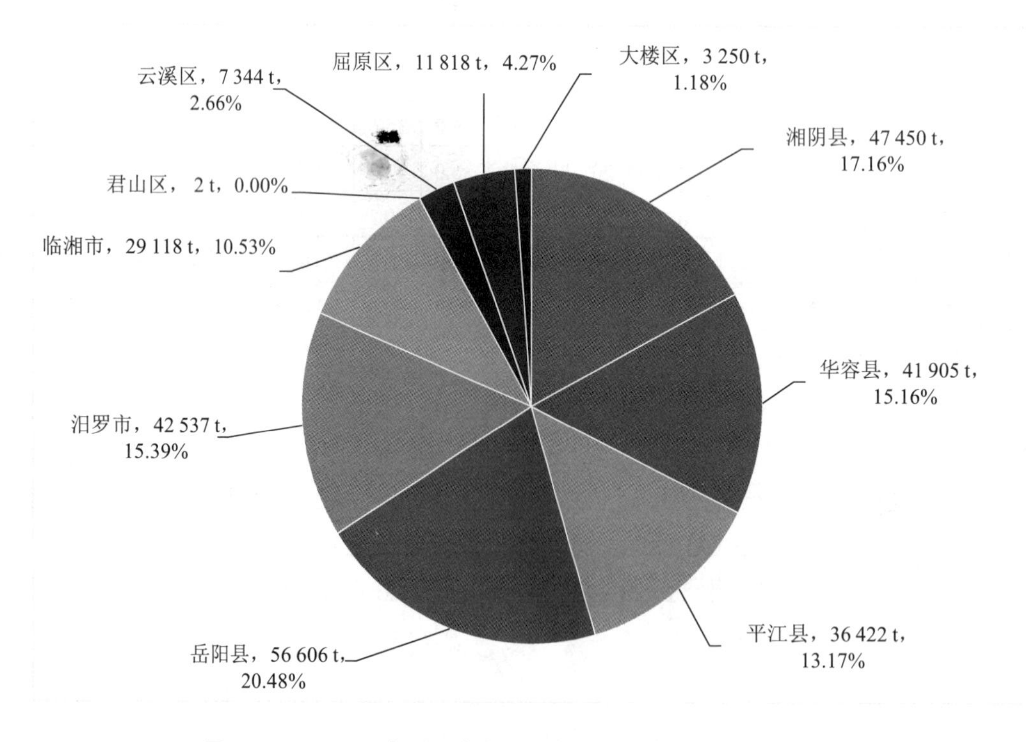

图 3.2.114 2017 年岳阳市各县（市、区）种植业化肥施用量及占比

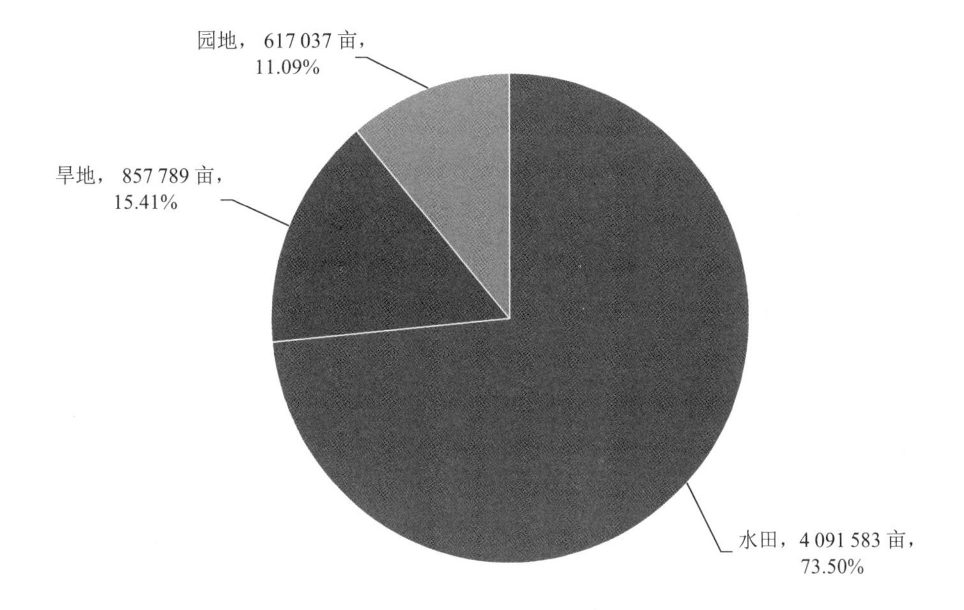

图 3.2.115　2017 年岳阳市不同类型用地面积及占比

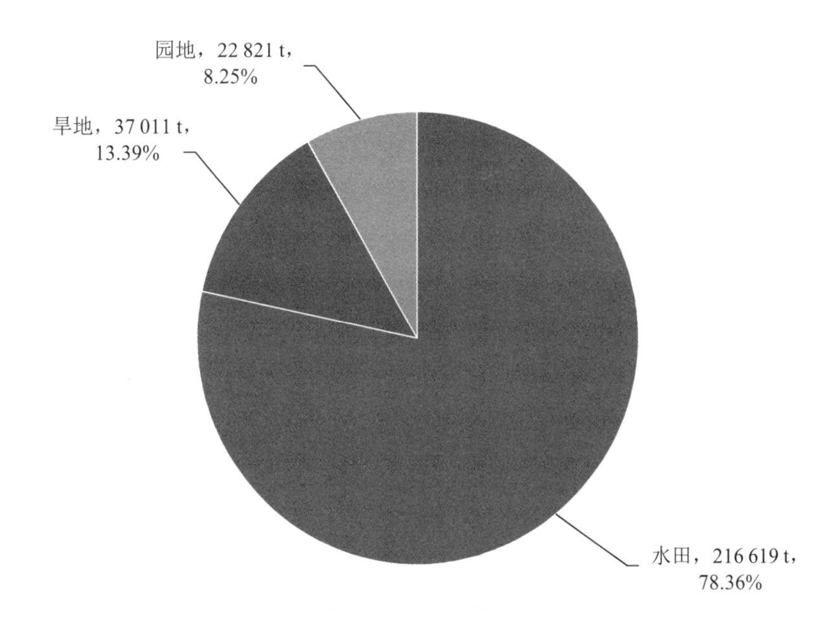

图 3.2.116　2017 年岳阳市不同类型用地化肥施用量及占比

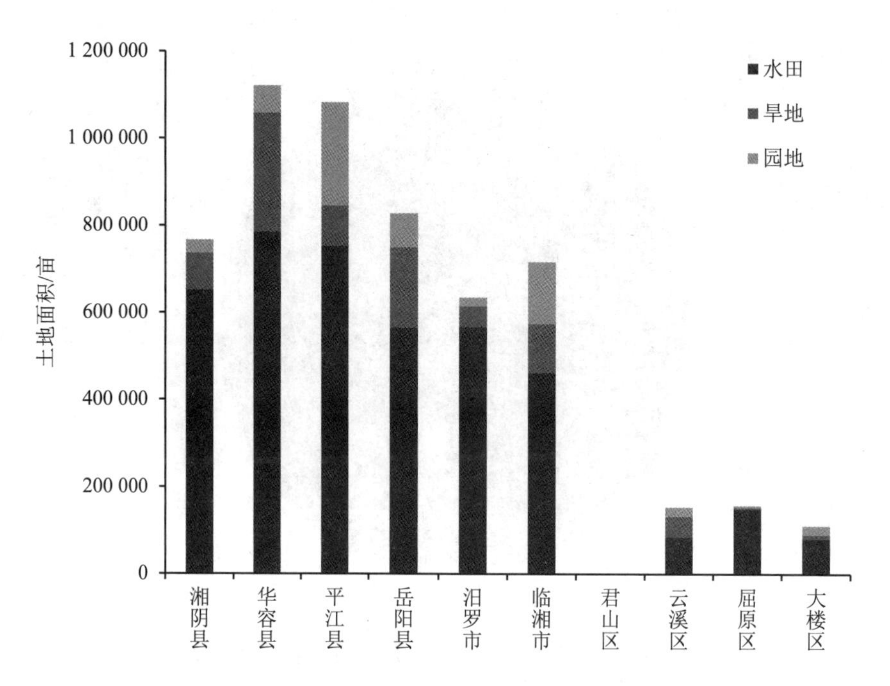

图 3.2.117　2017 年岳阳市各县（市、区）不同类型用地构成

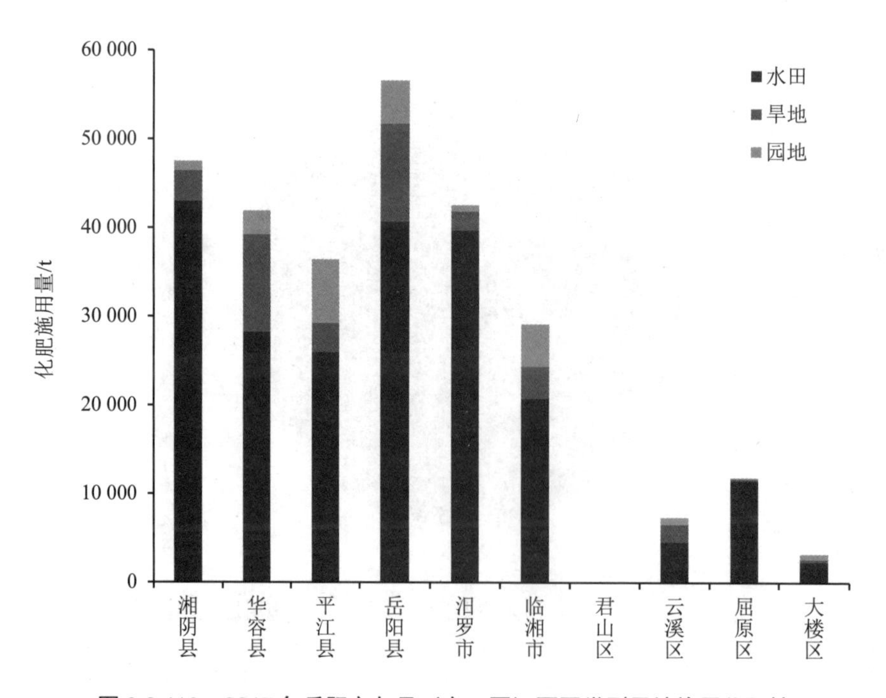

图 3.2.118　2017 年岳阳市各县（市、区）不同类型用地施用化肥情况

（2）岳阳市种植业氮、磷流失量核算

根据收集的相关数据，结合《手册》中的相关系数，通过模式运算核算出岳阳市种植业氮、磷流失量，并统计于表3.2.35中。其中，2017年岳阳市的总氮流失量为3 354.18 t，总磷流失量为1 105.16 t。由表3.2.25和图3.2.119～图3.2.124可知，岳阳市各县（市、区）中岳阳县的总氮流失量最大，为873.83 t，占整个岳阳市总氮流失量的26.05%；君山区总氮流失量最少，为0.03 t。岳阳县的总磷流失量也最大，为326.38 t，占岳阳市总磷流失量的29.53%；君山区总磷流失量最少，为0.01 t。从种植类型来看，水田的总氮、总磷流失量均最大，分别为2 707.44 t和675.05 t，分别占岳阳市氮、磷总流失量的80.72%和61.08%；园地的总氮、总磷流失量均最小，分别为187.68 t和15.09 t，分别占岳阳市氮、磷总流失量的5.60%和1.37%。

表3.2.35 2017年岳阳市种植业总氮、总磷流失量核算

县（市、区）	水田			旱地			园地			合计	
	流失系数（校正后）	总氮流失量/t	总磷流失量/t	流失系数（校正后）	总氮流失量/t	总磷流失量/t	流失系数（校正后）	总氮流失量/t	总磷流失量/t	总氮流失量/t	总磷流失量/t
湘阴县	1.26	609.48	151.96	1.16	38.07	34.42	0.54	7.59	0.61	655.14	186.99
华容县	0.69	218.47	54.47	1.15	121.36	109.72	0.66	23.30	1.87	363.13	166.06
平江县	0.66	192.29	47.94	1.01	32.05	28.98	0.47	44.94	3.61	269.28	80.53
岳阳县	1.38	629.27	156.90	1.72	181.89	164.44	0.96	62.67	5.04	873.83	326.38
汨罗市	1.34	596.98	148.85	1.29	26.53	23.99	0.56	5.26	0.42	628.77	173.26
临湘市	0.86	200.64	50.03	0.92	31.75	28.70	0.52	32.91	2.65	265.30	81.38
君山区	1.15	0.02	0.00	1.29	0.01	0.01	0.62	0.00	0.00	0.03	0.01
云溪区	1.04	53.43	13.32	1.20	22.55	20.39	0.58	6.18	0.50	82.16	34.21
屈原区	1.49	192.57	48.01	1.14	1.76	1.59	0.54	1.02	0.08	195.35	49.68
大楼区	0.55	14.29	3.56	0.99	3.09	2.80	0.46	3.82	0.31	21.20	6.67
合计	—	2 707.44	675.05	—	459.06	415.02	—	187.68	15.09	3 354.18	1 105.16

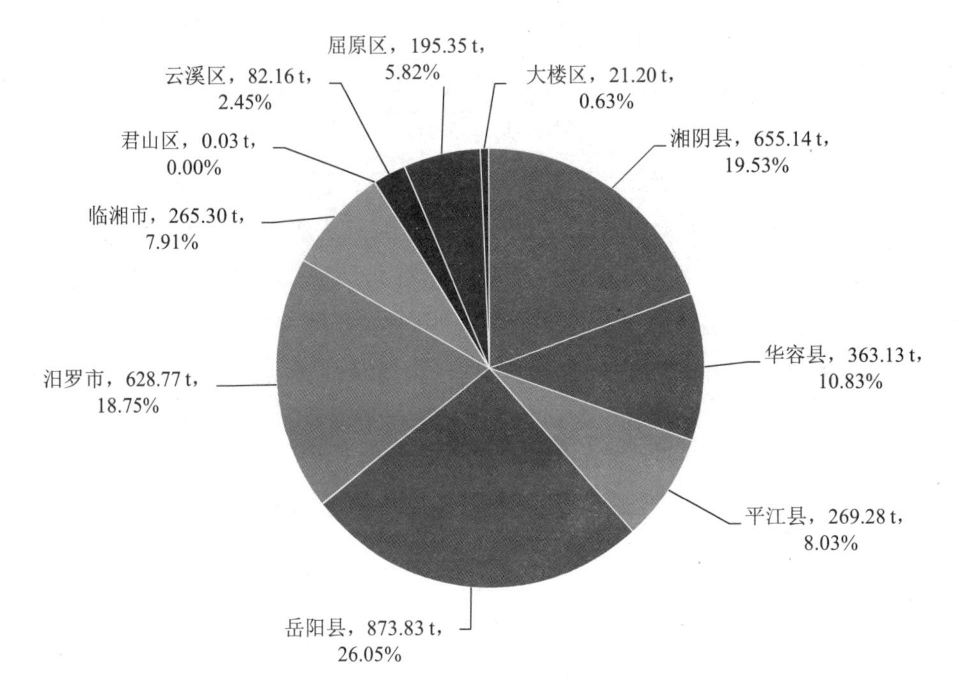

图 3.2.119 2017 年岳阳市各县（市、区）总氮流失量及占比

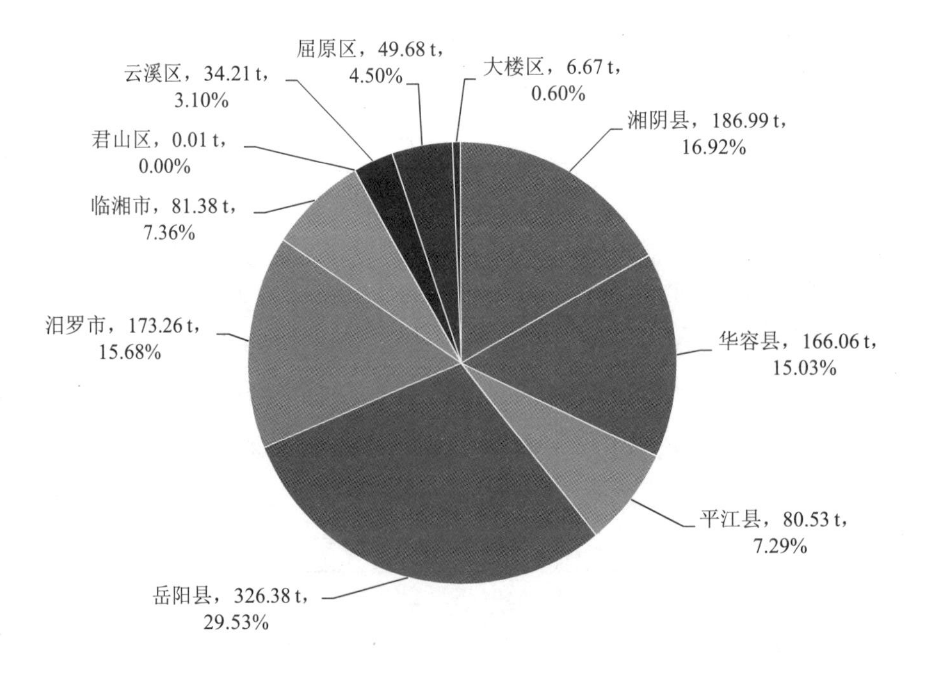

图 3.2.120 2017 年岳阳市各县（市、区）总磷流失量及占比

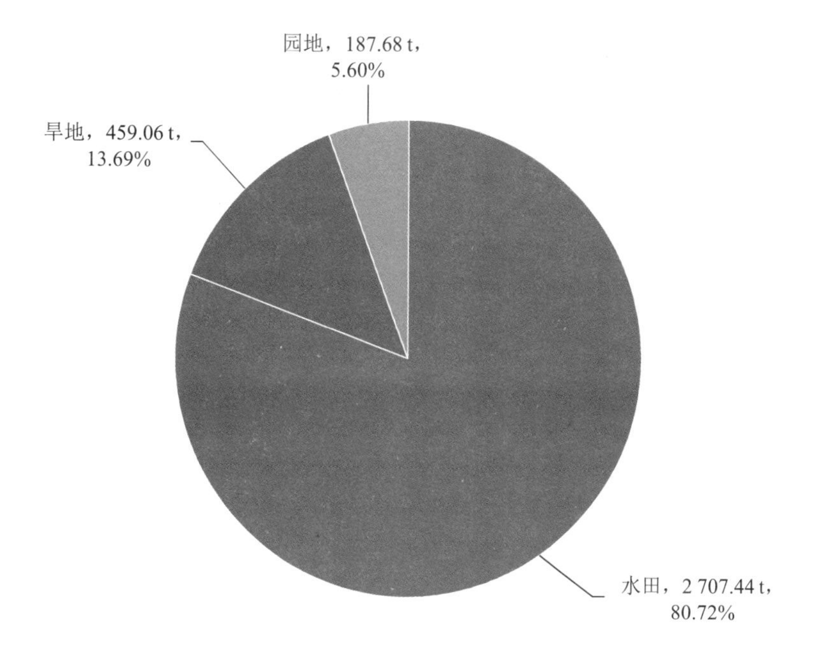

图 3.2.121　2017 年岳阳市不同种植类型总氮流失量及占比

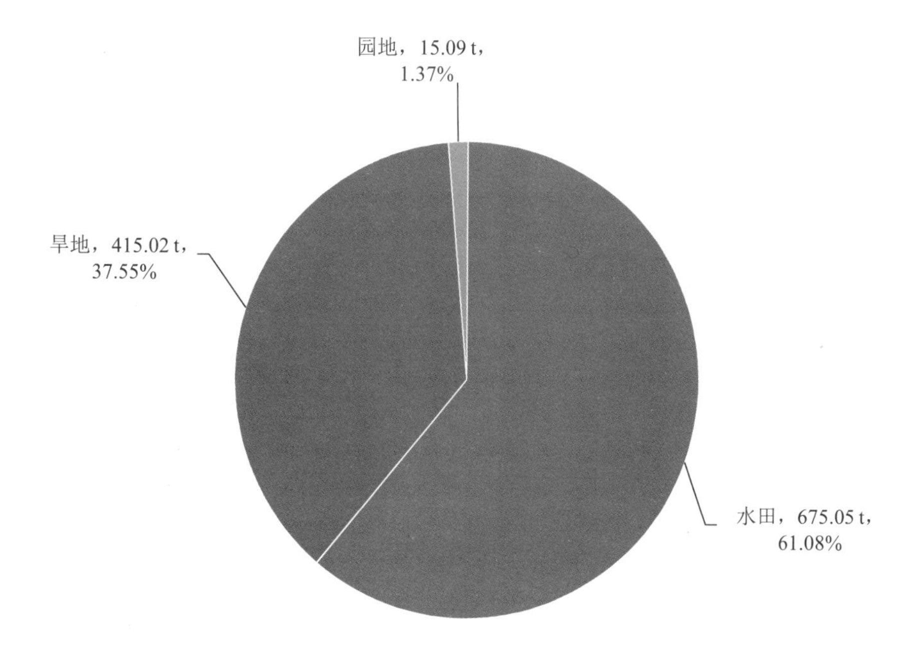

图 3.2.122　2017 年岳阳市不同种植类型总磷流失量及占比

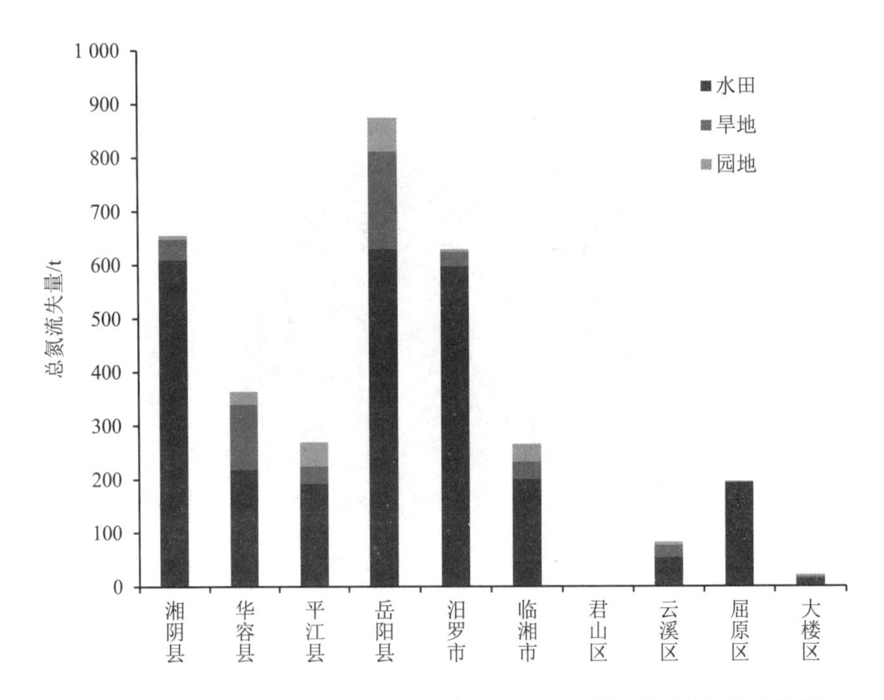

图 3.2.123　2017 年岳阳市各县（市、区）不同种植类型总氮流失情况

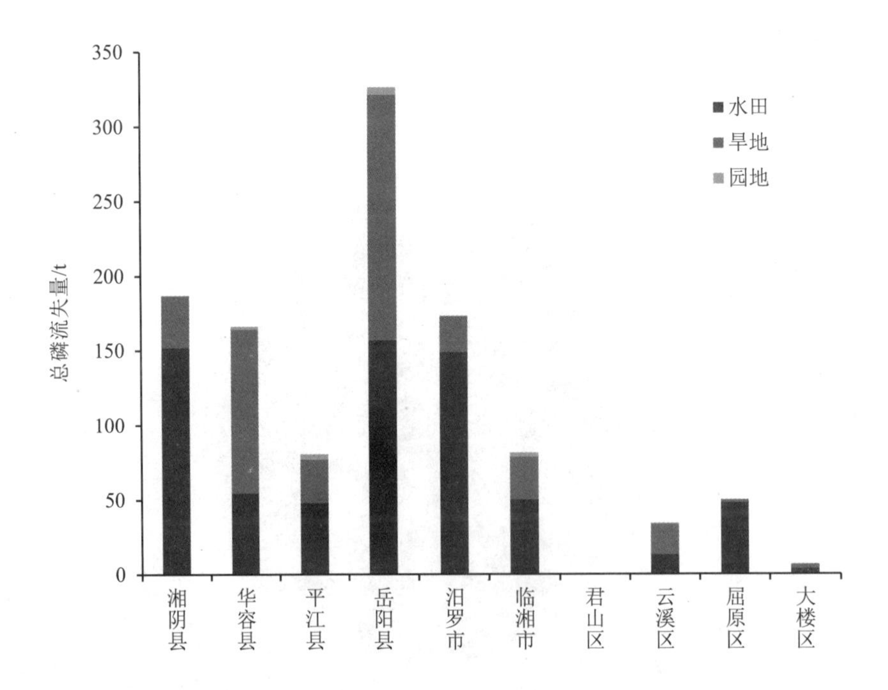

图 3.2.124　2017 年岳阳市各县（市、区）不同种植类型总磷流失情况

3.2.2.2　常德市种植业氮、磷流失量核算

（1）常德市种植业土地面积及化肥施用量统计

根据收集的相关资料，整理得出常德市种植业土地面积及化肥施用量，并统计于表 3.2.36 中。其中，2017 年常德市的种植业总土地面积为 8 148 293 亩，常德市化肥施用量合计为 438 320.2 t。由表 3.2.26 和图 3.2.125～图 3.2.130 可知，桃源县种植面积最广，有 1 638 513 亩，占常德市总土地面积的 20.11%，占地面积最少的是津市市，为 343 500 亩，占比为 4.22%。桃源县化肥施用量最大，为 82 233.0 t，占总化肥施用量的 18.76%；津市市施用化肥量最少，为 17 450.3 t，占比仅为 3.98%。从种植土地类型来看，水田占地面积为 5 531 620 亩，占总面积的 67.89%；其次为旱地，占地面积为 1 651 385 亩，占比为 20.27%；最少为园地，占地面积为 965 288 亩，占比为 11.85%。水田的化肥施用量最大，为 311 508.5 t，占比为 71.07%；旱地与园地的化肥施用量分别为 86 104.2 t 和 40 707.5 t。

表 3.2.36　2017 年常德市种植业土地面积及化肥施用量统计

县（市、区）	水田面积/亩	旱地面积/亩	园地面积/亩	种植面积合计/亩	种植面积占比/%	旱地化肥施用强度/（kg/亩）	水田化肥施用强度/（kg/亩）	园地化肥施用强度/（kg/亩）	水田化肥施用量/t	旱地化肥施用量/t	园地化肥施用量/t	化肥施用量合计/t
石门县	495 850	233 629	406 664	1 136 143	13.94	51	50	38	24 792.5	11 915.1	15 453.2	52 160.8
鼎城区	992 668	176 936	51 400	1 221 004	14.98	63	62	45	61 545.4	11 147.0	2 313.0	75 005.4
汉寿县	796 050	191 400	63 300	1 050 750	12.90	66	65	46	51 743.3	12 632.4	2 911.8	67 287.5
安乡县	464 551	277 999	21 945	764 495	9.38	62	58	52	26 944.0	17 235.9	1 141.1	45 321.0
临澧县	573 669	97 832	56 736	728 237	8.94	42	54	36	30 978.1	4 108.9	2 042.5	37 129.6
澧县	793 412	317 588	154 651	1 265 651	15.53	35	56	40	44 431.1	11 115.6	6 186.0	61 732.7
津市市	190 950	132 450	20 100	343 500	4.22	41	58	47	11 075.1	5 430.5	944.7	17 450.3
桃源县	1 224 470	223 551	190 492	1 638 513	20.11	56	49	51	59 999.0	12 518.9	9 715.1	82 233.0
共计	5 531 620	1 651 385	965 288	8 148 293	100	—	—	—	311 508.5	86 104.2	40 707.5	438 320.2

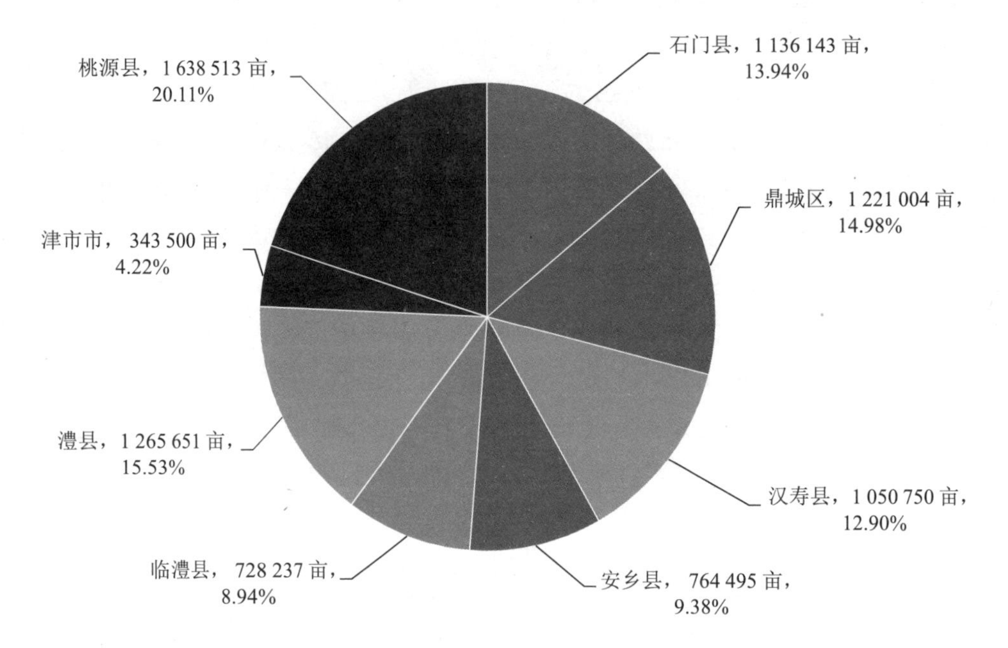

图 3.2.125　2017 年常德市各县（市、区）种植业土地面积及占比

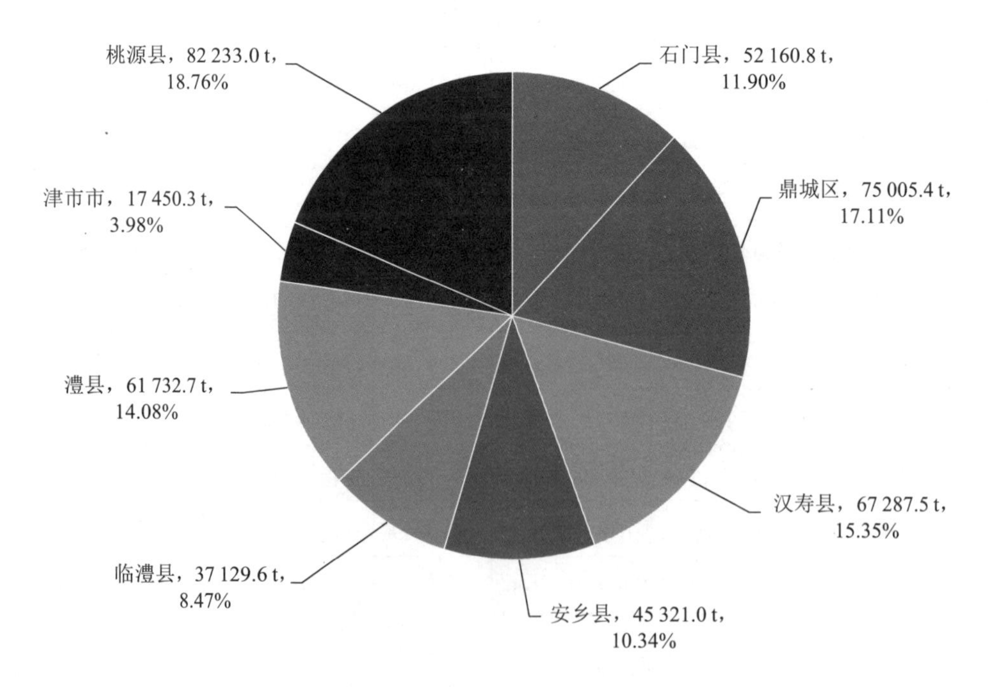

图 3.2.126　2017 年常德市各县（市、区）种植业化肥施用量及占比

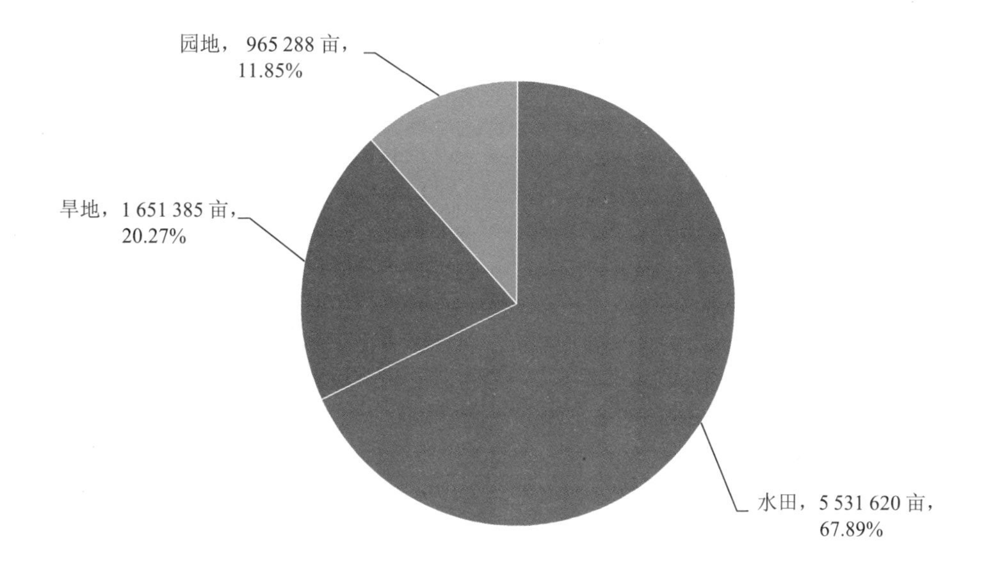

图 3.2.127　2017 年常德市不同类型用地面积及占比

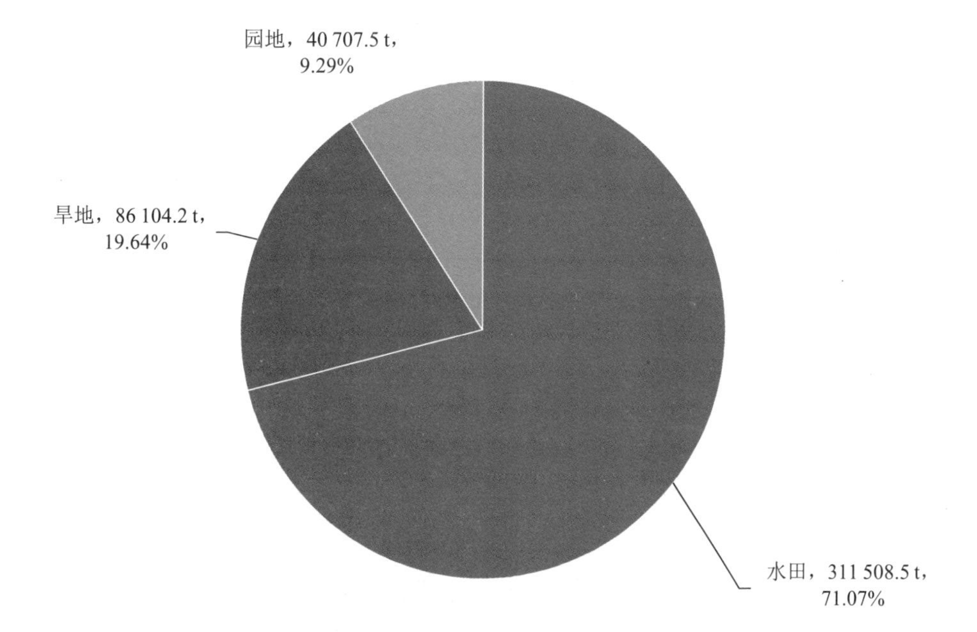

图 3.2.128　2017 年常德市不同类型用地化肥施用量及占比

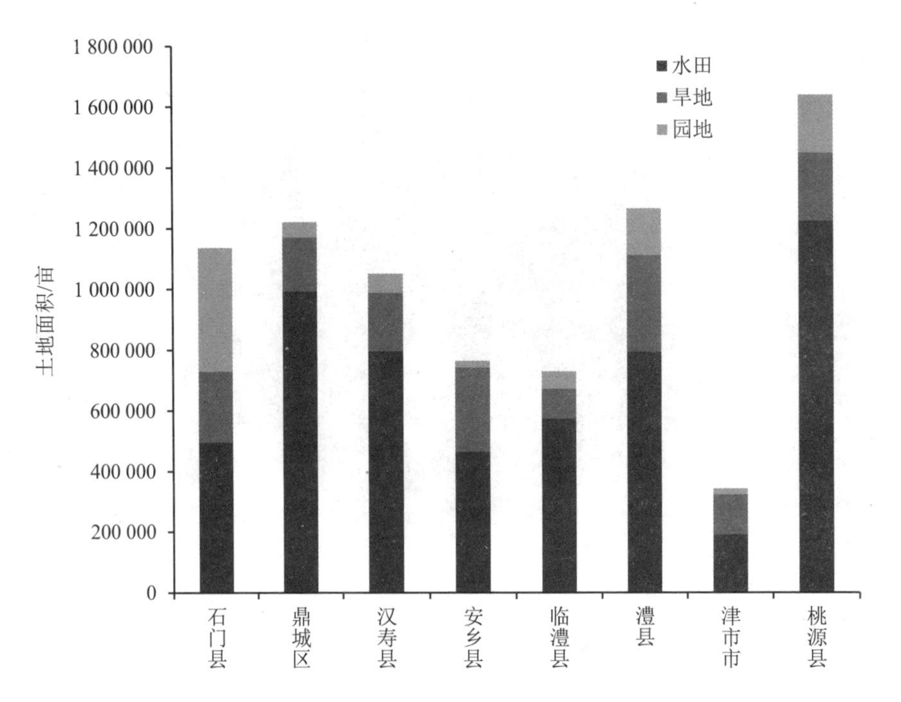

图 3.2.129　2017 年常德市各县（市、区）不同类型用地构成

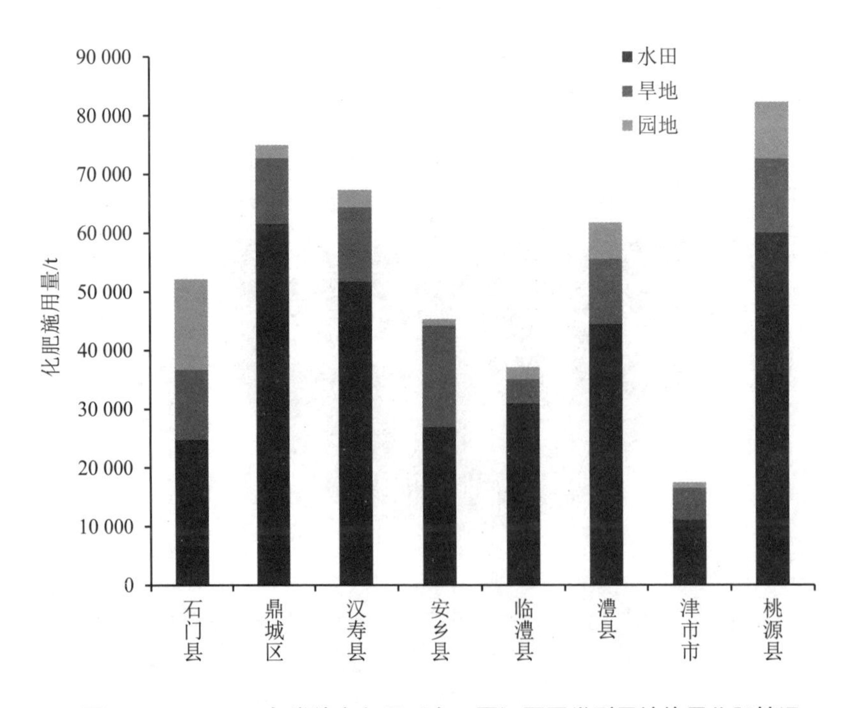

图 3.2.130　2017 年常德市各县（市、区）不同类型用地施用化肥情况

（2）常德市种植业氮、磷流失量核算

根据收集的相关数据，结合《手册》中的相关系数，通过模式运算核算出常德市种植业氮、磷流失量，并统计于表 3.2.37 中。其中，2017 年常德市的总氮流失量为 5 330.09 t，总磷流失量为 2 254.37 t。由表 3.2.37 和图 3.2.131～图 3.2.136 可知，从常德市各县（市、区）来看，鼎城区的总氮流失量最大，为 1 026.63 t，占整个常德市总氮流失量的 19.26%；津市市总氮流失量最少，为 205.04 t，占比为 3.85%。汉寿县的总磷流失量最大，为 397.73 t，占常德市总磷流失量的 17.64%；津市市总磷流失量最少，为 93.19 t，占比为 4.13%。从种植类型来看，水田的总氮流失量最大，为 3 809.55 t，占常德市总氮流失量的 71.47%；旱地的总磷流失量最大，为 1 165.33 t，占常德市总磷流失量的 51.69%；园地的总氮、总磷流失量均最小，分别为 231.55 t 和 139.20 t，分别占常德市总流失量的 4.34%和 6.17%。

表 3.2.37　2017 年常德市种植业总氮、总磷流失量核算

县（市、区）	水田			旱地			园地			合计	
	流失系数（校正后）	总氮流失量/t	总磷流失量/t	流失系数（校正后）	总氮流失量/t	总磷流失量/t	流失系数（校正后）	总氮流失量/t	总磷流失量/t	总氮流失量/t	总磷流失量/t
石门县	0.96	266.43	66.43	1.46	166.74	150.74	0.59	77.90	46.83	511.07	264.00
鼎城区	1.19	820.13	204.48	1.80	192.69	174.21	0.70	13.81	8.30	1 026.63	386.99
汉寿县	1.24	722.87	180.23	1.89	228.77	206.82	0.71	17.77	10.68	969.41	397.73
安乡县	1.11	335.88	83.75	1.77	293.22	265.09	0.81	7.87	4.73	636.97	353.57
临澧县	1.03	359.54	89.64	1.20	47.35	42.81	0.56	9.75	5.86	416.64	138.31
澧县	1.07	534.77	133.34	1.00	106.75	96.51	0.62	32.83	19.73	674.35	249.58
津市市	1.11	138.06	34.42	1.17	61.09	55.23	0.73	5.89	3.54	205.04	93.19
桃源县	0.94	631.88	157.55	1.60	192.36	173.91	0.79	65.73	39.51	889.97	370.97
合计	—	3 809.55	949.84	—	1 288.99	1 165.33	—	231.55	139.20	5 330.09	2 254.37

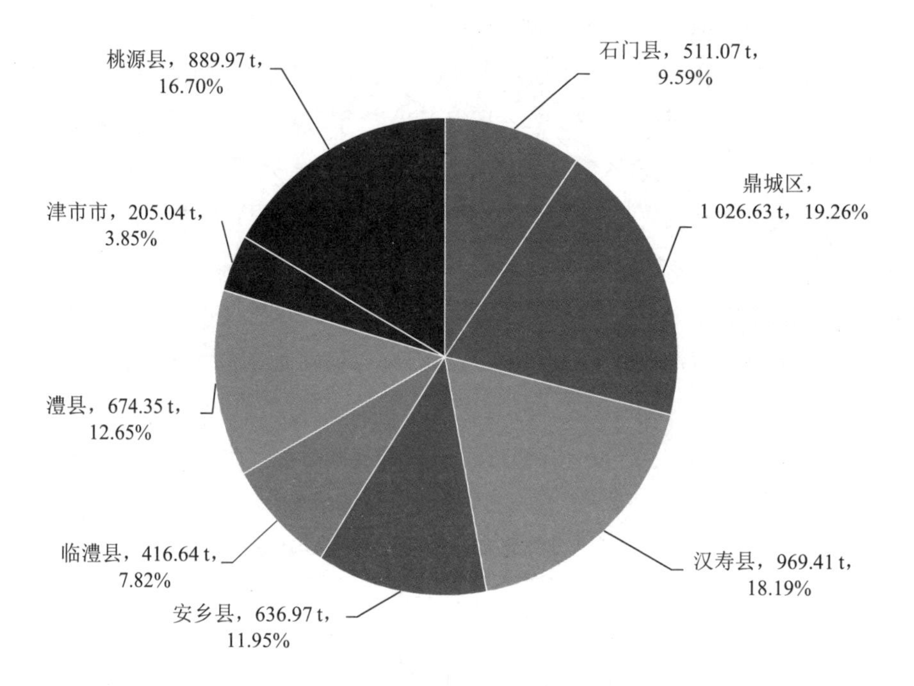

图 3.2.131 2017 年常德市各县（市、区）总氮流失量及占比

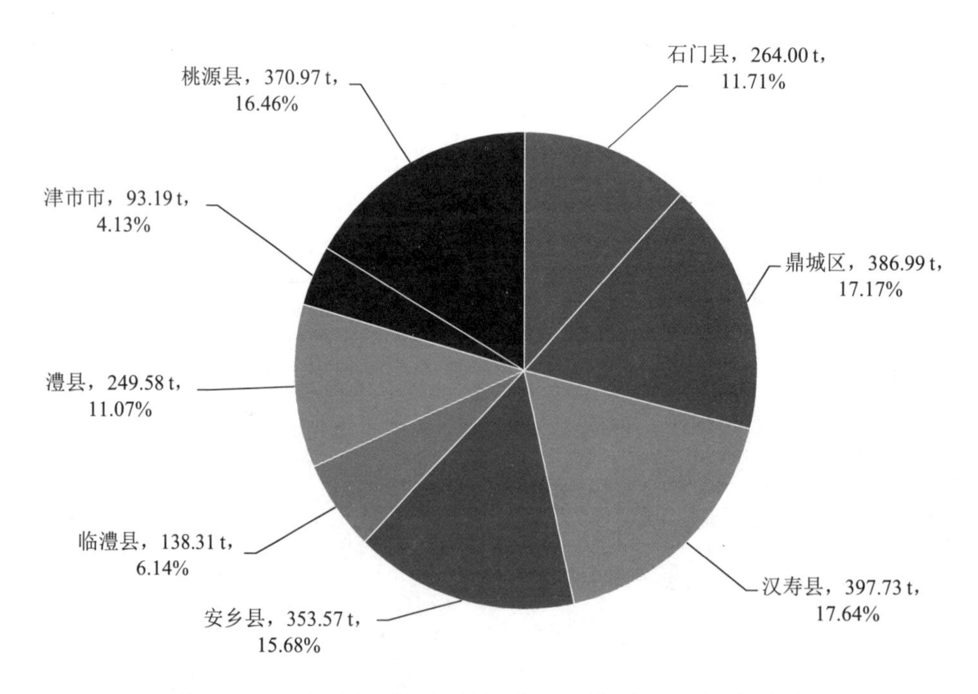

图 3.2.132 2017 年常德市各县（市、区）总磷流失量及占比

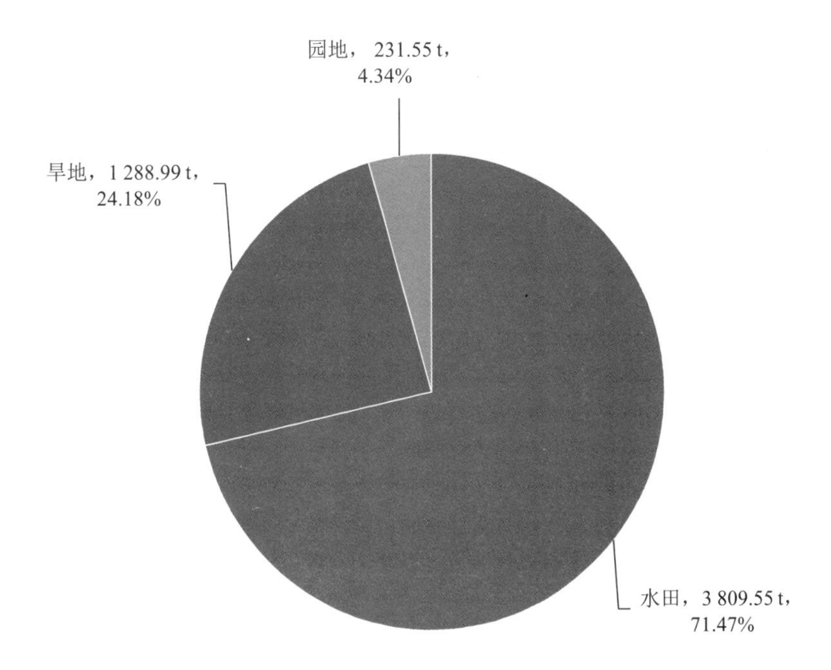

图 3.2.133　2017 年常德市不同种植类型总氮流失量及占比

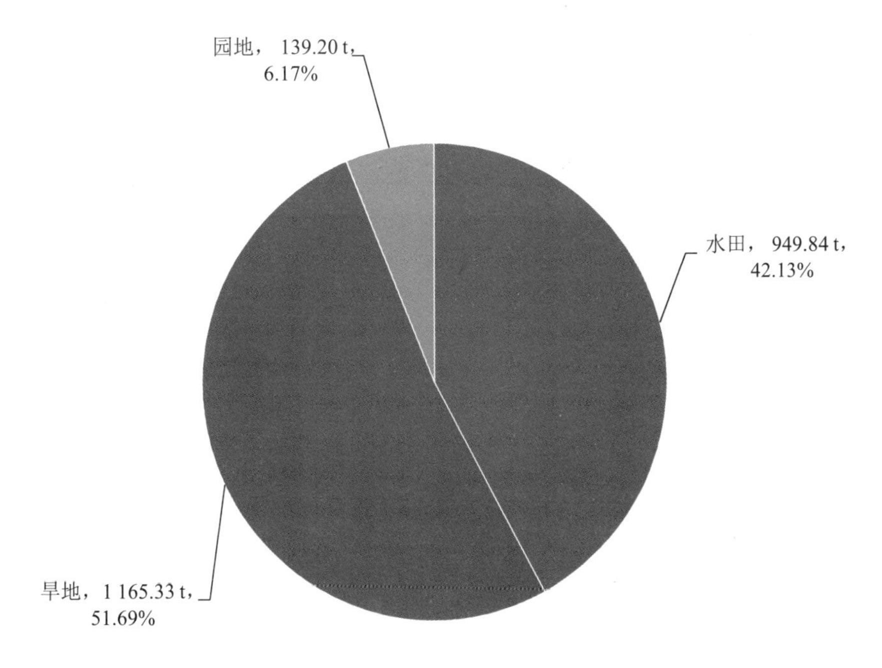

图 3.2.134　2017 年常德市不同种植类型总磷流失量及占比

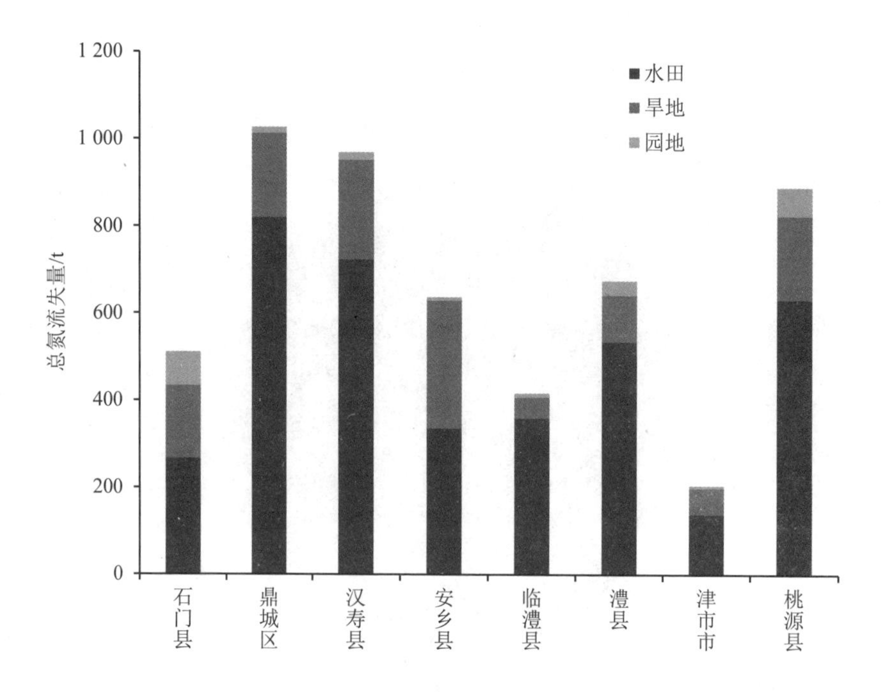

图 3.2.135　2017 年常德市各县（市、区）不同种植类型总氮流失情况

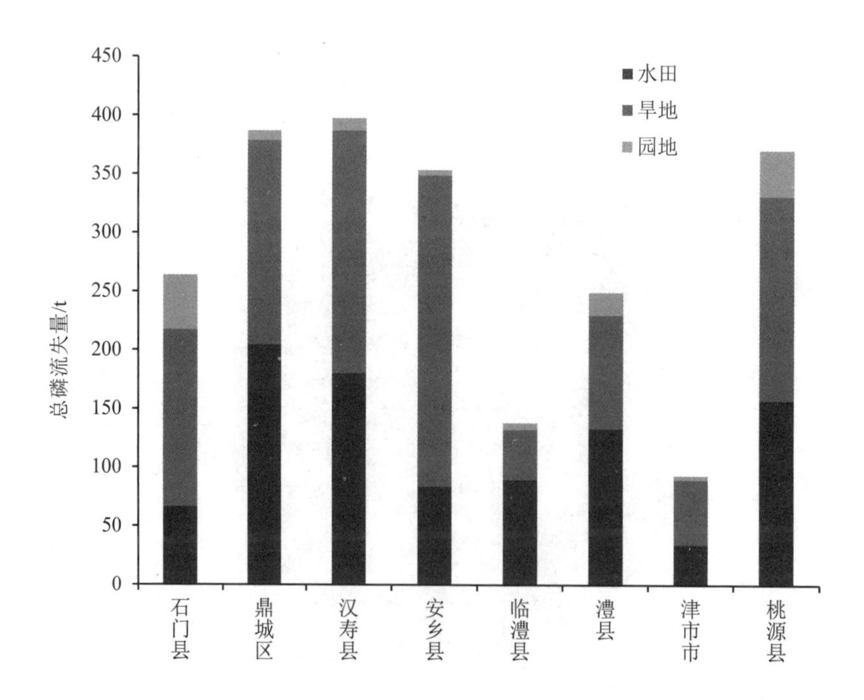

图 3.2.136　2017 年常德市各县（市、区）不同种植类型总磷流失情况

3.2.2.3　益阳市种植业氮、磷流失量核算

（1）益阳市种植业土地面积及化肥施用量统计

根据收集的相关资料，整理得出益阳市种植业土地面积及化肥施用量，并统计于表 3.2.38 中。其中，2017 年益阳市的种植业总土地面积为 6 658 000 亩，益阳市化肥施用量合计为 274 192.66 t。由表 3.2.38 和图 3.2.137～图 3.2.142 可知，从益阳市各县（市、区）来看，安化县种植面积最广，有 1 702 800 亩，占益阳市总土地面积的 25.58%；占地面积最少的为大通湖区，为 287 900 亩，占比为 4.32%。安化县化肥施用量最大，为 66 919.92 t，占总化肥施用量的 24.41%；大通湖区施用化肥量最少，为 13 037.04 t，占比仅为 4.75%。从种植土地类型来看，水田占地面积为 3 567 700 亩，占总面积的 53.59%；其次为园地，面积为 2 182 000 亩，占比为 32.77%；最少为旱地，面积为 908 300 亩，占比为 13.64%。其中，水田的化肥施用量最大，为 131 336 t，占比为 47.90%；旱地与园地的化肥施用量分别为 40 219 t 和 102 637 t，占比分别为 14.67%和 37.43%。

表 3.2.38　2017 年益阳市种植业土地面积及化肥施用量统计

县（市、区）	水田面积/亩	旱地面积/亩	园地面积/亩	种植面积合计/亩	种植面积占比/%	旱地化肥施用强度/（kg/亩）	水田化肥施用强度/（kg/亩）	园地化肥施用强度/（kg/亩）	水田化肥施用量/t	旱地化肥施用量/t	园地化肥施用量/t	化肥施用量合计/t
资阳区	360 000	50 400	179 100	589 500	8.85	65.2	40.8	60.6	14 688	3 286	10 853	28 827.54
赫山区	660 600	51 900	187 900	900 400	13.52	52.2	34.8	58.4	22 989	2 709	10 973	36 671.42
南县	670 200	203 600	226 900	1 100 700	16.53	44.8	41.6	44.8	27 880	9 121	10 165	47 166.72
大通湖区	152 400	75 200	60 300	287 900	4.33	52.8	38.6	52.8	5 883	3 971	3 184	13 037.04
桃江县	575 300	85 200	318 100	978 600	14.70	40.4	35.0	40.4	20 136	3 442	12 851	36 428.82
安化县	518 400	196 400	988 000	1 702 800	25.58	35.8	29.0	45.4	15 034	7 031	44 855	66 919.92
沅江市	630 800	245 600	221 700	1 098 100	16.49	43.4	39.2	44.0	24 727	10 659	9 755	45 141.20
共计	3 567 700	908 300	2 182 000	6 658 000	100	—	—	—	131 336	40 219	102 637	274 192.66

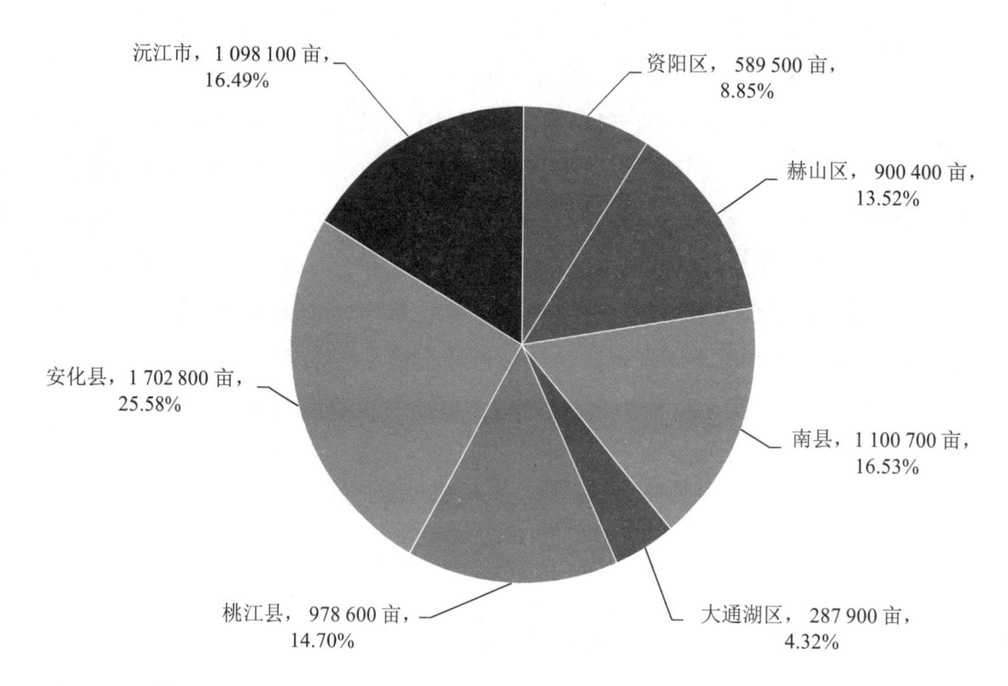

图 3.2.137　2017 年益阳市各县（市、区）种植业土地面积及占比

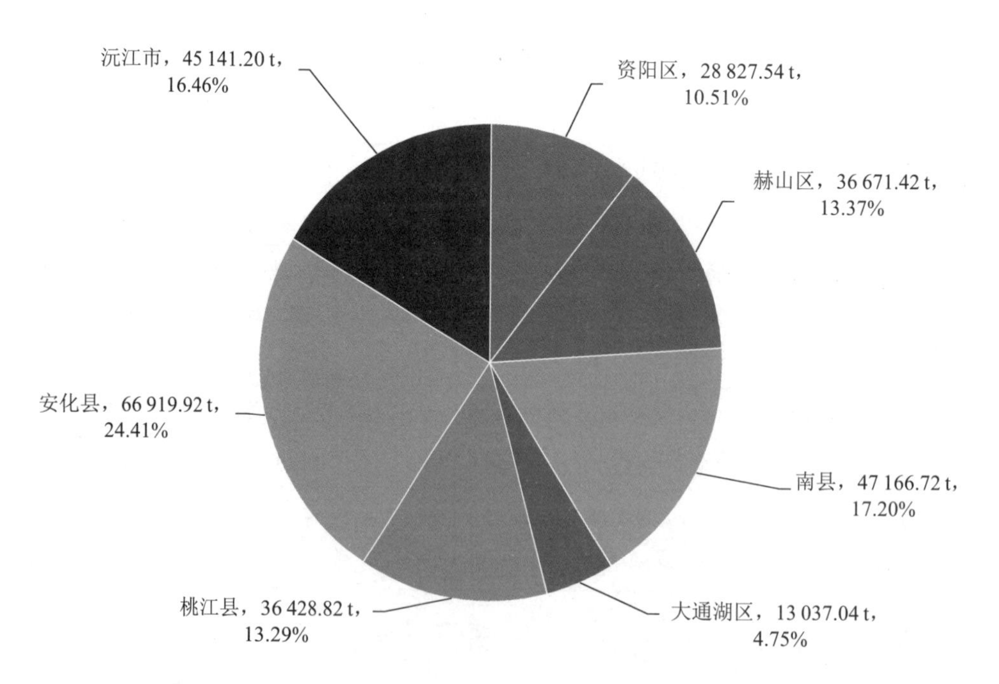

图 3.2.138　2017 年益阳市各县（市、区）种植业化肥施用量及占比

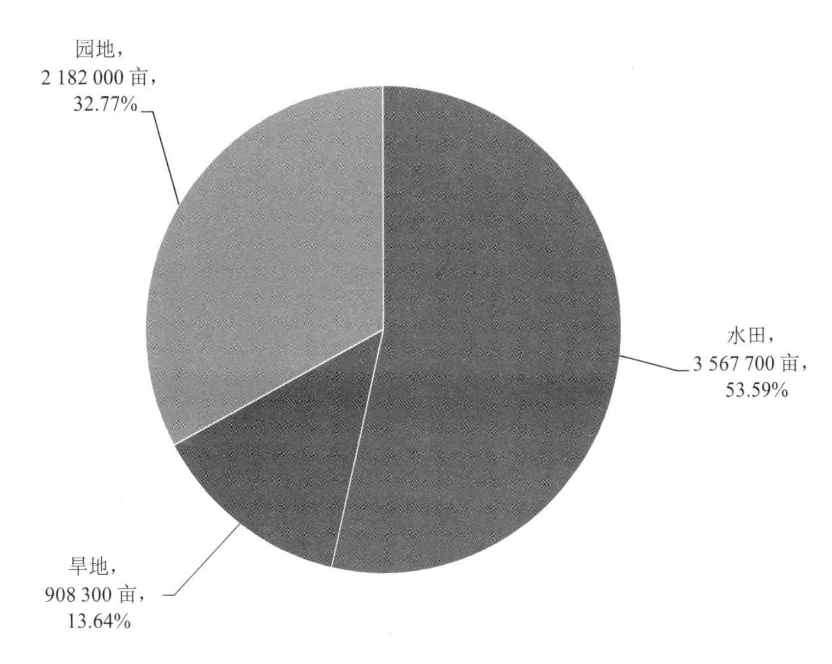

图 3.2.139　2017 年益阳市不同类型用地面积及占比

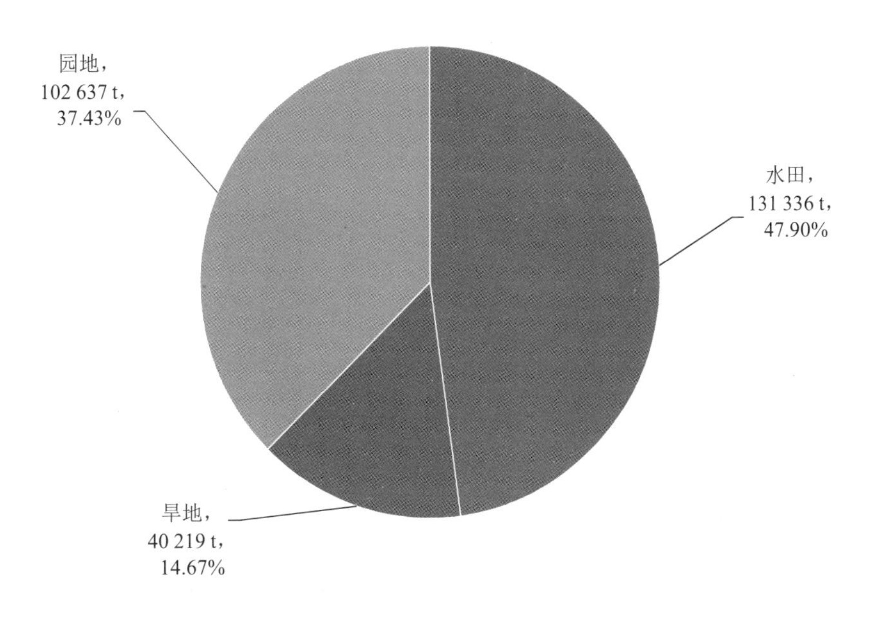

图 3.2.140　2017 年益阳市不同类型用地化肥施用量及占比

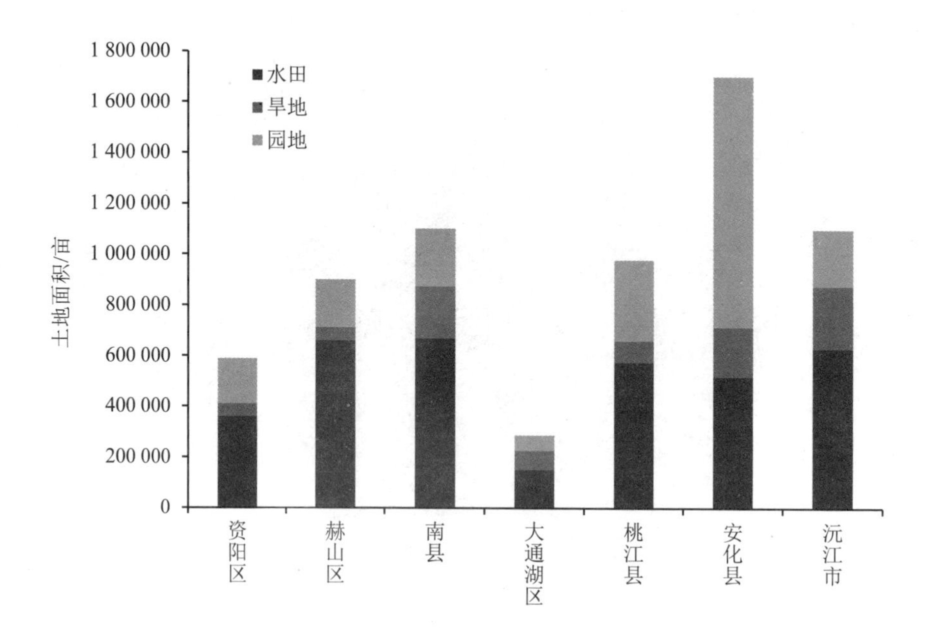

图 3.2.141　2017 年益阳市各县（市、区）不同类型用地构成

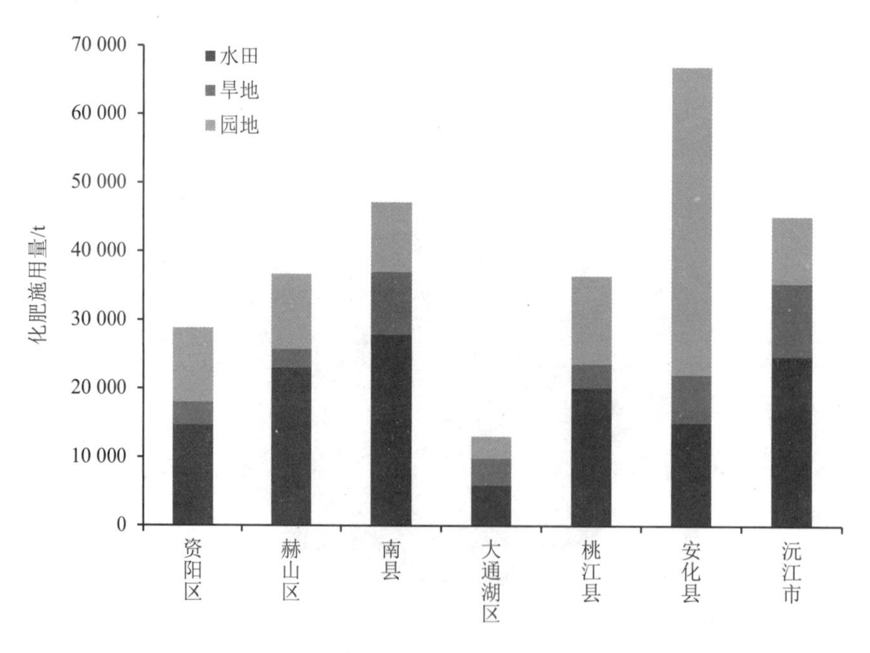

图 3.2.142　2017 年益阳市各县（市、区）不同类型用地施用化肥情况

（2）益阳市种植业氮、磷流失量核算

根据收集的相关数据，结合《手册》中的相关系数，通过模式运算核算出益阳市种植业氮、磷流失量，并统计于表 3.2.39 中。其中，2017 年益阳市的总氮流失量为 2 204.68 t，

总磷流失量为 1 107.01 t。由表 3.2.39 和图 3.2.143～图 3.2.148 可知，从益阳市各县（市、区）来看，安化县的总氮流失量最大，为 432.92 t，占整个益阳市总氮流失量的 19.64%；大通湖区总氮流失量最少，为 128.63 t，占比为 5.83%。安化县的总磷流失量最大，为 248.21 t，占益阳市总磷流失量的 22.42%；大通湖区总磷流失量最少，为 77.59 t，占比为 7.01%。从种植类型来看，水田的总氮流失量最大，为 1 052.33 t，占益阳市总氮流失量的 47.73%；旱地的总磷流失量最大，为 453.30 t，占比为 40.95%；旱地的总氮流失量最小，为 501.40 t，占比为 22.74%；水田的总磷流失量最少，为 262.38 t，占比为 23.70%。

表 3.2.39　益阳市种植业总氮、总磷流失量核算

县（市、区）	水田			旱地			园地			合计	
	流失系数（校正后）	总氮流失量/t	总磷流失量/t	流失系数（校正后）	总氮流失量/t	总磷流失量/t	流失系数（校正后）	总氮流失量/t	总磷流失量/t	总氮流失量/t	总磷流失量/t
资阳区	0.78	128.80	32.11	1.87	58.79	53.15	0.94	87.25	52.45	274.84	137.71
赫山区	0.67	171.95	42.87	1.49	38.80	35.08	0.91	85.02	51.11	295.77	129.06
南县	0.80	249.28	62.15	1.28	112.13	101.37	0.70	60.41	36.32	421.82	199.84
大通湖区	0.74	48.80	12.17	1.51	57.53	52.01	0.82	22.30	13.41	128.63	77.59
桃江县	0.67	151.47	37.77	1.16	38.16	34.50	0.63	68.88	41.41	258.51	113.68
安化县	0.56	93.70	23.36	1.02	69.07	62.44	0.70	270.15	162.41	432.92	248.21
沅江市	0.75	208.33	51.94	1.24	126.93	114.76	0.68	56.94	34.23	392.20	200.93
合计	—	1 052.33	262.38	—	501.40	453.30	—	650.95	391.33	2 204.68	1 107.01

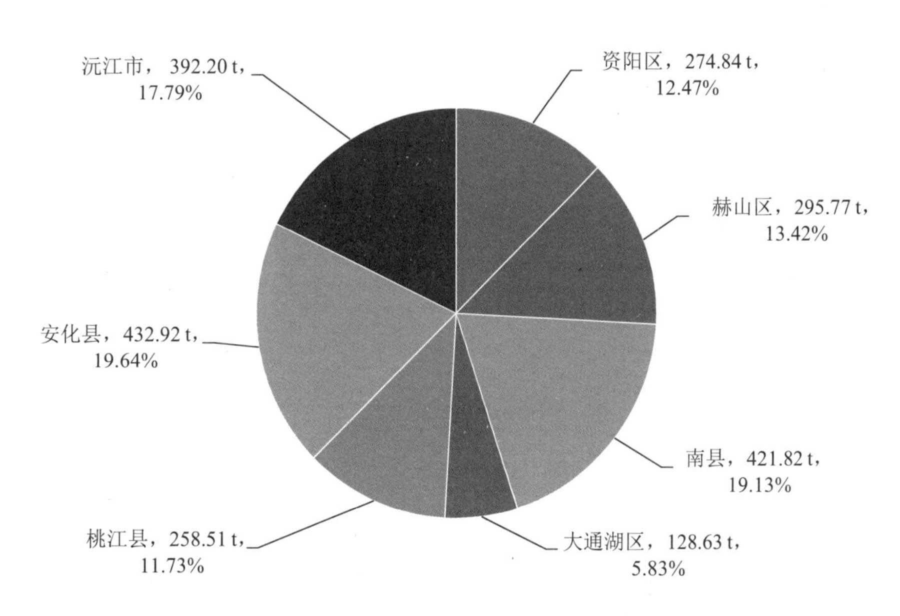

图 3.2.143　2017 年益阳市各县（市、区）总氮流失量及占比

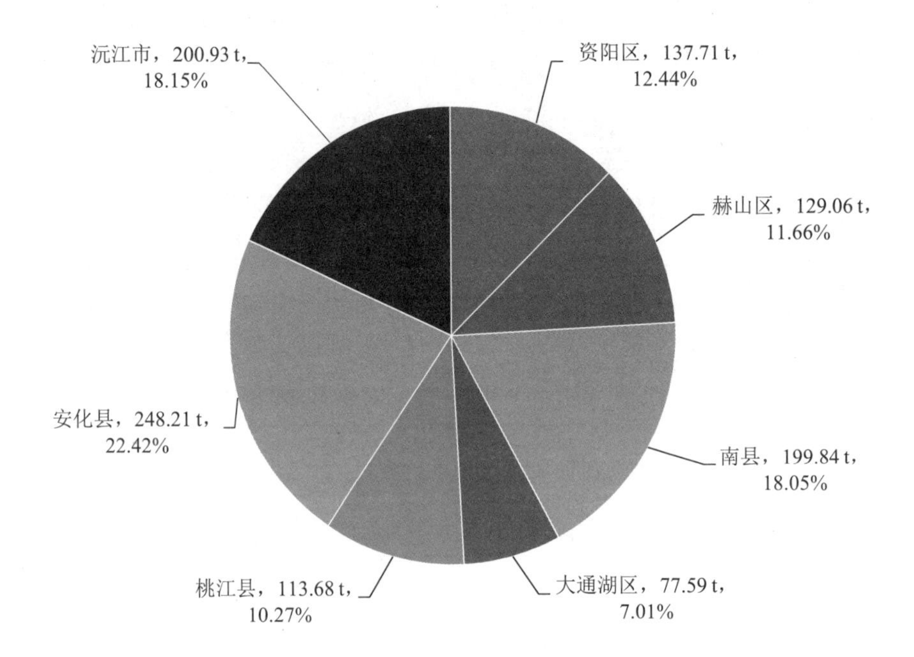

图 3.2.144　2017 年益阳市各县（市、区）总磷流失量及占比

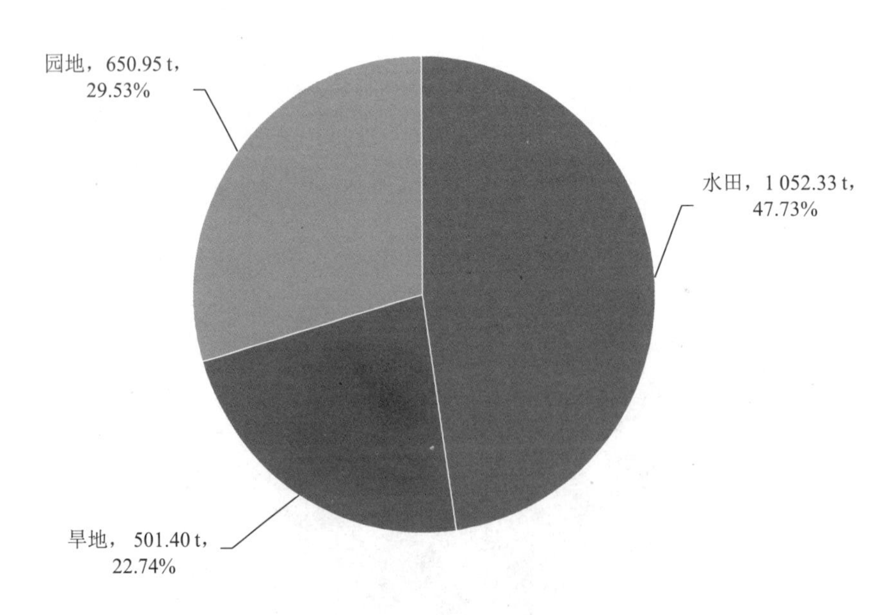

图 3.2.145　2017 年益阳市不同种植类型总氮流失量及占比

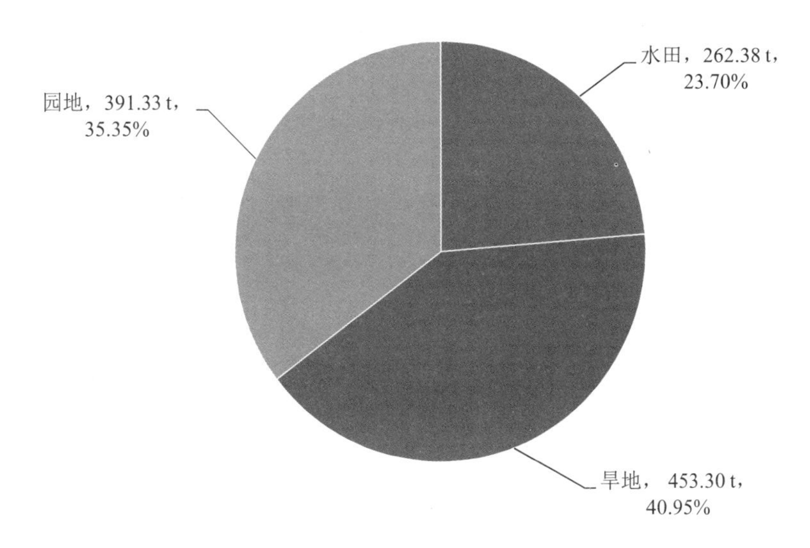

图 3.2.146　2017 年益阳市不同种植类型总磷流失量及占比

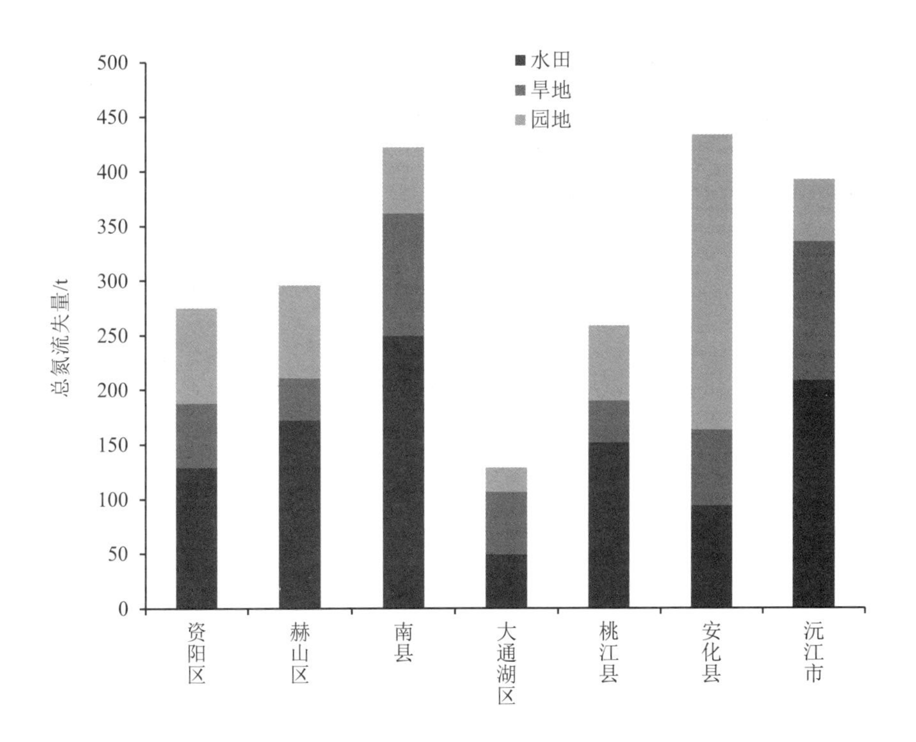

图 3.2.147　2017 年益阳市各县（市、区）不同种植类型总氮流失情况

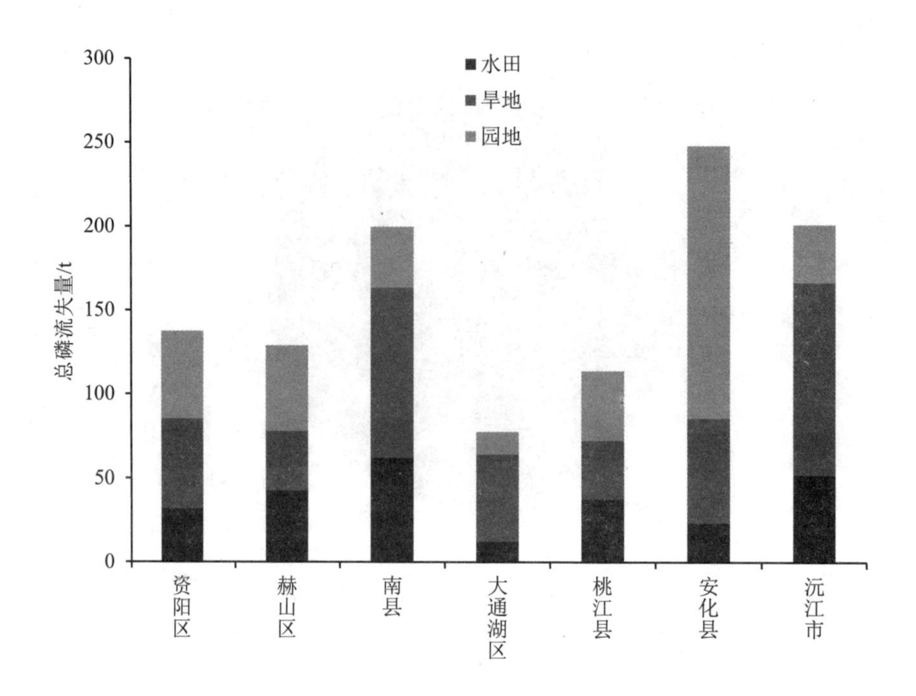

图 3.2.148　2017 年益阳市各县（市、区）不同种植类型总磷流失情况

3.2.2.4　望城区种植业氮、磷流失量核算

（1）望城区种植业土地面积及化肥施用量统计

根据收集的相关资料，整理得出望城区种植业土地面积及化肥施用量，并统计于表 3.2.40 中。其中，2017 年望城区的种植业总土地面积为 450 000 亩，化肥施用量合计为 21 190 t。由表 3.2.40、图 3.2.149、图 3.2.150 可知，从种植土地类型来看，望城区水田占地面积为 380 000 亩，占总面积的 84.44%；其次为旱地 70 000 亩，占比为 15.56%；园地面积为 0。水田的化肥施用量最大，为 17 480 t，占比为 82.49%；其次为旱地，为 3 710 t，占比为 17.51%；园地无化肥施用量。

表 3.2.40　2017 年望城区种植业土地面积及化肥施用量统计

县（市、区）	水田面积/亩	旱地面积/亩	园地面积/亩	种植面积合计/亩	旱地化肥施用强度/（kg/亩）	水田化肥施用强度/（kg/亩）	园地化肥施用强度/（kg/亩）	水田化肥施用量/t	旱地化肥施用量/t	园地化肥施用量/t	化肥施用量合计/t
望城区	380 000	70 000	0	450 000	53.0	46.0	—	17 480	3 710	0	21 190

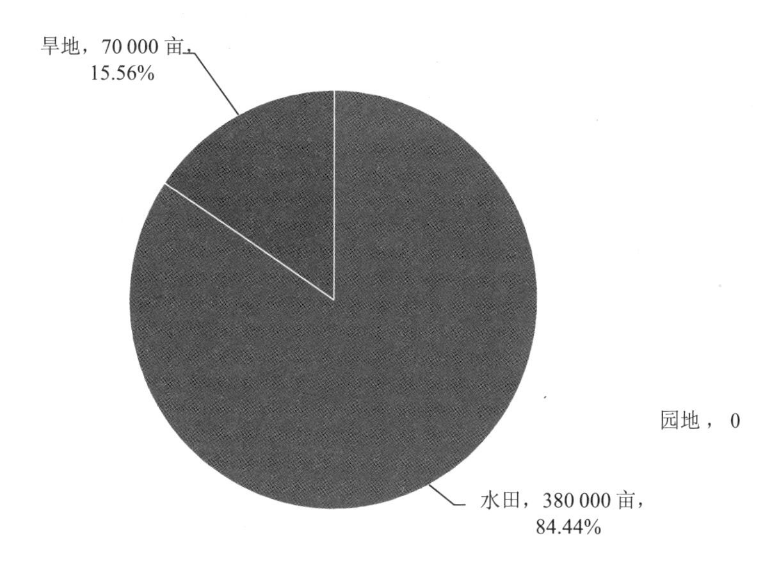

图 3.2.149　2017 年望城区不同类型用地面积及占比

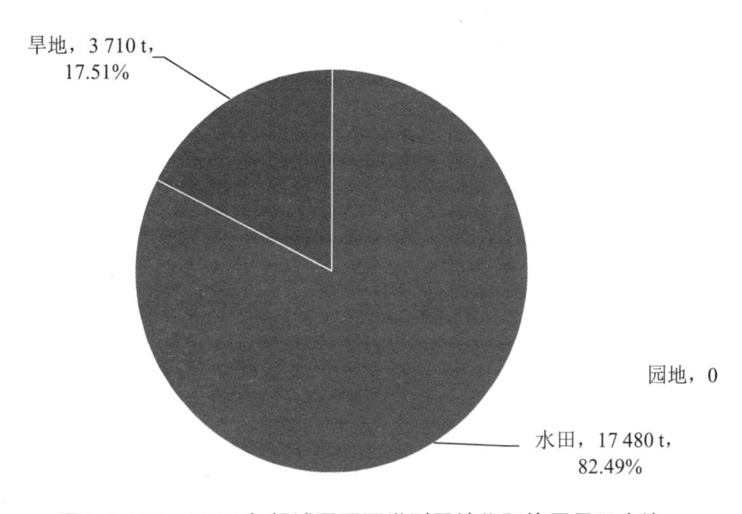

图 3.2.150　2017 年望城区不同类型用地化肥施用量及占比

（2）望城区种植业氮、磷流失量核算

根据收集的相关数据，结合《手册》中的相关系数，通过模式运算核算出望城区种植业氮、磷流失量，并统计于表 3.2.41 中。其中，2017 年望城区的总氮流失量为 226.77 t，总磷流失量为 91.87 t。由表 3.2.41、图 3.2.151 和图 3.2.152 可知，从种植类型来看，水田的总氮流失量最大，为 172.82 t，占望城区总氮流失量的 76.21%；旱地的总磷流失量最大，为 48.78 t，占比为 53.10%；旱地的总氮流失量为 53.95 t，占比为 23.79%；水田的总磷流失量为 43.09 t，占比为 46.90%；而园地的总磷、总氮流失量均为 0。

表 3.2.41 2017 年望城区种植业氮、磷流失量核算

县（市、区）	水田			旱地			园地			合计	
	流失系数（校正后）	总氮流失量/t	总磷流失量/t	流失系数（校正后）	总氮流失量/t	总磷流失量/t	流失系数（校正后）	总氮流失量/t	总磷流失量/t	总氮流失量/t	总磷流失量/t
望城区	0.88	172.82	43.09	1.52	53.95	48.78	—	0.00	0.00	226.77	91.87

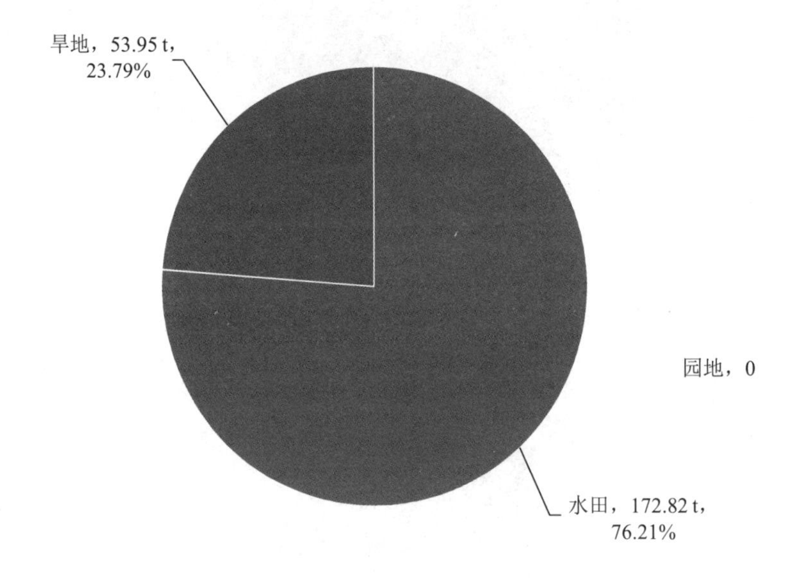

图 3.2.151 2017 年望城区不同种植类型总氮流失量及占比

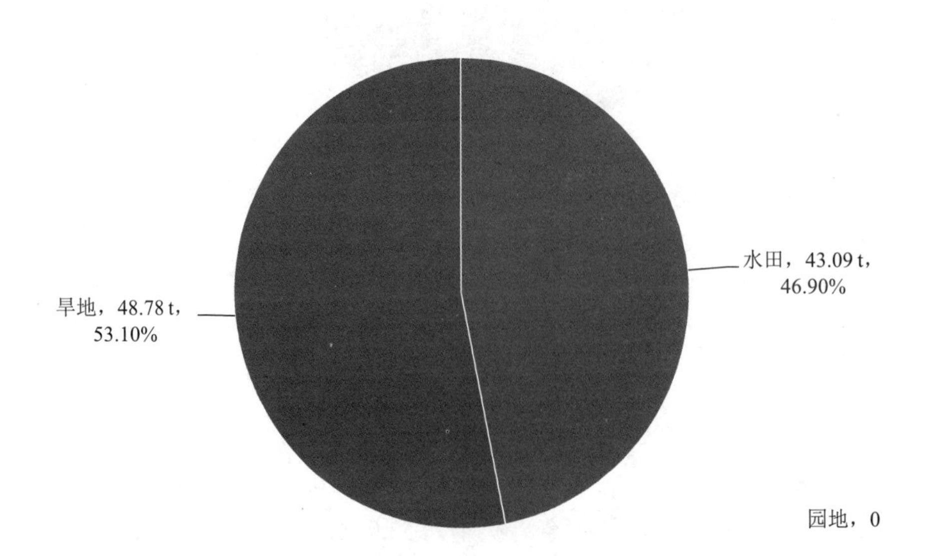

图 3.2.152 2017 年望城区不同种植类型总磷流失量及占比

3.2.2.5　洞庭湖区种植业氮、磷流失量核算

综合整理所得资料，制得 2017 年洞庭湖区种植业土地面积及化肥施用量统计表（表 3.2.42）和 2017 年洞庭湖区域各类农业用地总氮和总磷流失量核算表（表 3.2.43）。在此基础上，以表 3.2.42 中的数据为依据，制得饼状图，包括三市一区种植面积占比图（图 3.2.153）、三市一区种植化肥施用量占比图（图 3.2.154）、不同类型用地面积占比图（图 3.2.155）、不同类型用地化肥施用量占比图（图 3.2.156）；较之饼状图表达更详细具体的柱形图有三市一区不同类型用地面积分布图（图 3.2.157）、三市一区不同类型用地化肥施用量分布图（图 3.2.158）；而以洞庭湖区种植业氮、磷流失量核算数据为依据所制得的饼状图有三市一区总氮流失量占比图（图 3.2.159）、三市一区总磷流失量占比图（图 3.2.160）、不同种植类型总氮流失量占比图（图 3.2.161）、不同种植类型总磷流失量占比图（图 3.2.162），柱形图有三市一区不同种植类型总氮流失量情况图（图 3.2.163）、三市一区不同种植类型总磷流失量情况图（图 3.2.164）。

（1）洞庭湖区种植业土地面积及化肥施用量统计

由表 3.2.42 可知，洞庭湖区域种植业土地面积为 20 822 702 亩，其中水田、旱地、园地分别为 13 570 903 亩、3 487 474 亩、3 764 325 亩。按市区细分，则岳阳市、常德市、益阳市、望城区分别为 5 566 409 亩、8 148 293 亩、6 658 000 亩和 450 000 亩。而由图 3.2.155 可知，水田面积占比最大，为 65.17%；旱地面积占比最小，为 16.75%。常德市种植面积占比最大，占总种植面积的 39.13%；望城区占比最少，为 2.16%。洞庭湖区化肥施用量为 1 010 153 t，其中水田、旱地、园地化肥施用量分别为 676 943 t、167 044 t、166 166 t，占比分别为 67.01%、16.54%、16.45%。按市区细分，岳阳市、常德市、益阳市、望城区化肥施用量分别为 276 451 t、438 320 t、274 192 t 和 21 190 t，占比依次为 27.37%、43.39%、27.14%和 2.10%。

表 3.2.42　2017 年洞庭湖区种植业土地面积及化肥施用量统计

地区	水田面积/亩	旱地面积/亩	园地面积/亩	种植面积合计/亩	水田化肥施用量/t	旱地化肥施用量/t	园地化肥施用量/t	化肥施用量合计/t
岳阳市	4 091 583	857 789	617 037	5 566 409	216 619	37 011	22 821	276 451
常德市	5 531 620	1 651 385	965 288	8 148 293	311 508	86 104	40 708	438 320
益阳市	3 567 700	908 300	2 182 000	6 658 000	131 336	40 219	102 637	274 192
望城区	380 000	70 000	0	450 000	17 480	3 710	0	21 190
合计	13 570 903	3 487 474	3 764 325	20 822 702	676 943	167 044	166 166	1 010 153

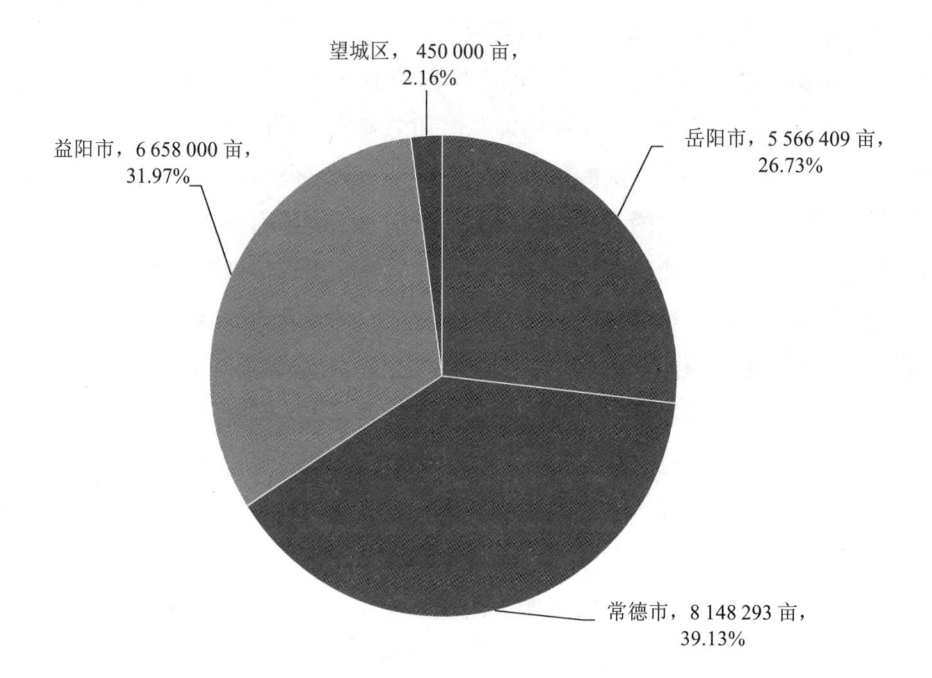

图 3.2.153　2017 年洞庭湖区三市一区种植业土地面积及占比

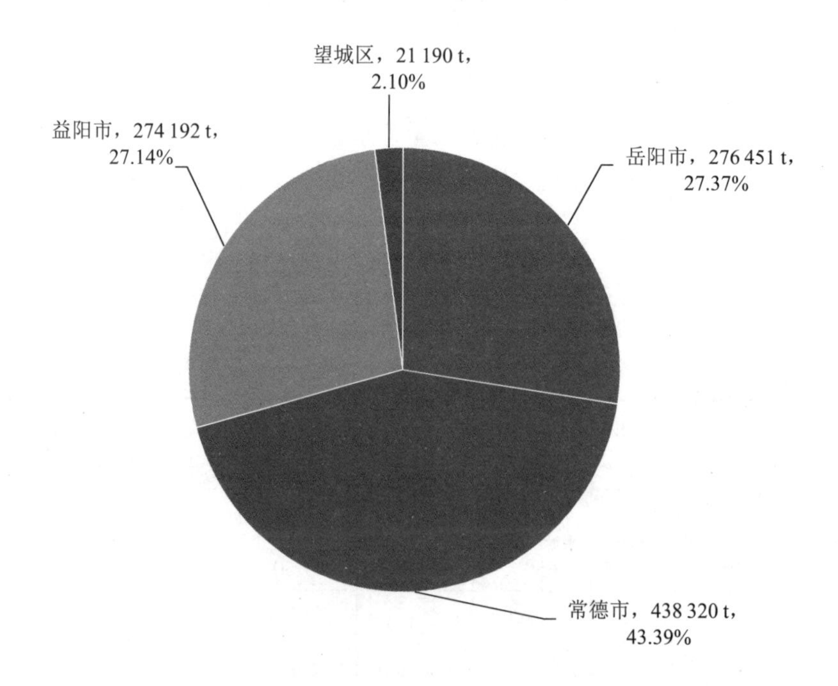

图 3.2.154　2017 年洞庭湖区三市一区种植业化肥施用量及占比

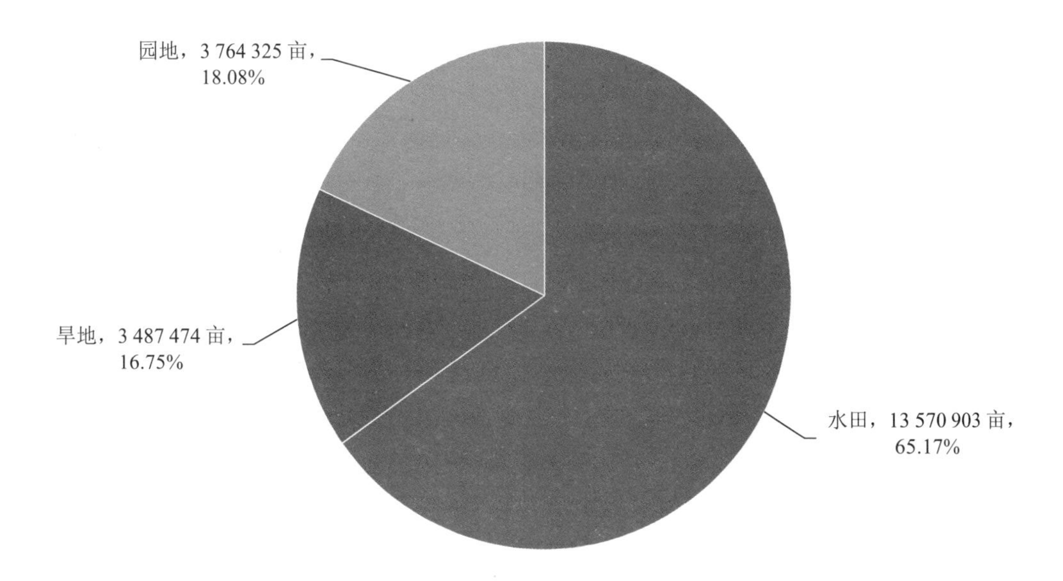

图 3.2.155　2017 年洞庭湖区不同类型用地面积及占比

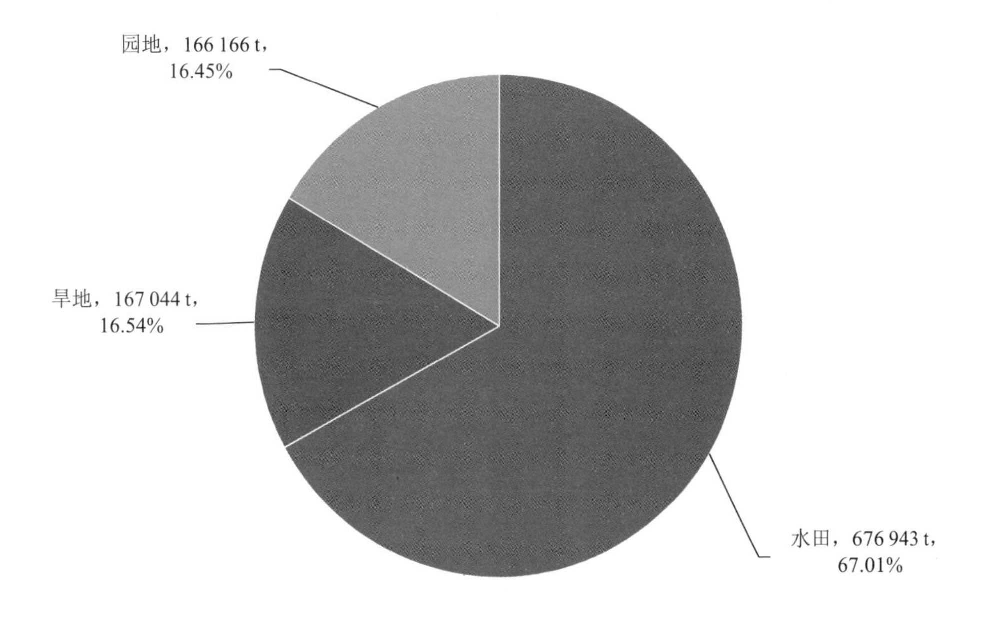

图 3.2.156　2017 年洞庭湖区不同类型用地化肥施用量及占比

从图 3.2.157 和图 3.2.158 中可以直观地看出，洞庭湖区三市一区中用地面积最大的为常德市，而在用地类型中则是水田面积占比最大。化肥施用量最大的也是常德市，用地类型中水田化肥施用量最大。

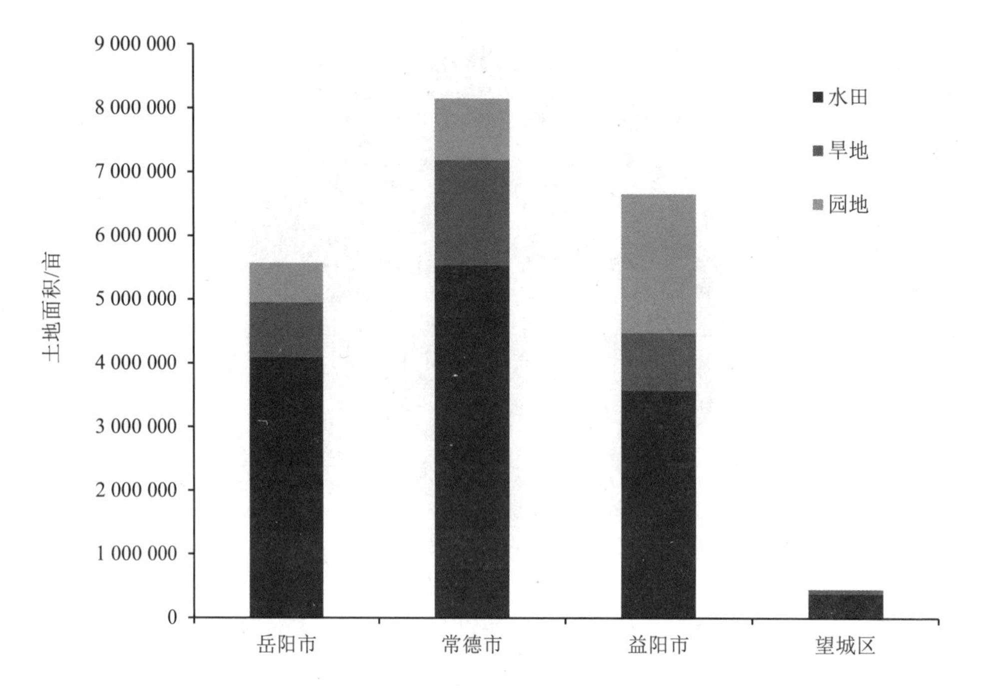

图 3.2.157　2017 年洞庭湖区三市一区不同类型用地面积分布

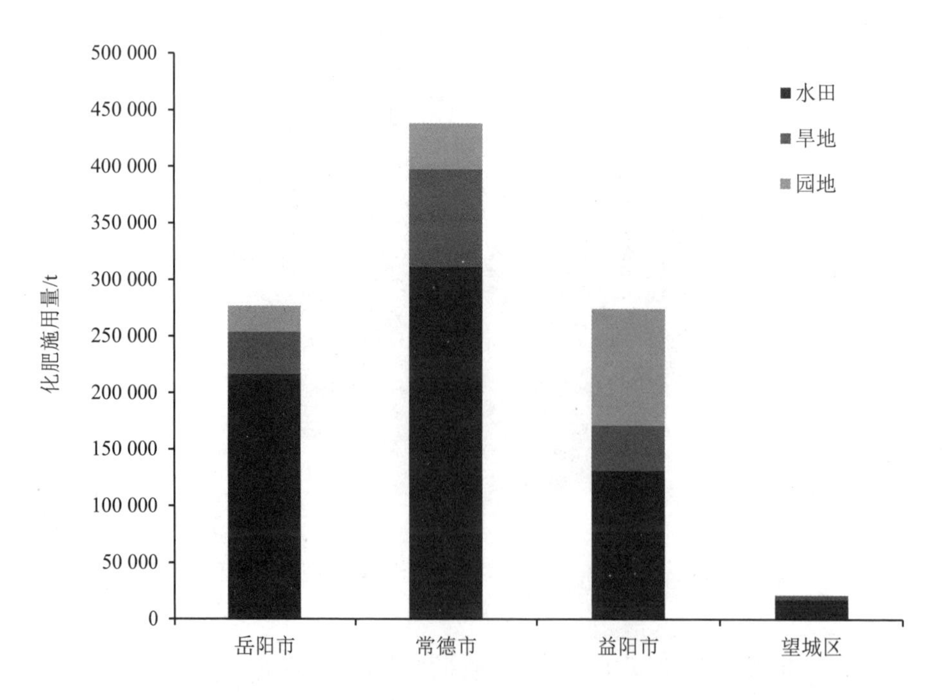

图 3.2.158　2017 年洞庭湖区三市一区不同类型用地化肥施用量分布

（2）洞庭湖区种植业氮、磷流失量核算

由表 3.2.43 可知，2017 年洞庭湖区三市一区总氮流失量为 11 115.72 t，其中水田、旱地、园地的总氮流失量分别为 7 742.14 t、2 303.40 t 和 1 070.18 t，从图 3.2.161 中可以看出其占比依次为 69.65%、20.72%和 9.63%；在区域流失方面，2017 年岳阳市、常德市、益阳市、望城区总氮流失量分别为 3 354.18 t、5 330.09 t、2 204.68 t 和 226.77 t，占比分别为 30.18%、47.95%、19.83%和 2.04%（图 3.2.159）。2017 年洞庭湖区三市一区总磷流失量为 4 558.41 t，其中水田、旱地、园地的总磷流失量分别为 1 930.36 t、2 082.43 t 和 545.62 t，从图 3.2.162 中可以看出其占比依次为 42.35%、45.68%和 11.97%；在区域流失方面，2017 年岳阳市、常德市、益阳市、望城区总磷流失量分别为 1 105.16 t、2 254.37 t、1 107.01 t 和 91.87 t，占比分别为 24.24%、49.46%、24.29%和 2.02%（图 3.2.160）。

表 3.2.43　2017 年洞庭湖区各类农业用地总氮、总磷流失量核算

地区	水田总氮流失量/t	水田总磷流失量/t	旱地总氮流失量/t	旱地总磷流失量/t	园地总氮流失量/t	园地总磷流失量/t	总氮流失量小计/t	总磷流失量小计/t
岳阳市	2 707.44	675.05	459.06	415.02	187.68	15.09	3 354.18	1 105.16
常德市	3 809.55	949.84	1 288.99	1 165.33	231.55	139.20	5 330.09	2 254.37
益阳市	1 052.33	262.38	501.40	453.30	650.95	391.33	2 204.68	1 107.01
望城区	172.82	43.09	53.95	48.78	0.00	0.00	226.77	91.87
合计	7 742.14	1 930.36	2 303.40	2 082.43	1 070.18	545.62	11 115.72	4 558.41

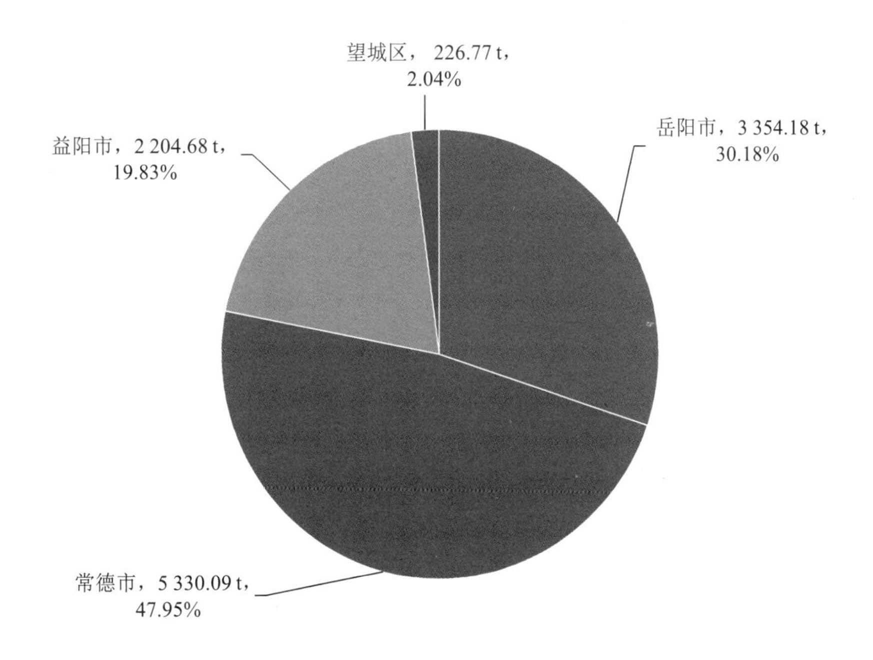

图 3.2.159　2017 年洞庭湖区三市一区总氮流失量及占比

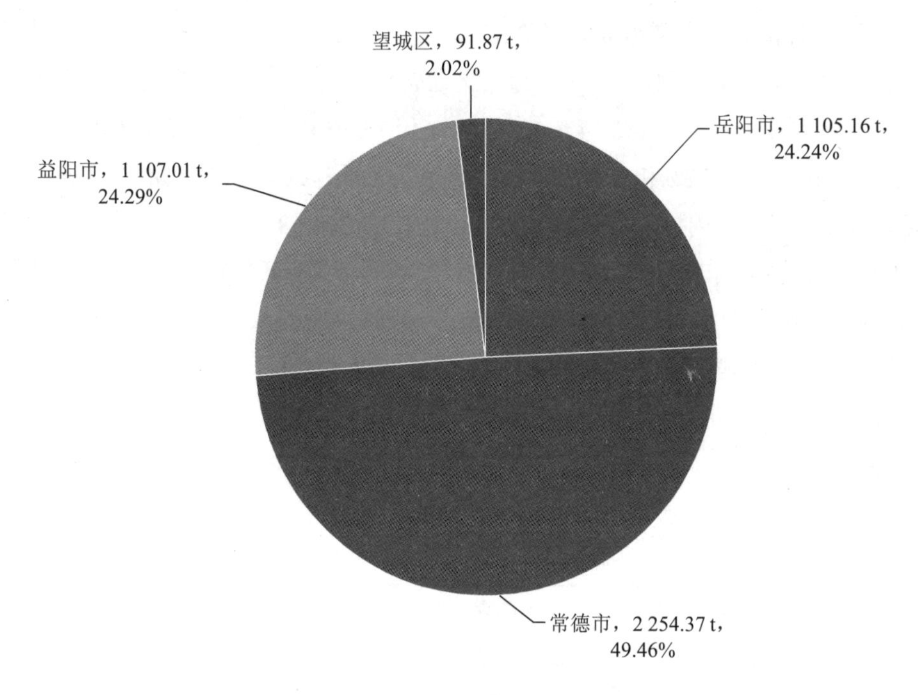

图 3.2.160　2017 年洞庭湖区三市一区总磷流失量及占比

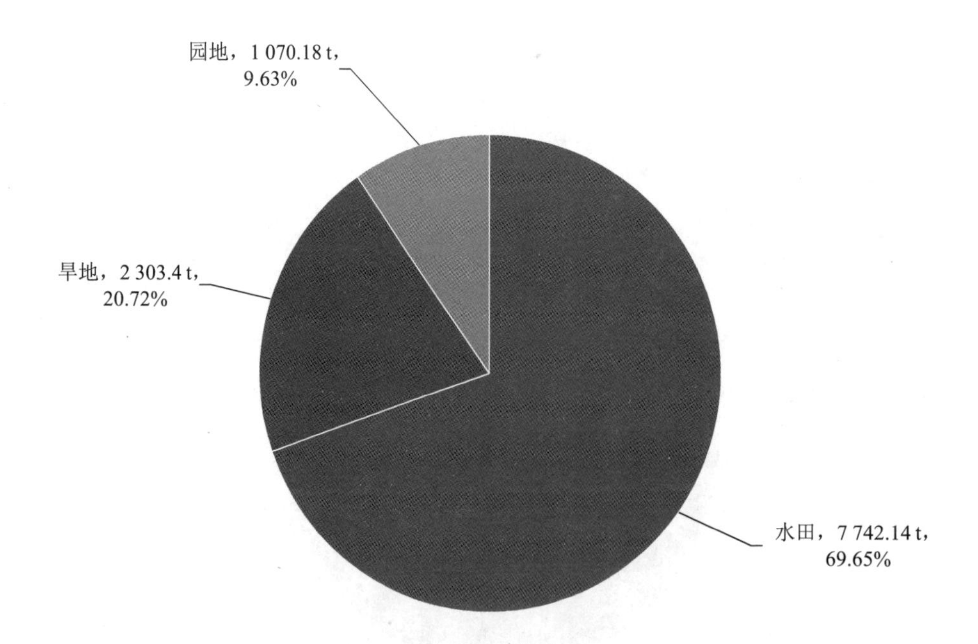

图 3.2.161　2017 年洞庭湖区三市一区不同种植类型总氮流失量及占比

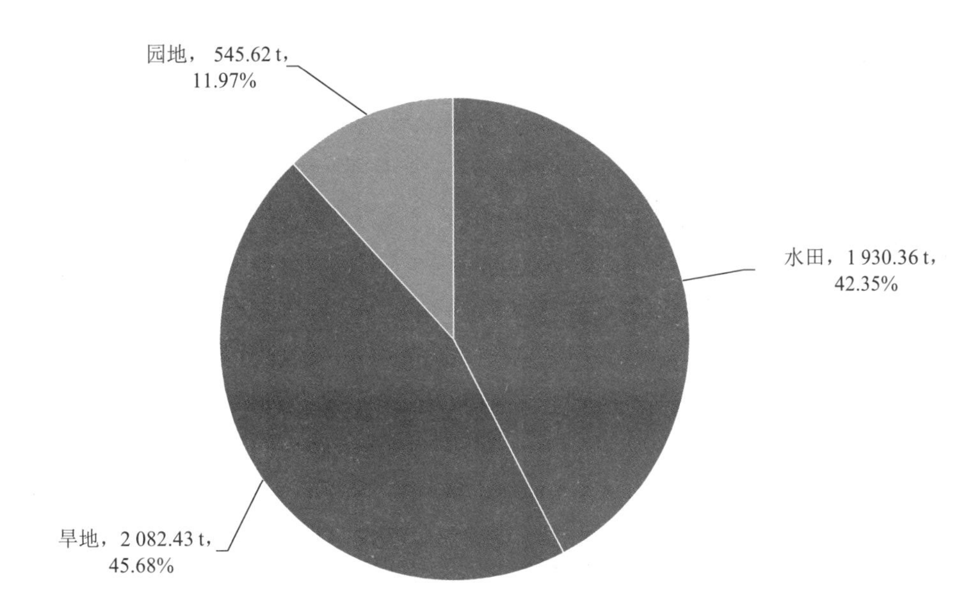

图 3.2.162　2017 年洞庭湖区三市一区不同种植类型总磷流失量及占比

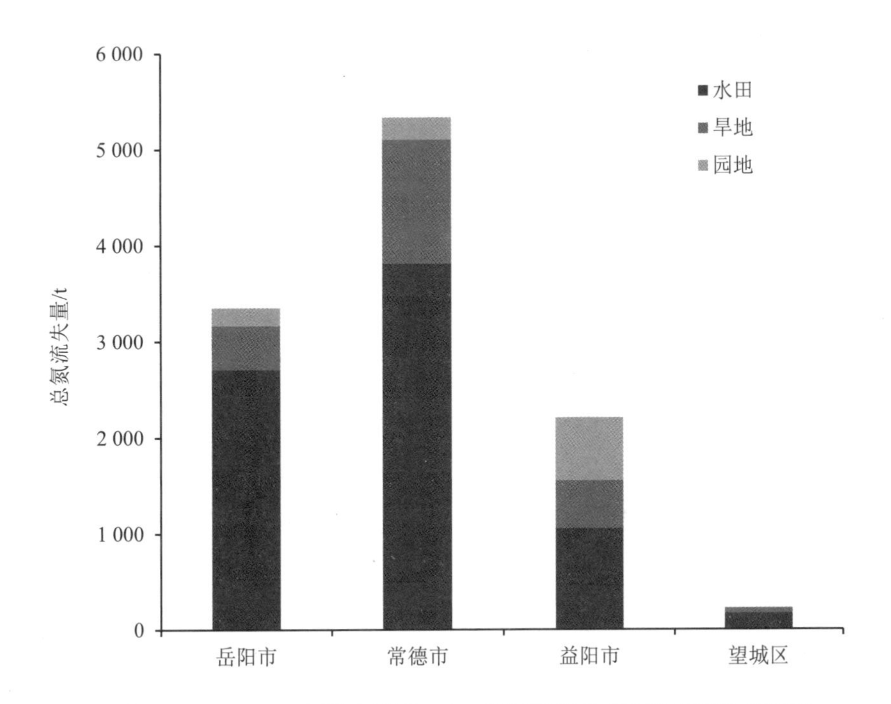

图 3.2.163　2017 年洞庭湖区三市一区不同种植类型总氮流失量情况

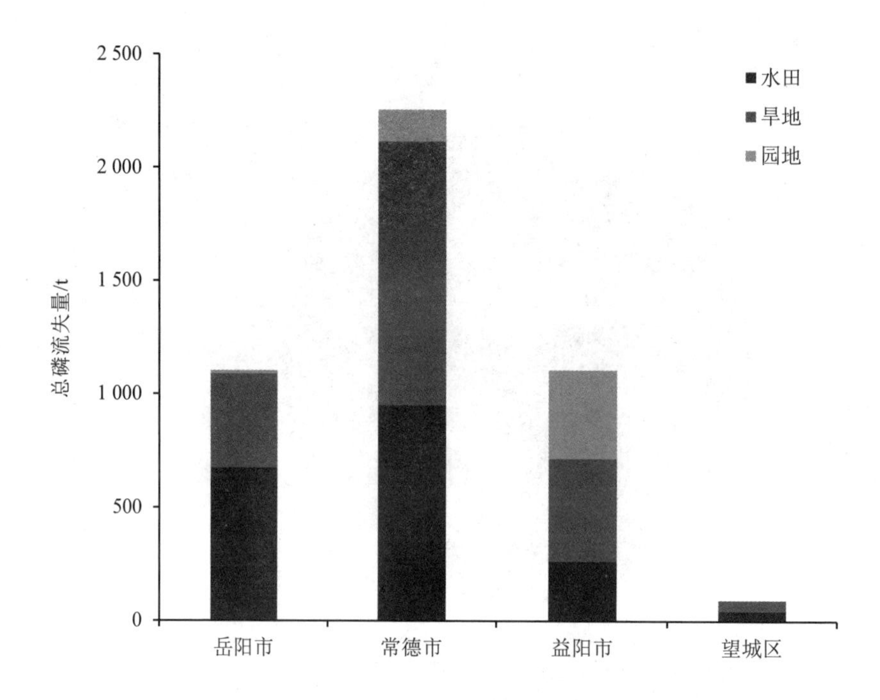

图 3.2.164 2017 年洞庭湖区三市一区不同种植类型总磷流失量情况

从图 3.2.163、图 3.2.164 中可以直观地看出，洞庭湖区三市一区中总氮流失量最多的为常德市，而在不同用地类型中则是水田流失量占比最大。总磷流失量最大的也是常德市，在不同用地类型中则是旱地总磷的流失量最多。

3.2.2.6 洞庭湖区种植业氮、磷入湖量核算

在核算洞庭湖区种植业总氮、总磷流失量的基础上，继续对其种植业氮、磷入湖量进行了核算，核算结果如表 3.2.44 所示。由表 3.2.44 可知，2017 年洞庭湖区三市一区总氮入湖量为 2 778.93 t，其中水田、旱地、园地总氮入湖量分别为 1 935.535 t、575.85 t 和 267.545 t，占比依次为 69.65%、20.72%和 9.63%（图 3.2.165）；在区域入湖方面，2017 年岳阳市、常德市、益阳市、望城区总氮入湖量分别为 838.545 t、1 332.522 5 t、551.17 t 和 56.692 5 t，占比分别为 30.18%、47.95%、19.83%和 2.04%（图 3.2.166）。2017 年洞庭湖区三市一区总磷入湖量为 1 139.602 5 t，其中水田、旱地、园地总磷入湖量分别为 482.59 t、520.607 5 t、136.405 t，占比依次为 42.35%、45.68%和 11.97%（图 3.2.167）；在区域入湖方面，2017 年岳阳市、常德市、益阳市、望城区总磷入湖量分别为 276.29 t、563.592 5 t、276.752 5 t 和 22.967 5 t，占比分别为 24.24%、49.46%、24.29%和 2.02%（图 3.2.168）。

表 3.2.44　2017 年洞庭湖区种植业总氮、总磷入湖量核算

地区	水田总氮入湖量/t	水田总磷入湖量/t	旱地总氮入湖量/t	旱地总磷入湖量/t	园地总氮入湖量/t	园地总磷入湖量/t	总氮入湖量小计/t	总磷入湖量小计/t
岳阳市	676.86	168.762 5	114.765	103.755	46.92	3.772 5	838.545	276.29
常德市	952.387 5	237.46	322.247 5	291.332 5	57.887 5	34.8	1 332.522 5	563.592 5
益阳市	263.082 5	65.595	125.35	113.325	162.737 5	97.832 5	551.17	276.752 5
望城区	43.205	10.772 5	13.487 5	12.195	0	0	56.692 5	22.967 5
合计	1 935.535	482.59	575.85	520.607 5	267.545	136.405	2 778.93	1 139.602 5

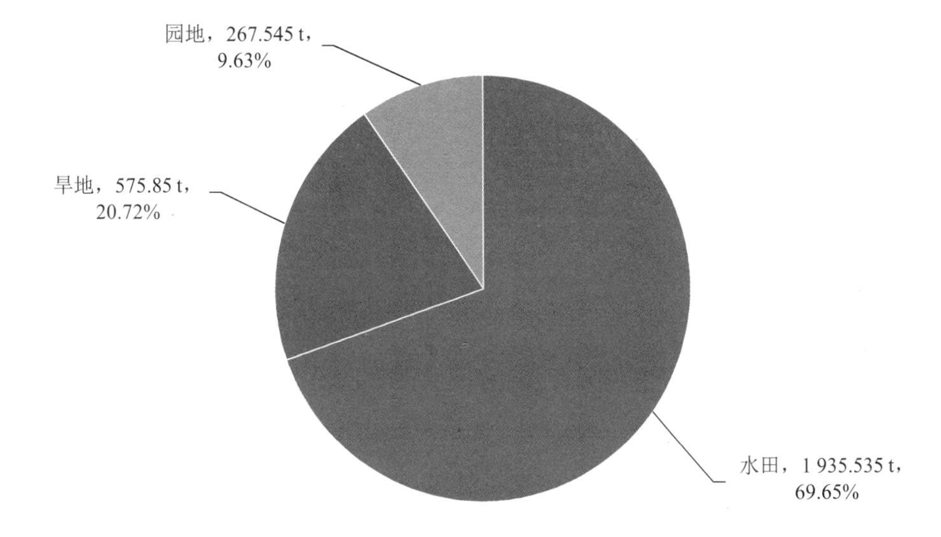

图 3.2.165　2017 年洞庭湖区三市一区不同种植类型总氮入湖量及占比

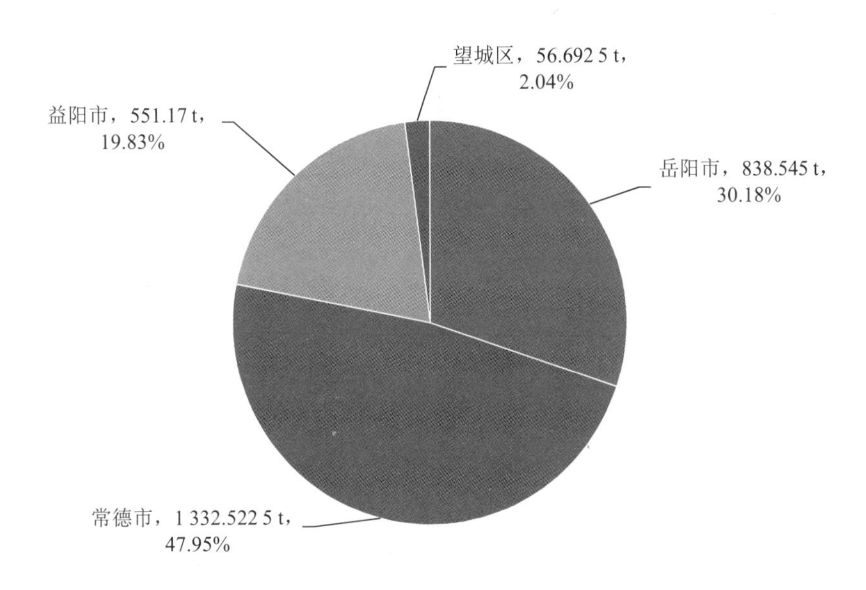

图 3.2.166　2017 年洞庭湖区三市一区总氮入湖量及占比

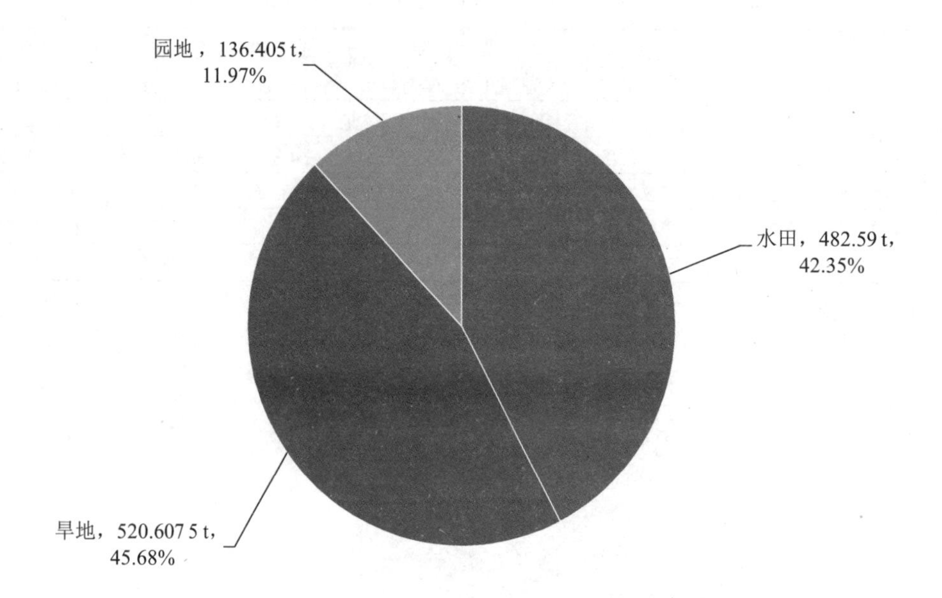

图 3.2.167　2017 年洞庭湖区三市一区不同种植类型总磷入湖量及占比

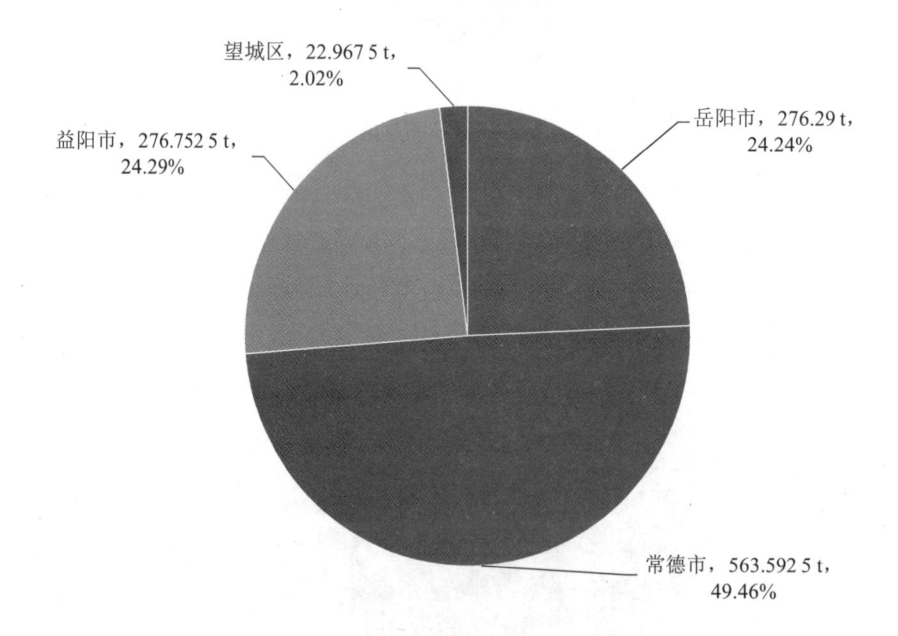

图 3.2.168　2017 年洞庭湖区三市一区总磷入湖量及占比

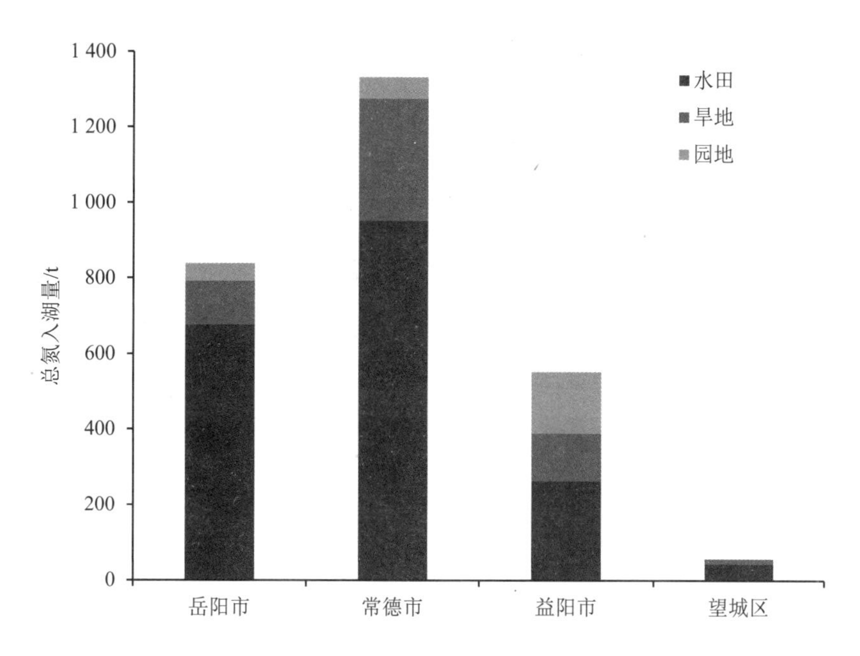

图 3.2.169 2017 年洞庭湖区三市一区不同种植类型总氮入湖量

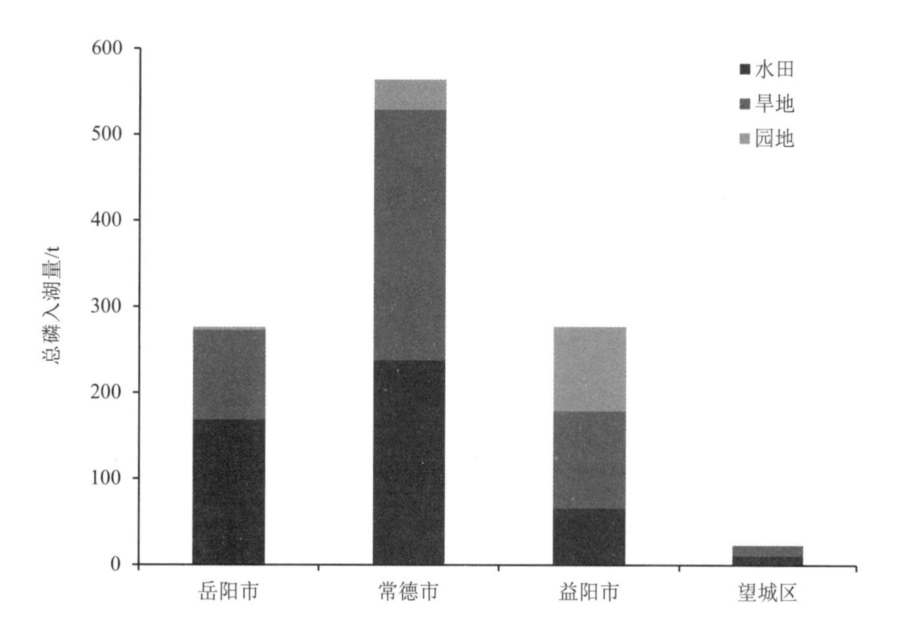

图 3.2.170 2017 年洞庭湖区三市一区不同种植类型总磷入湖量

从图 3.2.169、图 3.2.170 中可以直观地看出，2017 年洞庭湖区三市一区中总氮入湖量最大的为常德市，而从不同用地类型看，则是水田入湖量占比最大。总磷入湖量最大的也是常德市，而从不同用地类型看，则是旱地总磷入湖量最大。

3.2.3　水产养殖业

3.2.3.1　洞庭湖区水产品产量

如表 3.2.45、图 3.2.171 所示，洞庭湖区 2011 年之前水产品的总量处于相对平稳状态，2011 年以后增幅较为明显，保持在每年增幅 7%左右的速度。到 2017 年，水产品总产量为 1 296 596 t，相比 2016 年的总产量（1 477 779 t），略有减少，这与近年来洞庭湖区域推进渔业生态健康养殖，全面规范河流、湖泊、水库等天然水域的水产养殖行为，禁止天然水域投饵投肥养殖，严格控制湖泊珍珠养殖等环境综合治理措施相一致。

表 3.2.45　2008—2017 年洞庭湖区水产品年产量

单位：t

年份	常德市	岳阳市	益阳市	望城区	洞庭湖区
2008	304 957	345 202	263 926	19 338	933 423
2009	328 727	361 581	255 473	20 305	966 086
2010	351 561	378 765	270 524	21 320	1 022 170
2011	353 293	380 850	272 620	22 098	1 028 861
2012	401 241	422 661	312 157	23 476	1 159 535
2013	435 557	443 079	338 838	24 536	1 242 010
2014	458 418	482 049	365 010	24 766	1 330 243
2015	479 358	513 016	394 353	26 046	1 412 773
2016	501 092	537 753	412 777	26 157	1 477 779
2017	425 269	483 588	365 559	22 180	1 296 596

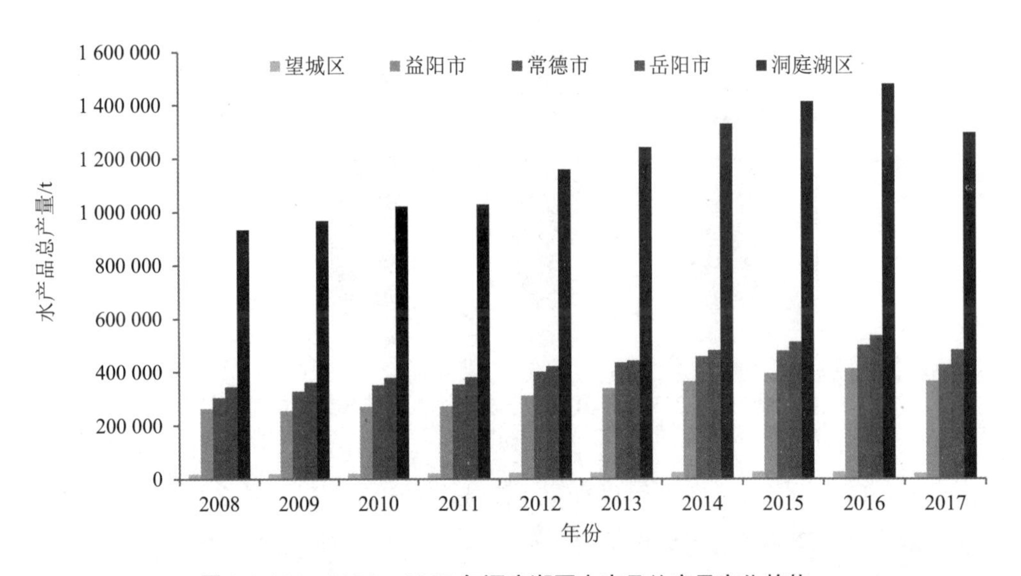

图 3.2.171　2008—2017 年洞庭湖区水产品总产量变化趋势

3.2.3.2　水产养殖业污染物排放

根据《湖南农村统计年鉴 2018》，水产品成为洞庭湖区的主要大宗农产品，2017 年洞庭湖区水产品达到 129.659 6 万 t，其中，养殖 123.750 2 万 t，占总量的 95.44%。洞庭湖区水产品中，鱼类 117.509 4 万 t、甲壳类 9.362 2 万 t、贝类 0.929 4 万 t、其他类 1.858 6 万 t。

表 3.2.46　2017 年水产养殖业生产情况

地区	养殖面积/（10^3 hm^2）	水产品总产量/t			水产品总产量分类/t			
		捕捞	养殖	合计	鱼类	甲壳类	贝类	其他
望城区	5.95	744	21 436	22 180	20 287	1 795	76	22
岳阳市	78.53	36 466	447 122	483 588	453 783	19 546	3 521	6 738
常德市	79.54	9 130	416 139	425 269	409 479	5 835	3 320	6 635
益阳市	55.31	12 754	352 805	365 559	291 545	66 446	2 377	5 191
总计	219.33	59 094	1 237 502	1 296 596	1 175 094	93 622	9 294	18 586

数据来源：《湖南农村统计年鉴 2018》。

如表 3.2.46 所示，2017 年洞庭湖区水产养殖面积最大的城市为常德市，养殖面积为 7.954×10^4 hm^2，占总面积的 36.26%；益阳市水产养殖面积最小，占总面积的 25.21%；岳阳市水产养殖面积为 7.853×10^4 hm^2，占比为 35.80%。

依据水产养殖污染物排放量计算方法：污染物排放量 = 排污系数 × 养殖增产量，通过表 3.2.47、表 3.2.48 的数据，查询《第一次全国污染源普查水产养殖业污染源产排污系数手册》，可分别计算出各水产类型的总氮、总磷的排放量。分别计算洞庭湖区水产养殖总氮、总磷年排放量约为 8 568.6 t 和 1 424.2 t。其中，鱼类排放的总氮量为 8 020.02 t、总磷量为 1 350.18 t，分别占水产养殖总排放量的 93.6%和 94.8%。水产养殖业排放的总磷和总氮会对水生态环境造成一定的污染，其中鱼类养殖所占的比例最大。

表 3.2.47　2017 年洞庭湖区各水产类型的排污量

单位：t

排污量	水产品总产量	鱼类			甲壳类			贝类			其他		
		总氮	总磷	COD	总氮	总磷	COD	总氮	总磷	COD	总氮	总磷	COD
望城区	22 180	138.46	23.31	1 344.18	9.21	1.20	80.80	0.23	0.02	1.12	0.05	0.01	0.21
岳阳市	483 588	3 097.07	521.40	30 066.75	100.31	13.10	879.88	10.46	0.90	52.01	14.68	2.87	64.28
常德市	425 269	2 794.69	470.49	27 131.26	29.95	3.91	262.67	9.87	0.85	49.04	14.46	2.83	63.30
益阳市	365 559	1 989.79	334.99	19 317.19	341.00	44.52	2 991.13	7.06	0.61	35.11	11.31	2.21	49.52
总计	1 296 596	8 020.02	1 350.18	77 859.38	480.47	62.73	4 214.49	27.62	2.38	137.27	40.50	7.92	177.31

表 3.2.48 2017 年洞庭湖区水产养殖排污情况

单位：t

指标	常德市	岳阳市	益阳市	望城区	洞庭湖区
COD	27 506.3	31 062.9	22 393.0	1 426.3	82 388.4
总氮	2 849.0	3 222.5	2 349.2	147.9	8 568.6
总磷	478.1	538.3	382.3	25.5	1 424.2

3.3 生活源

3.3.1 洞庭湖区生活污水产排情况

3.3.1.1 三市一区生活污水产生情况

根据《第一次全国污染源普查城镇生活源产排污系数手册（修订版 2011）》中洞庭湖区三市一区人均用水总量（包括居民生活和第三产业），以及《湖南统计年鉴 2018》中 2017 年年末三市一区城镇及农村人口常住人口数量，分别计算洞庭湖区各县（市、区）、城镇和农村生活污水产生量，结果如表 3.3.1 所示。

表 3.3.1 2017 年洞庭湖区三市一区城镇和农村生活污水产生量

地区		常住人口/万人	城镇人口/万人	农村人口/万人	城镇生活污水年产生量/万 t	农村生活污水年产生量/万 t
岳阳市	岳阳楼区	89.32	82.25	7.07	5 344	258
	云溪区	19.01	12.42	6.59	807	241
	君山区	25.58	14.84	10.74	964	392
	岳阳县	73.96	36.80	37.16	2 391	1 356
	华容县	73.11	35.47	37.64	2 304	1 374
	湘阴县	71.08	35.47	35.61	2 304	1 300
	平江县	98.48	43.73	54.75	2 841	1 998
	汨罗市	71.63	40.30	31.33	2 618	1 144
	临湘市	51.66	26.70	24.96	1 735	911
	屈原管理区	9.95	4.98	4.98	323	182
	合计	583.78	332.96	250.83	21 632	9 155

地区		常住人口/万人	城镇人口/万人	农村人口/万人	城镇生活污水年产生量/万 t	农村生活污水年产生量/万 t
常德市	武陵区	74.36	66.35	8.01	4 311	292
	鼎城区	82.15	42.84	39.31	2 783	1 435
	安乡县	53.03	22.91	30.12	1 488	1 099
	汉寿县	80.98	33.32	47.66	2 165	1 740
	澧县	78.34	36.34	42.00	2 361	1 533
	临澧县	43.59	20.59	23.00	1 338	840
	桃源县	85.79	35.08	50.71	2 279	1 851
	石门县	60.10	27.04	33.06	1 757	1 207
	津市市	26.14	17.30	8.84	1 124	323
	合计	584.48	301.77	282.71	19 606	10 319
地区		常住人口/万人	城镇人口/万人	农村人口/万人	城镇生活污水年产生量/万 t	农村生活污水年产生量/万 t
益阳市	资阳区	42.21	24.10	18.11	1 513	661
	赫山区	87.68	57.26	30.42	3 595	1 110
	南县	74.31	35.15	39.16	2 207	1 429
	桃江县	79.40	37.33	42.07	2 344	1 536
	安化县	86.26	30.23	56.03	1 898	2 045
	沅江市	69.34	36.06	33.28	2 264	1 215
	合计	439.20	220.13	219.07	13 820	7 996
地区		常住人口/万人	城镇人口/万人	农村人口/万人	城镇生活污水年产生量/万 t	农村生活污水年产生量/万 t
望城区		63.33	39.53	23.80	2 828	869
总计		1 670.79	894.39	776.40	57 886	28 339

洞庭湖区生活污水年产生总量如表 3.3.2 和图 3.3.1 所示。2017 年洞庭湖区生活污水年产生总量为 86 225 万 t，其中，常德市和岳阳市常住人口最多，生活污水产生量最高，分别达到了 29 925 万 t 和 30 787 万 t。洞庭湖区城镇化率为 53.53%，城镇常住人口与农村常住人口总数相近，但城镇居民生活源产排污系数小于农村居民，城镇生活污水年产生量（57 886 万 t）是农村生活源（28 339 万 t）的 2.04 倍。

表 3.3.2 2017 年洞庭湖三市一区生活污水年产生量

指标	岳阳市	常德市	益阳市	望城区	总计
常住人口/万人	583.78	584.48	439.20	63.33	1 670.79
城镇人口/万人	332.96	301.77	220.13	39.53	894.39
农村人口/万人	250.83	282.71	219.07	23.80	776.40
城镇化率	57.03%	51.63%	50.12%	62.42%	53.53%
城镇生活污水年产生量/万 t	21 632	19 606	13 820	2 828	57 886
农村生活污水年产生量/万 t	9 155	10 319	7 996	869	28 339
生活污水年产生量/万 t	30 787	29 925	21 816	3 697	86 225

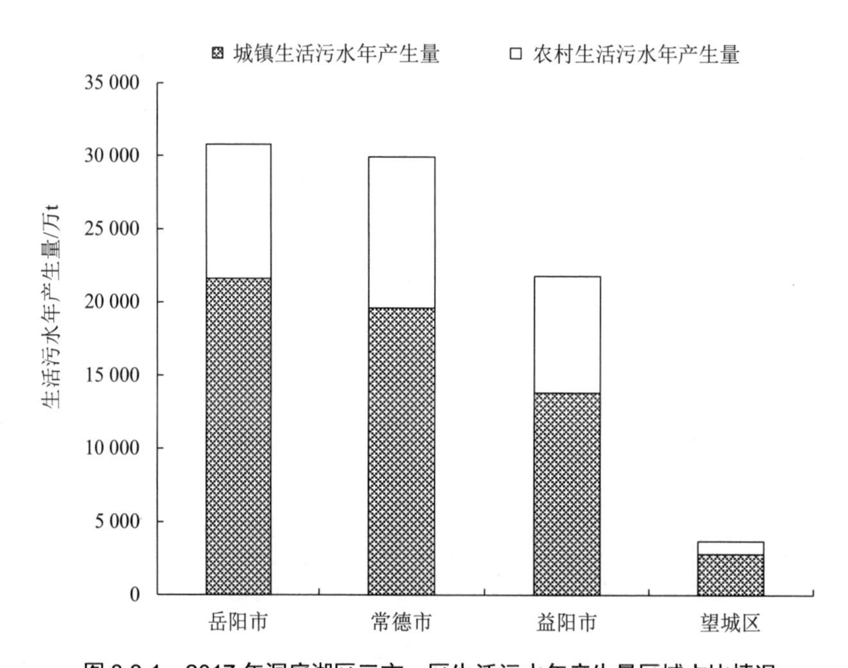

图 3.3.1 2017 年洞庭湖区三市一区生活污水年产生量区域占比情况

少部分城镇生活污水经处理后进行了再生利用，城镇生活污水排放量为其产生量扣除再生利用量；农村生活污水基本未进行再生利用，其产生量等于排放量。2017 年洞庭湖区三市一区城镇和农村生活污水具体排放情况如表 3.3.3 所示，其年排放总量分别为 52 188 万 t 和 28 339 万 t。

表 3.3.3　2017 年洞庭湖区三市一区城镇生活污水产排情况

单位：万 t/a

地区	城镇生活污水产排情况			农村生活污水产排情况	
	产生量（*a*）	再生利用量（*b*）	排放量（*c*＝*a*－*b*）	产生量	排放量
岳阳市	21 632	1 020	20 612	9 155	9 155
常德市	19 606	4 678	14 928	10 319	10 319
益阳市	13 820	0	13 820	7 996	7 996
望城区	2 828	0	2 828	869	869
洞庭湖区	57 886	5 698	52 188	28 339	28 339

3.3.1.2　三市一区生活污水处理情况

（1）洞庭湖区城镇生活污水处理情况

①洞庭湖区城镇生活污水处理厂概况

洞庭湖区有设计规模 2 000 t/d 以上的城镇生活污水处理厂共计 47 家。其中，岳阳市 19 家、益阳市 14 家、常德市 13 家、望城区 1 家（图 3.3.2）。

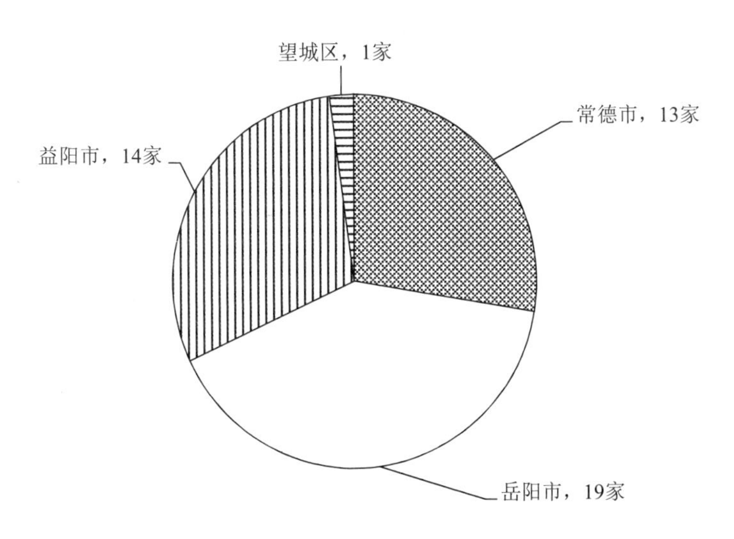

图 3.3.2　洞庭湖区三市一区城镇污水处理厂区域分布

②洞庭湖区城镇生活污水处理厂处理量

2017 年洞庭湖区三市一区城镇生活污水处理情况如表 3.3.4 和图 3.3.3 所示，洞庭湖区城镇生活污水处理厂处理量共计 41 410 万 t。其中，岳阳市（15 875 万 t）＞常德市（14 451 万 t）＞益阳市（8 456 万 t）＞望城区（2 628 万 t）。结合洞庭湖区三市一区城镇生活污水产生量，洞庭湖区城镇生活污水处理率为 72.77%，三市一区的城镇生活污水处理率依次为望城区（92.93%）＞常德市（76.28%）＞岳阳市（74.50%）＞益阳市（61.19%）。三市一区城镇生活污水处理厂平均处理规模相差较大，望城区虽然仅有 1 家处理厂，但其处理规模最大，达到了 2 628 万 t/a；岳阳市城镇生活污水处理厂数量最多，但处理规模普遍较低。

表 3.3.4 2017 年洞庭湖区三市一区城镇生活污水处理情况

指标	岳阳市	常德市	益阳市	望城区	总计
城镇生活污水处理量/万 t	15 875	14 451	8 456	2 628	41 410
城镇生活污水处理率	74.50%	76.28%	61.19%	92.93%	72.77%

注：污水处理率=进入污水处理厂的生活污水量/生活污水产生量。

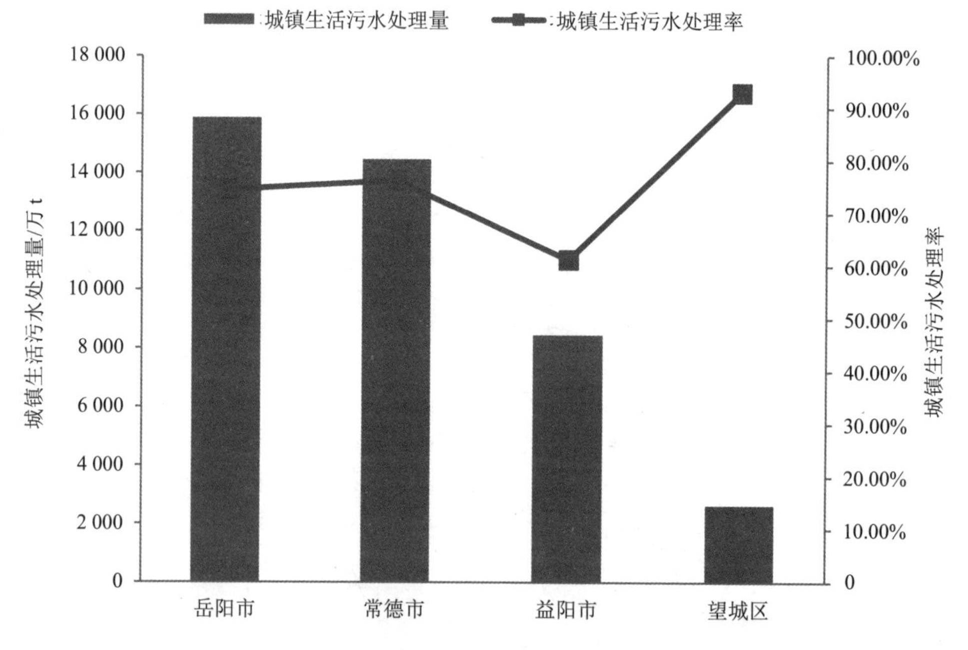

图 3.3.3 2017 年洞庭湖区三市一区城镇生活污水处理情况

③洞庭湖区城镇生活污水处理厂排水去向情况

2017 年洞庭湖区城镇生活污水处理厂详细地理位置分布情况如图 3.3.4 所示。洞庭湖区城镇生活污水处理厂主要分布在洞庭湖湖体周边、沅江和澧水两岸，污水处理厂出水均就近排放，具体受纳水体如图中数字标注所示。2017 年城镇生活污水处理厂（设计规模 2 000 t/d 以上的）向湖体、内湖及主要入湖河流排放污染物情况见表 3.3.5 和图 3.3.4，资江所接纳的城镇生活污水处理厂出水总磷量（66.87 t）最高，其次是洞庭湖（25.11 t）、湘江（19.11 t）、沅江（15.57 t）、澧水（9.99 t）、汨罗江（9.51 t）和华容河（8.76 t）。

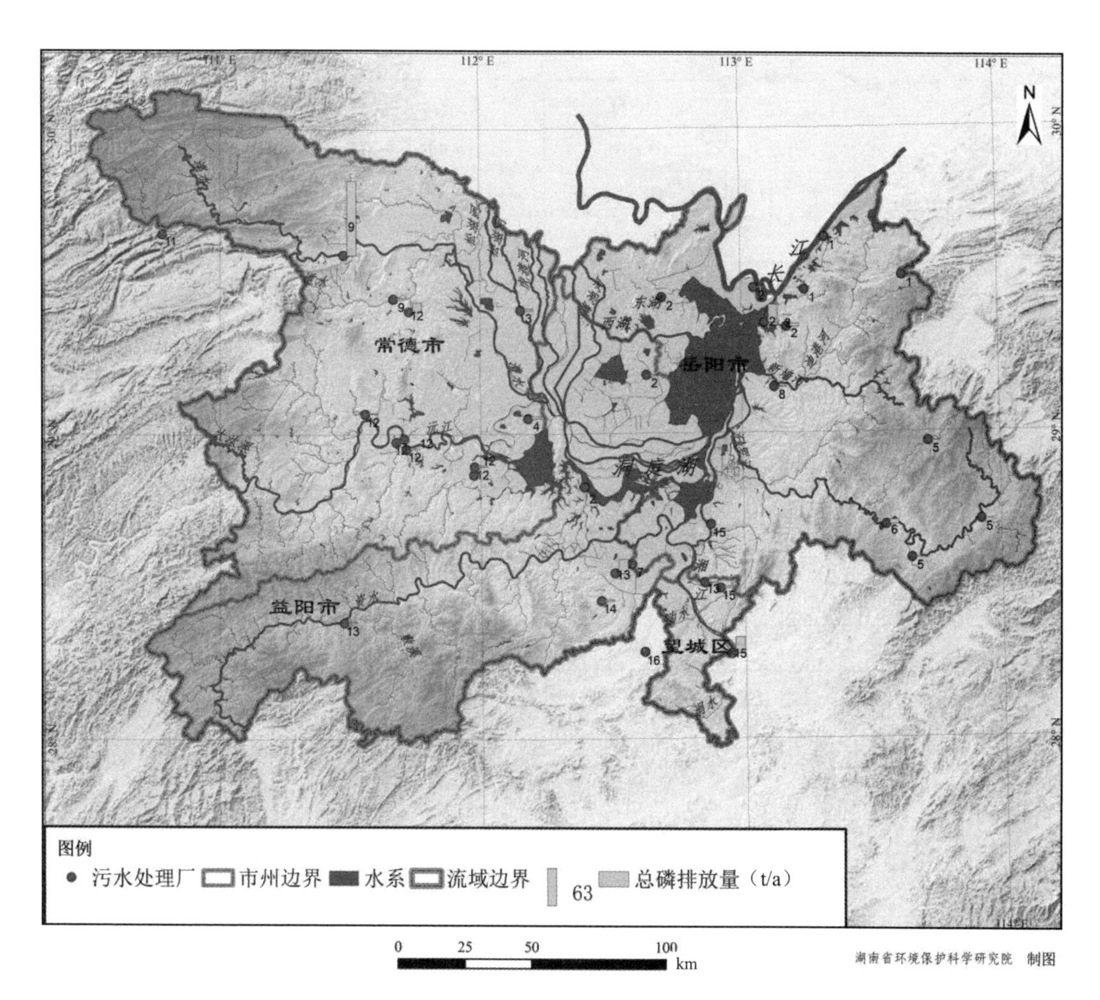

1—长江中下游干流；2—洞庭湖；3—松滋河；4—藕池河；5—汨罗江；6—湄水；7—调弦河；8—新墙河；9—澧水；10—澧水中源；11—溇水；12—沅江；13—资水；14—志溪河；15—湘江；16—沩水。

图 3.3.4　2017 年洞庭湖区三市一区城镇生活污水处理厂空间分布及其排水去向

表 3.3.5　2017 年洞庭湖区三市一区城镇生活污水主要受纳水体情况

单位：t

主要受纳水体名称		城镇生活源水污染物排放量			
		COD	总氮	NH_3-N	总磷
洞庭湖		1 127.90	358.21	199.15	25.11
内湖	内湖-大通湖	61.59	18.60	5.90	0.85
	内湖-东风湖	322.10	91.20	15.85	4.97
	内湖-南湖	406.77	134.75	24.96	5.82
	内湖-石矶湖	151.96	41.43	12.13	3.83
	小计	942.42	285.98	58.84	15.47

主要受纳水体名称		城镇生活源水污染物排放量			
		COD	总氮	NH_3-N	总磷
湘江	湘江支流-沩水	658.05	214.71	37.84	12.88
	湘江支流-白水江	107.36	33.80	29.30	3.52
	湘江支流-新河	334.28	20.39	9.53	2.71
	小计	1 099.69	268.90	76.68	19.11
资江		2 537.31	929.05	239.14	66.87
沅江		836.20	193.30	40.76	15.57
澧水		751.16	216.54	47.63	9.99
华容河		246.99	105.12	17.52	8.76
汨罗江		350.90	187.99	54.02	9.51
藕池河		212.07	43.27	10.84	4.10
松滋河		184.35	38.46	11.45	2.38
新墙河		211.71	68.29	13.60	2.25

（2）洞庭湖区农村生活污水处理情况

①洞庭湖区农村生活污水处理设施概况

截至 2017 年年底，洞庭湖区共建有 159 座农村生活污水处理设施，其中，常德市 63 座、岳阳市 41 座、益阳市 43 座、望城区 12 座。洞庭湖区 83%的农村生活污水集中处理设施为人工湿地，处理规模最高为 900 t/d，平均为 120 t/d。洞庭湖区各县（市、区）建有的农村生活污水集中处理设施情况如表 3.3.6 所示，总体上，洞庭湖区各县（市、区）农村生活污水处理设施建设不平衡、不充分，各个地市部分县（市、区）未建有农村污水处理设施，部分县（市、区）建有 10 余座，多个县（市、区）仅建有 1～2 座。

表 3.3.6　2017 年洞庭湖区三市一区农村生活污水集中处理设施分布情况

地区	农村生活污水集中处理设施总数/座	主要分布情况
常德市	63	安乡县 2 座、鼎城区 12 座、汉寿县 6 座、津市市 11 座、临澧县 3 座、石门县 20 座、桃源县 3 座、武陵区 6 座
岳阳市	41	君山区 1 座、平江县 1 个、湘阴县 9 个、岳阳楼区 17 个、云溪区 1 座、岳阳县 12 个
益阳市	43	安化县 11 座、南县 7 座、大通湖区 13 座、桃江县 1 座、沅江市 5 座、资阳区 6 座
望城区	12	望城区 12 座
洞庭湖区	159	—

②洞庭湖区农村生活污水处理量与处理率

洞庭湖区农村生活污水 2017 年处理总量为 615.73 万 t（表 3.3.7），其中，常德市农村生活污水实际处理量最高（271.38 万 t），其次是望城区（171.85 万 t）和益阳市（171.85 万 t），岳阳市农村生活污水实际处理量最低，为 69.66 万 t。结合三市一区农村生活污水产生量核算其处理率，总体上洞庭湖区农村生活污水处理率较低，仅为 2.17%。其中，望城区农村生活污水处理率相对较高，为 19.78%，常德市、益阳市和岳阳市农村生活污水处理率均较低，分别为 2.63%、1.29%、0.76%（图 3.3.5）。

表 3.3.7　2017 年洞庭湖区三市一区农村污水处理设施及其排污情况

指标	常德市	益阳市	岳阳市	望城区	洞庭湖区
农村生活污水实际处理量/万 t	271.38	102.84	69.66	171.85	615.73
农村生活污水实际处理率	2.63%	1.29%	0.76%	19.78%	2.17%

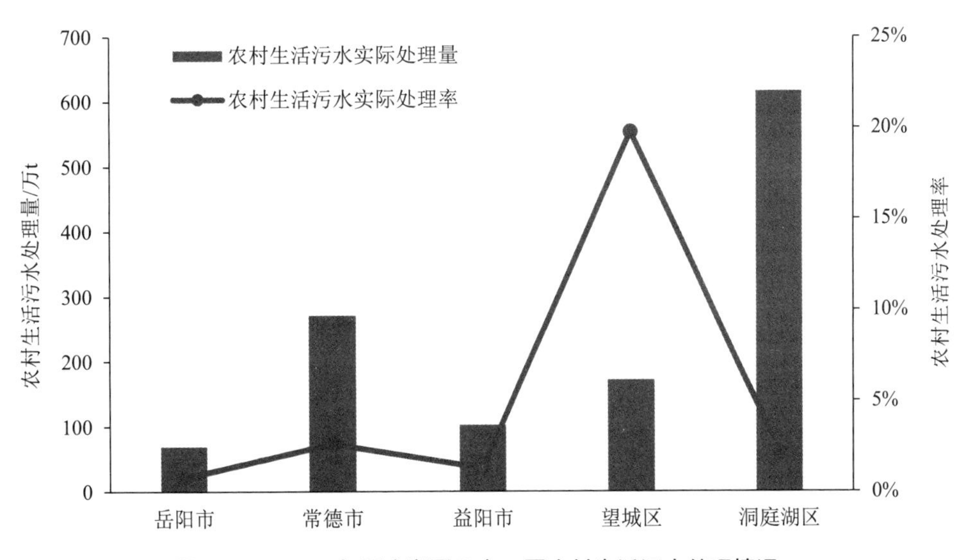

图 3.3.5　2017 年洞庭湖区三市一区农村生活污水处理情况

（3）洞庭湖区生活污水处理情况汇总

2017 年洞庭湖区各地市生活污水处理情况见表 3.3.8。洞庭湖区生活污水年处理总量为 42 025.90 万 t，其中，城镇生活污水处理总量为 41 410 万 t、农村生活污水年处理总量为 615.73 万 t。洞庭湖区城镇和农村生活污水处理率分别为 72.77%和 2.17%。三市一区城镇生活污水处理率均在 60%以上，望城区城镇生活污水处理率最高，达到 92.93%；常德市和岳阳市相近，分别为 76.28%和 74.50%；益阳市最低，仅为 61.19%。洞庭湖区三市一区农村生活污水处理率整体较低，望城区农村生活污水处理率最高，但也仅为 19.78%。

表 3.3.8 2017 年洞庭湖区三市一区生活污水处理率

地区	生活污水处理总量/万 t	城镇生活污水处理率	农村生活污水处理率
常德市	15 944.96	76.28%	2.63%
岳阳市	14 721.98	74.50%	0.76%
益阳市	8 559.14	61.19%	1.29%
望城区	2 799.85	92.93%	19.78%
洞庭湖区	42 025.90	72.77%	2.17%

3.3.1.3 洞庭湖区生活源水污染物产排情况

（1）洞庭湖区城镇生活源水污染物产排情况

根据 2017 年年末洞庭湖区三市一区城镇常住人口及人均污染物产排系数，计算得到的 2017 年洞庭湖区城镇生活源水污染物产生量见表 3.3.9。2017 年洞庭湖区城镇生活源水污染物中 COD 产生量为 226 008 t、总磷为 2 486 t、总氮为 31 500 t、NH_3-N 为 24 098 t。

表 3.3.9 2017 年洞庭湖区三市一区城镇生活源水污染物产生量

单位：t

地区	COD	总氮	NH_3-N	总磷
常德市	75 153	10 574	8 076	847
岳阳市	86 505	11 649	8 858	934
益阳市	53 312	7 734	5 984	589
望城区	11 038	1 543	1 180	116
洞庭湖区	226 008	31 500	24 098	2 486

洞庭湖区城镇生活源排放的水污染物包括经城镇污水处理厂处理后排放和未经处理直接排放两部分。洞庭湖区城镇污水处理厂水污染物排放量通过处理厂污水排放量（扣除再生利用量）及水污染物排放浓度计算，具体计算结果见表 3.3.10。洞庭湖区城镇污水处理厂出水污染物浓度主要根据地市生态环境局网站公布的监督性监测数据核算。

表 3.3.10 2017 年洞庭湖区三市一区城镇生活污水处理厂水污染物排放量

单位：t

地区	COD	总氮	NH_3-N	总磷
常德市	3 360.20	988.36	132.60	56.64
岳阳市	4 181.78	1 411.59	449.88	80.08
益阳市	1 639.33	534.84	263.09	51.01
望城区	658.05	214.71	37.84	12.88
洞庭湖区	9 839.37	3 149.50	883.41	200.61

洞庭湖区未经处理的城镇生活源水污染物排放量等于该部分水污染物产生量，通过水污染物产生总量与未处理率计算得到未经处理的城镇生活源水污染物排放量，具体计算结果见表3.3.11。

表3.3.11 2017年洞庭湖区三市一区未经处理的城镇生活源水污染物排放量

单位：t

地区	COD	总氮	NH_3-N	总磷
常德市	17 801	2 505	1 913	201
岳阳市	22 057	2 970	2 259	238
益阳市	21 934	3 182	2 462	242
望城区	784	110	84	8
洞庭湖区	62 577	8 767	6 718	689

洞庭湖区城镇生活源水污染物排放总量如表3.3.12所示，2017年洞庭湖区城镇生活源水污染物中，COD排放量为72 416 t、总磷为889 t、总氮为11 916 t、NH_3-N为7 601 t。

表3.3.12 2017年洞庭湖区三市一区城镇生活水污染物排放总量

单位：t

地区	COD	总氮	NH_3-N	总磷
常德市	21 161	3 493	2 046	257
岳阳市	23 697	3 505	2 522	289
益阳市	26 116	4 594	2 912	322
望城区	1 442	324	122	21
洞庭湖区	72 416	11 916	7 601	889

（2）洞庭湖区农村生活源水污染物产排情况

根据《农村生活污水处理设施技术标准（征求意见稿）》（建标工征〔2017〕36号）中农村居民日用水量参考值（表3.3.13），洞庭湖区农村居民日用水量按60 L/人计。通过排放系数确定污水量，农村生活污水排水量一般为总用水量的40%～80%，取均值60%为洞庭湖区农村居民生活污水排放系数，由此计算2017年洞庭湖区三市一区农村生活污水产排量；同时根据《农村生活污水处理设施技术标准（征求意见稿）》中污水水质均值，计算2017年洞庭湖区农村生活源水污染物产生量，具体计算结果见表3.3.14。2017年洞庭湖区农村生活源水污染物中，COD产生量为122 657 t、总磷为1 353 t、总氮为17 177 t、NH_3-N为13 153 t。

表 3.3.13 2017 年农村居民日用水量参考值

单位：L/（人·d）

村庄类型	用水量
经济条件好，有独立淋浴、水冲厕所、洗衣机，旅游区	100～180
经济条件较好，有独立厨房和淋浴设施	60～120
经济条件一般，有简单卫生设施	50～80
无水冲式厕所和淋浴设备，水井较远，需自挑水	40～60

表 3.3.14 2017 年洞庭湖区三市一区农村生活源水污染物产生量

单位：t

地区	COD	总氮	NH_3-N	总磷
常德市	44 424.64	6 250.73	4 774.08	500.56
岳阳市	38 775.61	5 221.78	3 970.62	418.78
益阳市	35 710.34	5 180.66	4 008.09	394.41
望城区	3 746.49	523.62	400.52	39.25
洞庭湖区	122 657	17 177	13 153	1 353

洞庭湖区农村生活污水处理设施出水中污染物排放浓度根据地市提交的监测数据核算，部分没有监测数据的农村生活污水处理设施，根据其处理工艺，按照其他点位同类型处理工艺农村生活污水处理设施监测数据核算，计算得到的处理设施水污染物排放量见表 3.3.15。

表 3.3.15 2017 年洞庭湖区三市一区农村生活污水处理设施水污染物排放量

单位：t

地区	COD	总氮	NH_3-N	总磷
常德市	104.7	39.67	18.14	2.16
岳阳市	30.72	8.24	3.61	0.43
益阳市	43.96	11.42	4.54	0.62
望城区	60.04	19.26	7.02	1.14
洞庭湖区	239.42	78.59	33.31	4.35

洞庭湖区未经处理的农村生活源水污染物排放量根据《农村生活污水处理技术规范》中农村生活污水水质核算，计算得到的未经处理直接排放的农村生活污水中污染物排放量见表 3.3.16。

表 3.3.16　2017 年洞庭湖区三市一区未经处理的农村生活源水污染物排放量

单位：t

地区	COD	总氮	NH_3-N	总磷
常德市	43 256	6 086	4 649	487
岳阳市	38 481	5 182	3 940	416
益阳市	35 250	5 114	3 956	389
望城区	3 005	420	321	31.5
洞庭湖区	119 992	16 802	12 867	1 324

洞庭湖区农村生活源水污染物排放总量如表 3.3.17 所示，2017 年洞庭湖区农村生活源水污染物中，COD 排放量为 120 232 t、总磷为 1 329 t、总氮为 16 836 t、NH_3-N 为 12 945 t。

表 3.3.17　2017 年洞庭湖区三市一区农村生活源水污染物排放总量

单位：t

地区	COD	总氮	NH_3-N	总磷
常德市	43 361	6 104	4 688	490
岳阳市	38 512	5 186	3 949	416
益阳市	35 294	5 118	3 968	390
望城区	3 065	427	341	32.63
洞庭湖区	120 232	16 836	12 945	1 329

（3）洞庭湖区生活源水污染物产排情况汇总

洞庭湖区生活源水污染物产生总量见表 3.3.18，2017 年洞庭湖区生活源水污染物中，COD 产生量为 348 665 t、总磷为 3 839 t、总氮为 48 677 万 t、NH_3-N 为 37 251 万 t。

表 3.3.18　2017 年洞庭湖区三市一区生活源水污染物产生总量

单位：t

地区	COD	总氮	NH_3-N	总磷
常德市	119 578	16 825	12 850	1 348
岳阳市	125 281	16 871	12 829	1 353
益阳市	89 022	12 915	9 992	983
望城区	14 784	2 067	1 580	155
洞庭湖区	348 665	48 677	37 251	3 839

洞庭湖区生活源水污染物排放总量见表 3.3.19，2017 年洞庭湖区生活源水污染物中，COD 排放量为 192 648 t、总磷为 2 218 t、总氮为 28 752 t、NH_3-N 为 20 546 t。

表 3.3.19 2017 年洞庭湖区三市一区生活源水污染物排放总量

单位：t

地区	COD	总氮	NH_3-N	总磷
常德市	64 522	9 598	6 734	747
岳阳市	62 208	8 691	6 470	705
益阳市	61 410	9 712	6 880	712
望城区	4 508	751	462	53.7
洞庭湖区	192 648	28 752	20 546	2 218

3.3.2 洞庭湖区生活垃圾产排情况

3.3.2.1 洞庭湖区生活垃圾产生情况

结合洞庭湖区常住人口数据和《第一次全国污染源普查城镇生活源产排污系数手册》中相关核算方法，核算洞庭湖区各市区生活垃圾年产生总量（表 3.3.20、图 3.3.6）。2017 年，洞庭湖区生活垃圾产生总量为 332.23 万 t，其中，城镇生活垃圾产生量为 191.54 万 t，农村生活垃圾产生量为 140.69 万 t。常德市生活垃圾产生量最大，为 117.68 万 t，占总产生量的 35.42%，常德市各县（市、区）武陵区城镇垃圾产生量最大，其他县（市、区）产生量相对平均；岳阳市生活垃圾产生量为 116.60 万 t，占产生总量的 35.10%，岳阳市中，岳阳楼区城镇垃圾产生量最大；益阳市生活垃圾产生量为 83.37 万 t，占产生总量的 25.09%，其中，赫山区城镇垃圾产生量最高，安化县农村垃圾产生量最高；望城区生活垃圾产生量为 14.58 万 t，占产生总量的 4.39%。

表 3.3.20 2017 年洞庭湖区生活垃圾产排及处理情况

单位：万 t

地区	县（市、区）	城镇垃圾产生量	农村垃圾产生量	产生总量	集中处理量
长沙市	望城区	10.24	4.34	14.58	14.58
岳阳市	岳阳楼区	18.01	1.29	19.30	28.10
	云溪区	2.72	1.20	3.92	2.50
	君山区	3.25	1.96	5.21	1.50
	岳阳县	8.06	6.78	14.84	4.46
	华容县	7.77	6.87	14.64	6.19
	湘阴县	7.77	6.41	14.18	4.05
	平江县	9.58	9.99	19.57	8.40
	汨罗市	8.83	5.72	14.54	6.70
	临湘市	5.85	4.56	10.40	5.20
合计		71.83	44.78	116.60	67.10

地区	县（市、区）	城镇垃圾产生量	农村垃圾产生量	产生总量	集中处理量
常德市	武陵区	14.53	1.46	15.99	38.3
	鼎城区	9.38	7.17	16.56	0.00
	安乡县	5.02	5.50	10.51	5.48
	汉寿县	7.30	8.70	16.00	0.00
	澧县	7.96	7.67	15.62	7.30
	临澧县	4.51	4.20	8.71	6.17
	桃源县	7.68	9.25	16.94	10.00
	石门县	5.92	6.03	11.96	0.73
	津市市	3.79	1.61	5.40	3.48
合计		66.09	51.59	117.68	71.46
益阳市	资阳区	4.75	3.31	8.06	0.00
	赫山区	11.29	5.55	16.84	28.98
	南县	6.93	7.15	14.07	0.77
	桃江县	7.36	7.68	15.04	1.16
	安化县	5.96	10.23	16.18	6.15
	沅江市	7.11	6.07	13.18	8.01
合计		43.39	39.98	83.37	45.07
洞庭湖区合计		191.54	140.69	332.23	198.21

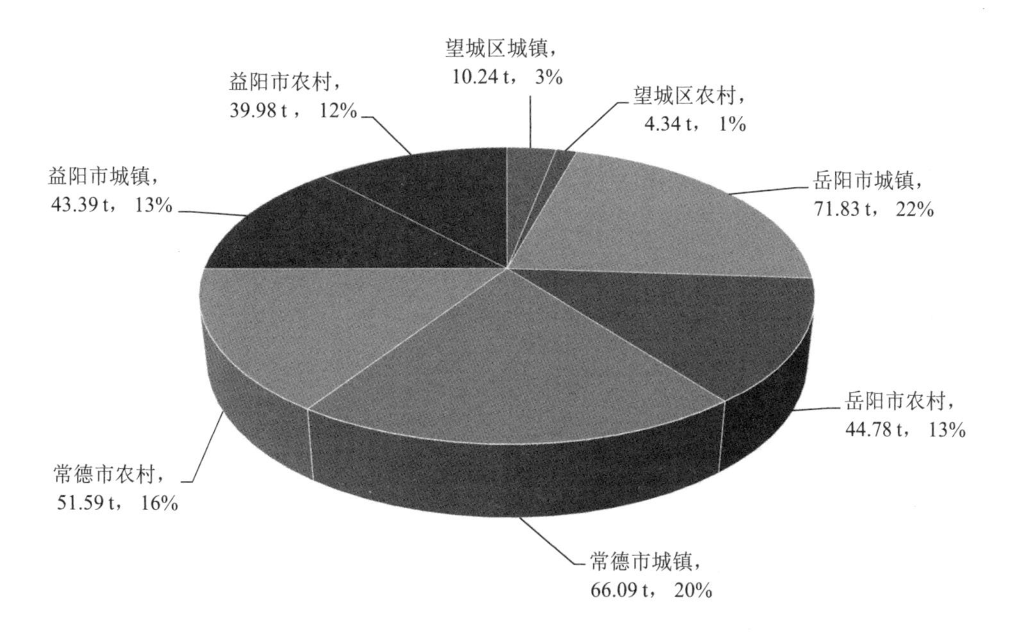

图 3.3.6　2017 年洞庭湖区三市一区生活垃圾产生量分布

3.3.2.2 洞庭湖区生活垃圾集中处置情况

统计数据显示，洞庭湖区集中垃圾填埋场共 25 家（图 3.3.7），累计年处理量 468.69 万 t。其中，填埋场规模最大的是长沙市城市固体废弃物处理场，位于望城区的黑麋峰。这里不仅处理望城区的生活垃圾，同时还接收长沙市其他市（区）生活垃圾，年处理量约为 285.06 万 t，其他三市总处理量约为 183.63 万 t。岳阳市有垃圾集中填埋场 10 家，占洞庭湖区比重最大，约占 40%；其次是常德市 9 家，约占 36%；益阳市 5 家，望城区 1 家，分别占比 25%和 4%（表 3.3.21）。

岳阳市、常德市、益阳市、望城区垃圾年处理量为 198.21 万 t［其中扣除黑麋峰处理长沙市其他市（区）生活垃圾，只计算望城区的垃圾处理量］，占总产生量（332.23 万 t）的 59.66%。其生活垃圾处理方式主要为填埋和焚烧发电两种，其中，填埋处理 19 家，年总填埋量 114.38 万 t，占总处理量的 62.3%；焚烧处理 6 家，年总焚烧量为 69.21 万 t，占总处理量的 37.7%（表 3.3.21）。随着长沙市城市废弃物处理场和常德市 5 座焚烧处理设施的完工，垃圾焚烧处理比例将进一步提高。

表 3.3.21 2017 年洞庭湖区三市一区各垃圾集中处理场基本情况

地区	垃圾集中处理场名称	地址	年实际处理量/万 t	处理方式
望城区	长沙市城市固体废弃物处理场	望城区桥驿镇沙田村	285.06［含长沙市其他县（市、区）］	填埋
岳阳市	岳阳市环境卫生科研所	岳阳楼区梅溪花果畈村	28.10	填埋
	云溪区罗家坳无害化垃圾处理场	云溪区道仁矶镇大田村罗家坳	2.50	填埋
	君山区垃圾无害化处理场	君山区柳林办事处二洲子村	1.50	焚烧
	岳阳县首创环境综合治理有限责任公司	岳阳县新开镇卫星村	4.46	填埋
	华容县鼎山无害化垃圾处理场	华容县万庾鼎山	6.19	填埋
	湖南现代环境科技股份有限公司屈原分公司	屈原管理区	3.65	填埋
	湖南现代环境科技股份有限公司湘阴分公司	湘阴县石塘乡秃峰村	0.40	焚烧
	湖南军信环保集团平江有限公司	平江县瓮江镇塔兴村	8.40	填埋
	汨罗市环境卫生管理处	汨罗市新市新桥	6.70	填埋
	临湘市城市生活垃圾处理场	临湘长安街道	5.20	填埋
常德市	安乡县生活垃圾无害化填埋场	安乡县安障乡德兴社区二组	5.48	填埋
	澧县环境卫生管理处	澧县澧南镇乔家河社区	7.30	填埋
	临澧县生活垃圾无害化处理场	临澧县太平街道农丰社区裴家组	6.17	填埋

地区	垃圾集中处理场名称	地址	年实际处理量/万 t	处理方式
常德市	石门县垃圾无害化处理场	石门永兴街道办双桥社区	0.70	填埋
	常德中联环保电力有限公司	常德市经开区檀树坪村	38.30	焚烧
	常德市桃树岗垃圾填埋场	柳叶湖旅游度假区	10.00	填埋
	石门海创环境工程有限公司	石门县宝峰社区七松居委会	0.03	焚烧
	澧县海创环境工程有限公司	澧县澧南镇彭山村	0.00	焚烧
	津市市生活垃圾填埋场	津市市镰刀湾及津市市团湖村、关山村、丝绸社区交会处	3.48	填埋
益阳市	安化县环境卫生管理所	安化县东坪烟州	6.15	填埋
	沅江市城市生活垃圾无害化处理填埋场	沅江市胭脂湖社区杨梅山村与浩江湖村交界的高家湖汊	8.01	填埋
	大通湖区生活垃圾处理场	大通湖区河坝镇胡子口堤段	0.77	填埋
	桃江县生活垃圾无害化处理场	桃江县浮邱山乡人形山村	1.16	填埋
	光大环保能源（益阳）有限公司	高新技术产业开发区谢林港青山村	28.98	焚烧
合计			468.69	—

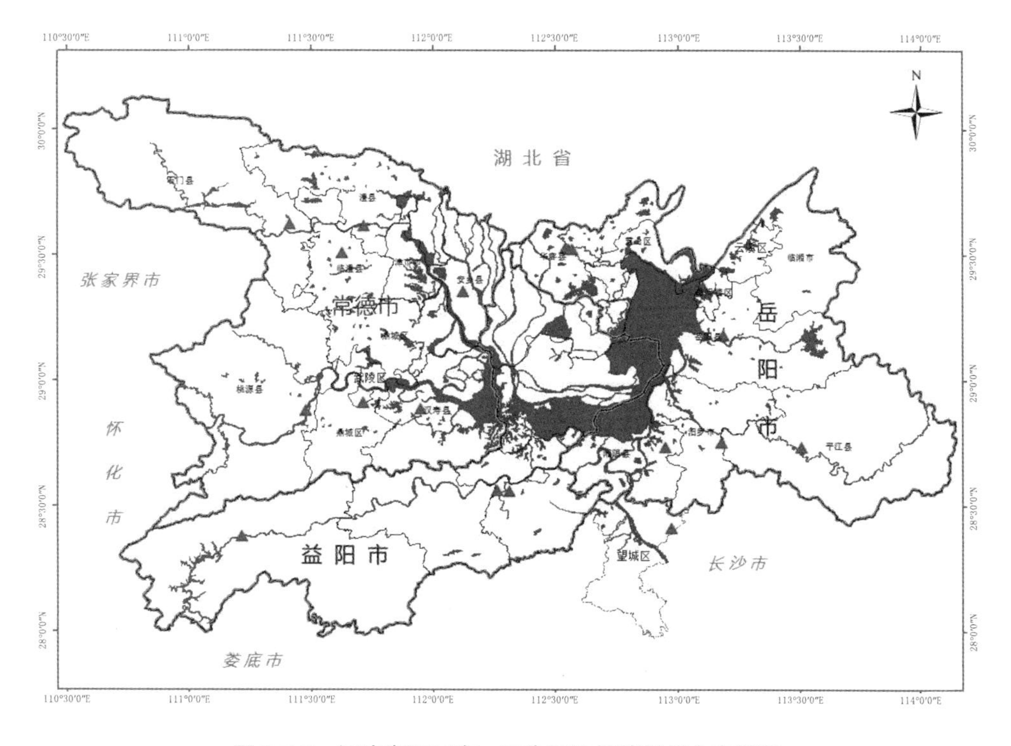

图 3.3.7　洞庭湖区三市一区生活垃圾填埋场分布情况

3.3.2.3 洞庭湖区生活垃圾排放情况

（1）未经处置的生活垃圾排放情况：洞庭湖区居民产生的垃圾并没有全部进入垃圾填埋场处置，很大一部分被无组织地堆置。相较而言，城镇生活垃圾处理率较高，未进行处理的主要是农村生活垃圾。按照洞庭湖区年处理垃圾率为 55.27%计算，洞庭湖区未处理垃圾量为 134.02 万 t。

（2）垃圾填埋场渗滤液及其污染物排放情况：洞庭湖区垃圾集中填埋场共 19 家，其中有 18 家建立了垃圾渗滤液处理设施。洞庭湖区各垃圾填埋场渗滤液年总产生量 2 179 851 t，年排放量 1 884 225 t，其中 COD、总氮、NH_3-N、总磷产生量分别为 15 483.25 t、3 883.80 t、3 120.23 t、33.86 t，排放量分别为 18.42 t、75.37 t、47.11 t、5.65 t。随着垃圾焚烧比例的增加、垃圾渗滤液处理技术及效率的提高、垃圾污染物去除效率的增强，污染产排比仍将增大。

表 3.3.22 洞庭湖区三市一区各垃圾填埋场污染物产生量、排放量情况

指标		常德市	岳阳市	益阳市	望城区	洞庭湖区
垃圾处理量/万 t		71.45	67.1	45.07	285.06	468.68
污染物产生量/t	垃圾渗滤液	282 537	447 700	86 114	1 363 500	2 179 851
	COD	1 645.26	1 347.86	907.20	11 582.93	15 483.25
	NH_3-N	202.25	333.69	37.95	2 546.34	3 120.23
	总磷	3.60	3.37	4.60	22.29	33.86
	总氮	282.17	421.29	51.11	3 129.23	3 883.80
污染物排放量/t	垃圾渗滤液	236 836	415 013	84 576	1 147 800	1 884 225
	COD	23.68	41.50	8.46	114.78	188.42
	NH_3-N	5.92	10.38	2.11	28.70	47.11
	总磷	0.71	1.25	0.25	3.44	5.65
	总氮	9.47	16.60	3.38	45.91	75.37

3.4 移动源

3.4.1 航道航运产排污情况

洞庭湖区域人口稠密，经济发展迅速，水网密集，渔业与内河航运事业繁荣，湖南省境内可通航距离达 16 500 余 km。随着洞庭湖航运事业的发展，船舶在运输过程中产生的生活污水、船舶垃圾、含油污水污染水体的现象日益明显，已引起越来越多的关注。洞庭

湖区域内 25 个县（市、区）调查数据（表 3.4.1）显示，2017 年各类船舶数量达到 10 840 艘，总吨位 206.02 万 t，船员或总载客数 41 163 人。

表 3.4.1 2017 年洞庭湖区船舶情况调查

地区	船舶数量/艘	船舶总吨位/万 t	动力功率/万 kW	船员或载客人数/人
望城区	371	4.18	1.99	1 106
岳阳市	3 480	48.91	20.74	13 328
常德市	3 443	68.85	25.97	12 118
益阳市	3 546	84.08	32.78	14 611
洞庭湖区	10 840	206.02	81.48	41 163

根据相关文献资料，洞庭湖区航道航运污染物排放系数客船与客货船载客量以满载人数 50%计，全年航行天数以 300 天计，每天航行以 10 h 计，生活污水排放系数以《第一次全国污染源普查城镇生活源产排污系数手册》中三类城市排污系数的 50%计，估算出 2017 年洞庭湖区船舶污染物排放量见表 3.4.2。2017 年洞庭湖区航道生活污水排放量为 38.59 万 t，COD 排放量为 203.76 t，NH_3-N 的排放量为 25.01 t，总氮排放量为 35.81 t，总磷排放量为 2.59 t。

表 3.4.2 2017 年洞庭湖区船舶航道污染源调查

地区	生活污水排放量/万 t	COD/t	NH_3-N/t	总氮/t	总磷/t
望城区	1.04	5.47	0.67	0.96	0.07
岳阳市	12.50	65.97	8.10	11.60	0.84
常德市	11.36	59.98	7.36	10.54	0.76
益阳市	13.70	72.32	8.88	12.71	0.92
洞庭湖区	38.59	203.76	25.01	35.81	2.59

3.4.2 鸟类产排污情况

2017 年对东洞庭湖、南洞庭湖、西洞庭湖和横岭湖 4 个保护区的湖区夏季候鸟和冬季候鸟进行系统监测所得数据显示，留鸟有 62 种，占总物种数的 26.8%，候鸟（包括冬候鸟、旅鸟和夏候鸟）有 169 种，占总物种数的 73.2%。监测记录的冬季候鸟共 6 目 12 科 54 种 183 953 只，其中，东洞庭湖 47 种 150 608 只，占 81.87%；西洞庭湖 30 种 20 085 只，占 10.92%；南洞庭湖 20 种 6 647 只，占 3.61%；横岭湖 24 种 6 613 只，占 3.59%。雁形目鸭科鸟类种群最多，鸻形目种群数量次之，鹳形目、鹈形目、鹤形目、鸥形目种群数量相近。在东洞庭湖越冬的水鸟较 2016 年的 120 462 增加了 30 146 只，增长幅度达 25.03%。增长数量最多的 3 种水鸟分别为罗纹鸭、豆雁和普通鸬鹚，分别增长了 27 045 只、21 310 只和 4 657 只，增长幅度分别达 179.40%、88.10%和 417.67%（表 3.4.3）。从上述 3 种水鸟均为游禽的情况来看，东洞庭湖更适合在较深水位栖息的鸟类。东洞庭湖湿地达到国际重要湿地 1%标准的鸟类有普通鸬鹚、黑鹳、白琵鹭、小天鹅等共 13 种；西洞庭湖湿地达到国际重要湿地 1%标准的鸟类有普通鸬鹚、黑鹳、白琵鹭、豆雁等共 7 种；南洞庭湖达到国际重要湿地 1%标准的鸟类有豆雁。在各种鸟类中，物种数量占前三位的为豆雁（45 496 只）、罗纹鸭（42 120 只）、黑腹滨鹬（18 173 只），洞庭湖旗舰物种——小白额雁达 12 222 只。可见在洞庭湖越冬的水鸟以雁鸭类和鸻鹬类为主。

表 3.4.3 2017 年洞庭湖主要越冬鸟类数量

序号	目	科数	种数	数量/只	占比/%
1	鸊鷉目	1	2	1 034	0.50
2	鹈形目	1	1	5 772	3.20
3	鹳形目	3	10	6 722	3.70
4	雁形目	1	22	132 915	73.70
5	鹤形目	2	5	1 569	0.87
6	鸻形目	4	15	32 297	18.00

夏季候鸟调查中共记录到鸟类 14 目 42 科 102 种，其中，雀形目种类最多，有 22 科 41 种，占总种数的 40%；其次为鸻形目，6 科 16 种，占总种数的 16%；鹈形目有 3 科 14 种，占总种数的 14%；其他如雁形目、鹃形目均为 1 科 6 种，各占 5%；佛法僧目 2 科 4 种，占总种数的 4%；鹤形目、鸽形目各 1 科 3 种；鸊鷉目、鸡形目、鸮形目均为 1 科 2 种；戴胜目和隼形目种类最少，各为 1 种（表 3.4.4）。

表 3.4.4 2017 年洞庭湖夏季鸟种类数量

序号	目	科数	种数	占比/%
1	雀形目	22	41	40
2	鸻形目	6	16	16
3	鹈形目	3	14	14
4	雁形目	1	6	5
5	鹃形目	1	6	5
6	佛法僧目	2	4	4

序号	目	科数	种数	占比/%
7	鹤形目	1	3	6
8	鸽形目	1	3	
9	鹈鹕目	1	2	
10	鸡形目	1	2	
11	�形目	1	2	
12	戴胜目	1	1	
13	隼形目	1	1	

注：夏季为种类调查，未做数量统计。

两季候鸟调查结果显示，目前洞庭湖区鸟类面临的主要威胁是栖息地的丧失，特别是对沙石的开采以及对湿地洲滩的开垦和利用等，对湿地洲滩有很大的侵蚀，尤其严重影响了越冬候鸟（特别是雁类）的栖息和觅食。截至 2017 年，关于鸟类对水体的污染及污染物的排放量研究仍相对较少。因洞庭湖区域野生鸟类与鸭鹅的体型结构和生活习性类似，本书参考其他研究成果，采用鸭鹅的污染物排放量作为当量，对洞庭湖区域鸟类污染物排放总量进行比较分析。

调查中，将洞庭湖区体型较大、只数较多的鸟类，按其重量折算成鸭的只数（每只鸭的体重以 3 kg 计），其他小型鸟类统一按 0.15 kg 进行核算，结果如表 3.4.5 所示。

表 3.4.5　2017 年洞庭湖区鸟类数目换算

种类	鸟类平均重量/kg	洞庭湖鸟类总数/只				鸟折算为鸭当量数	洞庭湖鸟类折算为鸭数/只		
		洞庭湖区合计	东洞庭湖	西洞庭湖	南洞庭湖		东洞庭湖	西洞庭湖	南洞庭湖
普通鸬鹚	2.00	7 138	3 127.0	3 889.0	122.0	0.67	2 084.7	2 592.7	81.3
黑鹳	3.00	26	12.0	14.0	—	1.00	12.0	14.0	—
白琵鹭	2.00	3 364	3 247.0	111.0	6.0	0.67	2 164.7	74.0	4.0
小天鹅	7.00	2 680	2 310.0	—	370.0	2.33	5 390.0	—	863.3
豆雁	3.00	45 496	41 172.0	1 956.0	2 358.0	1.00	41 172.0	1 956.0	2 358.0
白额雁	3.50	2 821	2 406.0	270.0	145.0	1.17	2 807.0	315.0	169.2
小白额雁	2.30	12 222	10 024.0	2 012.0	186.0	0.77	7 685.1	1 542.5	142.6
赤麻鸭	1.50	2 556	1 577.0	—	979.0	0.50	788.5	—	489.5
罗纹鸭	1.00	47 534	29 530.0	9 271.0	8 733.0	0.33	9 843.3	3 090.3	2 911.0
灰鹤	4.80	464	454.0	—	10.0	1.60	726.4	—	16.0
反嘴鹬	0.32	9 414	7 712.0	1 702.0	—	0.11	822.6	181.5	—
鹤鹬	0.15	2 137	2 074.0	—	63.0	0.05	103.7	—	3.2

种类	鸟类平均重量/kg	洞庭湖鸟类总数/只				鸟折算为鸭当量数	洞庭湖鸟类折算为鸭数/只		
		洞庭湖区合计	东洞庭湖	西洞庭湖	南洞庭湖		东洞庭湖	西洞庭湖	南洞庭湖
黑腹滨鹬	0.07	23 098	18 173.0	2 158.0	2 767.0	0.02	424.0	50.4	64.6
小鸊鷉	0.27	2 879	1 832	278.0	769.0	0.09	164.9	25.0	69.2
凤头鸊鷉	1.00	435	286	130	19.0	0.33	95.3	43.3	6.3
灰雁	3.70	2 368	1 781	504	83.0	1.23	2 196.6	621.6	102.4
赤麻鸭	1.50	1 022	712	123	187.0	0.50	356.0	61.5	93.5
翘鼻麻鸭	1.70	912	542	210	160.0	0.57	307.1	119.0	90.7
赤颈鸭	0.60	317	189	105	23.0	0.20	37.8	21.0	4.6
罗纹鸭	1.00	28 774	24 126	4 025	623.0	0.33	8 042.0	1 341.7	207.7
赤膀鸭	1.00	1 966	1 204	0	762.0	0.33	401.3	0.0	254.0
绿翅鸭	0.50	18 728	14 014	4 714	—	0.17	2 335.7	785.7	—
绿头鸭	1.00	170	170	—	—	0.33	56.7	—	—
斑嘴鸭	1.00	1 572	1 572	—	—	0.33	524.0	—	—
针尾鸭	1.00	771	771	—	—	0.33	257.0	—	—
琵嘴鸭	0.50	732	732	—	—	0.17	122.0	—	—
其他	0.15	8 500	5 500	2 000	1 000.0	0.05	275.0	100.0	50.0
总计	—	228 097	175 249	33 472	19 365	0.00	89 195.0	12 935	7 980

根据《农业技术经济手册》一只鸭一年排粪 0.027 3 t 计算，畜禽粪便中污染物的平均含量为 COD 46.3 kg/t、NH_3-N 0.8 kg/t、总氮 6.2 kg/t、总磷 11 kg/t，在考虑鸟类停留时间的前提下，将鸟类调查结果采用以下方法分别计算，得出产污总量。

$$F=\sum_{i=1}^{n}\left(\frac{M_i}{M_j}\times F_d\times T\right)$$

式中，n 为湖区鸟类种类数；M_j 为鸭鹅的平均体重；M_i 为第 i 个鸟类物种的平均体重；F_d 为鸭鹅的平均日污染物排放量；T 为该鸟类物种在洞庭湖停留的时间。

对于野生鸟类而言，产污量即为排污量，如表 3.4.6 所示，2017 年洞庭湖区鸟类污染物年排放量为 COD 48.71 t、NH_3-N 0.84 t、总氮 11.57 t、总磷 6.52 t。东洞庭湖鸟类排放的污染物中总磷最高（5.28 t），占洞庭湖区总磷总量的 80.98%。

表 3.4.6　2017 年洞庭湖区鸟类产排污量

单位：t

污染物种类	东洞庭湖	西洞庭湖	南洞庭湖	总计
COD	39.46	5.72	3.53	48.71
NH_3-N	0.68	0.10	0.06	0.84
总氮	9.37	1.36	0.84	11.57
总磷	5.28	0.77	0.47	6.52

3.5　大气沉降

3.5.1　大气干沉降

大气降尘采样按照国家标准《环境空气　降尘的测定　重量法》（GB/T 15265—1994）执行。集尘缸选用高 30 cm、内径 15 cm、缸底平整的圆筒形玻璃缸。采样点设在矮建筑物的屋顶，要求附近（10 m ×10 m）无高大建筑，且避开烟囱和交通主干道等点、线污染源的局部污染。集尘缸在放到采样点之前，加入少量乙二醇（防止冬季冰冻，保持缸底湿润，抑制微生物及藻类生长），以占满缸底为准。降尘样品收集完成后，用密封盖密封，尽快送实验室分析。

干沉降采样点位分别位于益阳市环境保护局、益阳市郊区、常德市环境保护局、常德市郊区、岳阳市环境保护局、岳阳市郊区、湘阴县环境保护局。降尘采集个数：7 个点位×1 个沉降缸×2 个季节=14 个样品。

降尘量采用重量法分析重量，干沉降样品不考虑集尘缸中氮、磷的迁移转化及其他变化，降尘经过 45 μm 滤膜抽滤后，于 80℃烘干至恒重后称量。降尘中总磷浓度依据《土壤　总磷的测定　碱熔-钼锑抗分光光度法》（HJ 632—2011）进行测定。

洞庭湖区降尘污染物输入计算公式为

$$C_{降尘}=A\cdot c$$

式中，$C_{降尘}$为大气降尘污染物输量，t；A 为洞庭湖湿地面积，km^2；c 为降尘沉降通量，mg/L。

根据相关研究结果，洞庭湖区降尘总磷输入量按照湖区面积与降尘沉降通量的乘积计算。根据 2018 年 11 月京津冀大气污染传输通道“2+26”城市降尘监测结果，“2+26”城市降尘平均沉降通量为 5.2 g/（m^2·30 d），沉降通量最小的城市为沧州市 2.8 g/（m^2·30 d），最大的城市为太原市 11.9 g/（m^2·30 d）。洞庭湖区域降尘平均沉降通量为 1.29 g/（m^2·30 d）。

总磷干沉降通量结果见表 3.5.1，由表可知，总磷干沉降通量平均值为 1.69 mg/

（m^2·30 d）。洞庭湖湖面面积为 2 238.75 km^2。经过计算可知，2018 年洞庭湖湿地总磷干沉降输入量约为 45.40 t。

表 3.5.1 2018 年总磷干沉降通量

单位：mg/（m^2·30 d）

样品编号	总磷
2018075-2-001	1.07
2018075-2-002	0.21
2018075-2-003	0.81
2018075-2-004	1.48
2018075-2-005	2.57
2018075-2-006	3.03
2018075-2-007	2.64
2018075-4-001	1.51
2018075-4-002	4.44
2018075-4-003	0.74
2018075-4-004	0.51
2018075-4-005	0.47
2018075-4-006	2.46
平均值	1.69

3.5.2 大气湿沉降

湿沉降样品采集按照《酸沉降监测技术规范》（HJ/T 165—2004）执行。采用手动采样器进行采样，采用 30 cm 直径漏斗（规范要求＞20 cm）和漏斗架及聚乙烯瓶（纯净水瓶）进行收集（图 3.5.1）。漏斗和聚乙烯瓶事先用稀盐酸和去离子水清洗，并在开始下雨后 1 min 内收集样品，下雨结束 5 min 内封闭样品瓶，将每天 9：00 至次日 9：00 收集到的样品视为一个样品。采集后尽快送实验室分析。

图 3.5.1 湿沉降样品采集照片

样品采集时间为秋季 2018 年 10—11 月、冬季 2018 年 12 月—2019 年 1 月。湿沉降采集样品个数：秋冬季益阳市、常德市、岳阳市、湘阴市各设 1 个点位，共 4 个点位，共 36 场降雨，样品共计 36 个。

雨水样品总磷浓度依照《水质　总磷的测定　流动注射-钼酸铵分光光度法》（HJ 671—2013）测定。

洞庭湖区大气降水污染物输入计算公式为

$$C_{降水}=A \cdot h \cdot c$$

式中，$C_{降水}$为大气降水污染物输量，t；A 为洞庭湖湿地面积，km^2；h 为洞庭湖湿地面积上的月/年降水量，mm；c 为降水中污染物的浓度，mg/L。

根据相关研究结果，湖区降水总磷输入量按照总磷平均浓度与湖区平均降水量乘积计算。根据对益阳市、常德市、岳阳市、湘阴市 4 个点位秋冬季节降水的检测结果可知，洞庭湖区 2018 年秋冬季降水总磷平均浓度为 0.040 6 mg/L，总氮平均浓度为 7.273 3 mg/L。

以 2018 年洞庭湖区周边气象站点的降水量为依据，计算洞庭湖区通过降水进入洞庭湖的总磷量。临近湖区的气象站点有 3 个，分别为湘阴气象站（气象站代码 57673）、岳阳气象站（气象站代码 57584）和沅江气象站（气象站代码 57671）。

洞庭湖区大气降水量（数据来源于中国气象数据网）见表 3.5.2，由表可知，依据岳阳气象站、沅江气象站和湘阴气象站监测到的降水量平均数，计算出洞庭湖湿地 2018 年全年降水量为 1 275.22 mm。

表 3.5.2　2018 年洞庭湖区域降水量计算结果

单位：mm

时间	岳阳降水	沅江降水	湘阴降水	平均降水
1 月	115.3	107.7	—	111.50
2 月	40.0	32.4	—	36.20
3 月	85.9	117.4	—	101.65
4 月	136.3	151.3	—	143.80
5 月	288.9	142.7	—	215.80
6 月	29.8	32.1	—	30.95
7 月	118.9	80.9	103.4	101.07
8 月	82.7	65.2	—	73.95
9 月	105.3	202.5	148.1	151.97
10 月	72.4	121.5	94.9	96.27
11 月	63.8	120.9	116.8	100.50
12 月	114.4	111.1	109.2	111.57
全年合计	1 253.7	1 285.7	—	1 275.22

注：“—”表示未获取到数据。

依据洞庭湖湿地面积（含洪道）3 927 km^2，计算 2018 年洞庭湖的总磷湿沉降量（表 3.5.3），得到 2018 年洞庭湖湖面总磷湿沉降输入量为 115.78 t。

表 3.5.3　2018 年洞庭湖湖面总磷湿沉降量计算结果

时间	降水/mm	总磷沉降量/t
1 月	111.50	10.12
2 月	36.20	3.29
3 月	101.65	9.23
4 月	143.80	13.06
5 月	215.80	19.59
6 月	30.95	2.81
7 月	101.07	9.18
8 月	73.95	6.71
9 月	151.97	13.80
10 月	96.27	8.74
11 月	100.50	9.12
12 月	111.57	10.13
全年合计	1 275.22	115.78

洞庭湖区域总磷湿沉降通量结果见表 3.5.4，由表可知，2018 年洞庭湖区域总磷湿沉降量为 51.71 mg/m^2。受降水量影响，洞庭湖区域总磷湿沉降通量平均值为 4.31 mg/（m^2·30 d）。

表 3.5.4　2018 年洞庭湖区域总磷湿沉降通量计算结果

时间	平均降水/mm	总磷沉降通量/[mg/（m^2·30 d）]
1 月	111.50	4.52
2 月	36.20	1.47
3 月	101.65	4.12
4 月	143.80	5.83
5 月	215.80	8.75
6 月	30.95	1.26

时间	平均降水/mm	总磷沉降通量/[mg/（m²·30 d）]
7 月	101.07	4.10
8 月	73.95	3.00
9 月	151.97	6.16
10 月	96.27	3.90
11 月	100.50	4.08
12 月	111.57	4.52
全年平均	106.27	4.31
全年合计	1 163.73	51.71

图 3.5.2 为 2018 年洞庭湖湿地一年中总磷输入量月际变化图，从图中可以看出，2018 年 2 月、6 月总磷湿沉降量较小，4 月、5 月、9 月总磷湿沉降量大，最大总磷湿沉降量出现在 5 月。

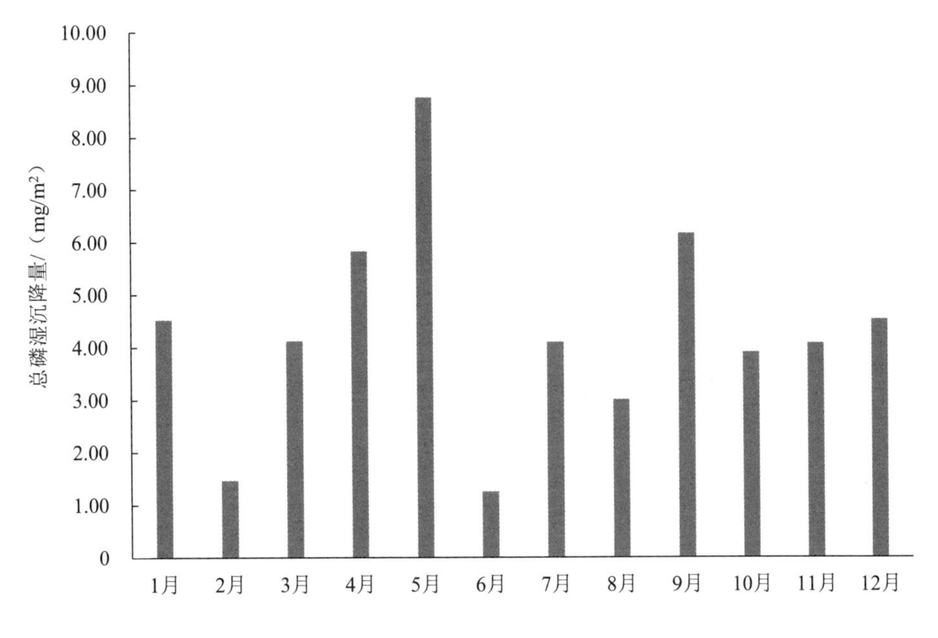

图 3.5.2　2018 年洞庭湖湖面总磷湿沉降月际变化

3.5.3　总磷干湿沉降量核算与分析

大气干湿沉降总磷输入量为干沉降与湿沉降量之和，2018 年，洞庭湖区大气干湿沉降总磷输入量为 161.18 t。

表 3.5.5 2018 年洞庭湖区与其他区域磷沉降量的比较

名称	湖面面积/ km^2	总磷干沉降量（占比）	总磷湿沉降量（占比）	总沉降量（占比）	数据来源
太湖	2 425.00	—	247 t，为同期河流入湖负荷的 11.9%	—	余辉，2011
太湖	2 425.00	—	—	2014 年 750 t，2015 年 382 t	邱敏，2017
太湖	2 425.00	—	2017 年为 200 t，为同期河流入湖负荷的 16.7%	—	张智渊，2018
滇池	330.00	—	—	大气沉降中总磷的沉降量为河流入湖负荷的 12.76%	任加国，2018
洞庭湖（本书）	2 238.75	45.40 t	115.78 t	161.18 t	—

表 3.5.6 为洞庭湖区与其他区域的干湿沉降通量的比较，从表中可以看出，洞庭湖区域总磷干沉降通量为 1.69 mg/（m^2·30 d），高于大亚湾、珠江口和美国长岛海峡，但低于太湖流域、厦门海域和新加坡滨海下游区域。而总磷湿沉降通量为 4.31 mg/（m^2·30 d），同表中所列区域相比，沉降通量均大于以上所提区域。

表 3.5.6 2018 年洞庭湖区与其他区域总磷月均沉降通量的比较

单位：mg/（m^2·30 d）

名称	总磷干沉降通量	总磷湿沉降通量	数据来源
中国大亚湾	0.57	1.22	陈瑾 等，2014
中国珠江口	1.61	2.51	陈中颖 等，2010
中国太湖流域	3.67	3.33	翟水晶 等，2009
中国东海沿岸	—	0.17	付敏 等，2008
中国厦门海域	7.92	—	商少凌 等，1997
新加坡滨海下游区域	11.67	4.25	Jun et al.，2011
美国长岛海峡	0.02	0.33	Luo et al.，2011
洞庭湖（本书）	1.69	4.31	—

3.6 小结

（1）工业源

2017 年洞庭湖区工业源 COD 排放总量为 12 345.42 t，其中，岳阳市 COD 排放量最大，为 6 563.76 t，占洞庭湖区工业源 COD 排放总量的 53.17%；总磷排放总量为 102.92 t，其中，岳阳市总磷排放量最大，为 58.59 t，占洞庭湖区工业源总磷排放总量的 56.93%；总氮排放总量为 1 828.20 t，其中，岳阳市总氮排放量最大，为 1 111.80 t，占洞庭湖区工业源总氮排放总量的 60.81%。

2017 年洞庭湖区 COD 排放量较大的工业行业主要有造纸和纸制品业，化学原料和化学制品制造业，石油加工、炼焦和核燃料加工业，食品制造业等。其中 COD 排放量最大的工业行业为造纸和纸制品业，其 COD 排放量为 5 019.30 t，占洞庭湖区工业源 COD 排放总量的 40.66%。总磷排放量较大的工业行业有农副食品加工业、造纸和纸制品业、化学原料和化学制品制造业、食品制造业等。其中，总磷排放量最大的工业行业为农副食品加工业，其总磷排放量为 39.20 t，占洞庭湖区工业源总磷排放总量的 38.09%。总氮排放量较大的工业行业有造纸和纸制品业、食品制造业、化学原料和化学制品制造业以及石油加工、炼焦和核燃料加工业等。其中，总氮排放量最大的工业行业为造纸和纸制品业，其总氮排放量为 677.12 t，占洞庭湖区工业源总氮排放总量的 37.04%。

（2）畜禽养殖业

洞庭湖区畜禽养殖以生猪养殖、蛋鸡养殖和肉鸡养殖为主。2017 年洞庭湖区生猪出栏量为 1 297.71 万头，奶牛存栏量为 3 094 头，肉牛出栏量约为 46.42 万头，蛋鸡存栏量为 3 609.17 万羽，肉鸡出栏量为 5 864.44 万羽。在污染物排放方面，2017 年洞庭湖区所有畜禽养殖业所排放的总磷总量为 7 835.30 t。从养殖种类来看，生猪养殖的总磷排放量最大，为 5 674.55 t，占洞庭湖区畜禽养殖总磷排放总量的 72.42%；其次是蛋鸡养殖，排放量为 1 195.78 t，占比为 15.26%；奶牛养殖总磷排放量最小，仅为 7.5 t。从区域来看，常德市畜禽养殖总磷排放量最大，为 3 219.23 t，占洞庭湖区畜禽养殖总磷排放总量的 41.09%；其次为益阳市，总磷排放量为 2 519.06 t，占比为 32.15%；望城区畜禽养殖总磷排放量最小，为 34.09 t，占比为 0.44%。从规模上看，散户型排放的总磷量最大，为 3 320.14 t，占比为 42.37%；其次为专业户养殖场，总磷排放量为 2 694.66 t，占比为 34.39%；最小为规模化养殖场，总磷排放量为 1 820.49 t，占比为 23.23%。

（3）种植业

2017 年洞庭湖区总氮流失量为 11 115.72 t，其中，对应水田、旱地、园地的流失量分别为 7 742.14 t、2 303.40 t 和 1 070.18 t，依次占总流失量的 69.65%、20.72%和 9.63%；在区域流失方面，2017 年岳阳市、常德市、益阳市、望城区流失量分别为 3 354.18 t、5 330.09 t、2 204.68 t 和 226.77 t，占比分别为 30.18%、47.95%、19.83%和 2.04%。洞庭湖区总磷流失量为 4 558.41 t，其中对应水田、旱地、园地的流失量分别为 1 930.36 t、2 082.43 t、545.62 t，占比依次为 42.35%、45.68%和 11.97%；在区域流失方面，2017 年岳阳市、常德市、益阳市、望城区流失量分别为 1 105.16 t、2 254.37 t、1 107.01 t 和 91.87 t，占比分别为 24.24%、

49.46%、24.29%和 2.02%。

2017 年洞庭湖区总氮入湖量为 2 778.93 t，其中，水田、旱地、园地分别为 1 935.535 t、575.85 t 和 267.545 t，其占比依次为 69.65%、20.72%和 9.63%；在区域入湖方面，2017 年岳阳市、常德市、益阳市、望城区入湖量分别为 838.545 t、1 332.522 5 t、551.17 t 和 56.692 5 t，占比分别为 30.18%、47.95%、19.83%和 2.04%。洞庭湖区域总磷入湖量为 1 139.602 5 t，其中，水田、旱地、园地分别为 482.59 t、520.607 5 t、136.405 t，其占比依次为 42.35%、45.68%和 11.97%；在区域入湖方面，2017 年岳阳市、常德市、益阳市、望城区入湖量分别为 276.29 t、563.592 5 t、276.752 5 t 和 22.967 5 t，占比分别为 24.24%、49.46%、24.29%和 2.02%。

（4）水产养殖业

2017 年，水产品总产量 129.659 6 万 t，比 2016 年水产品同期总产量（147.78 万 t）略有减少；2017 年，洞庭湖区水产养殖面积为 219.33×10^3 hm^2，其中，常德市水产养殖面积最大，养殖面积为 79.54×10^3 hm^2，占总面积的 36.26%；益阳市水产养殖面积最小，占总面积的 25.21%；岳阳市水产养殖面积为 78.53×10^3 hm^2，占比为 35.80%。湖区水产养殖总氮、总磷年排放量分别约为 8 568.6 t 和 1 424.2 t。其中，鱼类排放的总氮量 8 020.02 t、总磷量 1 350.18 t，分别占水产养殖总排放量的 93.6%和 94.8%。

（5）居民生活污水

2017 年洞庭湖区生活污水年产生总量为 86 225 万 t，其中，常德市和岳阳市常住人口最多，生活污水产生量最高，分别达到了 29 925 万 t 和 30 787 万 t。洞庭湖区设计规模 2 000 t/d 以上的城镇生活污水处理厂共计 47 家，其中，岳阳市 19 家、益阳市 14 家、常德市 13 家、望城区 1 家。截至 2017 年年底，洞庭湖区共建有 159 套农村生活污水处理设施，其中，常德市 63 套、岳阳市 41 套、益阳市 43 套、望城区 12 套。洞庭湖区生活污水年处理总量为 42 025.90 万 t，其中，城镇生活污水年处理总量为 41 410.2 万 t，农村生活污水年处理总量为 615.73 万 t。洞庭湖区城镇和农村生活污水处理率分别为 72.77%和 2.17%，其中，三市一区城镇生活污水处理率均在 60%以上，农村生活污水处理率整体较低，望城区农村生活污水处理率最高，但也仅为 19.78%。2017 年洞庭湖区生活源水污染物中 COD 排放量为 192 648 万 t、总磷为 2 218 t、总氮为 28 752 万 t、NH_3-N 为 20 546 万 t。

（6）生活垃圾

2017 年洞庭湖区各垃圾填埋场渗滤液年总产生量为 2 179 851 t，年排放量为 1 884 225 t，其中 COD、总氮、NH_3-N、总磷产生量分别为 15 483.25 t、3 883.80 t、3 120.23 t、33.86 t，排放量分别为 188.42 t、75.37 t、47.11 t、5.65 t。

（7）移动源

2017 年洞庭湖区航道生活污水排放量为 38.59 万 t，COD 排放量为 203.76 t，NH_3-N

排放量为 25.01 t，总氮排放量为 35.81 t，总磷排放量为 2.59 t。洞庭湖区鸟类污染物年排放量分别为 COD 48.71 t、NH_3-N 0.84 t、总氮 11.57 t、总磷 6.52 t。东洞庭湖鸟类排放总磷最高（5.28 t），占总湖区的 80.98%。总体上，移动源污染物排放量合计为 COD 252.47 t，NH_3-N 的排放量为 25.85 t，总氮排放量为 47.38 t，总磷排放量为 9.11 t。

（8）大气沉降

2018 年，大气干湿沉降总磷输入量共计 161.18 t。其中，洞庭湖区干降尘平均沉降通量为 1.29 mg/（m^2·30 d），总磷干沉降通量平均值为 1.69 mg/（m^2·30 d），干沉降输入总磷量为 45.40 t；洞庭湖区总磷湿沉降通量为 4.31 mg/（m^2·30 d），湿沉降量为 51.72 mg/（m^2·30 d），其中，2018 年 2 月、6 月总磷湿沉降量小，4 月、5 月、9 月总磷湿沉降量大，最大总磷湿沉降量出现在 5 月。洞庭湖区总磷干沉降通量高于大亚湾、珠江口和美国长岛海峡，但低于太湖流域、厦门海域和新加坡滨海下游区域；而湿沉降通量高于以上区域。

第4章　洞庭湖总磷污染来源解析

4.1　各类污染源总磷入湖量及占比

根据文献调研的各类污染源总磷入湖系数（表 4.1.1），计算各类污染源总磷入湖量及占比。2017 年各类污染源总磷入湖量及占比如表 4.1.3 和图 4.1.1 所示。2017 年各类污染源总磷入湖总量为 23 287 t，其中，“四水三口”是洞庭湖总磷的主要来源，由“四水三口”输入的总磷量为 14 033 t（含泥沙输入的 3 681 t），占总磷入湖量的 60.26%。“四水三口”中，“四水”输入总磷量为 12 018.22 t，“三口”输入总磷量为 2 014.66 t；湘江和沅江总磷输入量最高，分别为 5 212.35 t 和 4 273.87 t，分别占“四水三口”总磷输入量的 37.14%和 30.46%。农业源为洞庭湖总磷的第二大来源，农业源总磷入湖量为 7 613.56 t，占总磷入湖量的 32.69%。生活源总磷入湖量为 1 380 t，占总磷入湖量的 5.93%。另外，通过大气沉降输入总磷量为 161.18 t，占总磷入湖量的 0.69%。工业源总磷入湖量为 92.64 t，占总磷入湖量的 0.40%。鸟源和航道航运等总磷输入较小，占总磷年入湖量的 0.03%。

表 4.1.1　各类污染源总磷入湖系数

污染源	入湖系数
城镇生活污水	0.8
农村生活污水	0.5
生活垃圾	0.8
种植业	0.25
规模化畜禽养殖	0.8
分散式畜禽养殖	0.7
畜禽养殖专业户	0.6
水产养殖	0.8
工业源	0.9

污染源	入湖系数
大气沉降	1.0
船舶航运	0.9
鸟源	0.6
“四水三口”入境输入	0.8

表 4.1.2　2017 年各类污染源总磷排放量

单位：t

污染源		地区	总磷排放量	总磷入湖量
生活源	城镇生活污水	常德市	257	205.6
		岳阳市	289	231.2
		益阳市	322	257.6
		望城区	21	16.8
		洞庭湖区	**889.00**	**711.20**
	农村生活污水	常德市	490	245
		岳阳市	416	208
		益阳市	390	195
		望城区	32.6	16.3
		洞庭湖区	**1 329**	**664.30**
	生活垃圾	常德市	0.71	0.568
		岳阳市	1.25	1
		益阳市	0.25	0.2
		望城区	3.44	2.752
		洞庭湖区	**5.65**	**4.52**
农业源	种植业	常德市	2 254.37	563.59
		岳阳市	1 105.16	276.29
		益阳市	1 107.01	276.75
		望城区	91.87	22.97
		洞庭湖区	**4 558.41**	**1 139.60**
	规模化养殖	常德市	568.96	455.168
		岳阳市	631.13	504.904
		益阳市	618.92	495.136
		望城区	1.49	1.192
		洞庭湖区	**1 820.49**	**1 456.39**
	畜禽养殖专业户	常德市	1 322.89	926.023
		岳阳市	366.68	256.676
		益阳市	997.81	698.467
		望城区	7.28	5.096
		洞庭湖区	**2 694.66**	**1 886.26**

污染源		地区	总磷排放量	总磷入湖量
农业源	畜禽养殖散户	常德市	1 327.38	796.428
		岳阳市	1 065.11	639.066
		益阳市	902.33	541.398
		望城区	25.31	15.186
		洞庭湖区	**3 320.14**	**1 992.08**
	水产养殖	常德市	478.1	382.48
		岳阳市	538.3	430.64
		益阳市	382.3	305.84
		望城区	25.5	20.4
		洞庭湖区	**1 424.20**	**1 139.36**
工业源		常德市	17.97	16.173
		岳阳市	58.59	52.731
		益阳市	20.39	18.351
		望城区	6	5.4
		洞庭湖区	**102.93**	**92.64**
大气沉降		干沉降	—	115.78
		湿沉降	—	45.40
		洞庭湖区	**—**	**161.18**
移动源	航道航运	常德市	0.76	0.684
		岳阳市	0.84	0.756
		益阳市	0.92	0.828
		望城区	0.07	0.063
		洞庭湖区	**2.59**	**2.33**
	鸟源	东洞庭湖	5.28	3.168
		西洞庭湖	0.77	0.462
		南洞庭湖	0.47	0.282
		洞庭湖区	**6.52**	**3.91**
“四水三口”入境输入	水体	湘江	5 172	4 137.6
		沅江	3 816	3 052.8
		澧水	459	367.2
		资江	1 279	1 023.2
		藕池河东支	1 078	862.4
		虎渡河	536	428.8
		松滋河	600	480
		合计	**12 940.00**	**10 352.00**

污染源		地区	总磷排放量	总磷入湖量
“四水三口”入境输入	泥沙	湘江	1 343.44	1 074.751
		沅江	1 526.34	1 221.069
		澧水	148.21	118.568 8
		资江	1 278.79	1 023.032
		藕池河东支	97.13	77.706 55
		虎渡河	55.82	44.652 65
		松滋河	151.37	121.097 3
		合计	**4 601.10**	**3 680.88**

表 4.1.3　2017 年各类污染源总磷入湖量及占比

污染源		总磷输入量/t	总磷输入占比	
生活源	城镇生活污水	711.2	3.05%	5.93%
	农村生活污水	664.3	2.85%	
	生活垃圾	4.52	0.02%	
农业源	种植业	1 139.36	4.89%	32.69%
	规模化养殖	1 456.4	6.25%	
	畜禽养殖专业户	1 886.3	8.10%	
	畜禽养殖散户	1 992.1	8.55%	
	水产养殖	1 139.4	4.89%	
工业源		92.64	0.40%	
大气沉降		161.18	0.69%	
移动源	航道航运	2.33	0.01%	0.03%
	鸟源	3.91	0.02%	
“四水三口”入境输入	水体	10 352	44.45%	60.26%
	泥沙	3 680.88	15.81%	
合计		23 287	—	

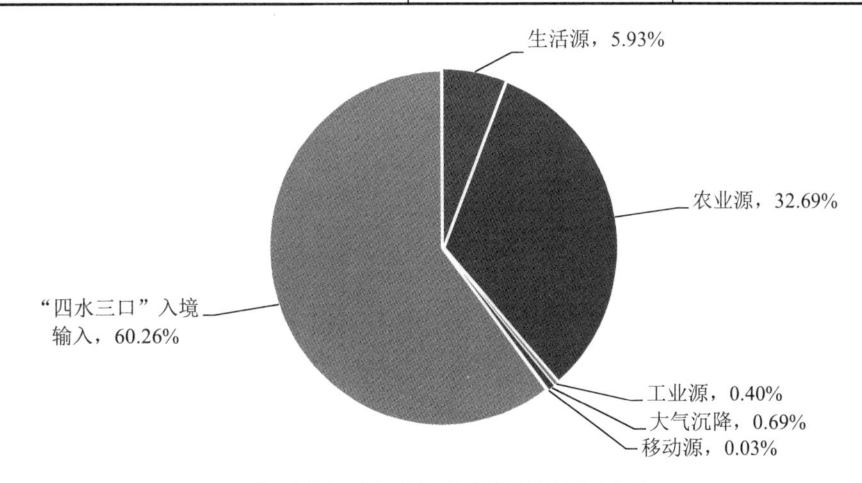

图 4.1.1　2017 年各类污染源总磷占比

4.2 洞庭湖区污染源总磷入湖量及占比

如表 4.2.1 和图 4.2.1 所示，2017 年洞庭湖区污染源总磷入湖量为 9 253.64 t，主要来自农业源，其次是生活源。农业源总磷入湖量最高（7 613.56 t），占比为 82.28%。农业源中畜禽养殖业总磷入湖量为 5 334.8 t，占比为 57.65%，其中，畜禽养殖散户、专业户和规模化企业占比分别为 21.53%、20.38%和 15.74%；种植业和水产养殖业入湖总磷量均占 12.31%。生活源总磷入湖量为 1 380.02 t，占湖区污染源总磷入湖量的 14.92%，主要来自城镇生活污水和农村生活污水。工业源、移动源及大气沉降的总磷入湖量较小，合计占比为 2.81%。

表 4.2.1　2017 年洞庭湖区污染源总磷入湖量及占比

污染源		总磷年入湖量/t	总磷入湖量占比
生活源	城镇生活污水	711.2	7.69%
	农村生活污水	664.3	7.18%
	生活垃圾	4.52	0.05%
	小计	**1 380.02**	**14.92%**
农业源	种植业	1 139.36	12.31%
	规模化养殖	1 456.4	15.74%
	畜禽养殖专业户	1 886.3	20.38%
	畜禽养殖散户	1 992.1	21.53%
	水产养殖	1 139.4	12.31%
	小计	**7 613.56**	**82.28%**
工业源		92.64	1.00%
大气沉降		161.18	1.74%
移动源	航道航运	2.33	0.03%
	鸟源	3.91	0.04%
	小计	**6.24**	**0.07%**
合计		**9 253.64**	—

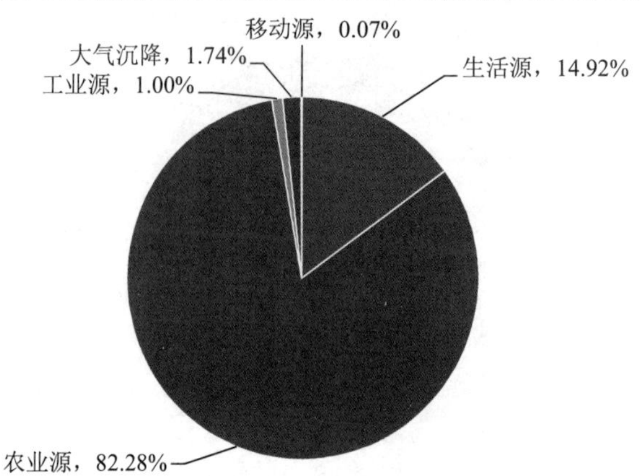

图 4.2.1　2017 年洞庭湖区污染源总磷入湖量占比

4.3 “四水三口”总磷输入及占比

2017 年，湘江、资江、沅江、澧水“四水”总磷输入量为 12 018.22 t，占“四水三口”总磷输入总量的 85.64%；“四水”由水体输入 8 580.80 t，泥沙输入 3 437.42 t。藕池河东支、虎渡河、松滋河“三口”总磷年输入量为 2 014.66 t，占“四水三口”总磷输入总量的 14.36%；其中，由水体输入 1 771.20 t，泥沙输入 243.46 t。总体而言，“四水”和“三口”主要通过水体向洞庭湖输入总磷，由水体输入的总磷量分别是经泥沙输入的 2.5 倍和 7.3 倍；“四水三口”中，“四水”经水体和泥沙向洞庭湖输入的总磷量均显著高于“三口”，其总磷年输入量是“三口”的 5.97 倍。

“四水”中，湘江和沅江由水体和泥沙输入的总磷量均较高，分别占“四水”水体入湖总磷量的 48.22%和 35.58%，以及“四水”泥沙输入总磷量的 31.27%和 35.52%；资江由于水体输入的总磷量相对较小，占“四水”水体输入总磷量的 11.92%，但其由泥沙输入的总磷量较高，占“四水”泥沙总磷输入量的 29.76%，由此，相较于其他水系，资江主要通过泥沙向洞庭湖输入总磷；澧水由水体和泥沙输入的总磷量均较低，分别占“四水”水体和泥沙总磷输入量的 4.27%和 3.45%。总体上，“四水”中总磷输入总量依次为湘江（5 212.35 t）、沅江（4 273.87 t）、资江（2 046.23 t）、澧水（485.77 t），其中湘江和沅江总磷输入量占“四水”的 78.93%。

“三口”中，藕池河东支由水体和泥沙输入的总磷量均较高，总磷年输入量分别占“三口”水体和泥沙总磷输入量的 48.69%和 46.66%；松滋河由水体和泥沙向洞庭湖输入的总磷量相近，分别占“三口”水体和泥沙总磷输入量的 27.10%和 29.84%；虎渡河由水体和泥沙输入的总磷量相对最低，分别占“四水”水体和泥沙总磷输入量的 24.20%和 23.50%。总体上，“三口”中，总磷输入量依次为藕池东支（940.11 t）、松滋河（601.10 t）、虎渡河（473.45 t），其中藕池河东支总磷输入量占“三口”的 46.66%。

表 4.3.1 2017 年“四水三口”总磷入湖量及占比

“四水三口”		水体输入		泥沙输入		总输入量	
		总磷入湖量/t	占比	总磷入湖量/t	占比	总磷入湖量/t	占比
“四水”	湘江	4 137.60	39.97%	1 074.75	29.20%	5 212.35	37.14%
	沅江	3 052.80	29.49%	1 221.07	33.17%	4 273.87	30.46%
	澧水	367.20	3.55%	118.57	3.22%	485.77	3.46%
	资江	1 023.20	9.88%	1 023.03	27.79%	2 046.23	14.58%
	小计	**8 580.80**	**82.89%**	**3 437.42**	**93.39%**	**12 018.22**	**85.64%**

"四水三口"		水体输入		泥沙输入		总输入量	
		总磷入湖量/t	占比	总磷入湖量/t	占比	总磷入湖量/t	占比
"三口"	藕池河东支	862.40	8.33%	77.71	2.11%	940.11	6.70%
	虎渡河	428.80	4.14%	44.65	1.21%	473.45	3.37%
	松滋河	480.00	4.64%	121.10	3.29%	601.10	4.28%
	小计	**1 771.20**	**17.11%**	**243.46**	**6.61%**	**2 014.66**	**14.36%**
合计		**10 352.00**	**100.00%**	**3 680.88**	**100.00%**	**14033**	**100.00%**

4.4 洞庭湖区三市一区污染源总磷入湖量及占比

2017 年洞庭湖区三市一区污染源（生活、农业源和工业源）总磷入湖量及占比如表 4.4.1 和图 4.4.1 所示。三市一区中，总磷入湖量由大到小依次为常德市（3 591.03 t）、益阳市（2 788.74 t）、岳阳市（2 600.51 t）、望城区（106.10 t）。总体而言，除望城区外，畜禽养殖业总磷入湖贡献均较大，规模化畜禽养殖、畜禽养殖专业户和畜禽养殖散户入湖总磷总量占比均在 54%～62%，工业源总磷入湖贡献相对最小，占比最高为 5.09%。

表 4.4.1 2017 年洞庭湖区污染源总磷入湖量及占比

污染源		常德市		岳阳市		益阳市		望城区	
		入湖量/t	占比	入湖量/t	占比	入湖量/t	占比	入湖量/t	占比
生活源	城镇生活污水	205.6	5.73%	231.2	8.89%	257.6	9.24%	16.8	15.83%
	农村生活污水	245	6.82%	208	8.00%	195	6.99%	16.3	15.36%
	生活垃圾	0.568	0.02%	1.00	0.04%	0.2	0.01%	2.752	2.59%
农业源	种植业	563.59	15.69%	276.29	10.62%	276.75	9.92%	22.97	21.65%
	规模化畜禽养殖	455.17	12.68%	504.904	19.42%	495.14	17.75%	1.192	1.12%
	畜禽养殖专业户	926.02	25.79%	256.676	9.87%	698.47	25.05%	5.096	4.80%
	畜禽养殖散户	796.43	22.18%	639.066	24.57%	541.40	19.41%	15.186	14.31%
	水产养殖	382.48	10.65%	430.64	16.56%	305.84	10.97%	20.4	19.23%
工业源		16.173	0.45%	52.731	2.03%	18.351	0.66%	5.4	5.09%
合计		**3 591.03**	**100%**	**2 600.51**	**100%**	**2 788.74**	**100%**	**106.10**	**100%**

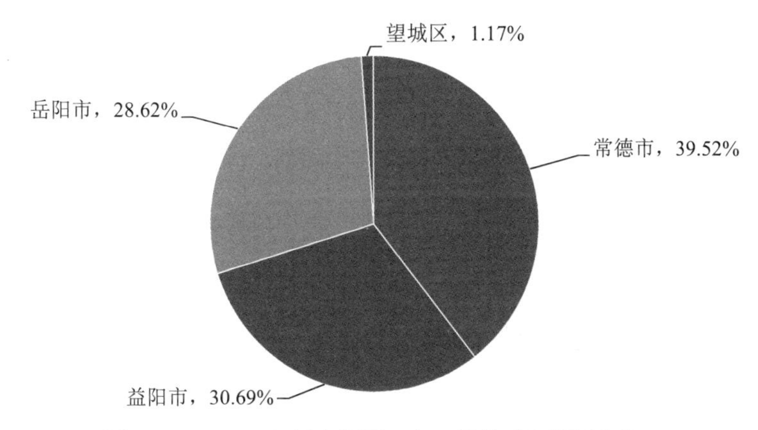

图 4.4.1 2017 年洞庭湖区三市一区总磷入湖量占比

图 4.4.2～图 4.4.5 分别为 2017 年常德市、益阳市、岳阳市和长沙市望城区污染源总磷入湖量占比图。由图可知，其中，常德市入湖总磷主要来源于畜禽养殖专业户和畜禽养殖散户，分别占常德市污染源总磷入湖量的 25.79%和 22.18%；其次依次是种植业（15.69%）、规模化畜禽养殖（12.68%）、水产养殖（10.65%）、农村生活污水（6.82%）和城镇生活污水（5.73%）。益阳市入湖总磷主要来源于畜禽养殖专业户、畜禽养殖散户和规模化畜禽养殖企业，分别占益阳市污染源总磷入湖量的 25.05%、19.41%和 17.75%；其次依次是水产养殖（10.97%）、种植业（9.92%）、城镇生活污水（9.24%）和农村生活污水（6.99%）。岳阳市入湖总磷主要来源于畜禽养殖散户和规模化畜禽养殖企业，分别占岳阳市污染源总磷入湖量的 24.57%和 19.42%；其次依次是水产养殖（16.56%）、种植业（10.62%）、畜禽养殖专业户（9.87%）、城镇生活污水（8.89%）和农村生活污水（8.00%）。望城区各类污染源入湖总磷量相差相对较小，种植业、水产养殖、城镇生活污水、农村生活污水、畜禽养殖散户等污染源的总磷入湖量占比均在 15%～20%。

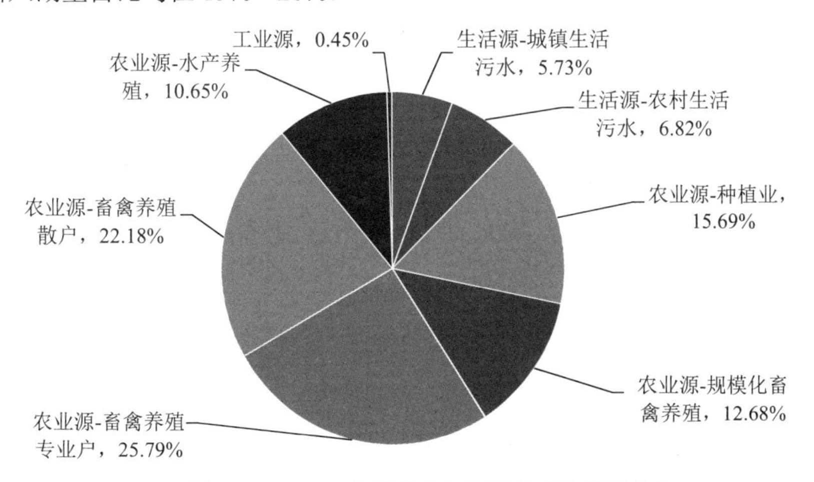

图 4.4.2 2017 年常德市污染源总磷入湖量占比

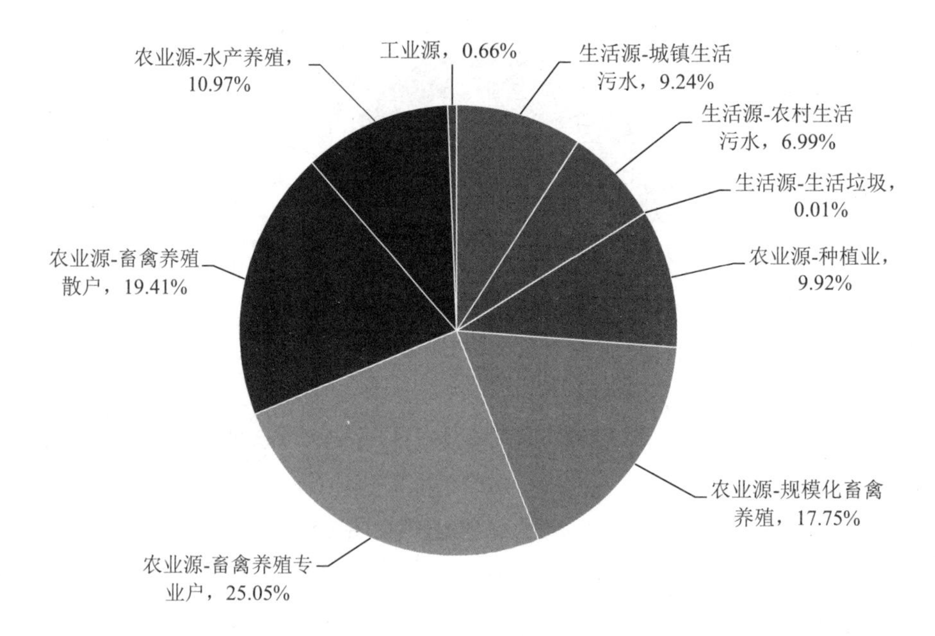

图 4.4.3 2017 年益阳市污染源总磷入湖量占比

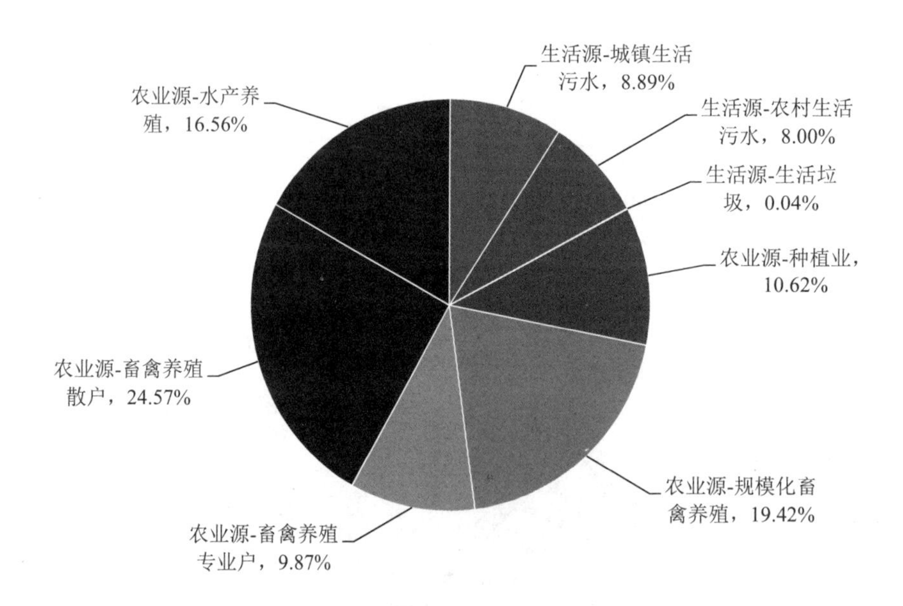

图 4.4.4 2017 年岳阳市污染源总磷入湖量占比

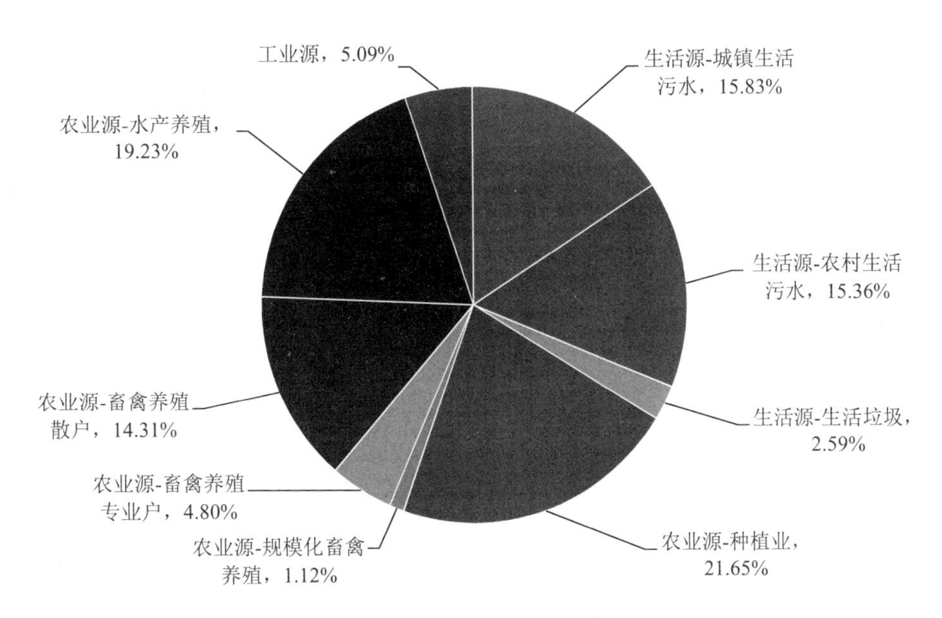

图 4.4.5　2017 年望城区污染源总磷入湖量占比

4.5　小结

2017 年各类污染源总磷入湖总量为 23 287 t，其中，“四水三口”入境输入是洞庭湖区总磷的主要来源，由“四水三口”输入的总磷量为 14 033 t（含泥沙输入的 3 681 t），占比为 60.26%。农业源为洞庭湖区总磷的第二大来源，农业源总磷入湖量为 7 613.56 t，占总磷年入湖量的 32.69%。生活源总磷入湖量为 1 380 t，占总磷年入湖量的 5.93%。工业源、大气沉降等其他污染源总磷入湖量占比较小。

第 5 章　洞庭湖总磷污染成因综合解析

5.1　洞庭湖各湖区各污染源的磷贡献

2017 年，农业源总磷入湖量为 7 613.56 t，生活源总磷入湖量为 1 380 t，大气沉降输入总磷量为 161.18 t，工业源总磷入湖量为 92.64 t，鸟源和航道航运等总磷输入量为 6.2 t，2017 年各类污染源总磷年入湖总量为 23 287 t。其中，由“四水三口”输入的总磷量为 14 033 t（含泥沙输入的 3 681 t）（图 5.1.1），“四水”入湖总磷量为 12 018.22 t，“三口”入湖总磷量为 2 014.66 t。

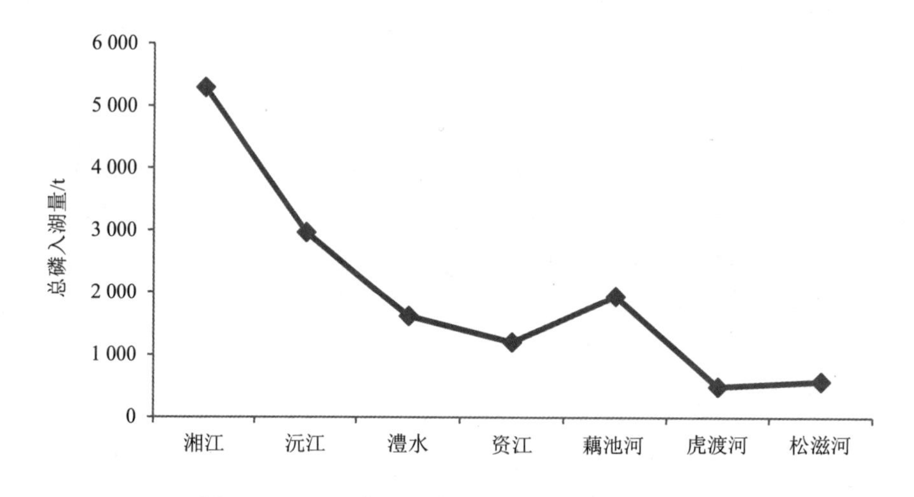

图 5.1.1　2017 年“四水三口”携带的总磷入湖量

如图 5.1.1 所示西洞庭湖总磷工业污染输入量为 16.2 t，城镇生活污水输入量为 198.4 t，农村生活污水和垃圾输入量为 227.57 t，畜禽养殖业输入量为 2 177.2 t，农田径流输入量为 563.6 t，网箱养殖输入量为 194.8 t，船舶输入量为 0.68 t。西洞庭湖总磷入湖量为 3 378 t。此外，随河流携带的总磷入湖量如下：沅江携带的总磷入湖量为 4 273.87 t，澧水携带的总磷入湖量为 485.77 t，虎渡河携带的总磷入湖量为 473.45 t，松滋河携带的总磷入湖量为

601.1 t，西洞庭湖的总磷入湖总量为 5 834.19 t。

南洞庭湖总磷工业污染输入量为 5.4 t，城镇生活污水输入量为 16.8 t，农村生活污水和垃圾输入量为 19.05 t，畜禽养殖业输入量为 21.47 t，农田径流输入量为 22.97 t，网箱养殖输入量为 20.4 t，船舶输入量为 0.89 t。南洞庭湖总磷入湖量为 7 364.68 t，其中，湘江携带的总磷入湖量为 5 212.35 t，资江携带的总磷入湖量为 2 046.23 t。

东洞庭湖总磷工业污染输入量为 52.7 t，城镇生活污水输入量为 231.2 t，农村生活污水和垃圾输入量为 209 t，畜禽养殖业输入量为 1 400.7 t，农田径流输入量为 276.3 t，网箱养殖输入量为 430.64 t，船舶输入量为 0.76 t。东洞庭湖总磷入湖量为 3 540.62 t，其中，藕池河携带的总磷入湖量为 940.11 t。

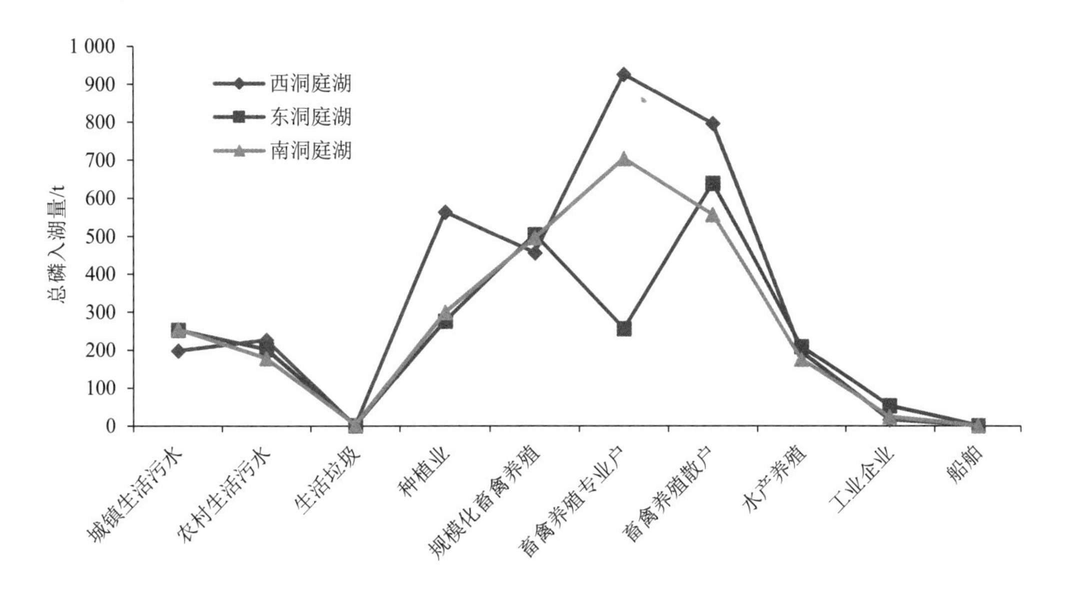

图 5.1.2　2017 年洞庭湖 3 个湖区陆域的总磷入湖污染负荷

（不含“四水三口”携带量）

为达到水质保护目标，需要对排入洞庭湖的总磷量进行削减。枯水期洞庭湖的总磷输入以面源为主，丰水期面源及入湖径流占较大比重，是削减的重点源。

5.2　洞庭湖磷污染成因分析

5.2.1　磷来源计算方法及污染成因分析技术

5.2.1.1　磷的生物地球循环过程分析

磷循环是指磷元素在生态系统和环境中运动、转化和往复的过程（图 5.2.1）。磷灰石构成了磷的巨大储备库，含磷灰石岩石的风化，将大量磷酸盐转交陆地生态系统，且与水循环同时发生的，还有大量磷酸盐被淋洗并被带入海洋，使近海岸水中的磷含量增加，并供给浮游生物及其消费者。磷是植物所需主要营养元素之一，对植物生长和繁殖起关键作用。磷元素循环主要依赖地质运动、矿物风化、水流输运、磷矿开采和海产品捕捞等，磷循环中几乎不存在气态。磷也是化工矿产原料中最主要的元素。由于磷在人类及生物成长发育中的重要作用，使之成为各类肥料（化肥及农家肥）和饲料中必不可少的成分。而在其参与环境（包括岩石、土壤和水）—生物—人体循环过程中，同时又成为造成环境污染的一种重要成分。

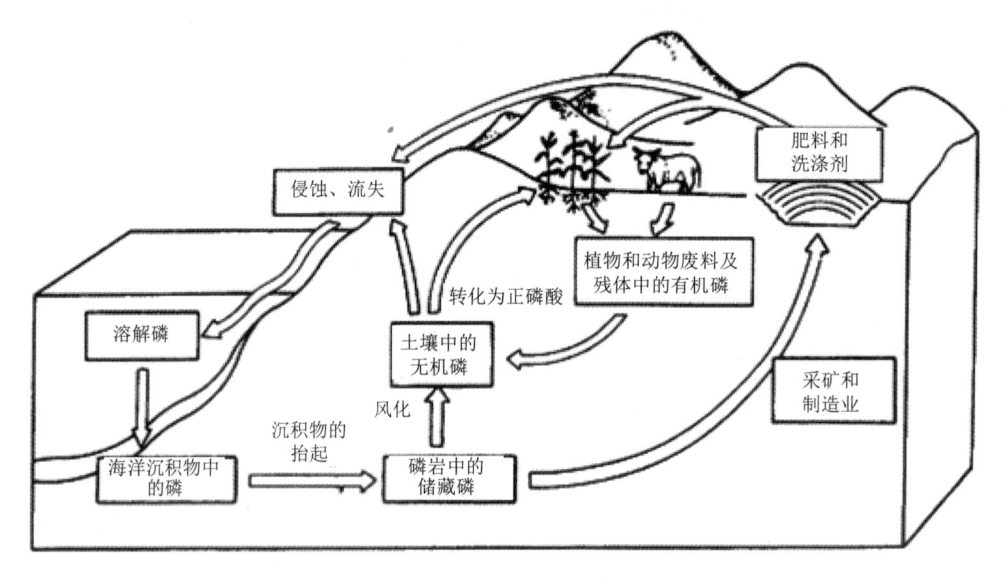

图 5.2.1 磷循环示意图

进入食物链的磷将随该食物链上死亡的生物尸体沉入海洋深处，一部分沉积在不深的泥沙中，还将被海洋生态系统重新取回利用；埋藏于深处沉积岩中的磷酸盐，很大一部分将凝结成磷酸盐结核，保存在深水中。这些磷酸盐中的一部分还可能与 SiO_2 凝结在一起而转变成硅藻的结皮沉积层，组成巨大的磷酸盐矿床。通过海鸟和人类捕捞可使部分磷返回陆地，但较之每年从岩层中溶解出来和从肥料中淋洗出来的磷酸盐要少很多，其余部分将被埋存于深处的沉积物内。

自然界的磷循环的基本过程是：岩石和土壤中的磷酸盐由于风化和淋溶作用进入河流，然后输入海洋并沉积于海底，直到地质活动使它们露出水面，再次参与循环。这一循环一般需上万年才能完成。

由于磷酸盐进入河湖等水体后，依靠自然环境的循环能力需要上万年才能在矿化和地质变化等作用下转化为磷酸盐矿床重新回到地面，而人为活动产生的磷酸盐化合物在短时间内大量进入水体，远超出了磷在自然界中通过地球化学循环沉积变为磷酸矿床的限值，破坏了磷的生物地球化学循环过程，导致了水体中磷含量的上升，因此，人为活动造成的磷排放超标，是湖泊水体磷含量超标的最主要原因。

5.2.1.2　洞庭湖磷污染成因分析方法

基于对洞庭湖的水质调查，包括：外源来源，如畜禽养殖、水产养殖、农田径流、城镇生活污水排放、化肥施用、农药施用量及工业废水排放的磷的组成和分布；内源来源，如沉积物的再悬浮释放、水生生物包括植物和动物腐解过程释放的磷的组成和分布；分析无机磷（钙磷、铝磷、铁磷和弱吸附性磷）、有机磷和总磷的浓度和含量。得到洞庭湖水质基础数据，并结合磷的生物地球化学循环过程，分析洞庭湖的磷污染成因。

（1）污染负荷估算方法

对洞庭湖主要入湖河流与洞庭湖区主要污染源（包括工业企业、城镇生活污水、农村生活污水、农田径流、畜禽养殖和水产养殖等主要类型）的入湖污染负荷进行调查与估算。各类污染源入湖量计算方法如下：

上游河流污染物输入量 = 河流年流量 × 河流入湖口污染物浓度

工业污染物入湖量 =（工业污染物排放量 – 污水处理量）× 入河系数

城镇生活污染物入湖量 =（城镇人口数 × 城镇生活排污系数 – 污水处理厂处理量）× 入河系数

农村生活污染物入湖量 = 农村人口数 × 农村生活排污系数 × 入河系数

农田污染物入湖量 = 农田面积 × 农田排污系数 × 修正系数 × 入河系数

畜禽养殖入湖量 =（畜禽个体日产粪量 × 畜禽粪中污染物平均含量 × 粪入河系数 + 畜禽个体日产尿量 × 畜禽尿中污染物平均含量 × 尿入河系数）× 饲养期 × 饲养数

水产养殖入湖量 = 养殖增产量 × 水产养殖排污系数

相关统计数据采用最新的湖南省环境统计数据，结合《湖南省统计年鉴》以及各相关部门资料和调查所得数据取值。污染排污系数和入河系数参照国家相关标准、参考文献及《湖南省地表水环境容量核定》确定。

（2）污染源解析法

从广义上来看，水污染源解析包含了定性识别和定量分析两个层面的含义。其中，定性识别是指通过各种技术手段识别区域水系水体污染物质的主要来源；定量分析是指通过构建特征污染因子及其来源的因果对应关系，定量计算各污染源的贡献率。由于氮、磷的迁移转化过程相当复杂，较难找到合适的物质稳定有效地表征和识别其来源，氮、磷的源解析目前主要采用基于污染负荷估算的方法。

入河污染物通量的测算主要包括瞬时通量和时段通量，可采用瞬时浓度 C_i 平均与瞬时流量 Q_i 平均之积的方法计算污染物入湖通量，时段通量估算式如下：

$$W_A = K\sum_{i=1}^{n}\frac{C_i}{n}\sum_{i=1}^{n}\frac{Q_i}{n}$$

技术路线如图 5.2.2 所示。

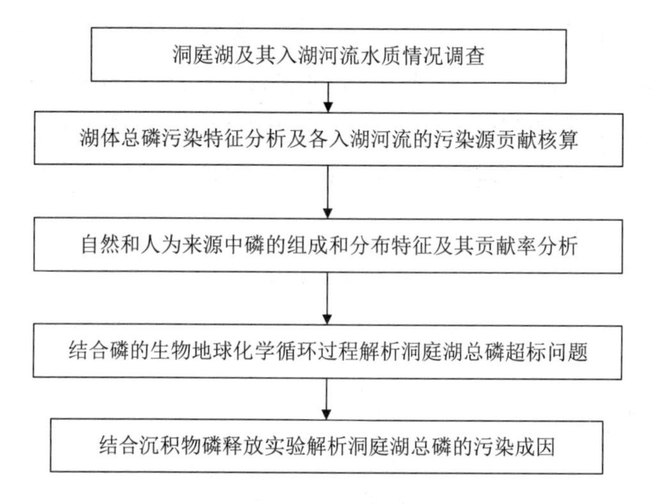

图 5.2.2　研究技术路线

5.2.2　洞庭湖总磷污染成因解析

洞庭湖接纳湘江、资江、沅江、澧水“四水”和长江“三口”的来水，于岳阳城陵矶汇入长江，因此“四水”和“三口”的污染物最终汇入洞庭湖，影响洞庭湖的水质状况。

2000—2011 年，洞庭湖总磷浓度在不同时期波动比较大。2014 年—2018 年 2 月，洞庭湖湖体 12 个常规监测断面总磷浓度年均值均高于地表水Ⅲ类水质标准。其中，2015 年 12 个监测断面总磷年均值最高，2016—2017 年，总磷年均值有所下降。2000—2005 年，农业面源污染是洞庭湖磷的主要来源；2006—2011 年，点源污染为洞庭湖磷浓度上升的主要因素。2017 年，农业面源的磷是洞庭湖磷的主要来源。根据常规监测断面的总磷和总氮的年均值变化趋势可知，洞庭湖水质在 2015 年较差，之后开始逐渐好转，但与地表水Ⅲ类水质标准的要求还有较大差距。总体上，总磷浓度的年均值从高到低排列依次为东洞庭湖＞西洞庭湖＞南洞庭湖。

基于 2014—2018 年“四水三口”268 个入境点位监测数据的总磷浓度可知：①“四水”的浓度及浓度增加情况：湘江（0.077～0.079 mg/L）＞资江（0.055 5 mg/L）＞沅江（0.042～0.051 mg/L）＞澧水（0.031～0.043 mg/L）；而且要注意资江的平均浓度在上升。②“三口”的浓度及浓度增加情况：藕池河东支（0.114 mg/L）＞松滋河（0.095 5 mg/L）＞虎渡河

（0.088 5 mg/L）；藕池河东支的浓度明显增加。

基于 2014—2018 年“四水三口”及主要河流 508 个入湖点位监测总磷浓度表明：①“四水”：资江（0.076 4 mg/L）≈湘江（0.07 mg/L）＞沅江（0.06 mg/L）≈澧水。②“三口”：藕池河东支（0.114 mg/L）＞虎渡河（0.107 mg/L）＞松滋河（0.096 8 mg/L）。③区间河流：新墙河、华容河和汨罗江的浓度为 0.102～0.106 mg/L。

主要控制河流：藕池河东支（0.114 mg/L）＞虎渡河（0.107 mg/L）＞新墙河、华容河和汨罗江（0.102～0.106 mg/L）＞松滋河（0.096 8 mg/L）＞湘江（0.077～0.079 mg/L）。

洞庭湖水体中总磷（总磷）、溶解性总磷（D 总磷）和磷酸盐（DPO）均表现为平水期＞枯水期＞丰水期，具有明显的季节性变化特征。在空间分布上，枯水期、平水期湖区水体磷浓度由西向东增加，丰水期由西向东减少。在时间分布上，东洞庭湖、西洞庭湖和出湖口水体中各形态磷质量、浓度季节性分布差异明显，西洞庭湖表现为丰水期大于枯水期、平水期，东洞庭湖和出湖口表现为枯水期、平水期大于丰水期。

5.2.2.1　洞庭湖流域“三生”空间布局欠合理，水生态空间被挤占

洞庭湖流域目前的“三生”空间——生产、生活和生态空间的布局欠合理：湖泊与河流的生态空间被挤占，一些区域内人类的生产和生活离河、湖太近，有些水体养殖密度过高，有的村落濒临水体。进入洞庭湖的磷污染负荷主要来自洞庭湖湖区经济社会发展过程中的磷排放（主要污染源为农业与生活等）；多重外源性输入交叉影响了洞庭湖的水环境质量。洞庭湖丰水期的磷含量高于枯水期，考虑到生活污染源与工业污染源的季节性变化较小，只有农田污染源和暴雨径流随流量和雨季的变化大，因此，分析洞庭湖水体磷营养盐主要来自流域农业面源污染。洞庭湖区域作为我国重要的商品粮、棉、麻、油、渔生产基地，2017 年种植面积 208.23 万亩，水产养殖约涉及 83%的内湖和 47%的水库。据调查，湖区规模化畜禽养殖小区的污染配套处理设施建成率仅为 45.56%；化肥施用强度达 48.51 kg/亩（折纯），为全国平均水平的 1.6 倍；水产养殖平均投放混合饲料 326 kg/亩。农业源产污高、治污低，其对区域总氮、总磷贡献率已超 70%，已成为洞庭湖湖体总氮、总磷超标的首要原因。2001—2017 年，洞庭湖区人口增长了 400 多万人，新增生活污染持续增加，污染治理压力不断增大。

5.2.2.2　基础设施建设滞后，尤其是农村污水处理设施缺口巨大，畜禽养殖废物资源化利用明显不足

基础设施建设滞后。据调查，洞庭湖区城镇生活污染配套处理设施不够，污水管网滞后，雨污分流不彻底，城镇污水实际处理率仅为 72.77%，农村基本无集中治污设施。截至 2017 年，洞庭湖区农村生活污水处理率较低，仅为 2.17%；生活污染持续影响水体水质。随着社会经济的发展，湖区工农业生产活动不断加剧，居住人口逐渐增多，大量工业和生活污水直接或间接排入湖中。农业源是入湖总磷的重要来源，占总磷入湖总量的 32.69%，

而生活源占 5.93%。随着洞庭湖区经济社会的进一步发展，人口与工业企业增加及城镇规模化扩张等可能导致水质进一步下降是洞庭湖保护面临的首要问题。

雨污混流管较多，导致雨季一些城镇生活污染未进入污水处理管道而直接进入环境，影响河流继而影响湖泊水质。一般城镇生活污水总磷浓度达到 4～5 mg/L，如果没有得到有效处理，就会成为水体总磷污染的重要来源，即使按照《城镇污水处理厂污染物排放标准》（GB 18918—2002）达到一级 A 标准（0.5 mg/L）排放，也达不到《地表水环境质量标准》（GB 3838—2002）的Ⅴ类标准，如果达到 GB 18918—2002 一级 B 标准（1.0 mg/L）排放，则需要 4 倍自然径流才能稀释到 GB 3838—2002 的Ⅲ类标准。由于缺少配套污水管网，雨污合流造成部分污水处理厂进水总磷浓度常年偏低。污水处理设施没有发挥应有的作用，污水溢流从而加重了河流污染。

洞庭湖流域畜禽养殖规模较大，而且相当一部分散养畜禽养殖场分布于大型干、支流沿岸，且缺少相应的治污措施。畜禽养殖是水环境最重要的污染源之一，养殖废水即使得到处理并达标排放，按照《畜禽养殖业污染物排放标准》（GB 18596—2001），总磷浓度限值为 8.0 mg/L，也是 GB 3838—2002 Ⅲ类标准的 40 倍。调研还发现，养殖场（小区）仅经过沼气池处理的废水总磷浓度高达 109 mg/L，如直接入河湖，则至少需要 500 多倍的自然径流才能够稀释到 GB 3838—2002 的Ⅲ类标准。如果养殖废物不能得到资源化利用，或不能通过种养平衡得到有效消纳，其废水直排环境，势必会造成“一个养殖场就能污染一条河流、一个湖泊”的局面。

5.2.2.3 入湖河流磷的高负荷输入

流域“四水”（湘江、资江、沅江、澧水）和长江“三口”（松滋河、虎渡河、藕池河）是洞庭湖的主要径流来源，据 2017 年调查，“四水三口”水系全年共输入洞庭湖总磷 1.40×10^4 t，占总磷入湖总量的 60.26%。2017 年上述河流入湖断面总磷的年均浓度均高于湖体均值，其中，湘江沩水胜利断面总磷均值为 0.21 mg/L，湘江望城水厂断面均值为 0.142 mg/L，低于或接近 GB 3838—2002 中的河流中总磷限值，但是仍然分别超出洞庭湖水质考核标准（0.1 mg/L）的 1.1 倍和 0.42 倍；资江志溪河断面总磷浓度均值为 0.21 mg/L，超出 GB 3838—2002 中的河流总磷限值 0.05 倍，超出 2020 年洞庭湖水质考核标准 1.1 倍；松滋河青龙窑断面和马坡湖断面均值浓度分别为 0.12 mg/L 和 0.11 mg/L，低于 GB 3838—2002 中的河流中总磷限值，略高于 2020 年国家对洞庭湖水质的考核标准；河流入湖口断面总磷浓度较高，与上游区域污染关联很大。上游地区污染物质的持续输入，对洞庭湖水质产生了严重影响。即便考虑了区间来水及大气降水污染物输入的情况，“四水三口”污染物入湖通量仍占绝对优势，其中总磷占 85%。

沅江和澧水入湖断面的总磷、溶解性总磷和磷酸盐都是汛期高于非汛期，初步判定其以非点源污染为主。松滋河则相反，其磷浓度是非汛期高于汛期，总体上以点源污染为主，汛期主要取决于长江来水状况，非汛期则主要取决于松滋口以下区间的点源污染状况。2016 年汛期雨水比较集中，沅江、澧水中下游发生了较大规模的洪水，河流两岸山丘区由暴雨引发的山洪地质灾害频发，致使土壤中的磷溶解于水中，并伴随大量农田化肥及生活垃圾冲入河槽，增加了磷的入湖通量，同时入湖流量的剧增也降低了总磷浓度。而松滋河的磷污染在汛期主要取决于长江来水状况，水质相对较好；在非汛期，长江“三口”分流河道断流或分流流量很小，加之口门以下区域污染治理乏力，受区间城镇生活和企业污染排放影响，磷污染相对较重。沅江来水以高流量、高悬沙、低磷为特点，年内流量的周期性波动与总磷变化趋势一致但并不同步，澧水与沅江类似。松滋河来水以低流量、低悬沙、高溶解态磷为特点，丰水期和枯水期来水水团特性存在显著差别，总磷与水文参数之间的关联关系也截然不同。

5.2.2.4　内源磷释放不容忽视

沉积物中 Fe、Al-P 相对不太稳定，在适合的环境条件下，比较容易释放到上覆水中，其含量的高低大致能反映出外源污染程度的强弱。洞庭湖沉积物中的磷均向上覆水扩散释放，释放量为 1.9～88 ng/（m^2·d），其中，沅江、澧水、资江入湖口沉积物磷释放量相对较大。沉积物覆水过程中，上覆水中总磷浓度均呈现随覆水时长增大的趋势，且增大速率随时间减小；覆水时长为 60 d 时，上覆水中总磷浓度增到 0.454～0.825 mg/L，流速较大的上覆水（≥0.15 cm/s）中总磷浓度较高。覆水后沉积物中的磷向上覆水迁移释放，磷的释放量随覆水时长不断增大，而释放速率随覆水时长不断减小。覆水时长为 60 d 时，上覆水中总磷占沉积物水体系中磷总量的 1.23%～2.21%。覆水 60 d 时，磷的释放量 ΔP 为 11.36～20.93 mg/kg，释放速率 V_P 为 1.58～5.44 mg/（m^2·d）；干湿交替过程可促进东洞庭湖中磷的释放。在 99%的置信度水平下，上覆水流速与 ΔP 呈显著相关（R=0.930 6）。覆水后沉积物中无机磷向有机磷转化，各形态磷向中活性有机磷转化；上覆水循环过程中，沉积物中有机磷向无机磷转化，中活性有机磷向其他形态磷转化。

5.2.2.5　江湖关系变化造成湖体自净能力下降

受气候变化、三峡水库蓄水、“四水”水利枢纽建设等多种因素影响，进入洞庭湖的水量减少、水位降低，洞庭湖水资源量下降，江湖关系发生巨大变化，引起洞庭湖湖体容积减少。数十年来，受人为侵占等因素影响洞庭湖湖面萎缩（从最大面积 6 250 km^2 减少到现在的 2 650 km^2），使得水环境容量及水体纳污能力降低。

受不规范人类活动及长期投入不足、管理不到位等因素影响，洞庭湖湖区诸多内湖、哑河、排渠等被填满或侵占，导致河湖沟渠间天然水力联系受阻，水体流动性差，水体自净能力减弱。

湘江、东洞庭湖区水体泥沙含量较高，且磷元素对泥沙有很强的亲和力，因而携磷量相对较多。据统计长江“三口”来水和流域“四水”来水年均流量分别从 1991—2002 年的 1 864×10^8 m^3、1999—2002 年的 625.3×10^8 m^3 减少到 2003—2010 年的 500.2 ×10^8 m^3、1 550×10^8 m^3，减幅分别达 20%、16.8%；城陵矶出口年均高水位和年均低水位分别从 1993—2002 年的 26.86 m 和 24.82 m 下降到 2003—2012 年的 25.81 m 和 23.62 m，分别下降了 1.05 m 和 1.2 m。洞庭湖水资源量下降引起湖体容积减少、湖面萎缩，使得水环境容量及水体纳污能力降低。水位的降低，使得沉积物更容易被行船等人类活动及风浪等扰动，使得沉积物释放营养盐对水体的贡献增加。此外，2003 年蓄水前后洞庭湖的磷营养盐形态组成发生了很大的变化，由以颗粒态磷为主转变为以溶解态磷为主。溶解态磷更容易被水体藻类所利用，具有更大的诱发藻类水华的风险。

5.2.2.6 三峡蓄水后来沙量剧减，洞庭湖的磷由颗粒态为主转变为溶解态为主，泥沙对磷的缓冲调节能力减弱

受三峡蓄水、洞庭湖水系水道采砂等的影响，从“三口”和“四水”进入洞庭湖沙量剧减，湖区及入湖河流水体中、洞庭湖湖水中的磷组成发生了明显改变，由以颗粒态为主转变为以溶解态为主，而且，磷酸盐（DPO）是溶解性总磷的主要形态，在湖内易沉降的磷量明显减少。

长江“三口”含沙量锐减、粒径粗化、总磷 P 降低 60%，但 TDP 增加 114%～314%，泥沙对磷的缓冲调节能力减弱。

5.2.2.7 湿地系统遭受冲击，导致水环境容量降低

湿地是一个天然水处理系统，但如果排污量超过了其容量，势必造成对湿地系统结构和功能的影响。据调查，洞庭湖区有各类污染源 1 803 个，其中重要污染源 141 个。曾经每年接纳各种污、废水 4.27×10^7 t，其中 85%未经任何处理；固体废物量 4.01×10^6 t；施用农药量 1.95×10^4 t，湖区有大量的黄红麻沤制废水。这些污染物通过各种途径迁移、转化，最终进入湿地，引起湖泊水体，特别是沿岸水域污染。

洞庭湖湿地具有调蓄洪水、调节气候、污染净化、储蓄水源、维持区域生物多样性与生态平衡等多种生态功能，是我国乃至世界重要的冬候鸟越冬地和迁徙鸟类栖息地。由于过度开发和利用，造成洞庭湖湿地面积持续萎缩、生态功能持续退化、水污染加重等生态环境问题。目前，洞庭湖天然湖泊面积 2 625 km^2，仅为 1825 年（6 200 km^2）的 42.34%，调蓄容积由 400 ×10^8 m^3 减少到 167 ×10^8 m^3。

近年来，受三峡工程运行、气候变化及人为干扰等的影响，洞庭湖湿地生态系统发生了较大变化，洄游通道不断减少或受限（“三口”断流、“四水”修坝），水量减少（“三口”断流），生物多样性下降。特别是近 20 多年来，洞庭湖水情变化较大，连续多年出现枯水期提前、延长，水位较常年同期大幅降低等现象；湿地生态功能减弱，湖区生态环境趋于恶化，已造成对湿地和候鸟的严重不利影响；水生生物明显减少，水产品供给降低，湿地呈现“局部改善、总体退化”的整体趋势，湿地削减污染负荷的能力降低，洞庭湖水环境

容量下降。

5.2.2.8　水污染治理导向和污染源监管措施不完善

首先，我国污水排放标准与 GB 3838—2002 普遍存在不匹配的问题，其中，GB 3838—2002 针对洞庭湖流域的河流总磷考核标准为Ⅲ类，即 0.2 mg/L。而 GB 18918—2002 中针对总磷指标排放一级标准 A 标（最高标准排放）的排放限值为 0.5 mg/L。《污水综合排放标准》(GB 8978—1996) 总磷指标排放的一级标准（最高标准排放）排放限值为 0.5 mg/L，均需要 1.5 倍以上的自然径流才能稀释至 GB 3838—2002 的Ⅲ类标准限值。《制革及毛皮加工工业水污染物排放标准》(GB 30486—2013)、《发酵酒精和白酒工业水污染物排放标准》(GB 27631—2011) 等涉磷行业废水排放标准中，总磷的排放限值为 2.0 mg/L，需要 9 倍的自然径流才能稀释至 GB 3838—2002 的Ⅲ类标准限值。更有甚者，《磷肥工业水污染物排放标准》(GB 15580—2011) 总磷的排放限值为 20.0 mg/L，需要 100 倍的自然径流才能稀释至 GB 3838—2002 的Ⅲ类标准限值。其次，随着我国水体污染治理的不断深化，水体污染物总量控制指标由“十一五”期间的化学耗氧量扩展为“十二五”与“十三五”期间的氨氮和化学需氧量，日常监管中专注化学耗氧量和氨氮两项指标，而对总磷污染治理重视不足，排放监管不到位，使得总磷污染物的主要来源、排放总量、空间分布等不清晰。

5.3　小结

分析了湖泊中磷的生物地球化学过程，揭示了洞庭湖磷污染的 8 个主要原因：一是流域“三生”空间布局欠合理，水体生态空间被挤占；二是基础设施建设滞后，雨污混流现象较多，污水处理厂进水磷浓度低于设计浓度，畜禽养殖废物资源化利用不足；三是人类活动强度加剧，陆域污染物输入量大；四是水生植物凋亡与沉积物释放；五是江湖关系明显改变，长江“三口”断流时间明显延长，从长江入湖的沙量、水量显著减少，几十年来洞庭湖水面面积减少明显，水体自净能力明显降低；六是三峡蓄水后，洞庭湖的磷由以颗粒态为主转变为以溶解态为主，从长江“三口”的来沙量剧减，在湖内易沉降的磷量明显减少；七是湿地系统退化导致削减面源污染的功能弱化，洞庭湖水环境容量不足；八是水污染治理导向不全面和污染源监管措施欠综合考虑。

第 6 章　总　结

6.1　洞庭湖区基本情况

洞庭湖区湖南境内包括岳阳市、常德市、益阳市及长沙市望城区，共 25 个县（市、区），包含 58 个街道、269 个镇、69 个乡，总面积 4.64 万 km^2。

2017 年，洞庭湖区总人口 1 670.79 万人，其中，城镇人口 894.39 万人，农村人口 776.40 万人，城镇化率为 53.53%；三市一区人口总数具体为岳阳市（583.78 万人）≈常德市（584.48 万人）＞益阳市（439.2 万人）＞望城区（63.33 万人）。洞庭湖区主要以第二产业和第三产业为主，其中，岳阳市、常德市、益阳市第二产业和第三产业均衡发展，望城区则主要以第二产业为主。

洞庭湖是洞庭湖区的核心，湖体多年平均水深为 6.39 m，湖水更换周期最长为 19 d，属典型的过水型湖泊；其水系主要由湘江、资江、沅江、澧水四大水系和长江中游荆江南岸松滋河河口、虎渡河河口、藕池河河口“三口”分流水系组成，还有直接入湖的汨罗江、新墙河等支流汇入，水系来水经东洞庭湖岳阳城陵矶注入长江。

洞庭湖在 2001—2017 年，湖泊面积整体呈现逐渐缩减趋势，影响洞庭湖湖泊面积变化的主要驱动因子是水位和流量，其次是降水量。人类活动可以从一定程度上影响径流大小等自然因素，如造垸垦地、三峡大坝修建等。湖体水面淹没强度较高的月份主要为 5—9 月，从淹没强度的空间范围分布来看，洞庭湖湖水淹没强度较高的地区主要分布在东洞庭湖和南洞庭湖。

6.2　洞庭湖总磷污染特征

6.2.1　湖体总磷污染特征

近 5 年通过对湖区 12 个湖体常规监测点位的 679 个总磷浓度数据分析所得结果表明，

2014—2018 年，就湖体 12 个监测断面月度和年度总磷浓度而言，2015 年达到最高值后逐步下降，但当前洞庭湖湖体总磷的浓度总体仍在 0.05～0.10 mg/L，仅 15.15%的监测数据达到地表水湖泊Ⅲ类标准（0.05 mg/L）。

各年度总磷年均浓度方面，2015 年（0.112 mg/L）＞2016 年（0.085 6 mg/L）≈2014 年（0.085 3 mg/L）＞2017 年（0.075 4 mg/L）＞2018 年（0.070 9 mg/L）。与 2014 年相比，2018 年总磷年均浓度降低了 16.88%；但在 2018 年的 132 个月度监测数据中，总磷浓度主要在 0.05～0.10 mg/L 范围内波动（均值 0.069 9 mg/L），该浓度范围内监测数据占比为 77.27%；小于 0.05 mg/L 和大于 0.10 mg/L 的数据分别占比 15.15%（均值 0.044 mg/L）和 7.58%（0.135 mg/L）。

本书项目中增设的 52 个湖体监测点位 118 个水质监测数据结果表明，总体上，① 2018 年 9—12 月，湖体 90%以上监测点位总磷和总氮浓度均超过地表水湖泊Ⅲ类标准，其他指标（COD_{Mn}、氨氮、叶绿素 a）基本能达到地表水湖泊Ⅲ类标准；②仅 1.69%的监测数据总磷浓度低于（含）0.05 mg/L，55.08%的监测数据总磷浓度在 0.05～0.10 mg/L（均值 0.087 mg/L），43.22%的监测数据总磷浓度大于 0.10 mg/L（均值 0.14 mg/L）；③ 2018 年平水期和枯水期，湖体总磷浓度均表现为东洞庭湖≈南洞庭湖＞西洞庭湖，具体而言，东洞庭湖各点位总磷浓度在 0.06～0.25 mg/L，均值为 0.116 mg/L；西洞庭湖各点位总磷浓度在 0.04～0.14 mg/L，均值为 0.118 mg/L；南洞庭湖各点位总磷浓度在 0.05～0.25 mg/L，均值为 0.086 mg/L。

6.2.2 内湖总磷污染特征

2016—2018 年湖区 20 个内湖常规监测点位 641 个总磷浓度数据分析结果表明，洞庭湖 20 个内湖中，常德的黄盖湖、柳叶湖、西毛里湖，岳阳的冶湖，望城区的千龙湖 5 个内湖总磷浓度最低、水质相对最好；这 5 个内湖总磷浓度总体上均达到了地表水湖泊Ⅲ类标准（0.05 mg/L），以上内湖 86.67%～100%的月度监测数据总磷浓度低于 0.05 mg/L，其中，黄盖湖和冶湖总磷浓度相对较低，水质相对较好，3 年内月度总磷浓度均值约为 0.020 mg/L。

20 个内湖中，芭蕉湖、东风湖、南湖、汉寿太白湖、鹤龙湖、皇家湖、三仙湖水库、团湖、湘阴东湖、后江湖 10 个内湖 40%～70%的月度监测数据总磷浓度在 0.05～0.10 mg/L，月度总磷浓度均值具体为南湖（0.094 mg/L）＞汉寿太白湖（0.091 mg/L）＞东风湖（0.088 mg/L）＞三仙湖水库（0.082 mg/L）＞团湖（0.072 mg/L）＞芭蕉湖（0.071 mg/L）＞湘阴东湖（0.065 mg/L）＞鹤龙湖（0.062 mg/L）＞后江湖（0.060 mg/L）≈皇家湖（0.059 mg/L），进一步结合总磷浓度分布情况来看，10 个内湖中，后江湖总磷浓度相对较低、水质相对较好。

20 个内湖中，安乡珊珀湖、常德冲天湖、大通湖、松阳湖、华容东湖 5 个内湖总磷浓度相对较高，水质相对较差，3 年内 40%以上的月度监测数据总磷浓度均值超过了 0.10 mg/L。月度总磷浓度均值具体为华容东湖（0.245 mg/L）＞大通湖（0.228 mg/L）＞安乡珊珀湖（0.183 mg/L）＞常德冲天湖（0.145 mg/L）＞松阳湖（0.107 mg/L），其中，华容东湖和大通湖 90%以上的月度监测数据总磷浓度超过了 0.10 mg/L。

本书针对 20 个内湖增设的 56 个点位共计 139 个水质监测数据结果表明：①在 2018 年平水期和枯水期，内湖总磷地表水Ⅲ类标准达标率仅为 10%，仅岳阳市黄盖湖和常德市柳叶湖水体总磷浓度达到地表水湖泊Ⅲ类标准（0.05 mg/L）；②其他 18 个内湖中，8 个内湖总磷浓度达到Ⅳ类水质标准 0.10 mg/L（占比为 40%），4 个内湖（即团湖、西毛里湖、鹤龙湖、千龙湖）总磷浓度在Ⅴ类标准限值 0.20 mg/L 内（占比为 20%），6 个内湖（即皇家湖、芭蕉湖、冶湖、东风湖、安乡珊珀湖、松杨湖）总磷浓度显著高于 0.20 mg/L，属于劣Ⅴ类（占比为 30%）；③具体而言，后江湖、常德冲天湖、三仙湖水库 3 个内湖水体总磷浓度均约为 0.70 mg/L，皇家湖、芭蕉湖、冶湖、东风湖、安乡珊珀湖、松杨湖 6 个内湖水体总磷浓度在 0.85～0.10 mg/L。6 个总磷浓度为劣Ⅴ类的内湖中，华容东湖总磷浓度最高，均值高达 0.307 mg/L，超Ⅲ类标准 5.13 倍；其次依次是大通湖、汉寿太白湖、南湖、湘阴东湖，分别超Ⅲ类标准 4.67 倍、4.2 倍、4.2 倍、3.27 倍。

内湖水体其他水质指标中，总氮达标率最低，其次依次是 COD_{Mn} 和 NH_3-N。仅 20%的内湖总氮浓度低于地表水湖泊Ⅲ类标准限值（1.0 mg/L），其中，汉寿太白湖和南湖总氮污染严重，分别超Ⅲ类标准 5.3 倍和 3.7 倍；85%的内湖 COD_{Mn} 浓度低于地表水湖泊Ⅲ类标准限值（6.0 mg/L），存在 COD_{Mn} 污染的内湖主要为松杨湖、汉寿太白湖和华容东湖，分别超Ⅲ类标准 0.5 倍、1.8 倍和 0.2 倍；内湖 NH_3-N 浓度总体相对较低，达标情况较好，95%的内湖 NH_3-N 浓度低于地表水湖泊Ⅲ类标准限值（1.0 mg/L），仅汉寿太白湖存在氨氮超标问题。

6.2.3 主要入湖河流总磷浓度变化特征

（1）主要河流入境处总磷浓度变化特征

2014—2018 年，“四水三口”的 268 个入境点位监测数据表明：①“四水”中，资江入境总磷年均浓度呈逐步上升趋势，从 2014 年的 0.026 3 mg/L 逐步上升为 2018 年的 0.055 5 mg/L；近 3 年，湘江、沅江和澧江入境总磷年均浓度变化较小，分别稳定维持在 0.077～0.079 mg/L（湘江）、0.042～0.051 mg/L（沅江）和 0.031～0.043 mg/L（澧水）范围内。目前，“四水”入境总磷浓度为湘江＞资江＞沅江＞澧江。②“三口”中，藕池河东支入境总磷浓度于 2017 年显著上升，从 2016 年的 0.073 4 mg/L 上升为 2017 年的 0.112 mg/L，上升幅度达到了 52.59%，截至 2018 年，总磷年均浓度维持在 0.114 mg/L；虎渡河和松滋河入境总磷年均浓度均呈逐步下降趋势，与2016年相比，2018年总磷年均浓度分别下降了46.04%和47.87%。目前，就2018年“三口”入境总磷浓度而言，藕池河东支（0.114 mg/L）＞松滋河（0.095 5 mg/L）＞虎渡河（0.088 5 mg/L）。

（2）主要河流入湖处总磷浓度变化特征

2014—2018年，“四水三口”及主要河流508个入湖点位监测数据表明：①除澧水外，湘江、沅江和资江等境外河流入湖总磷年均浓度均于2015年显著升高，分别升高了29.34%、10.53%和38.54%；同时于2016年起呈下降趋势，截至2018年，湘江总磷年均浓度下降至2014年浓度水平（0.07 mg/L），沅江和澧水年均浓度均从2014年的0.09 mg/L下降至约0.06 mg/L，但资江总磷年均浓度（0.076 4 mg/L）仍高于2014年总磷年均浓度（0.057 6 mg/L）。总体上，近5年沅江和澧水总磷浓度改善最为显著，湘江总磷浓度变动较小（除2015年外），其总磷浓度大致维持在007 mg/L左右；资江总磷浓度改善情况最差，其总磷浓度仍未恢复至2014年水平。目前，就2018年“四水”入湖总磷浓度而言，湘江≈资江＞沅江≈澧江。②“三口”中，藕池河入湖总磷浓度变化较小，近3年维持在0.125 mg/L左右；虎渡河和松滋河入湖总磷浓度呈逐年下降趋势，入湖总磷浓度近3年分别降低了39.20%和30.36%。目前，就2018年“三口”入湖总磷浓度而言，藕池河东支（0.114 mg/L）＞虎渡河（0.107 mg/L）＞松滋河（0.096 8 mg/L）。③近3年，新墙河、华容河和汨罗江等境内主要入湖河流总磷浓度呈不同程度下降趋势，与2016年相比，2018年总磷年均浓度分别降低了13.82%、25.74%和12.07%。目前，就2018年入湖总磷浓度而言，这3条境内河流入湖总磷浓度相近，均在0.102～0.106 mg/L。

（3）“四水三口”入境与入湖总磷量核算

2017年，由“四水三口”进入洞庭湖区境内的总磷量为17 541.1 t。其中，经水体输入12 940 t，经泥沙输入4 601.1 t；“四水三口”入境总磷主要来自湘江和沅江，占比分别为37.14%和30.46%；其次为资江，占比为14.58%，澧水及“三口”占比均在5%以内。“四水三口”经水体输入洞庭湖湖体的总磷量为16 243 t（含其接纳的湖区污染源总磷量），湘江、资江、沅江、澧江入湖总磷量分别占31.02%、11.76%、28.27%、9.70%，藕池河东支、虎渡河、松滋河入湖总磷量分别占5.34%、5.02%和8.89%。

结合“四水三口”水体入境与入湖总磷量分析得出2017年“四水三口”所接纳的湖区各类污染源总磷量具体为澧江（1 117 t）＞松滋河（844 t）＞沅江（776 t）＞资江（631 t）＞虎渡河（279 t）；湘江和藕池河东支接纳的湖区总磷量较小，在其自净能力作用下，其入湖总磷量分别低于入境总磷量134 t和211 t。

6.3 湖区各类污染源总磷排放量核算

6.3.1 工业源

2017 年洞庭湖区工业废水排放总量为 15 443.76 万 t。其中，岳阳市和益阳市工业废水排放量分别占 48.36%和 27.54%。就工业区废水排放量而言，常德市工业园区工业废水排放量最大，为 4 836.96 万 t，占比为 61.80%；其次为岳阳市，占比为 23.93%。

按照工业废水排放量占比，湖区主要涉水工业行业排序依次为造纸和纸制品业（45.14%）＞化学原料和化学制品制造业（10.87%）＞石油加工、炼焦和核燃料加工业（8.87%），湖区工业废水受纳水体主要为长江干流（28.48%）＞洞庭湖（18.62%）＞澧江干流（13.88%）＞资江干流（8.33%）＞沅江干流（6.63%）＞湘江干流（4.97%）。

2017 年，洞庭湖区工业源总磷排放总量为 102.92 t，三市一区工业源总磷排放量依次为岳阳市 58.59 t（占比为 56.93%）＞益阳市 20.39 t（占比为 19.81%）＞常德市 17.94 t（占比为 17.43%）＞望城区 6.00 t（占比为 5.83%）。工业源总磷排放量最高的工业行业为农副食品加工业，占工业行业总磷排放量的 38.09%；其次是造纸和纸制品业（18.63%）、化学原料和化学制品制造业（15.20%）、食品制造业（13.04%）。

6.3.2 农业源

（1）畜禽养殖业

洞庭湖区畜禽养殖以生猪、蛋鸡和肉鸡养殖为主。2017 年，洞庭湖区生猪出栏量为 1 297.71 万头，奶牛存栏量为 3 094 头，肉牛出栏量约为 46.42 万头，蛋鸡存栏量为 3 609.17 万羽，肉鸡出栏量为 5 864.44 万羽。2017 年，洞庭湖区畜禽养殖业总磷排放总量为 7 835.30 t，其中，各类型畜禽养殖总磷排放量具体为生猪养殖（5 674.55 t）＞蛋鸡养殖（1 195.78 t）＞肉鸡养殖（627.68 t）＞肉牛养殖（329.79 t）＞奶牛养殖（7.5 t）；各市（区）畜禽养殖总磷排放量具体为常德市（3 219.23 t）＞益阳市（2 519.06 t）＞岳阳市（2 062.93 t）＞望城区（34.09 t）；不同规模养殖企业（户）总磷排放量具体为散户型（3 320.14 t）＞专业户（2 694.66 t）＞规模化（1 820.49 t）。

（2）种植业

洞庭湖区种植业土地面积为 2 082.3 万亩。其中，按土地类型，具体为水田（1 357.09 万亩）＞旱地（348.75 万亩）≈园地（376.43 万亩）；按区域，具体为常德市（814.83 万亩）＞益阳市（665.80 万亩）＞岳阳市（556.64 万亩）＞望城区（45.00 万亩）。湖区化肥年施用量为 101.02 万 t，按土地类型，具体为水田（67.69 万 t）＞旱地（16.71 万 t）≈园地（16.62

万 t)；按区域，具体为常德市（43.83 万 t）＞岳阳市（27.65 万 t）≈益阳市（27.42 万 t）＞望城区（2.12 万 t）。

2017 年，洞庭湖区总磷年流失量为 4 558.41 t，其中，按土地类型，具体为水田（1 930.36 t）＞旱地（2 082.43 t）＞园地（545.62 t）；按区域，具体为常德市（2 254.37 t）＞岳阳市（1 105.16 t）≈益阳市（1 107.01 t）＞望城区（91.87 t）。

（3）水产养殖业

2017 年，洞庭湖区水产养殖总面积 329.0 万亩，各市区养殖面积具体为常德市（119.31 万亩）＞岳阳市（117.80 万亩）＞益阳市（82.97 万亩）＞望城区（8.93 万亩）；水产养殖主要以鱼类为主（占比为 95.44%），其次是甲壳类，全年水产养殖产量共计 123.75 万 t，各市（区）水产养殖产量具体为岳阳市（44.71 万 t）＞常德市（41.61 万 t）＞益阳市（35.28 万 t）＞望城区（2.15 万 t）。

2017 年，洞庭湖区全年水产养殖总磷年排放量约 1 424.2 t，其中，鱼类养殖排放的总磷量为 1 350.18 t，占比为 94.8%；各市（区）水产养殖总磷排放量具体为岳阳市（538.3 t）＞常德市（478.1 t）＞益阳市（382.3 t）＞望城区（25.5 t）。

6.3.3 生活源

（1）居民生活污水

居民生活污水及总磷产生量：2017 年，洞庭湖区居民生活污水年产生总量为 86 225 万 t，其中，城镇生活污水年产生量为 57 886 万 t，是农村生活污水（28 339 万 t）的 2.04 倍；洞庭湖区生活水污染物中总磷年产生量为 3 839 t，其中，城镇和农村生活污水中总磷年产生量分别为 2 486 t、1 353 t。

2017 年，洞庭湖区生活污水年处理总量为 42 025.9 万 t，其中，城镇生活污水年处理总量为 41 410.2 万 t（占比为 98.53%），农村生活污水为 615.7 万 t（占比为 1.47%）。洞庭湖区城镇和农村生活污水处理率分别为 72.77%和 2.17%，其中，三市一区城镇生活污水年处理率均在 60%以上，具体为望城区（92.93%）＞常德市（76.28%）＞岳阳市（74.50%）＞益阳市（61.19%）；农村生活污水处理率整体较低，望城区农村生活污水处理率最高，但也仅为 19.78%，其他三地均在 2.5%以内。

居民生活污水总磷排放情况：2017 年，湖区生活污水总磷排放量为 2 218 t，其中，城镇和农村生活污水总磷排放量分别为 889 t 和 1 329 t；三市一区生活污水总磷排放总量具体为常德市（747 t）＞益阳市（712 t）＞岳阳市（705 t）＞望城区（53.7 t）；农村生活污水总磷排放量具体为常德市（490 t）＞岳阳市（416 t）＞益阳市（390 t）＞望城区（32.63 t）；城镇生活污水总磷排放量具体为益阳市（322 t）＞岳阳市（289 t）＞常德市（257 t）＞望城区（21.1 t）。

（2）居民生活垃圾

2017 年，洞庭湖区居民生活垃圾总产生量为 332.23 万 t，其中，城镇和农村生活垃圾产生量分别为 191.54 万 t 和 140.69 万 t；三市一区生活垃圾产生量具体为常德市（117.68 万 t）＞岳阳市（116.60 万 t）＞益阳市（83.37 万 t）＞望城区（14.59 万 t）。洞庭湖区生活垃圾处理率为 55.27%，其中，垃圾填埋场渗滤液年总产生量 218 万 t，渗滤液中总磷产生量为 33.86 t；渗滤液年排放量为 188 万 t，总磷年排放量为 5.65 t。三市一区渗滤液总磷年排放量具体为望城区（3.44 t）＞岳阳市（1.25 t）＞常德市（0.71 t）＞益阳市（0.25 t），其中，望城区总磷排放量最高，主要是由于该区的长沙市城市固体废弃物处理场，不仅处理望城区的生活垃圾，同时还接收长沙市其他市（区）的生活垃圾。

6.3.4 移动源

洞庭湖区移动源包括航道航运和鸟类两部分。航道航运方面，洞庭湖区各类船舶总计 10 840 艘，总吨位 206.02 万 t，船员或总载客数 41 163 人。2017 年，洞庭湖区航道生活污水排放量为 38.59 万 t，其总磷排放量为 2.59 t；三市一区航道航运排放的总磷量具体为益阳市（0.92 t）＞岳阳市（0.84 t）＞常德市（0.76 t）＞望城区（0.07 t）。洞庭湖区鸟类总磷年排放量为 13.51 t，具体为东洞庭湖（5.28 t）＞西洞庭湖（0.77 t）＞南洞庭湖（0.47 t）。

6.3.5 大气沉降

2018 年，洞庭湖区总磷干沉降通量为 1.69 mg/（m^2·30 d），通过干沉降输入总磷量为 45.40 t；湿沉降通量为 4.31 mg/（m^2·30 d），通过湿沉降输入总磷量为 115.78 t/a；洞庭湖区大气干湿沉降总磷输入量共计 161.18 t。

6.4 湖区总磷污染来源解析

2017 年，各类污染源总磷年入湖总量为 23 287 t，其中，“四水三口”输入是洞庭湖总磷的主要来源，其年输入总磷量为 14 033 t（含泥沙输入的 3 681 t），占比为 60.26%；农业源是入湖总磷的第二大来源，农业源总磷入湖量为 7 613.56 t，占比为 32.69%；生活源总磷入湖量为 1 380 t，占比为 5.93%；另外，通过大气沉降输入总磷量为 161.18 t，占总磷年入湖量的 0.69%；工业源总磷入湖量为 92.64 t，占总磷年入湖量的 0.40%；鸟源和航道航运等总磷输入较小，占总磷年入湖量的 0.03%。

2017 年，“四水三口”中，“四水”向洞庭湖输入的总磷量为 12 018.22 t，占“四水三口”总磷输入量的 85.64%；“四水”由水体输入总磷量为 8 580.80 t，泥沙输入总磷量为 3 437.42 t。藕池河、虎渡河、松滋河“三口”总磷年输入量为 2 014.66 t，占“四水三口”总磷年输入量的 14.36%。“四水”向洞庭湖输入的总磷量均显著高于“三口”，其总磷年入湖总量是“三口”的 5.97 倍。

2017 年，洞庭湖区污染源总磷入湖量为 9 253.64 t，主要来自农业源，其次是生活源。农业源总磷年入湖量最高（7 613.56 t），占比为 82.28%；农业源中畜禽养殖业总磷年入湖量为 5 334.8 t，占比为 57.65%，其中，畜禽养殖散户、专业户和规模化企业分别占比 15.74%、20.38%和 21.53%；种植业和水产养殖业入湖总磷量均占 12.31%；生活源总磷年入湖量为 1 375.5 t，占洞庭湖区污染源总量的 14.87%；工业源、移动源及大气沉降的入湖总磷量较小，合计占比为 2.81%。

2017 年，洞庭湖区三市一区污染源（生活源、农业源和工业源）总磷入湖量依次为常德市（3 591.03 t）＞益阳市（2 788.74 t）＞岳阳市（2 600.51 t）＞望城区（106.10 t）。

6.5 洞庭湖总磷污染成因解析

洞庭湖磷污染主要有以下 8 方面的原因：①流域“三生”空间布局欠合理，水体生态空间被挤占；②基础设施建设滞后，雨污混流现象较多，污水处理厂进水磷浓度低于设计浓度，畜禽养殖废物资源化利用不足；③人类活动强度加剧，陆域污染物输入量大；④水生植物凋亡与沉积物释放；⑤江湖关系明显改变，长江“三口”断流时间明显延长，从长江入湖沙量水量显著减少，湖水面面积减少明显，水体自净能力明显降低；⑥三峡蓄水后，洞庭湖磷由以颗粒态为主转变为以溶解态为主，从长江“三口”来沙量剧减，在湖内易沉降磷量明显减少；⑦湿地系统退化导致削减面源污染的功能弱化，洞庭湖水环境容量不足；⑧水污染治理导向不全面和污染源监管措施欠综合考虑。

参考文献

[1] 蔡金洲，范先鹏，黄敏，等. 湖北省三峡库区农业面源污染解析[J]. 农业环境科学学报，2012，31（7）：1421-1430.

[2] 蔡立力. 我国风景名胜区规划和管理的问题与对策[J]. 城市规划，2004，10：74-80.

[3] 蔡孟林，付永胜. SWAT 模型在茫溪河流域非点源污染研究中的应用[J]. 四川环境，2014，33（3）：102-107.

[4] 陈国阶. 论生态安全[J]. 重庆环境科学，2002，3：1-3.

[5] 陈海媛，郭建斌，张宝贵，等. 畜禽养殖业产污系数核算方法的确定[J]. 中国沼气，2012（3）：14-16.

[6] 陈荷生，华瑶青. 太湖流域非点源污染控制和治理的思考[J]. 水资源保护，2004，20（1）：33-36.

[7] 陈荷生. 太湖湖内污染控制理念和技术[J]. 中国水利，2006，9：23-25.

[8] 陈静，丁卫东，徐广华，等. 丹江口水库河南省辖区总氮污染状况调查[J]. 中国环境监测，2010，26（2）：49-52.

[9] 陈西庆，陈进. 长江流域的水资源配置与水资源综合管理[J]. 长江流域资源与环境，2005，14（2）：163-167.

[10] 陈颖，赵磊，杨勇，等. 海河流域水稻田氮磷地表径流流失特征初探[J]. 农业环境科学学报，2011，30（2）：328-333.

[11] 党啸. 巢湖流域水环境问题的观察与思考[J]. 环境保护，1998，26（9）：38-40.

[12] 邓学建，米小其，牛艳东，等. 洞庭湖杨树林及原生湿地生态环境中鸟类的群落结构[J]. 农业现代化研究，2008，1：108-111.

[13] 邓学建，王斌. 南洞庭湖冬季鸟类群落结构及多样性分析[J]. 四川动物，2000，4：236-238.

[14] 丁锐，崔玉香，佟勇，等. 西宁市农村居民生活污水水质特征分析[J]. 安徽农业科学，2012，40（1）：314-315.

[15] 董红敏，朱志平，黄宏坤，等. 畜禽养殖业产污系数和排污系数计算方法[J]. 农业工程学报，2011，27（1）：303-308.

[16] 杜冰雪，徐力刚，蒋名亮，等. 2000—2014 年洞庭湖区植物面积变化及其与湖泊水位的关系[J]. 湿地科学，2020，18（1）：20-27.

[17] 方楠，吴春山，张江山，等. 天然降雨条件下典型小流域氮流失特征[J]. 环境污染与防治，2008，9：51-54.

[18] 冯育青，王邵军，阮宏华，等. 苏州太湖湖滨湿地生态恢复模式与对策[J]. 南京林业大学学报（自

然科学版），2009，33（5）：126-130.
[19] 高鹭，张宏业. 生态承载力的国内外研究进展[J]. 中国人口·资源与环境，2007，17（2）：19-26.
[20] 高兴家，梁成华，李成高. 南四湖流域农田肥料和农药流失率研究[J]. 河南农业科学，2014，43（2）：68-71.
[21] 郭晶. 洞庭湖水质污染状况及主要污染物来源分析[J]. 水生态学杂志，2019，40（4）：1-7.
[22] 郭晶，李利强，黄代中，等. 洞庭湖表层水和底泥中重金属污染状况及其变化趋势[J]. 环境科学研究，2016，29（1）：44-51.
[23] 郭泽杰，李珍. 鄱阳湖治理还需共绸缪[J]. 江西水利科技，2010，36（4）：238-246.
[24] 郭智，周炜，陈留根，等. 施用猪粪有机肥对稻麦两熟农田稻季养分径流流失的影响[J]. 水土保持学报，2013，27（6）：21-25.
[25] 国家环境保护局科技标准司. 湖泊污染控制技术指南[M]. 北京：中国环境科学出版社，1997.
[26] 国家环境保护总局. 水和废水监测分析方法[M]. 北京：中国环境科学出版社，2002.
[27] 国家环境保护总局自然生态保护司. 全国规模化畜禽养殖业污染情况调查及防治对策[M]. 北京：中国环境科学出版社，2002.
[28] 贺秋华，余姝辰，李长安，等. 基于遥感技术的洞庭湖区河道洲滩扩张研究[J]. 地理信息世界，2018，25（6）：92-96.
[29] 黄代中，万群，李利强，等. 洞庭湖近 20 年水质与富营养化状态变化[J]. 环境科学研究，2013，26（1）：27-33.
[30] 黄佳聪，吴晓东，高俊峰，等. 蓝藻水华预报模型及基于遗传算法的参数优化[J]. 生态学报，2010，30（4）：1003-1010.
[31] 黄青，任志远. 论生态承载力与生态安全[J]. 干旱区资源与环境，2004，18（2）：11-17.
[32] 黄一凡，王金生，王凯，等. 2003—2016 年东洞庭湖自然保护区湿地动态变化特征[J]. 林业资源管理，2018，4：41-46.
[33] 蒋德明，蒋玮. 国内外城市雨水径流水质的研究[J]. 物探与化探，2008，32（4）：417-420.
[34] 姜霞，王书航，钟立香，等. 巢湖藻类生物量季节性变化特征[J]. 环境科学，2010，31（9）：2056-2062.
[35] 姜霞. 沉积物质量调查评估手册[M]. 北京：科学出版社，2012.
[36] 金相灿，胡小贞，储昭升，等. “绿色流域建设”的湖泊富营养化防治思路及其在洱海的应用[J]. 环境科学研究，2011，24（11）：1203-1209.
[37] 康祖杰，刘美斯，杨道德，等. 湖南省雀形目鸟类新纪录 6 种[J]. 动物学杂志，2014，49（1）：116-120.
[38] 黎燚隆，章新平，尚程鹏. 洞庭湖流域夏季降水特征及旱涝年份大气环流分析[J]. 气象研究与应用，2018，39（1）：1-5.
[39] 李娟英，曹宏宇，崔昱，等. 太湖流域主要水系水环境特征分析与富营养化评价[J]. 水生态学杂志，2012，33（4）：7-13.
[40] 李乐，王圣瑞，王海芳，等. 滇池入湖河流磷负荷时空变化及形态组成贡献[J]. 湖泊科学，2016，28（5）：951-960.
[41] 李丽平，钟福生，王德良. 东洞庭湖湿地水鸟群落季节动态格局[J]. 经济动物学报，2007，4：224-226.
[42] 李仰斌，张国华，谢崇宝. 我国农村生活排水现状及处理对策建议[J]. 中国水利，2008，3：51-53.

[43] 李莹杰，王丽婧，李虹，等. 不同水期洞庭湖水体中磷分布特征及影响因素[J]. 环境科学，2019，40（5）：174-181.

[44] 李有志，刘芬，张灿明，等. 洞庭湖湿地水环境变化趋势及成因分析[J]. 生态环境学报，2011，20（8-9）：1295-1300.

[45] 李照全，方平，黄博，等. 洞庭湖区典型内湖表层沉积物中氮、磷和重金属空间分布与污染风险评价[J]. 环境科学研究，2020，33（6）：1409-1420.

[46] 李子文. 湖南省渔业资源丰富[J]. 湖南农业，2019，8：20.

[47] 联合国环境规划署国际环境技术中心. 湖泊与水库富营养化防治的理论与实践[M]. 北京：科学出版社，2003.

[48] 梁婕，蔡青，郭生练，等. 基于 MODIS 的洞庭湖湿地面积对水文的响应[J]. 生态学报，2012，32（21）：6628-6635.

[49] 梁婕，彭也茹，郭生练，等. 基于水文变异的东洞庭湖湿地生态水位研究[J]. 湖泊科学，2013，25（3）：330-334.

[50] 刘爱萍，刘晓文，陈中颖，等. 珠江三角洲地区城镇生活污染源调查及其排污总量核算[J]. 中国环境科学，2011，31（S1）：53-57.

[51] 刘培芳，陈振楼，许世远，等. 长江三角洲城郊畜禽粪便的污染负荷及其防治对策[J]. 长江流域资源与环境，2002，11（5）：456-460.

[52] 刘汀，李剑志，唐梓钧，等. 湖南省鸟类新记录——黄头鹡鸰[J]. 湖南师范大学自然科学学报，2011，34（6）：82-83.

[53] 刘银银，孙庆业，李峰，等. 洞庭湖典型湿地植被群落土壤微生物特征[J]. 生态学杂志，2013，32（5）：1233-1237.

[54] 刘云珠，史林鹭，朵海瑞，等. 人为干扰下西洞庭湖湿地景观格局变化及冬季水鸟的响应[J]. 生物多样性，2013，21（6）：666-676.

[55] 柳勇，吴倩倩，石胜超，等. 南洞庭湖沅江段鱼类资源调查[J]. 生命科学研究，2019，23（3）：208-213.

[56] 隆院男，闫世雄，蒋昌波，等. 基于多源遥感影像的洞庭湖地形提取方法[J]. 地理学报，2019，74（7）：1467-1481.

[57] 卢承志. 洞庭湖治理回顾[J]. 人民长江，2009，40（14）：9-11.

[58] 卢少勇，陈建军，覃进，等. 扰动强度对菹草浸泡过程中氮磷碳释放的影响[J]. 环境科学，2011，32（7）：1940-1944.

[59] 卢少勇，金相灿，胡小贞，等. 扰动与钝化剂对水/沉积物系统中磷释放及磷形态的影响[J]. 中国环境科学，2007，27（4）：437-440.

[60] 卢少勇，李珂，贾建丽，等. 串联垂直流人工湿地去除河水中磷的效果[J]. 环境科学研究，2016，29（8）：1218-1223.

[61] 卢少勇，刘学欣，李珂，等. 模拟生态种植槽去除雨水径流中的磷[J]. 环境工程学报，2016，10（7）：3434-3438.

[62] 卢少勇，张烨，王伟，等. 镧改性、钠基和钙基膨润土净化污染河水中磷的效果[J]. 给水排水，2009，35（S2）：74-78.

[63] 卢少勇，张萍，潘成荣，等. 洞庭湖农业面源污染排放特征及控制对策研究[J]. 中国环境科学，2017，37（6）：2278-2286.
[64] 罗溢. 洞庭湖流域夏季强降水时空变化及其与环流的联系[D]. 长沙：湖南师范大学，2019.
[65] 牛文元. 持续发展导论[M]. 北京：科学出版社，1994.
[66] 彭波涌，舒服，刘松林，等. 西洞庭湖自然保护区 14 种鸟类新纪录[J]. 湖南林业科技，2014，41（2）：12-15.
[67] 彭平波，胡军华，何木盈. 西洞庭湖鱼类资源调查与研究[J]. 岳阳职业技术学院学报，2012，27（2）：27-32.
[68] 彭平波，刘松林，胡慧建，等. 洞庭湖鱼类资源动态监测与研究[J]. 湿地科学与管理，2008，4（4）：17-20.
[69] 秦迪岚，韦安磊，卢少勇，等. 基于环境基尼系数的洞庭湖区水污染总量分配[J]. 环境科学研究，2013，6（1）：8-15.
[70] 秦延文，马迎群，王丽婧，等. 长江流域总磷污染：分布特征 • 来源解析 • 控制对策[J]. 环境科学研究，2018，31（1）：9-14.
[71] 秦延文，赵艳民，马迎群，等. 三峡水库氮磷污染防治政策建议：生态补偿 • 污染控制 • 质量考核[J]. 环境科学研究，2018，31（1）：1-8.
[72] 石丽红，纪雄辉，李洪顺，等. 湖南双季稻田不同氮磷施用量的径流损失[J]. 中国农业气象，2010，31（4）：551-557.
[73] 石月珍，赵洪杰. 生态承载力定量评价方法的研究进展[J]. 人民黄河，2005，17（3）：6-8.
[74] 司静，卢少勇，金相灿，等. pH 值和光照对镧改性膨润土吸附水中氮和磷的影响[J]. 中国环境科学，2009（9）：946-950.
[75] 孙富行，郑垂勇. 水资源承载力研究思路和方法[J]. 人民长江，2006，37（2）：33-36.
[76] 孙亚敏，董曼玲，汪家权. 内源污染对湖泊富营养化的作用及对策[J]. 合肥工业大学学报（自然科学版），2000，23（2）：210-213.
[77] 田琪，李利强，欧伏平，等. 洞庭湖氮磷时空分布及形态组成特征[J]. 水生态学杂志，2016，37（3）：19-25.
[78] 田石强，杨弋，卢少勇. 洞庭湖区主要水环境问题及综合治理对策[J]. 科技导报，2016，34（18）：144-148.
[79] 田泽斌，王丽婧，李小宝，等. 洞庭湖出入湖污染物通量特征[J]. 环境科学研究，2014，27（9）：1008-1015.
[80] 唐国平，杨志峰. 密云水库库区水环境人口容量优化分析[J]. 环境科学学报，2000，20（2）：225-229.
[81] 唐玥，谢永宏，李峰，等. 1989—2011 年东洞庭湖草洲出露面积变化及其与水位响应的关系[J]. 应用生态学报，2013，24（11）：3229-3236.
[82] 屠清瑛. 我国湖泊的环境问题及治理对策[J]. 中国环境管理干部学院学报，2003，13（3）：1-3.
[83] 万荣荣，杨桂山. 太湖流域土地利用与景观格局演变研究[J]. 应用生态学报，2005，16（3）：475-480.
[84] 万月华. 洞庭湖湿地的生态环境及保护对策的研究[D]. 武汉：华中农业大学，2005.
[85] 汪秀丽. 国内河流湖泊水污染治理[J]. 水利电力科技，2005，31（1）：1-13.

[86] 王超，朱党生，程晓冰. 地表水功能区划分系统的研究[J]. 河海大学学报（自然科学版），2002，30（5）：10-14.
[87] 王光谦，王思远，张长春. 黄河流域生态环境变化与河道演变分析[M]. 郑州：黄河水利出版社，2006.
[88] 王国刚. 巢湖水污染防治对策与思考[J]. 安徽科技与企业，2000，10：27-28.
[89] 王骥，张兰英，卢少勇，等. 再力花/菖蒲生物湿地床去除河水中氮磷的试验[J]. 吉林大学学报（地球科学版），2012（S1）：408-414.
[90] 王家齐. 高原深水湖泊磷污染源解析及控制技术研究[D]. 南京：南京大学，2012.
[91] 王金南，吴悦颖，李云生. 中国重点湖泊水污染防治基本思路[J]. 环境保护，2009，37（21）：18-21.
[92] 王丽婧，郑丙辉，王圣瑞，等. 长江经济带建设背景下"两湖"生态环境保护的问题与对策[J]. 环境保护，2017，45（15）：27-31.
[93] 王丽婧，郑丙辉. 水库生态安全评估方法（Ⅰ）：IROW 框架[J]. 湖泊科学，2010，22（2）：169-175.
[94] 王琦，欧伏平，张雷，等. 三峡工程运行后洞庭湖水环境变化及影响分析[J]. 长江流域资源与环境，2015，24（11）：1843-1849.
[95] 王圣瑞，张蕊，过龙根，等. 洞庭湖水生态风险防控技术体系研究[J]. 中国环境科学，2017，37（5）：1896-1905.
[96] 王书航，姜霞，金相灿. 巢湖入湖河流分类及污染特征分析[J]. 环境科学，2011，10：2834-2839.
[97] 王淑莹，代晋国，李利生，等. 水环境中非点源污染的研究[J]. 北京工业大学学报，2003，29（4）：486-490.
[98] 王苏民，窦鸿身. 中国湖泊志[M]. 北京：科学出版社，1998.
[99] 王伟，卢少勇，金相灿，等. 洞庭湖沉积物及上覆水体氮的空间分布[J]. 环境科学与技术，2010，33（12F）：6-10.
[100] 向泓宇. 东洞庭湖越冬候鸟与环境因子的相关性研究[D]. 长沙：湖南大学，2016.
[101] 谢永宏. 洞庭湖湿地生态环境演变[M]. 长沙：湖南科学技术出版社，2014.
[102] 邢奕，田星强，卢少勇，等. 处理湖水的垂直流湿地中陶粒的磷吸附特性[J]. 环境工程学报，2014，8（11）：4820-4824.
[103] 熊鹰，王克林，蓝万炼，等. 洞庭湖区湿地恢复的生态补偿效应评估[J]. 地理学报，2004，59（5）：772-780.
[104] 胥爱平，朱坚，竺传松，等. 洞庭湖沱江流域农业面源污染调查及防治对策——以南县三仙湖镇为例[J]. 湖南农业科学，2020，2：40-43.
[105] 杨常亮. 阳宗海总磷输入与水质响应模型的建立与应用研究[D]. 昆明：昆明理工大学，2007.
[106] 杨楠，莫文波，张曦，等. 近 30 年来东洞庭湖植被覆盖时空变化研究[J]. 中南林业科技大学学报，2019，39（7）：19-30.
[107] 姚锡良. 农村非点源污染负荷核算研究[D]. 广州：华南理工大学，2012.
[108] 苑韶峰，吕军. 流域农业非点源污染研究概况[J]. 土壤通报，2004，35（4）：507-511.
[109] 曾益波，彭波涌，彭平波，等. 西洞庭湖越冬水鸟多样性及其空间分布[J]. 湖南林业科技，2020，47（6）：37-46.
[110] 张光贵，卢少勇，田琪. 近 20 年洞庭湖总氮和总磷浓度时空变化及其影响因素分析[J]. 环境化学，

2016，35（11）：2377-2385.

[111] 张鸿，刘向葵，姚毅. 东洞庭湖越冬水鸟种类组成与时空分布格局研究[J]. 湖南林业科技，2015，42（5）：25-29.

[112] 张宏安. 环境保护研究与实践[M]. 北京：中国水利水电出版社，2008.

[113] 张鸿键，杨波，李德平，等. 基于 MODIS 影像的洞庭湖枯水期总磷营养状况监测研究[J]. 水资源与水工程学报，2014，3：62-67.

[114] 张萌. 水生植物对湖泊富营养化胁迫的生理生态学响应[D]. 北京：中国科学院水生生物研究所，2011.

[115] 张硕辅. 基于健康理论的洞庭湖生态系统评价、预测和重建技术研究[D]. 长沙：湖南大学，2007.

[116] 张玉华，刘东生，徐哲，等. 重点流域农村生活源产排污系数监测方法研究与实践[J]. 农业环境科学学报，2010，29（4）：785-789.

[117] 赵雪松，胡小贞，卢少勇，等. 不同粒径方解石在不同 pH 值时对磷的等温吸附特征与吸附效果[J]. 环境科学学报，2008，28（9）：1872-1877.

[118] 郑苗壮，卢少勇，金相灿，等. 温度对钝化剂抑制滇池底泥磷释放的影响[J]. 环境科学，2008，29（9）：83-87.

[119] 钟福生，邓学建，颜亨梅，等. 西洞庭湖湿地鸟类群落组成、多样性及保护对策[J]. 长江流域资源与环境，2008，3：351-359.

[120] 钟福生，颜亨梅，李丽平，等. 东洞庭湖湿地鸟类群落结构及其多样性[J]. 生态学杂志，2007，12：1959-1968.

[121] 钟振宇，陈灿，万斯. 洞庭湖污染状况及防治对策[J]. 湖南有色金属，2011，27（4）：64-67.

[122] 中国农业科学院农业环境与可持续发展研究所，环境保护部南京环境科学研究所. 第一次全国污染源普查畜禽养殖业源产排污系数手册[EB/OL]. 中华人民共和国环境保护部，2009.

[123] 周莉，胡瑞卿，李伟，等. 湖南省夏季极端降水异常时空特征及其成因分析[J]. 气象科学，2018，38（6）：838-848.

[124] 朱铁. 三峡大坝运行前后西洞庭湖鱼类群落结构特征变化[D]. 北京：北京林业大学，2014.

[125] Akeflof G. Social distance and social decisions[J]. Econometrical，1997，135：1005-1027.

[126] Florax R. Advances in spatial econometrics[M]. Berlin：Springer，2004.

[127] Aokl M. New approaches to macroeconometric modeling[M]. Cambridge：Cambridge University Press，1996.

[128] Brierley B，Harper D. Ecological principles for management techniques in deeper reservoirs[J]. Hydrobiologia，1999：395-396，335-353.

[129] Cai Q，Gao X，Chen Y，et al. Dynamic variations of water quality in Taihu Lake and multivariate analysis of its influential factors[J]. Chinese Geographical Science，1996，6（4）：364-374.

[130] Chung S O，Kim H S，Jin S K. Model development for nutrient loading from paddy rice fields[J]. Agricultural Water Management，2003，62（1）：1-17.

[131] De Montigny C，Prairie Y T. The relative importance of biological and chemical processes in the release of phosphorus from a highly organic sediment[J]. Hydrobiologia，1993，253（1-3）：141-150.

[132] Duncan A . A review：limnological management and biomanipulation in the London reservoirs[M]. Berlin：Springer Netherlands，1990.

[133] Durlauf S N . Spillovers，stratification，and inequality[J]. Working Papers，1994，83（3-4）：836-845.

[134] Durlanf N，Louis J M. Measuring noise in inventory models[J]. Journal Monetary Economics，1995，36：65-79.

[135] Guo F U. Study of concept and indicators system on eutrophication sensitivity classification of lake and reservoirs[J]. Research of Environmental Sciences，2005，18（6）：75-79.

[136] Gunes K. Point and nonpoint sources of nutrients to lakes-ecotechnological measures and mitigation methodologies-case study[J]. Ecological Engineering，2008，34（2）：116-126.

[137] Guo H Y，Zhu J G，Wang X R，et al. Case study on nitrogen and phosphorus emissions from paddy field in Taihu region[J]. Environmental Geochemistry and Health，2004，26（2）：209-219.

[138] Liang X Q，Chen Y X，Li H，et al. Modeling transport and fate of nitrogen from urea applied to a near-trench paddy field[J]. Environmental Pollution，2007，150（3）：313-320.

[139] Niraula R，Kalin L，Srivastava P，et al. Identifying critical source areas of nonpoint source pollution with SWAT and GWLF[J]. Ecological Modelling，2013，268：123-133.

[140] Pagotto C，Legret M，Cloirec P L. Comparison of the hydraulic behaviour and the quality of highway runoff water according to the type of pavement[J]. Water Research，2000，34（18）：4446-4454.

[141] Qin B Q，Xu P Z，Wu Q L，et al. Environmental issues of Lake Taihu，China[J]. Hydrobiologia，2007，581（1）：3-14.

[142] Smith V H. Low nitrogen to phosphorus ratios favor dominance by blue-green algae in lake phytoplankton[J]. Science，1983，221（4611）：669-671.

[143] William F R A S. Agricultural nonpoint source pollution：Watershed management and hydrology[M]. Boca Raton：CRC Press，2010.

[144] Zhang J L，Zheng B H，Liu L S，et al. Seasonal variation of phytoplankton in the DaNing River and its relationships with environmental factors after impounding of the Three Gorges Reservoir：A four-year study[J]. Procedia Environmental Science，2010，2：1479-1490.